UG NX 8数控加工案例教程

主　编　陈乃峰

副主编　夏　天　张　彤

机　械　工　业　出　版　社

本书综合了数控加工工艺、数控编程和机床操作技术，以 UG NX CAM 模块为基础，系统、全面地介绍了 UG NX 8 铣削功能和车削功能以及使用方法。

全书共分 11 章，第 1 章主要介绍 UG CAM 加工基础；第 2 章介绍 UG CAM 通用知识；第 3 章介绍面铣加工；第 4 章介绍平面铣加工；第 5 章介绍型腔铣加工；第 6 章介绍深度铣加工；第 7 章介绍插铣加工；第 8 章介绍固定轴曲面轮廓铣加工；第 9 章介绍钻加工；第 10 章介绍车削加工；第 11 章为技能测试试题。

本书适合高职、中职、技校的数控技术、模具、机电一体化等专业学生参考，也可供数控车、铣床操作工参考。

图书在版编目（CIP）数据

UG NX 8 数控加工案例教程/陈乃峰主编. —北京：机械工业出版社，2012.7（2019.2 重印）
ISBN 978-7-111-38844-9

Ⅰ. ①U… Ⅱ. ①陈… Ⅲ. ①数控机床—加工—计算机辅助设计—应用软件—教材 Ⅳ. ①TG659-39

中国版本图书馆 CIP 数据核字（2012）第 128215 号

机械工业出版社（北京市百万庄大街 22 号 邮政编码 100037）
策划编辑：周国萍　　责任编辑：周国萍　李　宁
版式设计：霍永明　　责任校对：刘怡丹
封面设计：姚　毅　　责任印制：常天培

涿州市京南印刷厂印刷

2019 年 2 月第 1 版 · 第 5 次印刷
184mm×260mm · 18.75 印张 · 462 千字
5601—6600 册
标准书号：ISBN 978-7-111-38844-9
定价：49.00

凡购本书，如有缺页、倒页、脱页，由本社发行部调换
电话服务　　网络服务
服务咨询热线：010-88379833　　机 工 官 网：www.cmpbook.com
读者购书热线：010-88379649　　机 工 官 博：weibo.com/cmp1952
教育服务网：www.cmpedu.com
金 书 网：www.golden-book.com

前　言

目前很多企业都引进了 UG NX 软件进行企业生产，而现在针对数控及软件基础较薄的高职、中职和社会自学人员的图书较少。此外，由于目前市场上此类图书在提供实例教程时，都没有提供二维图样，且所选案例也不具有行业代表性，因此在实际操作过程中多有不便，也不能更好地帮助读者学习软件和数控知识。因此，编著者决定编写本书，以帮助读者学习和使用 UG NX 软件，提高读者的 CAM 编程技术水平。

在进行市场充分调研的基础上，制定了本书的编写大纲以及编写主旨，即在编写过程中，始终坚持以就业为导向，将数控加工工艺和 CAM 编程方法等专业技术能力融合到实训操作中，充分体现了“教—学—做”一体化的项目式教学特色，让读者边学习理论知识，边进行实训操作，增强感性认识，达到事半功倍的效果。

本书系统、全面地介绍了 UG NX 8 铣削功能和车削功能以及使用方法。

全书共分 11 章，第 1 章介绍 UG CAM 加工基础；第 2 章介绍 UG CAM 通用知识；第 3 章介绍面铣加工；第 4 章介绍平面铣加工；第 5 章介绍型腔铣加工；第 6 章介绍深度铣加工；第 7 章介绍插铣加工；第 8 章介绍固定轴曲面轮廓铣加工；第 9 章介绍钻加工；第 10 章介绍车削加工；第 11 章为技能测试试题。

本书具有以下特色：

1）本书编著者具有丰富的教学、科研及生产实践经验，在编写过程中还邀请了企业生产一线的技术人员作为本书的指导。

2）与同类书相比，本书所选实例取材自国家数控技术比赛以及吉林省职业技能竞赛试题，还有部分选自企业产品。因此，本书具有较强的实用性，适用面宽。

本书由四平职业大学机械学院陈乃峰担任主编，夏天、张彤担任副主编。具体分工如下：陈乃峰编写第 3～10 章，夏天编写第 1 章及制作电子课件，张彤编写第 2、11 章并负责全书的案例图样的制定，张世文负责全书范例上机调试。全书由陈乃峰统稿和定稿。需要电子课件的读者，请联系 QQ：296447532 获得。

本书适合作为高职、中职、技校的数控技术、模具、机电一体化等专业学生学习数控 CAM 编程及加工技术与技能的参考书，也可供数控车、铣床操作工的社会化培训学员使用。

由于编著者水平有限，书中错误和不妥之处在所难免，恳请读者批评指正，以尽早修订完善。

编著者

目 录

第 1 章　UG CAM 加工基础

➘ 学习目标

本章知识是本书的基础，通过学习可以了解 UG NX 8 加工的一般操作过程、加工环境设置、菜单与工具条的定义，理解机床坐标系的概念，学会创建加工几何、刀具、加工方法以及生成刀轨（刀具轨道的简称，后同），并能利用刀轨完成仿真加工。

➘ 学习内容

- UG NX CAM 加工概述
- UG NX 8 加工环境
- CAM 菜单与工具条
- CAM 机床坐标系
- 创建加工几何
- 刀轨生成与确认

1.1　UG NX CAM 加工概述

1.1.1　功能与特点

UG 软件原名为 Unigraphics，简称 UG，它起源于 20 世纪 70 年代的美国麦道飞机公司。Siemens PLM Software 公司 2008 年收购 UG，同年推出 NX 6.0，它整合了计算机辅助设计、制造和工程分析（CAD/CAM/CAE），目前最新版是 NX 8.0。

UG NX CAM 为工业机械的生产和重型装备的应用增强了 CAD/CAM 现有的自动编程功能，简化了智能刀具路径创建各种各样的零件集成模拟功能，包括基于上下文的自动化功能。此外，在多步工艺过程未切割材料自动跟踪、自动安装程序、允许多个组件等方面，UG NX CAM 提供了一种快速、准确的加工解决方案。

同时，UG NX CAM 模块的交互界面可按用户需求进行灵活的用户化修改和定义，并可创建标准化刀具库、加工工艺参数样板库，使粗加工、半精加工、精加工等操作常用参数标准化，以减少使用培训时间并优化加工工艺。

UG NX 软件的 CAM 模块都可在实体模型上直接生成加工程序，并保持与实体模型全相关。

UG NX CAM 功能主要包括以下几点：

1）用户可根据零件结构、表面形状、精度要求选择 UG NX 系统中所提供的加工类型。

2）每种加工类型中包含多个加工模板，应用加工模板可快速建立加工操作。

3）在交互操作过程中，用户可在图形方式下编辑刀具路径，并进行模拟加工。

4）生成的刀具路径可通过后置处理生成适用于指定数控机床的程序。

1.1.2　加工类型

UG NX 的加工功能是由多个加工模块组成的，如图 1-1 所示。

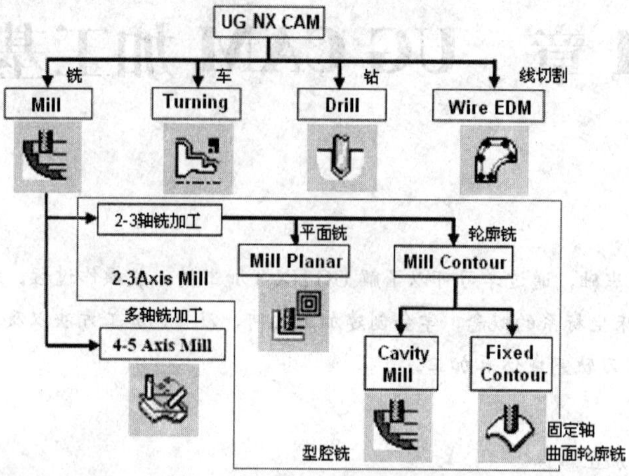

图 1-1　UG NX CAM 加工模块

UG NX 加工模块以交互方式编写刀轨程序，支持车加工、铣加工、车铣复合加工、钻加工、线切割、模具加工、高速加工等模式。

1.1.3　用户界面

由于加工模块的用户界面是可定制的，所以 UG NX 系统上各个对话框的可用选项及总体外观与本书所描述的可能有所不同。

本书的组织及写作内容是以 UG NX 8 默认的配置文件、模板和库为基础的。

UG NX CAM 用户界面主要由菜单、工具条、导航器工具栏和设计窗口构成。常用工具栏如图 1-2a 所示，常用对话框如图 1-2b 所示。

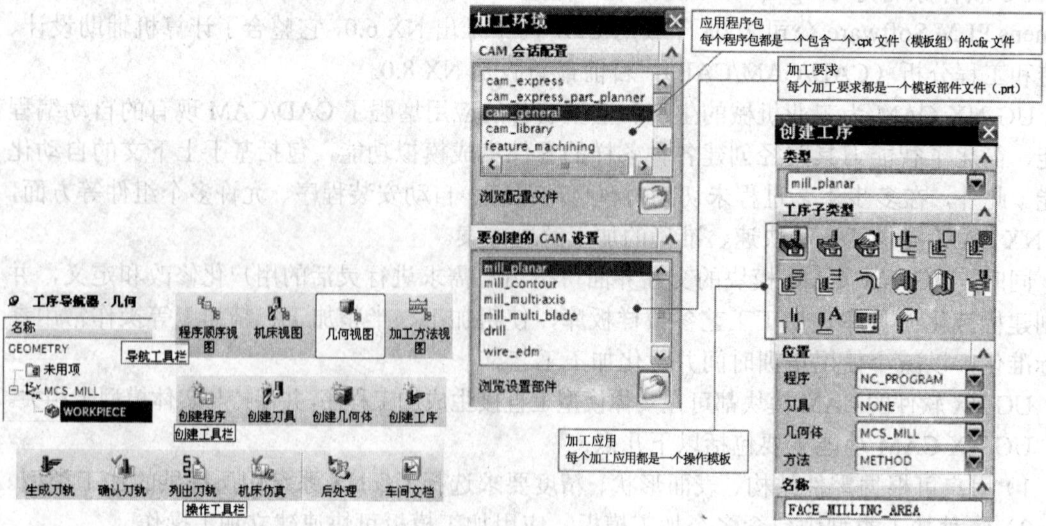

a）　b）

图 1-2　UG NX CAM 常用工具栏和对话框

a）常用工具栏　b）常用对话框

1.1.4　UG NX CAM 常用术语

理解 UG NX CAM 加工应用模块的常用术语，对高效应用 UG NX 8 进行数控编程是非常重要的。常用术语如下。

1. **设置**

设置是包括要加工的部件、毛坯、固定件、夹具和机床的部件。

2. **装配**

可以使用 UG NX 加工应用模块来加工各种装配件。

创建一个包含夹具和固定件的装配进行加工，如图 1-3 所示。装配加工可以将夹具、固定件等几何体与要加工的部件分离开，从而减少数据量；可以为尚不具备写权限的模型生成完全关联的刀轨；可以使多个 NC 程序员分别在独立的文件中同时编制 NC 数据。

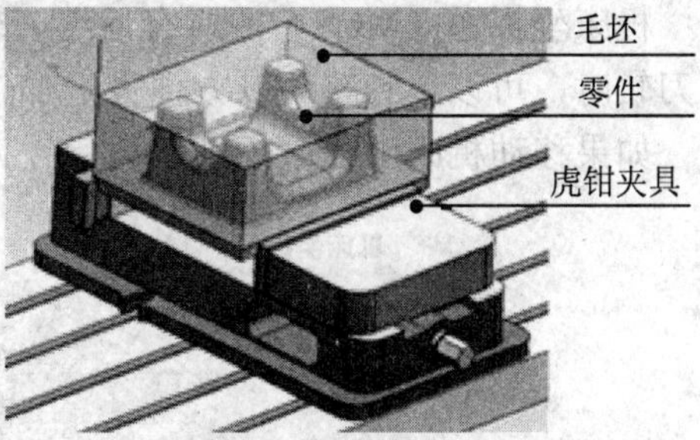

图 1-3　装配加工

3. **操作导航器**

操作导航器是一种图形化的组织辅助工具，具有图 1-4 所示的几何体、加工方法和刀具参数组以及程序内的操作之间关系的树形结构。

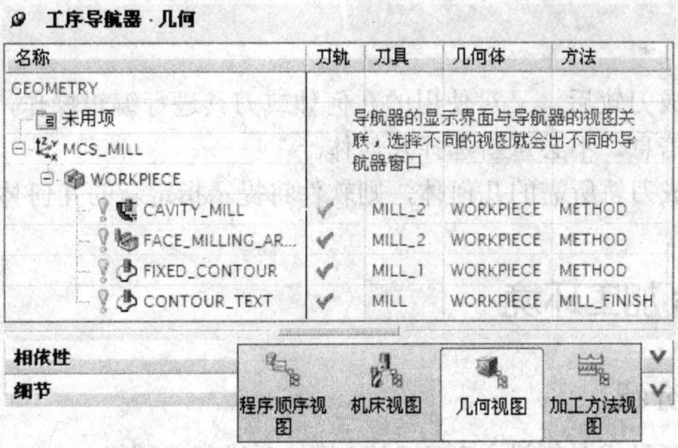

图 1-4　操作导航器

操作导航器具有 4 个用来创建和管理 NC 程序的分级视图：程序内的操作顺序、使用的刀具、加工的几何体和使用的加工方法。

使用操作导航器，可以：

1）在部件的设置内或在不同部件的设置之间剪切或复制并粘贴操作、程序、方法或几何体。

2）在部件的设置内拖放组和操作。

3）在一个组位置（如工件几何体组）指定公共参数，并在组内按操作向下传递（继承）。

4）在图形窗口中显示操作的刀轨和几何体，以快速查看定义的内容和加工的区域。

5）显示铣削或车削操作的“处理中的工件”（IPW）。

4. **操作**

一个操作包含生成单个刀轨所使用的全部信息，如刀轨名称、几何数据、刀具参数、切削参数、显示参数、机床坐标系和后处理命令等信息。

5. **机床坐标系**（MCS）

加工应用模块有两个坐标系，即机床坐标系（MCS）和参考坐标系（RCS）。

机床坐标系（MCS）是所有后续刀轨输出点的基准位置，而参考坐标系（RCS）在编写刀轨时，可以单独移动以方便设定加工参数。

如果移动机床坐标系，则可为后续刀轨输出点重新建立基准位置，如图 1-5 所示。

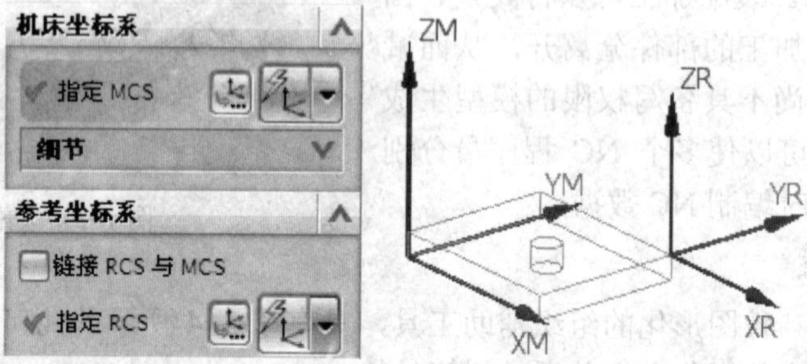

图 1-5　机床坐标系与参考坐标系

6. **关联性**

如果在操作生成刀轨后，又对使用的几何体或刀具进行编辑操作，则重新生成刀轨时操作将自动使用新信息，不必重新选择几何体。

如果删除了生成刀轨所需的几何体，则软件将提示指定新的几何体。

1.2 UG NX 8 加工环境

1.2.1 加工环境介绍

UG NX 8 的加工环境是指进入 NX CAM 模块后进行编程操作的软件环境。

由于 UG NX 是一个高度集成的软件，不但可以为数控铣、数控车、电火花线切割、多轴加工等编写程序，而且每一个加工程序还包括若干个加工模块，如数控铣削模块包括平面铣、型腔铣、轮廓铣等多个操作类型。

对于编程员来说，一般在日常工作中不会涉及那么多种类机床的编程，因此设置一个特定的加工环境，将不需要的功能屏蔽掉，只留下工作中最常用的操作类型，可以大大减轻编程员的劳动强度。

也就是说，不同的人可以制定符合自己编程需要的特定的操作，通过 UG NX 的加工环境设置既可以定制，也可以选择合适的编程环境。

1.2.2 加工环境设置

当打开一个部件后，从“标准”工具栏中选择“开始”图标，并从弹出的下拉菜单中选择“加工(N)... Ctrl+Alt+M”图标，则系统开始启动加工应用模块。

如果该模型部件是第一次进入加工应用模块或者是之前虽进入加工应用模块但没有保存加工环境，则系统将弹出“加工环境”对话框，如图 1-6 所示。

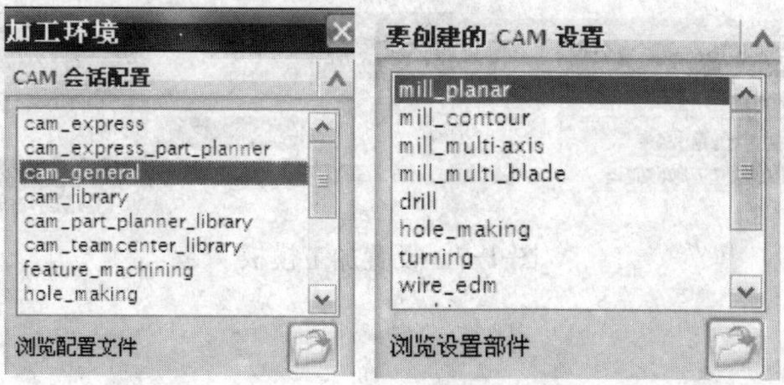

图 1-6 “加工环境”对话框

1. CAM 会话配置

“CAM 会话配置”列表框用来定义可用的加工处理器、刀具库、后处理器以及应用于某些特定场合如模具加工、机械加工等的高级参数。系统通过一个扩展名为“DAT”类型的文件来定义，在默认状态下，指定的“CAM 会话配置”文件存放于 UG NX 8 安装根目录下的“...\MACH\resource\configuration”文件夹中，可以单击“浏览”按钮来选择自定义的 CAM 会话配置。

不同的 CAM 会话配置，允许生成的加工对象、操作类型也会不同，UG NX 允许从一个 CAM 会话配置切换到另一个 CAM 会话配置，但不会删除原先所生成的加工对象。

2. 加工环境的初始化

在“加工环境”对话框中，先在“CAM 会话配置”列表框中选择一种配置，然后在“要创建的 CAM 设置”列表框中选择一个设置（通常称为模板），最后单击“确定”按钮，系统就会开始加工环境的初始化。当初始化完成后，用户就可以创建和管理加工对象了。

1.2.3 设置加工模板

加工模板包含预设的选项和对话框布局，这些选项和布局针对特定任务进行了定制。“加工”包含设置模板、组模板和操作模板。

UG NX 8 模板制作步骤如下：

1）切换到程序顺序视图，展开所有父组，选中 PROGRAM 父组下的所有刀路，除 PROGRAM 之外（所有刀路都在 PROGRAM 父组下）进行模板设置。

“模板设置”对话框选项包括“可将对象用作模板”和“如果创建了父项则创建”，如图 1-7 所示。

2）切换到机床视图，折叠所有父组，选中所有刀具进行模板设置。

3）切换到几何视图，展开所有父组，选中 workpiece 父组下的所有刀路（所有刀路都在 workpiece 父组下，workpiece 在 MCS 父组下）进行模板设置；选中 workpiece 进行模板设置；选中 MCS 进行模板设置。

4）最后保存并退出。

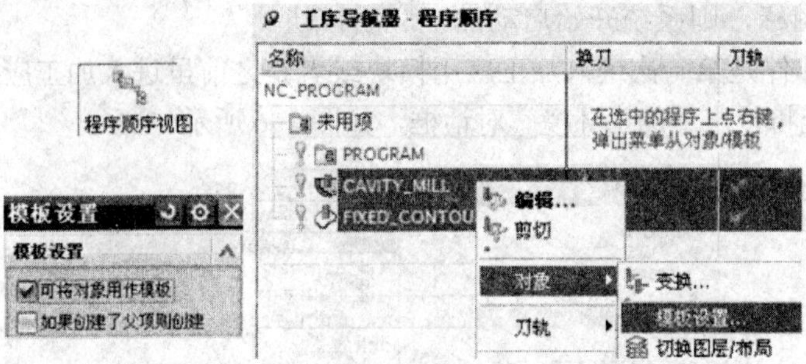

图 1-7　设置加工模板

1.3　创建操作

1.3.1　UG NX 编程工作流程

UG NX CAM 的编程一般包括：

1）创建包含设置的部件，该部件具有全部加工信息。该设置可以包含（或作为组件引用）要加工的部件、毛坯、固定件、夹具和机床。

2）建立程序、刀具、方法和几何体父组，来定义重要的参数。

3）创建操作来定义刀轨。

4）生成和验证刀轨。

5）后处理刀轨对机床和控制器的数据设置格式，创建车间文档。

UG NX 编程工作流程如图 1-8 所示。

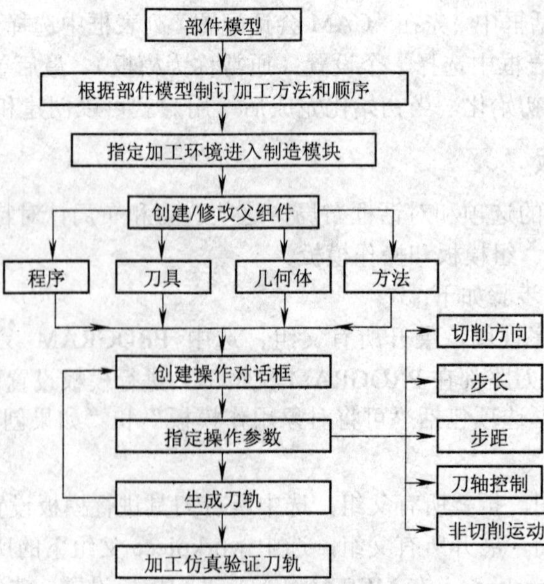

图 1-8　UG NX 编程工作流程

1.3.2 UG NX 中的坐标系

在 UG NX 中有 3 种坐标系，即机床坐标系（MCS）、工作坐标系（WCS）和参考坐标系（RCS）。

1. **机床坐标系和工作坐标系的含义**

机床坐标系（坐标轴带字母 M），是决定方位组中各项操作的刀轨方位和原点，是所有几何对象位置的绝对参考；工作坐标系（坐标轴带字母 C）是作为创建曲线、草图、指定避让几何、指定预钻进刀点、切削开始点、出发点、安全平面、刀轴等对象和位置时输入坐标的参考。两种坐标系的比较如图 1-9 所示。

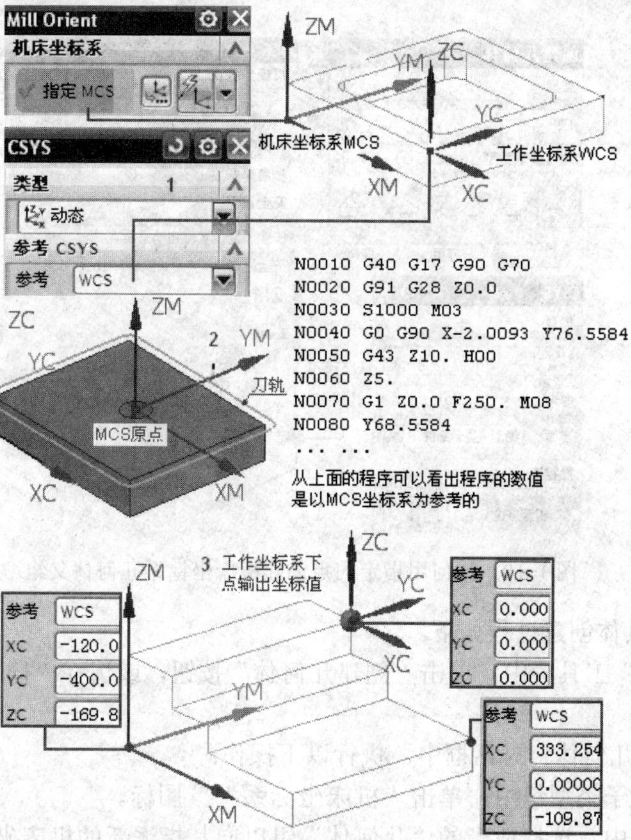

图 1-9 机床坐标系与工作坐标系

机床坐标系一般用于确定实际机床中的对刀位置（即编程时确定的加工原点及坐标轴），如果移动机床坐标系，则后续刀轨输出点就会重新建立基准位置。

2. **UG NX 机床坐标系与数控机床坐标系的关系**

在 UG NX 中建立机床坐标系时要确定其坐标轴方向与数控机床的运动方向一致，也就是说机床坐标系的 3 个坐标轴的方向与数控机床 3 个移动轴的方向是一一对应的。

另外，数控机床上有一个固定的机械原点，是数控机床上的绝对坐标系的原点，也是数控机床对刀点位置的参考，这个对刀点可以认为就是数控机床上的加工坐标系的原点。也就是说，在机床控制器中将此时的刀具位置设定为坐标系原点，而 UG NX 机床坐标系的原点就是这个对刀点，此时 UG NX 机床坐标系成为数控机床上的加工坐标系。

以上的描述可以总结为一句话，即 UG NX 的机床坐标系就是实际数控机床加工时的加工坐标系，通常也是编程时选定的编程坐标系，决定该机床坐标系下所有程序的输出坐标。

3. 创建机床坐标系几何体父组

机床坐标系引用 CNC 程序原点，该原点是所有刀轨输出项的零参考点。如果机床坐标系移动，则所有使用机床坐标系的刀轨的零点也将随之移动。

在机床坐标系父组中指定机床坐标系的方位和原点时，可以创建并保存安全平面。安全平面为操作前后的刀具运动定义安全距离。图 1-10 所示为如何用指定的点创建机床坐标系几何体父组。

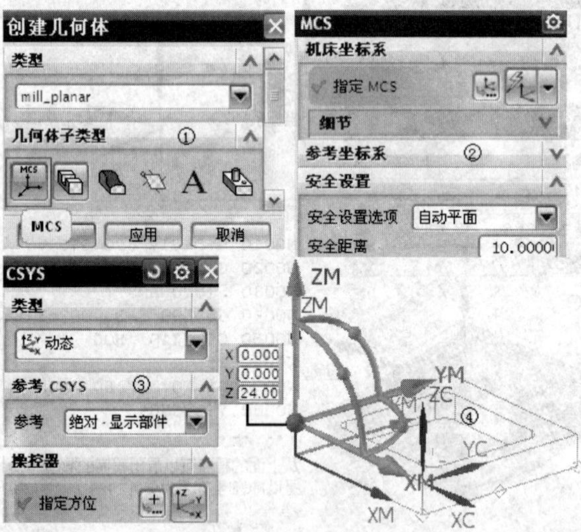

图 1-10　如何用指定的点创建机床坐标系几何体父组

机床坐标系具体创建过程如下。

1）在“插入”工具栏中，单击“创建几何体”按钮，或选择“插入”菜单中的“几何体”命令。

2）在“创建几何体”对话框中，执行以下操作：

- 在几何体子类型组中，单击“机床坐标系”图标。
- 在位置组中，选择适当的“几何体”组以向其指派新的机床坐标系。
- 在名称组中，输入新机床坐标系的名称，单击“确定”按钮。

必须指定机床坐标系的方位和原点，否则将会把工作坐标系的当前方位和原点指派给机床坐标系。

3）在“机床坐标系”对话框中，单击机床坐标系组中的“CSYS 对话框”图标。

4）在“CSYS”对话框中，单击“动态”图标。

5）在图形窗口中，使用机床坐标系上的手柄将机床坐标系旋转或移动到正确的位置。

4. 参考坐标系简介

参考坐标系（坐标轴带字母 R）是创建、复制、移动或变换操作时对参数进行映射的坐标系，如图 1-11 所示。

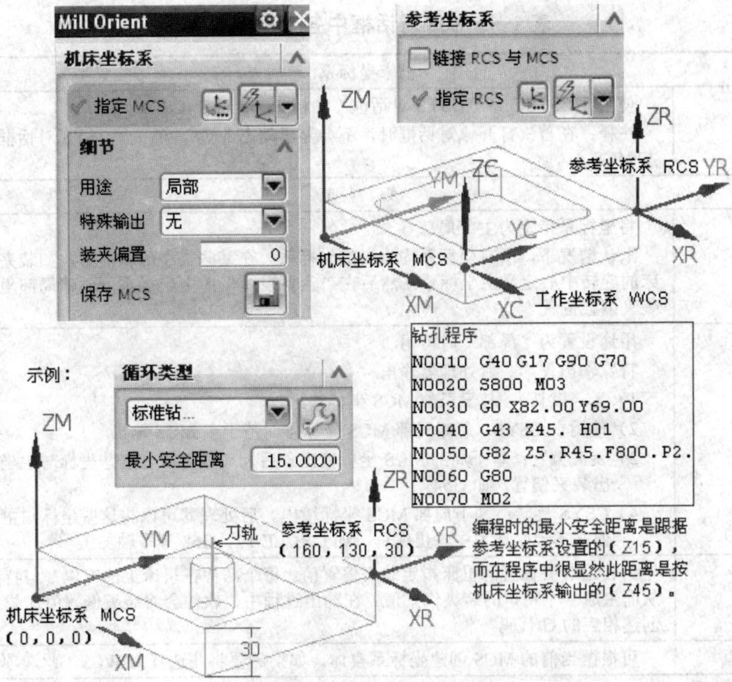

图 1-11 参考坐标系

默认情况下，参考坐标系和绝对坐标系处于相同位置，其坐标为 X=0，Y=0，Z=0。创建或编辑机床坐标系时均可指定参考坐标系，每个方位组（如 MCS、MCS_Mill）都有参考坐标系。

对操作进行变换之后，可使用参考坐标系重新定位刀轴矢量、安全平面和避让点。

5. **机床坐标设定（MCS）对话框**

机床坐标设定（MCS）对话框，如图 1-12 所示。对话框中各选项的含义如表 1-1 所示。

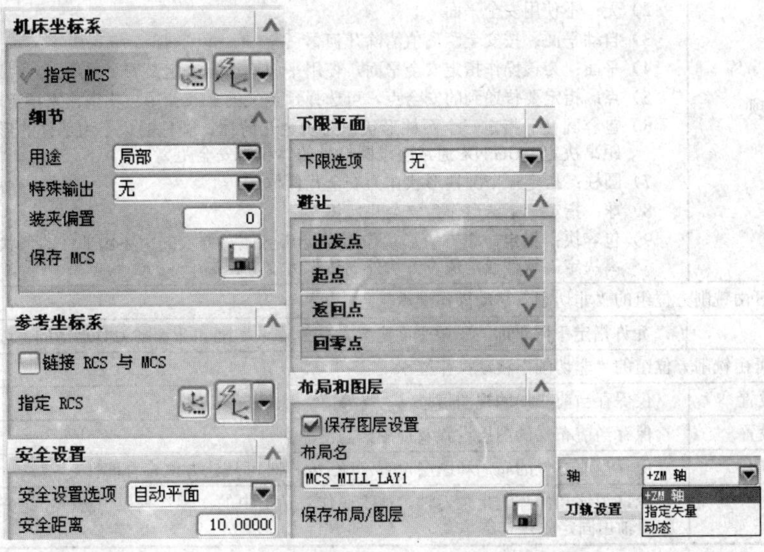

图 1-12 机床坐标设定（MCS）对话框

表 1-1　MCS 对话框中各选项的含义

机床坐标系	
指定 MCS	使用 MCS 列表或“CSYS 对话框”图标来指定 MCS 注释：在首次打开该对话框时，不会显示动态 MCS。单击“CSYS 对话框”图标以查看动态 MCS
细　节	
用途	将坐标系指定为主或局部 默认情况下，所有坐标系均为局部坐标系。在某些类型的编程中，如装夹偏置，需要先在机床的旋转中心定义主坐标系，然后在“几何视图”的主坐标系下创建局部坐标系，以表示各个装夹偏置位置
特殊输出	用途设置为“局部”时可用 特殊输出仅影响后处理器输出 1）无（默认）：基于局部 MCS 坐标输出 2）使用主 CSYS：忽略局部 MCS 坐标，而基于主 MCS 输出 3）装夹偏置：基于局部 MCS 坐标输出。后处理器可以将这些坐标与主坐标一起使用，以输出装夹偏置，如 G54 4）CSYS 旋转：基于局部 MCS 坐标输出。后处理器可以将这些坐标与主坐标一起使用，以便在本地坐标系中输出编程，如 CYCLE 19、G68 等多轴加工
装夹偏置	为使用装夹偏置的机床指定装夹偏置值。每个部件在机床上的方位都与特定的 MCS 相对应，从而生成一个特定的装夹偏置值。在输出过程中，软件会将装夹偏置值加载到 MOM_post 中以创建相应的 G 代码
保存 MCS	可根据当前的 MCS 创建坐标系实体。如果需要将此选择为 WCS，此选项会非常有用
参考坐标系	
☐链接 RCS 与 MCS	可为 RCS 指定一个不同位置
☑链接 RCS 与 MCS	将使 RCS 与 MCS 处于相同的位置和方位
指定 RCS	允许使用 RCS 列表或“CSYS 对话框”图标来指定 RCS 当把一个操作从部件的一个截面移动到另一个截面时，软件使用 RCS 来重新定位刀轴矢量、安全平面和避让点
安全设置 在操作前后以及在任何编程设定的障碍避让过程中，可通过安全平面定义刀具运动的安全距离 这些选项可由铣削方位组的“非切削”移动操作继承	
安全设置选项	指定安全设置 1）使用继承的：使用来自较高级别 MCS 的安全设置定义 2）无：不使用安全平面 3）自动平面：按安全距离值清除几何体 4）平面：为该操作指定安全平面，使用平面构造器来定义安全平面 5）点：指定要传递到的安全点。可选择预定义的点或使用点构造器来指定一个点 6）包容圆柱：指定一个圆柱形状作为安全几何体。圆柱的大小由部件的形状和指定的安全距离决定。UG NX 通常假设圆柱外的体积为安全距离 7）圆柱：指定一个圆柱形状作为安全几何体 8）球：指定一个球形作为安全几何体 9）包容块：指定一个方块形状作为安全几何体。方块的大小由部件的形状和指定的安全距离决定。软件通常假设方块外的体积为安全距离
下限平面选项可由铣削方位组的“非切削”移动操作继承	
下限选项	允许指定下限平面。下限平面定义某些操作中切削和非切削刀具运动的下限
避让这些选项可由铣削方位组的“非切削”移动操作继承	
☐保存图层设置	仅保存当前布局的视图信息
☑保存图层设置	保存当前布局的图层设置及视图信息
保存布局/图层	保存当前方位的布局和图层设置。NC 编程时可从该方位查看部件
刀轴	允许为该几何体组指定刀轴。从主操作对话框中的“轴”列表中选择指定矢量时，此处指定的刀轴由固定轴操作继承

1.3.3 几何体组

几何体组可定义机床上加工几何体和部件方位，包括定义部件、毛坯和检查几何体，MCS方位，安全平面等参数。使用几何体组定义能够在多个操作之间共享几何体。

1. **加工几何体简介**

“加工设置”中的几何体选择表示需要加工的部件模型、部分的部件模型或者表示需要添加的附加几何体，包括：

1）毛坯几何体，表示原材料并且可以直接切削或进刀。

2）处理中的工件（IPW），几何体表示每个加工阶段结束时已加工的工件。

3）部件几何体，表示已加工的工件。

4）检查几何体，表示不想触碰的区域，如夹住部件的夹具。

5）修剪几何体，包含切削区域。

6）切削区域或面几何体，定义要加工的特定区域。

7）壁几何体。

8）底部面几何体。

根据操作类型和子类型，所用几何体可能是实体、面或边界。

2. **“创建几何体”对话框**

“创建几何体”对话框，如图1-13所示，各选项的含义如表1-2所示（根据不同的操作类型，该界面也不同）。

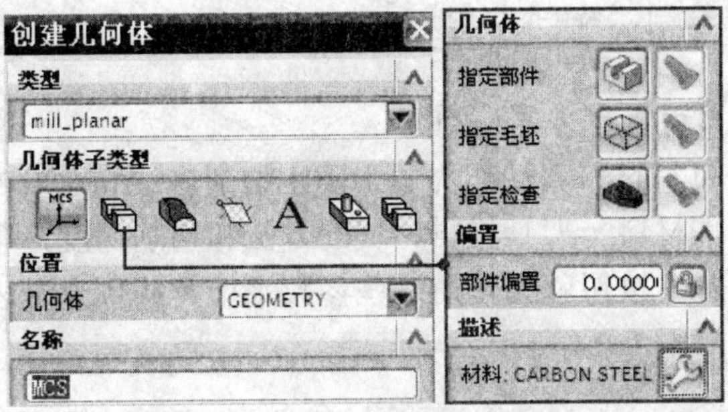

图1-13 “创建几何体”对话框

表1-2 “创建几何体”对话框中各选项的含义

铣加工	
MCS	使用铣削MCS来指定：MCS、RCS、安全平面、下限平面、避让
工件	使用铣削工件来指定：部件、毛坯、检查、部件偏置、部件材料
铣削区域	使用铣削区域来创建指定：部件、检查、切削区域、壁、修剪边界
铣削边界	使用铣削边界来创建指定：部件边界、毛坯边界、检查边界、修剪边界、底部面
A 铣削文本	使用铣削文本来指定：制图文本、底部面
铣削几何体	使用铣削几何体来指定：部件、毛坯、检查、部件偏置、部件材料
钻加工几何体	使用钻加工几何体来指定：孔、部件表面、底面、刀轴

（续）

车加工	
MCS 主轴	使用 MCS 主轴来指定：MCS、RCS、车床工作平面
车削工件	使用车削工件来指定：部件边界、毛坯边界、部件材料
车削部件	使用车削部件来指定：部件边界
包容	使用包容来指定：径向修剪平面、轴向修剪平面、修剪点
避让	使用避让来指定：出发点、运动到起点、逼近点、运动到进刀起点、离开点、运动到返回点/安全平面、运动到回零点、径向安全平面
线切割	
MCS 线切割	使用 MCS 线切割来指定：MCS、RCS
顺序内部修剪	使用顺序内部修剪来指定：用以创建内部修剪轨迹的操作序列
顺序外部修剪	使用顺序外部修剪来指定：用以创建外部修剪轨迹的操作序列
线切割几何体	使用线切割几何体来指定：几何体
钻孔、螺纹铣削	
MCS	使用铣削 MCS 来指定：MCS、RCS、安全平面、下限平面、避让
工件	使用铣削工件来指定：部件、毛坯、检查、部件偏置、部件材料
MILL_AREA	使用铣削区域来指定：部件、检查、切削区域、壁、修剪边界
MANUAL_HOLE	手动选孔
ALL_FEATURES	所有特征
HOLE_BOSS_GEOMETRY	特征孔几何体

3. “创建几何体”对话框中常用选项

（1）材料　此选项可将材料属性作为用于确定切削进给和速度的其中一个参数指派给几何体。一旦指定了部件材料、刀具材料、切削方法和切削深度，单击“进给和速度”对话框中的“从表格中重置”按钮就会使用这些参数来推荐从预定义表格中抽取的适当表面速度值和每齿进给值，如图 1-14 所示。

部件材料

匹配项

库号	代码	名称	刚度	描述
MAT0_00001	1116	CARBON STEEL	100-150	FREE MACHINING CARBO...
MAT0_00002	1116	CARBON STEEL	150-200	FREE MACHINING CARBO...
MAT0_00059	4140SE	ALLOY STEEL	200-250	FREE MACHINING ALLOY ...

图 1-14　材料设置选择框

（2）部件偏置　此选项可以按指定的偏置（厚度）值向已经建模的部件几何体添加或减少部件偏置。正值偏置部件外侧的厚度，负值偏置部件内侧的厚度。刀具将部件偏置视作工件，并对其进行加工。部件余量和检查余量都是从部件偏置测量的，如图 1-15 所示。此选项适合于模型几何体与正在加工的部件（切割电极或钣金冲模）发生偏置。

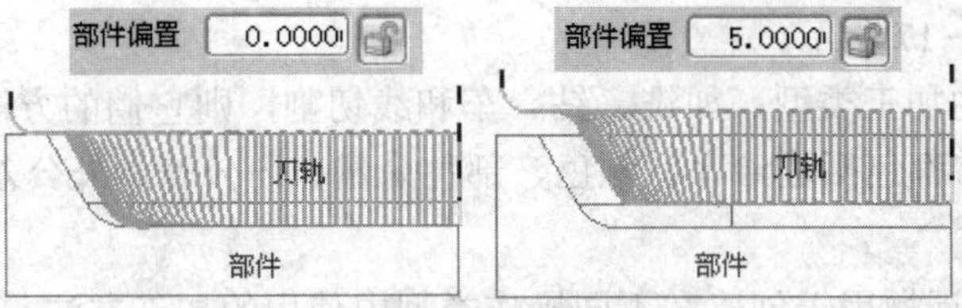

图 1-15　部件偏置示例

（3）检查体　此选项能够检查与曲面区域定义的部件几何体关联的整个体，以寻找可能的过切事件。如果发现过切，则可以指定系统继续过切并发出警告，或者跳过刀具位置避免过切，或者是退刀避免过切，如图 1-16 所示。

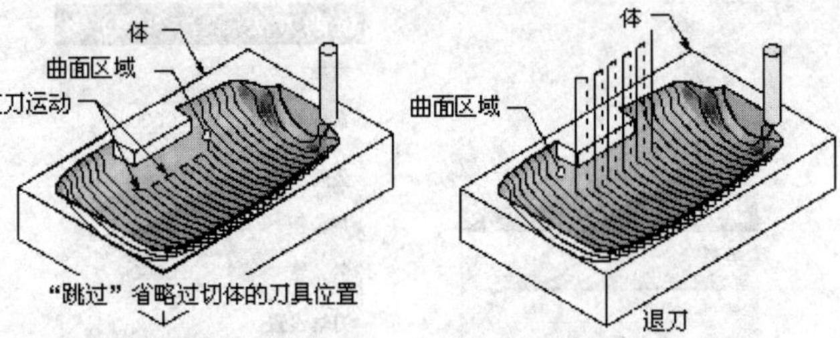

图 1-16　检查体应用示例

4. **铣削边界选项**

铣削边界选项的含义如表 1-3 所示。

表 1-3　铣削边界选项的含义

几何体	
指定部件边界	指定代表加工后的部件的几何体 首选几何体选择为面。其他有效的几何体选择为曲线、边、永久边界和点。为避免碰撞和过切，应当选择整个部件（包括不切削的面）作为部件几何体，然后使用指定修剪边界限制切削部分
指定毛坯边界	指定代表要从中进行切削的材料的几何体，如锻件或铸件。毛坯几何体不表示最终部件并且可以直接切削或进刀。首选几何体选择为面。其他有效的几何体选择为曲线、边、永久边界和点
指定检查边界	指定代表加工时要避开的夹具或其他区域的边界
指定修剪边界	指定边界以定义操作期间要从切削部分中排除的区域
指定底部面	底部面可定义平面铣操作的最低（最后）切削层，如果未指定底部面，系统将使用机床坐标系（MCS）的 X-Y 平面 可以使用平面构造器指定底平面。
偏置 包括部件偏置、毛坯偏置、检查偏置、修剪偏置，偏置来自选定几何体的边界，以定义该边界	
布局和图层-☑保存图层设置	
保存布局/图层	保存当前视图设置的布局和图层。适合于从特定方位加工部件时使用

1.3.4　加工方法

1. **方法组**

方法组定义切削方法类型（粗加工、精加工、半精加工），也定义内公差、外公差和部件余量参数，如图 1-17 所示。

如果选择不同的加工类型，如铣、钻、车和线切割，则它们的方法组所用的各种参数将有所不同。但通常都包括进给率、颜色、部件余量、内公差、外公差、显示选项等。

2. **创建方法**

“新建方法”对话框用于创建在不同操作类型中使用的加工方法父组，可用类型取决于已经选择的加工环境参数，不同的类型确定了可供选择的方法的子类型。

1）使用“方法”下拉列表框可以为该方法父组选择加工类型。

2）单击“新建方法”图标或者“编辑方法”图标，打开方法设置对话框，如图 1-17 所示。

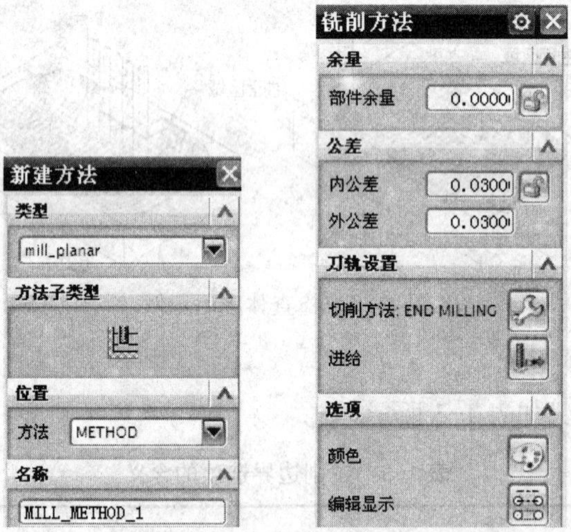

图 1-17 “新建方法”对话框和“铣削方法”对话框

3. **部件余量**

部件余量是加工后要留在部件上的材料量，该值将由方法父项下创建的操作继承，可以通过在操作中输入新值来替代继承的值。

4. **内公差/外公差**

内公差和外公差定义刀具可以用来偏离部件曲面的允许范围。值越小，切削就会越准确。使用内公差可指定刀具穿透曲面的最大量，使用外公差指定刀具避免接触曲面的最大量，如图 1-18 所示。

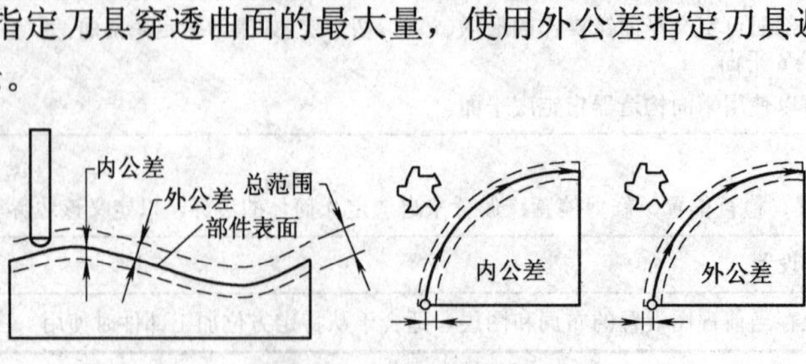

图 1-18 公差示意图

5. **继承**

有些参数从组到组、从组到操作向下传递。例如，操作或方法组就从其他方法组继承显示和公差参数，但并不是任何操作都能放到所有方法组中，不同的操作可以继承不同的参数，继承状态图标为🔓。

6. 设置切削单位

设置切削单位能够将所有的切削进给率单位设为寸制单位：IPM、IPR 或“无”；米制单位是 MMPM、MMPR 或“无”。

7. 进给率

在刀轨前进的过程中，不同的刀具运动类型，其进给率值会有所不同。进给率可以在边界级别和边界成员级别上定义。输入进给率方式包括英寸/每分钟（IPM）、英寸/转（IPR）、毫米/分钟（MMPM）、毫米/转（MMPR），各走刀进给率说明示意如图 1-19 所示。

（1）进刀　进刀是从进刀位置到初始切削位置的刀具运动进给率。当刀具抬起后返回工件时，此进给率也适用于返回进给率。进刀进给率 0 将使刀具以切削进给率进刀。

（2）切削　切削是刀具与部件几何体接触时的刀具运动进给率。

（3）退刀　退刀是从退刀位置到最终刀轨切削位置的刀具运动进给率，退刀进给率 0 将使刀具以快进进给率退刀（线性运动），或以切削进给率退刀（圆周运动）。

（4）第一刀切削　第一刀切削是初始切削刀路的进给率，后续的刀路（刀具路径的简称，后同）按切削进给率值进给。

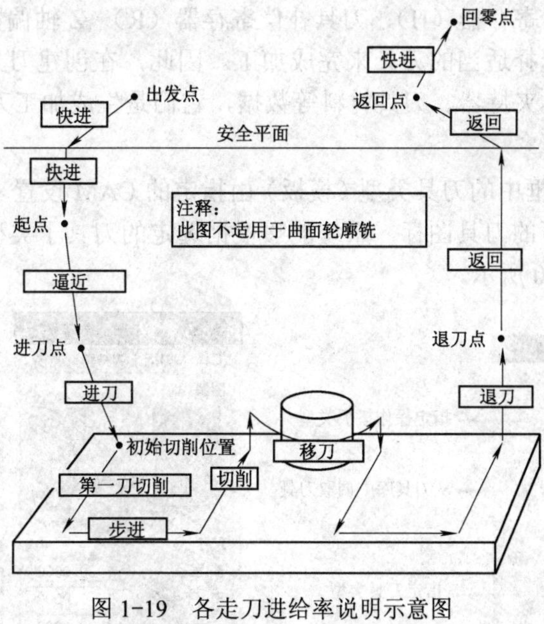

图 1-19　各走刀进给率说明示意图

（5）逼近　逼近是刀具运动从起点到进刀位置的进给率。在使用多层平面铣和型腔铣操作中，使用逼近进给率来控制从一层到另一层的进给。在曲面轮廓铣中，逼近是进刀移动之前的移动进给率。

在钻和车槽模块中，如果指定的最小安全距离是 0，那么逼近进给率 0 将使刀具按切削进给率移动；否则使用快进进给率。

在其他模块中，如果指定了进刀方法，那么逼近进给率 0 将使刀具按快进进给率移动；

否则使用进刀进给率。

（6）离开　离开代表出孔（开槽）运动的进给率，这些运动用于清除断屑。

在曲面轮廓铣中，离开是退刀移动之后的移动进给率，这一移动可能转为移刀移动或成为返回移动。

（7）步进　步进是刀具移向下一平行刀轨时的进给率。如果刀具从工作表面抬起，则步进不适用。因此，步进进给率只适用于允许往复刀轨的模块。

（8）返回　返回是刀具移至返回点的进给率。返回进给率 0 将使刀具以快进进给率移动。

（9）移刀　移刀（平面铣和型腔铣）是当“进刀/退刀”对话框上的传送方法选项为“先前的平面”（而不是安全平面）状态时，用于快速水平非切削刀具运动的进给率。

只有当刀具是在未切削曲面之上的竖直安全距离，并且是距任何腔体岛或壁的水平安全距离时，才会使用移刀进给率。这可以在移刀时保护部件曲面，并且刀具在移动时也不用抬至安全平面。

1.3.5　刀具组

1. 刀具组简介

应用刀具组可以从模板创建刀具，或者从库中调用刀具，可以指定刀具的类型，如铣刀、钻刀和车刀，并保存与刀具相关联的数据，以用做相应后处理器命令的默认值。这些数据包括刀具号、补偿寄存器（H）、刀具补偿寄存器（R）、Z 轴偏置等参数。

每个操作都需要选择适当的刀具来完成加工。因此，在创建刀具过程中必须考虑切削刀片形状和尺寸、刀具夹持器、刀具材料等数据，它们是生成加工刀轨的重要依据。

2. 创建刀具

“创建刀具”对话框中的刀具类型（模板）由指定的 CAM 设置（模板部件文件）决定，单击“刀具子类型”下的刀具图标，系统能够根据选定的刀具子类型（模板）创建新的刀具，创建过程如图 1-20 所示。

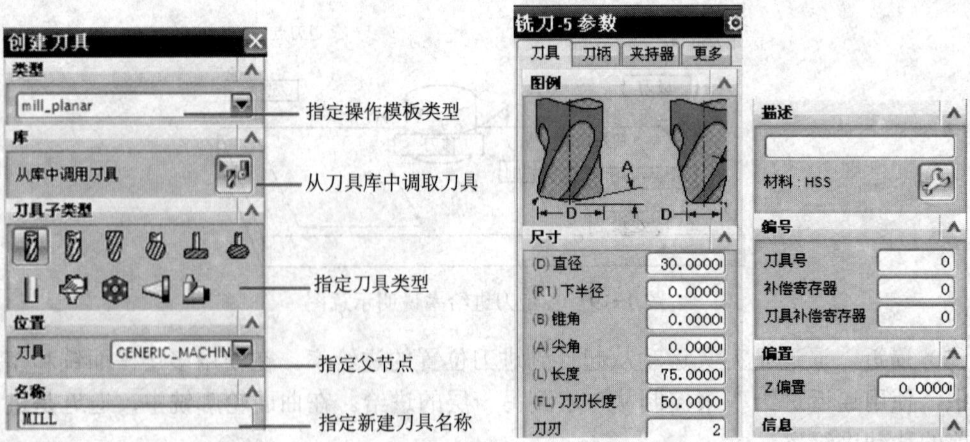

图 1-20　“创建刀具”对话框

3. 刀具编号的使用

刀具编号决定了后处理程序的刀位号、长度补偿号和半径补偿号，过程如图 1-21 所示。

（1）补偿寄存器 对应产生刀具长度补偿。

（2）刀具补偿寄存 对应产生刀具半径补偿。前提是在“切削模式”对话框中的“机床控制”选项组中添加“开始刀轨事件”，才可以产生G41/G42指令，如图1-21所示的步骤1～3。

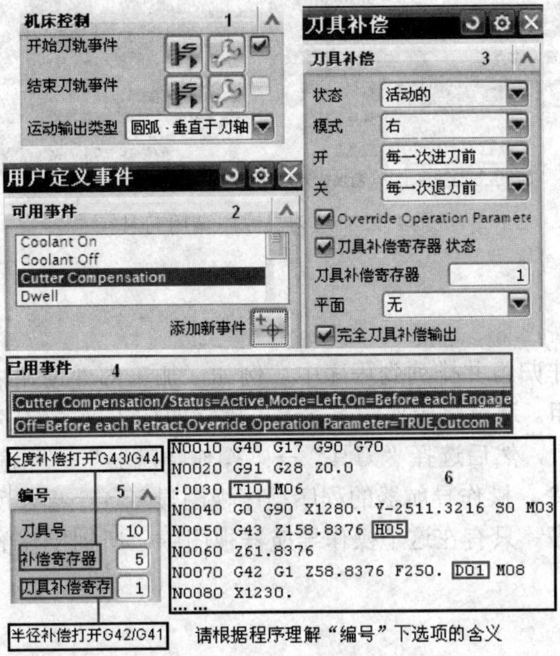

图1-21 刀具编号的使用方法

4. 从刀具库中调用刀具

可以从库中调用刀具参数（库中含有数百种标准刀具），或根据需要创建刀具。每个切削刀具都放在刀架和转塔内部的夹持器中，并加载在机床上。

因此，在为操作指定刀具时，可以通过从切削刀具库（由配置文件定义）调用刀具来创建刀具组。

从刀具库中调用刀具的过程如图1-22所示，说明如下：

1）在“插入”工具栏中，单击“创建刀具”图标，或选择“插入”→“刀具”命令。

2）在“创建刀具”对话框中，单击图标从库中调用刀具。UG NX显示“库类选择”对话框。

3）在“库类选择”对话框中，展开刀具类型，双击所需的刀具。UG NX显示“搜索参数”对话框。

4）在“搜索参数”对话框中，指定搜索参数，单击计算匹配数。如有必要，输入附加搜索准则，以限制匹配结果数。

在指定搜索准则时，可以输入精确值，也可以使用<、>、<=或>=输入值范围。在铣刀具的直径字段中输入“>=30”后，搜索范围将缩小到直径大于或等于30mm的那些刀具。

5）单击“确定”按钮查看搜索结果。

6）从列表中选择所需的刀具，然后单击“确定”按钮。

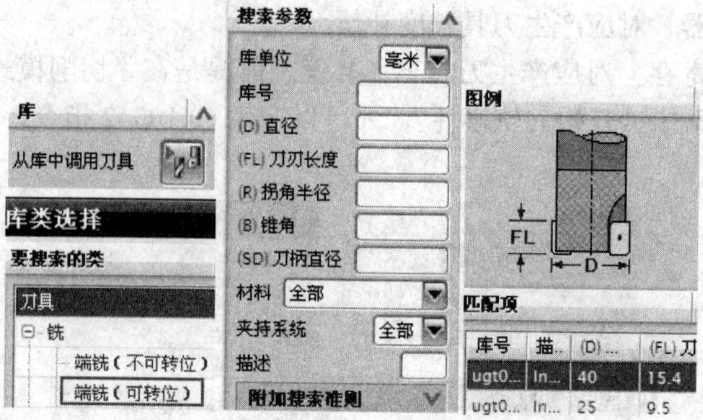

图 1-22　从刀具库中调用刀具

1.3.6　程序组

1. **程序组**

程序组能够将操作归组并排列到程序中。例如，加工部件顶端视图时需要的所有操作就可以构成一个程序组。通过将操作归组，还可以立即按正确的顺序，一次输出许多操作，其方法是：选择程序组，然后选择“刀具”→“操作导航器”→“输出”→“CLSF”命令或“Post 后处理”命令。操作导航器的程序顺序视图显示各个操作所属的程序组，以及在机床上执行操作的顺序。只有在这个操作导航器视图中，所列操作的顺序才具有相关性或重要性。

2. **创建程序选项**

使用“创建程序”对话框可以创建程序组，可将这些程序组看成是各种操作的存储器。如果将程序组中的操作放入操作导航器中，则程序组将成为程序父项。

1.4　刀轨

1.4.1　生成操作刀轨

生成操作刀轨的方法有多种。可按以下方式生成刀轨：

1）从操作对话框中为单个操作生成刀轨。

2）从操作导航器、操作工具栏或刀具菜单中为一个或多个操作生成刀轨。

3）从操作导航器、操作工具栏或刀具菜单中为一个或多个以平行生成处理方式在背景中运行的操作生成刀轨，同时还可以继续在当前部件文件中工作，如图 1-23 所示。

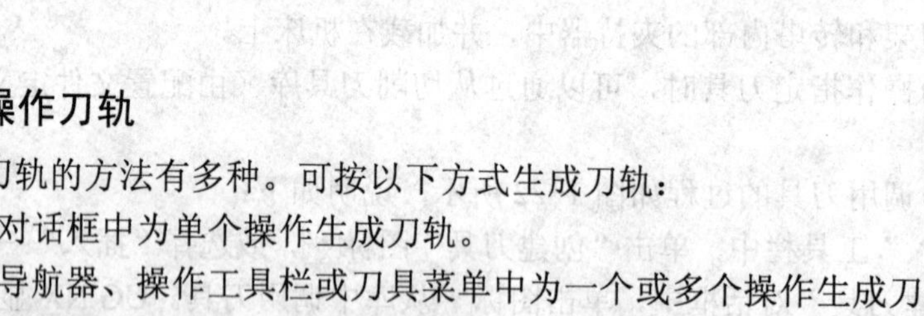

图 1-23　生成操作刀轨的方法

1.4.2 刀轨的显示与编辑

使用编辑显示命令指定刀具、刀具夹持器和刀轨如何在图形窗口中显示，如图 1-24 所示。

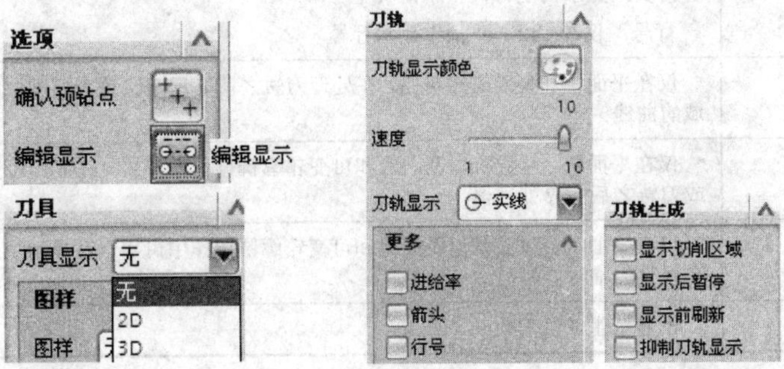

图 1-24 刀轨的显示与编辑

刀轨显示窗口各选项的含义如表 1-4 所示。

表 1-4 刀轨显示窗口各选项的含义

<table>
<tr><td colspan="3">刀具显示</td></tr>
<tr><td>
无</td><td>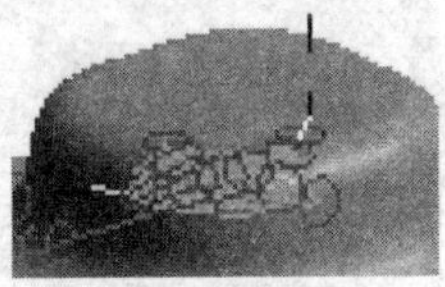
2D</td><td>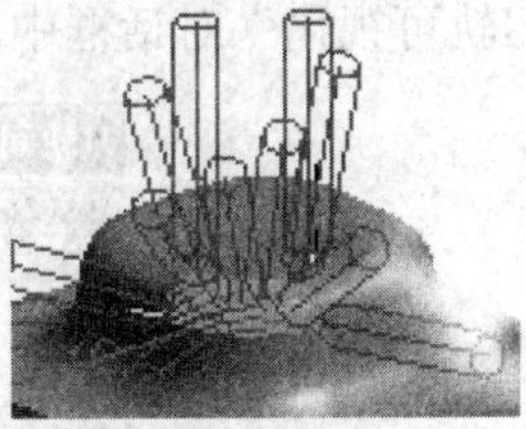
3D</td></tr>
<tr><td colspan="3">频率 设置刀具显示的频率</td></tr>
<tr><td colspan="3">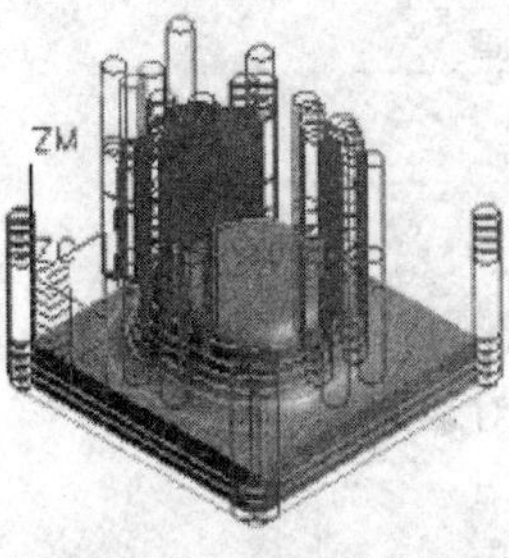
频率设置为 1 时，3D 刀具的显示情况 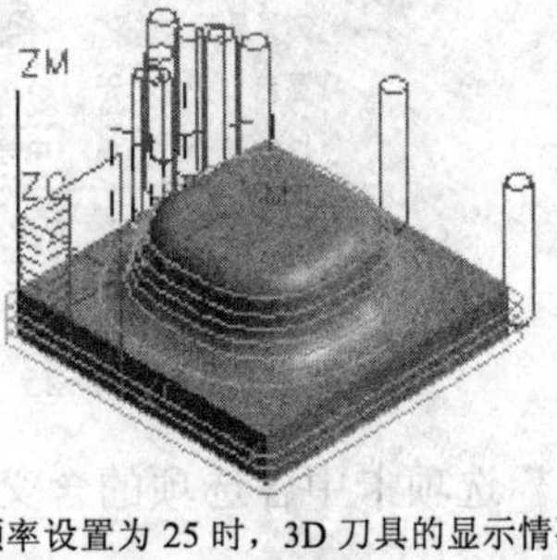
频率设置为 25 时，3D 刀具的显示情况</td></tr>
<tr><td>图样</td><td colspan="2">启用刀轨“生成”和“重播”过程中的刀具夹持器显示。可以在“建模”应用模块中设计一个刀具夹持器，将其另存为“图样”文件，然后在操作中使用，以便直观检查它在加工期间与部件的干涉情况</td></tr>
<tr><td>刀轨显示颜色</td><td colspan="2">设置每种类型刀具运动的显示颜色，从而有助于直观验证刀轨</td></tr>
<tr><td>速度</td><td colspan="2">设置刀具显示运动的速率。可移动滑块在 1～10 之间设置一个相对值。值为 1 时速度最慢，值为 10 时速度最快</td></tr>
<tr><td>刀轨显示</td><td colspan="2">设置刀轨在图形窗口中显示，包括

实体 虚线 轮廓线 填充 轮廓线填充</td></tr>
</table>

（续）

更多	进给率：显示每一步移动的进给率 箭头：显示切削方向指示箭头 行号：仅在 CLSF 重播中显示行号
显示切削区域	仅在平面铣和型腔铣中可用，在处理刀轨之前显示定义每个切削层的单个或多个可加工区域的曲线
显示后暂停	仅在平面铣、型腔铣以及固定和可变轮廓铣操作中可用，在显示每个切削层的可加工区域或刀轨之后暂停处理器
显示前刷新	仅在平面铣、型腔铣以及固定和可变轮廓铣操作中可用，在显示生成的刀轨之前，移除所有现有的临时屏幕显示
抑制刀轨显示	不显示生成的刀轨

1.4.3 刀轨的确认

使用刀轨确认命令来播放刀轨动画或刀轨及材料移除的动画，以确认刀轨。动画显示材料移除过程，有助于确认刀具正在切削刀轨生成过程中指定的原材料的部分，选择该命令时，“刀轨可视化”对话框将打开。

“刀轨可视化”对话框中的动画选项包括重播、3D 动态、2D 动态，如图 1-25 所示。

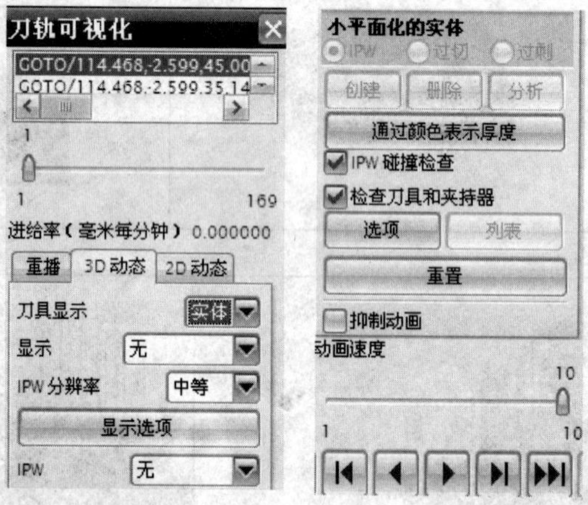

图 1-25 “刀轨可视化”对话框

“3D 动态”选项卡中各选项的含义如表 1-5 所示。

表 1-5 “3D 动态”选项卡中各选项的含义

刀具显示	开：在线框中显示当前位置处的刀具 点：在当前位置用一个点代表刀具端点进行显示 轴：在当前位置显示一条表示刀轴的直线 实体：用实体代表当前位置处的刀具和夹持器 装配：在刀具的当前位置显示一个从数据库中加载的 UG NX 部件，表示刀具
显示	无：在进行动态模拟前不显示刀轨 当前层：显示当前切削层中的刀轨。该刀轨必须包含多个切削深度 下 n 个运动：显示当前位置前方指定数量的刀轨运动 +/–n 个运动：显示相对于当前刀位的下 *n* 个及最后 *n* 个运动 碰撞：显示 IPW 被快速运动中的刀具所干涉的那些刀轨运动

（续）

IPW 分辨率	粗糙：生成低分辨率的 IPW 模型。采用这样的分辨率，可以快速生成 IPW 中等：生成中等分辨率的 IPW 模型。与“粗糙”选项相比，需要更长的时间 精细：以最高分辨率生成 IPW 模型。该选项需要最长的生成时间
显示选项	运动数：设置刀具前方将要显示的运动数，用于下 *n* 个运动和+/–*n* 个运动显示选项 每一层暂停：允许多层刀轨在每一层后暂停 动画精度：允许设置为“精细”或“粗糙”选项。如果使用了“粗糙”选项，当动画停止时，将以“精细”选项分辨率重画 IPW IPW 颜色：定义 IPW 上的颜色 IPW 透明度：定义 IPW 的透明。透明度的范围是 0～100
IPW	无：不保存 IPW 保存：保存带有操作的 IPW。IPW 以后可用做其他操作的输入 IPW，或在操作导航器中显示 另存为组件：将 IPW 作为实体或小平面化的实体保存在单独的部件文件中。每个实体都存储于它们自己的引用集中
小平面化的实体	IPW：在刀轨应用于毛坯或先前的 IPW 之后材料的状态。这是在毛坯几何体上执行刀轨（或多个刀轨）的结果 过切：可创建过切区域的小平面化的实体。过切区域是在与内公差值发生冲突时确定的，还会考虑部件余量和定制余量 过剩：可创建一个小平面化的实体，显示仍然留有要移除材料的区域
分析	打开“分析”对话框。可使用该对话框中的选项来分析操作中的测量。在铣削操作中，这些测量值是根据小平面化的实体计算的；在车削操作中，是根据旋转实体计算的
通过颜色表示厚度	创建彩色代码图，该图显示了处理中的工件与设计部件之间的最小距离 需要可用的 3D 处理中的工件 指定点：从图形窗口中选择部件上的点，以确定特定位置剩余材料深度 颜色图例控件：指定图例和彩色绘图外观
选项	碰撞时暂停：IPW 在以“快进”速度运动时，如果刀具发生碰撞，则动画暂停。刀具夹持器以任何速度发生碰撞时，动画暂停 在操作之间检查：在相邻操作的过渡过程中，在内部生成运动，并检查这些运动的碰撞情况 换刀时检查：换刀时，启用两个操作之间的碰撞检查 刀轴更改时检查：刀轴改变时，启用两个操作之间的碰撞检查
抑制动画	显示动画的最终结果而不播放动画

第 2 章　UG CAM 通用知识

学习目标

了解 UG NX 8 刀轨设置参数的含义，熟悉切削参数和非切削参数里各选项的设置方法，掌握刀轨经后处理生成加工程序的操作过程及常见刀路的错误原因和解决办法。

学习内容

- 刀轨的设置
- 切削参数设置
- 非切削参数设置
- 后处理数控程序
- 加工模型分析
- 常见刀路的错误分析

2.1　刀轨的设置

2.1.1　刀轨设置简介

使用刀轨设置选项可以指定控制刀轨的参数，包括切削模式、切削层、切削参数、非切削移动、进给率和速度。

刀轨设置的参数为许多操作所共用，常用选项的含义如表 2-1 所示。

表 2-1　刀轨设置常用选项的含义

选项	含义
方　法	新建：可以为此操作创建新的方法组，并将其放在操作导航器的加工方法视图中供其他操作使用，如粗加工或精加工 编辑：可编辑选定的方法定义
切削模式	选择用于加工切削区域的刀轨模式，可用的切削类型取决于操作。显示快捷键显示 4 个最常使用项的图标，隐藏快捷键返回完整列表并移除图标
附加刀路	对轮廓和标准驱动切削模式可用，指定刀路数以及沿边界的刀路，以便在多个刀路中逐步移除材料
切削层	对切削范围以及每个切削范围的切削层提供更多的控制
切削参数	修改操作的切削参数。可用参数由操作的类型、子类型和切削模式确定
非切削移动	指定在切削移动之前、之后以及之间对刀具进行定位的移动 注释：非切削移动距离选项使用刀具的全直径，它被指定为刀具直径百分比
进给率和速度	指定主轴速度和进给率

（续）

每刀深度	添加范围时的默认值。该值将影响自动生成或单个模式中所有切削范围的每刀最大深度。对于用户定义模式，如果所有范围都具有相同的初始值，那么每刀深度将应用在所有这些范围中 下图说明了如何根据指定的全局每刀深度值 0.25 进行调整 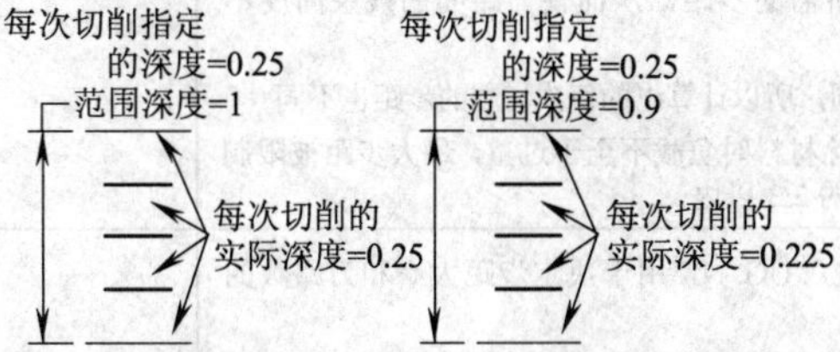

“刀轨设置”对话框如图 2-1 所示。

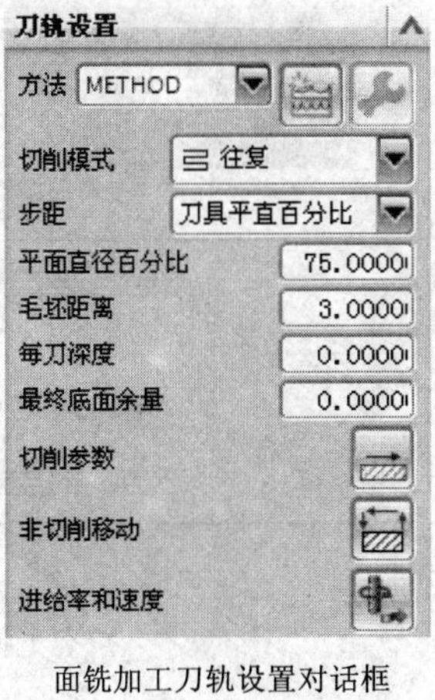

面铣加工刀轨设置对话框

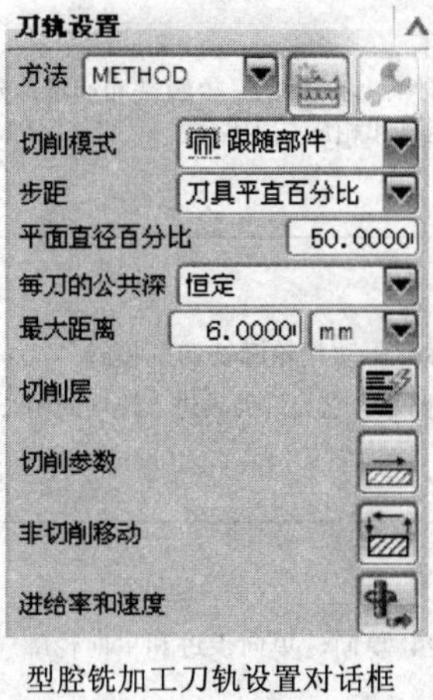

型腔铣加工刀轨设置对话框

图 2-1 “刀轨设置”对话框

2.1.2 步距选项

使用步距指定刀路之间的距离。可以直接通过输入一个常数值或刀具直径的百分比来指定该距离，也可以间接地通过输入残余高度并使系统计算切削刀路间的距离来指定该距离，如表 2-2 所示。

表 2-2　步距选项示例

选项及含义	示　例
刀具平直百分比：指定连续刀路之间的固定距离作为有效刀具直径百分比 ● 有效刀具直径指实际上接触到腔体底部的刀具直径 ● 对于球头铣刀，系统将其整个直径用做有效刀具直径 ● 对于其他刀具，有效刀具直径按 D-2CR 计算 ● 如果刀路间距不能平均分割所在区域，则 UG NX 将减小这一刀路间距以保持恒定步距	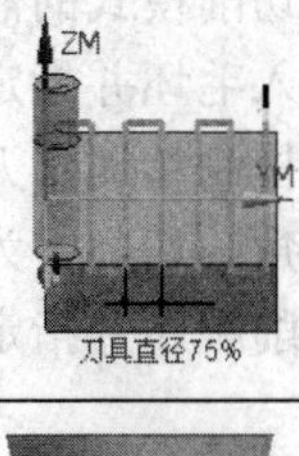
恒定：可以指定连续刀轨之间的最大距离 ● 可以按当前单位或当前刀具的百分比指定距离 ● 如果指定的刀路间距不能平均分割所在区域，则 UG NX 将减小这一刀路间距以保持恒定步距	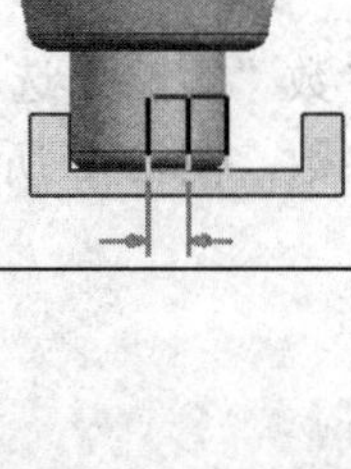

（续）

选项及含义	示　例
残余高度：指定刀路之间可以遗留的最大材料高度 ● UG NX 将计算所需的步距，从而使刀路间的残余高度不大于指定的高度 ● 由于边界形状不同，所以计算出的每次切削的步距也不同 ● 为保护刀具在移除材料时负载不至于过重，最大步距被限制在刀具直径长度的 2/3 以内	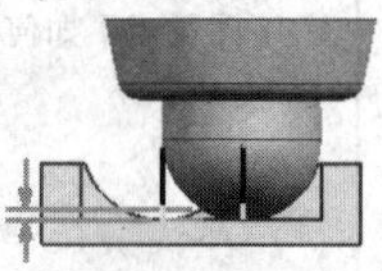
变量平均值：可以建立 UG NX 用于决定步距大小和刀路数的允许范围 调整步距以确保刀具切削始终与平行于往复切削的边界相切，刀具沿壁切削而不会遗留多余材料	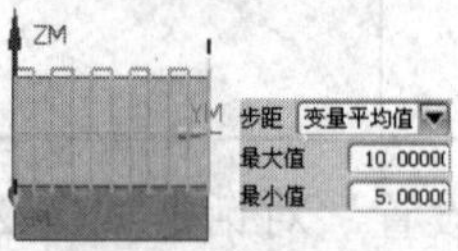
多个：用于跟随部件、跟随周边、轮廓铣和标准驱动切削模式。可以指定多个步距距离和相应的刀路数	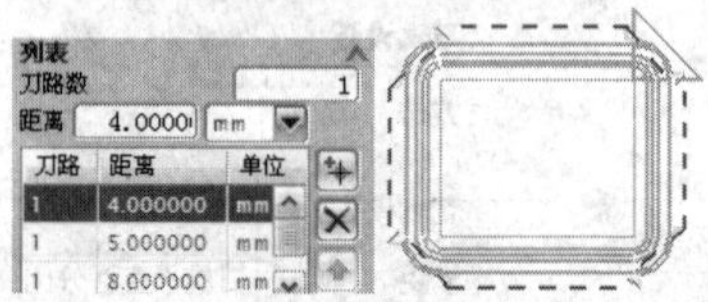
附加刀路：用于标准驱动和轮廓铣切削模式 指定一个附加的刀路数，它允许刀具进入连续的同心切削的边界	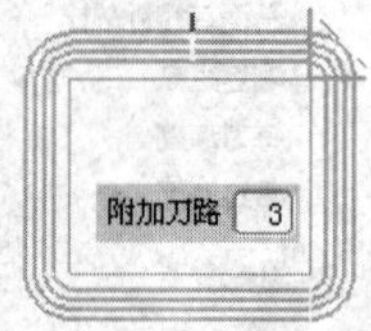
切削角：用于往复、单向、单向步进和单向轮廓	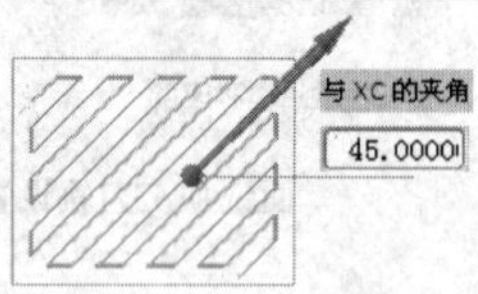

2.2 切削参数

2.2.1 切削参数简介

针对不同的操作，切削参数中的选项也不同，一般通过切削参数选项可以设置执行以下操作：

1）定义切削后在部件上保留多少余量。

2）提供对切削模式的额外控制，如切削方向和切削区域排序。

3）确定输入毛坯并指定毛坯距离。

4）添加并控制精加工刀路。

5）控制拐角的切削行为。

6）控制切削顺序并指定如何连接切削区域。

2.2.2 策略

在切削参数“策略”选项卡里，可以设置切削方向、切削角、精加工刀路、底切以及切削区域等参数。图 2-2 所示为面铣加工的“策略”选项卡（部分选项在后面章节里重点解释，此处略去）。

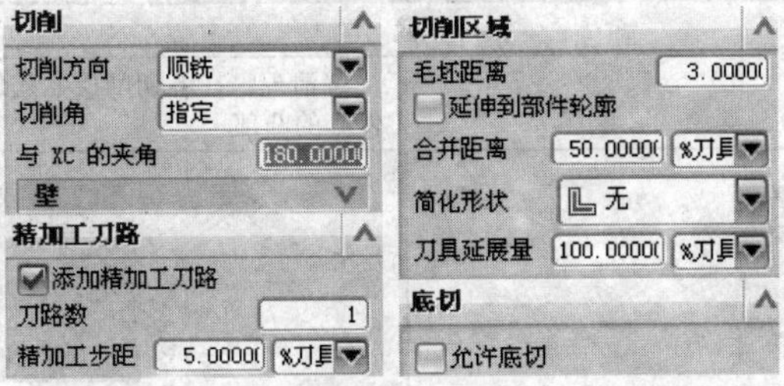

图 2-2　面铣加工的“策略”选项卡

1. 切削

“切削”选项组中各选项的含义如表 2-3 所示。

表 2-3 “切削”选项组各选项的含义

<table>
<tr><td colspan="2">切削方向：根据边界方向和主轴旋转方向计算切削方向</td></tr>
<tr><td>混合切削</td><td rowspan="2">
用混合切削方向和直接对部件进刀的开放区域</td></tr>
<tr><td>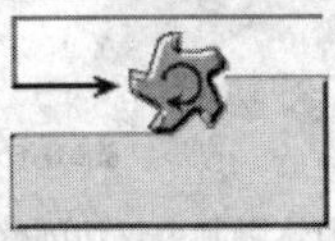
可用于深度加工操作。各层之间交替切削方向。除顺铣和逆铣外，还可通过向前和向后在各切削层中交替改变切削方向</td></tr>
<tr><td colspan="2">切削角：对于单向、往复和单向轮廓切削模式可用。对于面铣，切削角仅用于单向和往复切削模式
相对于 WCS 旋转刀轨
在指定切削角时，该角是刀轨相对于 WCS 的 XC 轴的方向</td></tr>
<tr><td>自动</td><td>指定</td></tr>
<tr><td>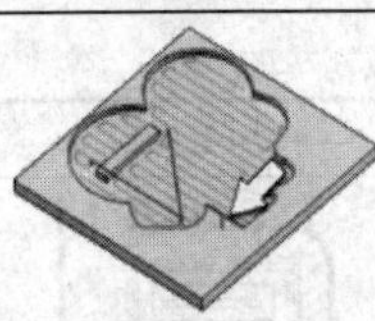
UG NX 自动计算每个切削区域形状，并确定高效的切削角，以便在对区域进行切削时最小化内部进刀运动</td><td>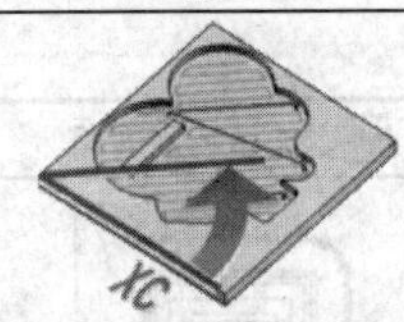
指定切削角。切削角是相对于 WCS 的 XC-YC 平面中的 X 轴测量的，之后会投影到底平面</td></tr>
<tr><td>最长的线</td><td>矢量</td></tr>
<tr><td>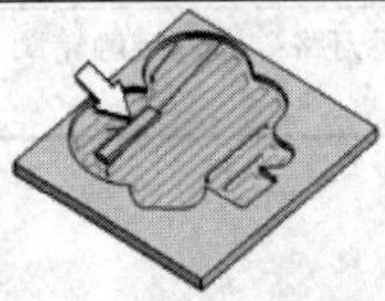
建立与周边边界中最长的线段平行的切削角。如果周边边界不包含线段，则 UG NX 搜索最长的内部边界线段</td><td>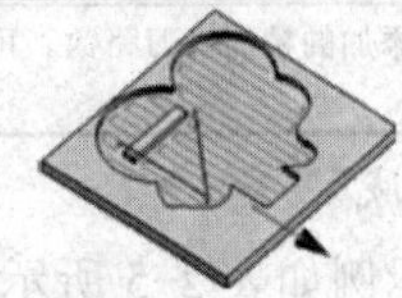
将定义的 3D 矢量存储为切削方向。在定义切削角时，UG NX 会沿刀轴将 3D 矢量投影到切削层</td></tr>
<tr><td colspan="2">刀路方向：对跟随周边和摆线切削模式可用。可以反向腔体加工的刀轨以减少切屑干扰并消除预钻孔的必要</td></tr>
<tr><td>向内</td><td>向外</td></tr>
<tr><td>
在部件周边开始切削并在中心结束</td><td>
（默认）在部件周边中心切削并在周边结束</td></tr>
</table>

（续）

<table>
<tr><th colspan="2">壁</th></tr>
<tr><td>☑岛清理</td><td>壁清理：在各切削层插入最终轮廓铣刀路以移除保留在部件壁的凸部</td></tr>
<tr><td>
在各岛周围添加完整的清理刀路以移除多余材料</td><td>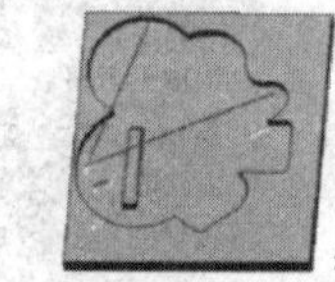

使用轮廓铣刀路移除所有材料，而不重新切削材料</td></tr>
<tr><td>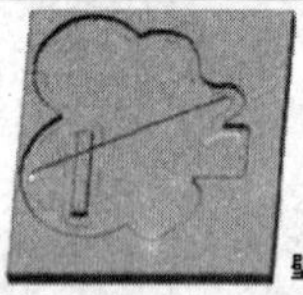

并非总是移除所有材料，但是可以借助较少的进刀创建更短的刀轨</td><td>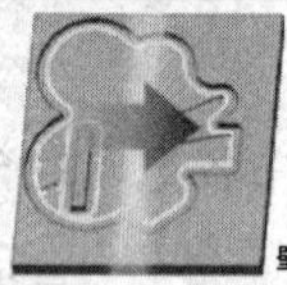

沿部件壁生成额外的轮廓刀路，以便移除未切削的材料和重新切削某些外部跟随周边刀路</td></tr>
<tr><td>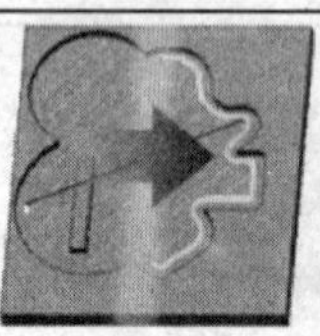

同壁清理在起点</td><td>

将刀轨限制为仅切削壁</td></tr>
</table>

2. 精加工刀路

精加工刀路控制刀具在完成主要切削刀路后所作的最后切削的一个或多个刀路，如表 2-4 所示。

表 2-4　精加工刀路示例

<table>
<tr><th>☑添加精加工刀路</th><th>精加工步距</th></tr>
<tr><td>
为操作添加一个或多个精加工刀路</td><td>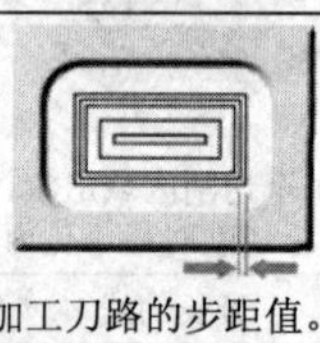
指定仅应用于精加工刀路的步距值。此值必须大于零</td></tr>
<tr><td colspan="2">刀路数：指定要添加的精加工刀路数。可以通过中心线刀具补偿请求多个精加工刀路；通过接触轮廓刀具补偿，只能请求一个精加工刀路</td></tr>
</table>

3. 切削区域

切削区域示例如表 2-5 所示。

表 2-5　切削区域示例

<table>
<tr><th>毛坯距离</th><th>合并距离</th></tr>
<tr><td>
指定应用于部件边界或部件几何体以生成毛坯几何体的偏置距离</td><td>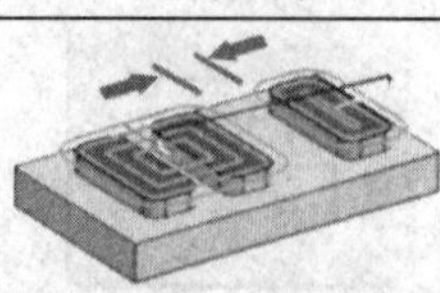
允许将两个或多个面合并到单个刀轨以减少进刀和退刀</td></tr>
</table>

（续）

☑延伸到部件轮廓

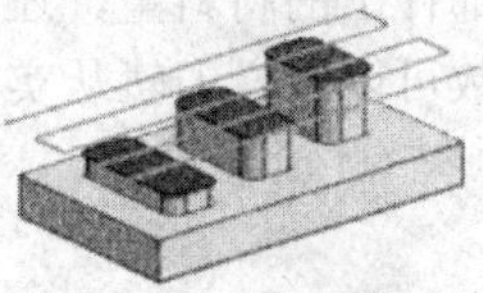 将选定的一个或多个面延伸到部件轮廓	示例： 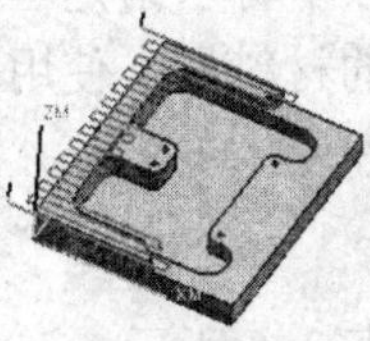 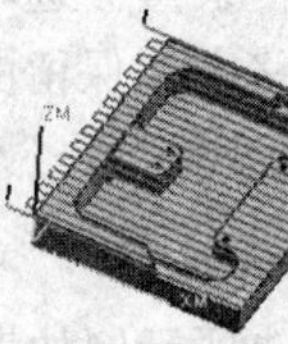 面未延伸 面已延伸

简化形状：将复杂的多侧切削区域几何体修改为简单的形状

无 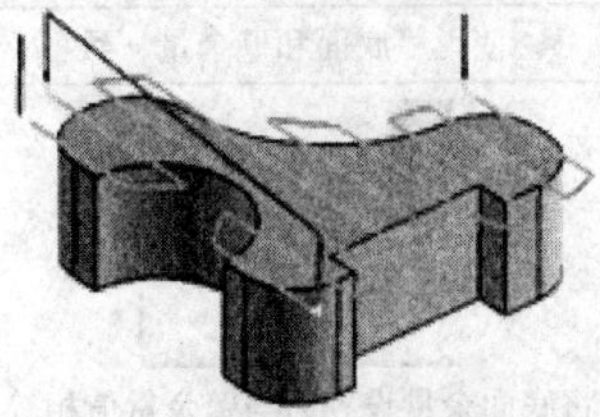 未应用简化并且切削区域由要加工的面的原始轮廓决定	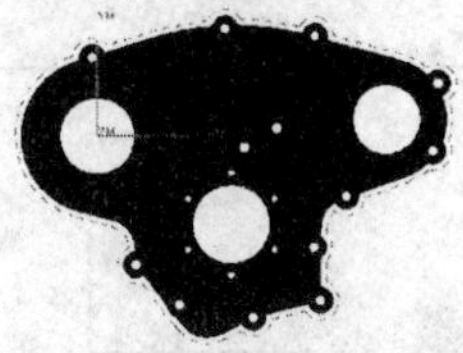
凸包 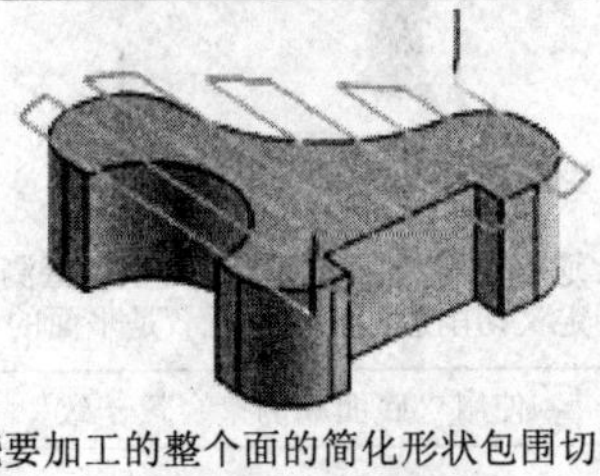 用围绕要加工的整个面的简化形状包围切削区域	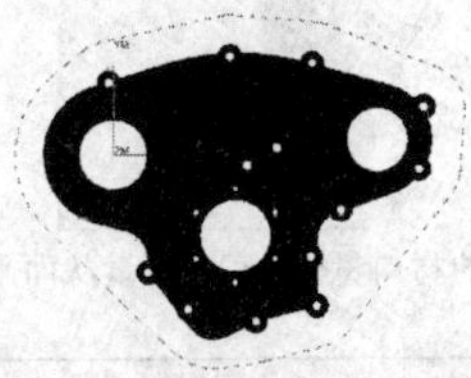
最小包围盒 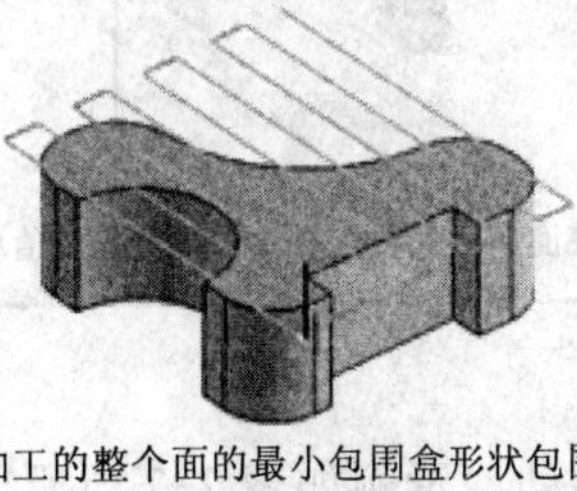 用围绕要加工的整个面的最小包围盒形状包围切削区域	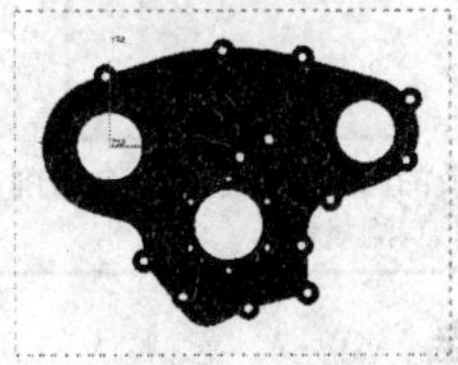

底切

☐防止底切	☑防止底切
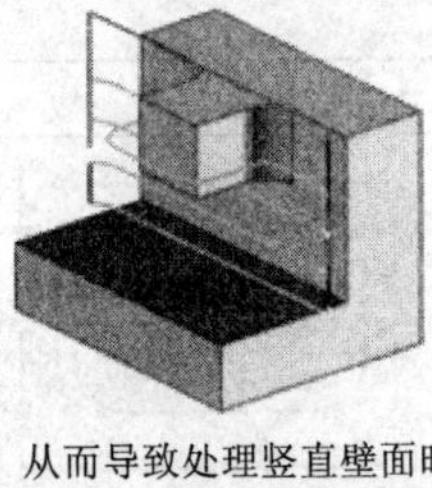 忽略底切几何体，从而导致处理竖直壁面时的公差更加宽松	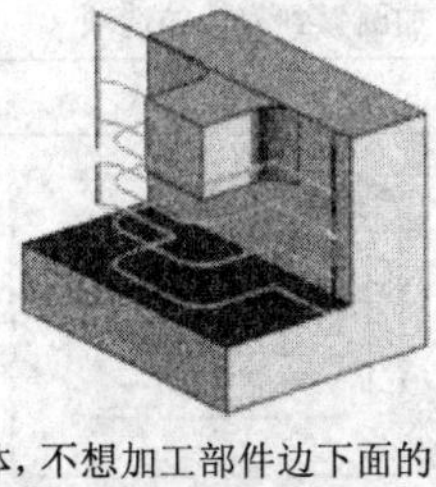 标识底切几何体，不想加工部件边下面的面时使用此选项

2.2.3 余量

1. **余量简介**

使用“余量”选项卡可以指定当前操作之后保留在部件上的材料量，还可以指定最终轮廓铣刀路之后保留的材料量，使用内公差和外公差参数可以定义刀轨从实际部件表面偏离的许可范围。

2. **余量选项**

余量选项示例如表 2-6 所示。

表 2-6 余量选项示例

余量：可用于设置某项操作的余量参数，由处理器确定	
壁余量	☑使用“底面和壁余量一致”
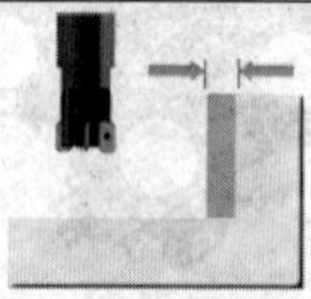	
向各个壁应用唯一的余量	将底面余量设置为与壁余量值相等
最终底面余量	部件底面余量
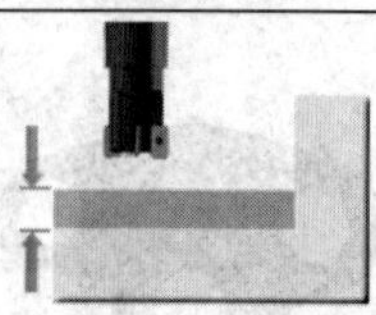	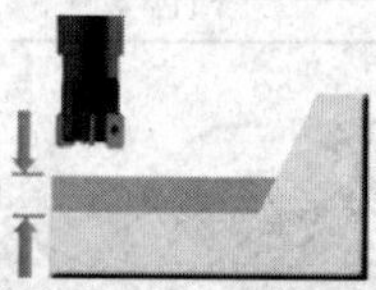
设置未切削的材料量值。底面余量从面平面测量并沿刀轴偏置	指定底面上遗留的材料。此余量沿刀轴竖直测得。部件底面余量仅应用于定义切削层的部件表面，是平面的且垂直于刀轴
部件侧面余量	☑使用“底面和侧壁余量一致”
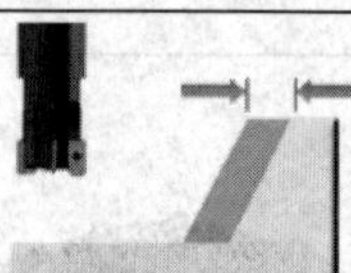	
指定壁上剩余的材料，它是在每个切削层上沿垂直于刀轴的方向（水平）测量的	将底面余量设置为与部件侧面余量值相等

2.2.4 拐角

使用“拐角”选项卡上的选项平滑过渡相关切削移动，示例如表 2-7 所示。

表 2-7 拐角选项示例

光顺：提供添加圆弧到刀轨的选项	
无	所有刀路
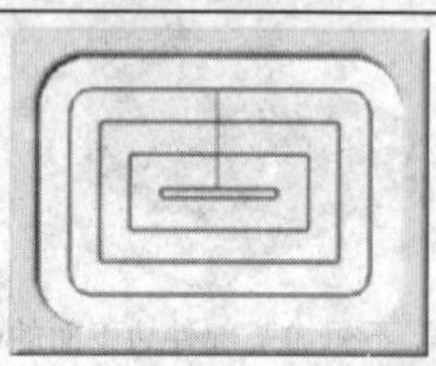	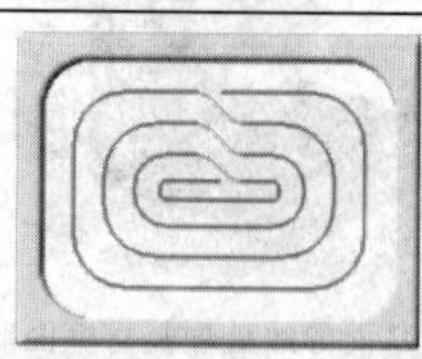
不应用光顺半径到刀轨拐角和步距	应用光顺半径到刀轨拐角和步距

（续）

<table>
<tr><td colspan="3">光顺拐角位于（用于曲面轮廓铣操作中的边界驱动方法）</td></tr>
<tr><td>边界</td><td>部件表面</td><td>边界和部件表面</td></tr>
<tr><td>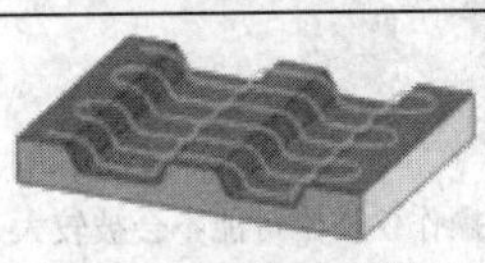
在刀轨边界添加光顺圆弧</td><td>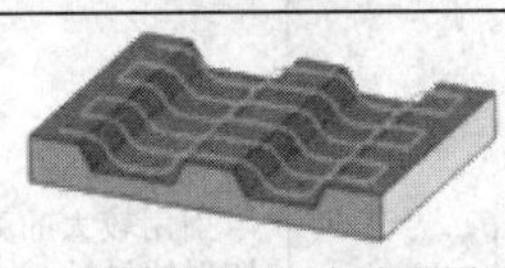
在刀轨边界内部添加光顺圆弧</td><td>
在整个刀轨添加光顺圆弧</td></tr>
<tr><td colspan="3">Z 轴光顺（对轮廓 3D 和实体轮廓 3D 操作可用）</td></tr>
<tr><td>无</td><td colspan="2">开</td></tr>
<tr><td>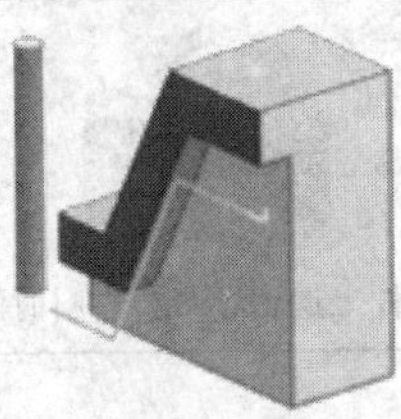
不调整刀轨</td><td colspan="2">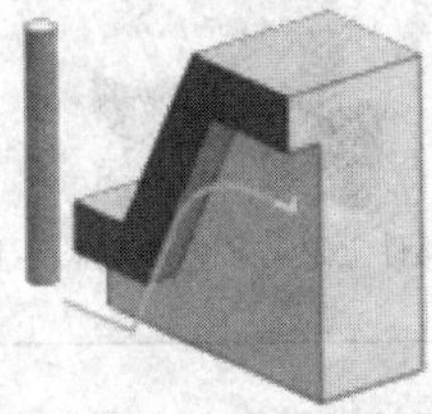
对尖角倒圆并减少陡峭运动以光顺刀轴方向的刀轨</td></tr>
</table>

2.2.5　刀具夹持器

1. ***刀具夹持器简介***

使用刀具夹持器选项可避免与夹持器发生碰撞并将最短的刀具用于操作。

1）UG NX 将部件安全距离应用到刀具夹持器形状以确保与几何体的安全距离。

2）检查夹持器是否会与处理中的工件（IPW）、毛坯几何体、部件几何体或检查几何体发生碰撞。

3）任何将导致碰撞的区域都将从切削区域中移除，因此得到的刀轨在切削材料时不会发生夹持器碰撞的情况。

4）移除的材料在每完成一个切削层后都将更新，以最大限度地增加切削范围，同时由于上层材料已移除，使得夹持器在工件下层的活动空间越来越大。

2. ***刀具夹持器选项***

刀具夹持器选项示例如表 2-8 所示。

表 2-8　刀具夹持器选项示例

<table>
<tr><td colspan="2">刀具夹持器</td></tr>
<tr><td>☑使用刀具夹持器</td><td>☑使用 2D 工件</td></tr>
<tr><td>
在碰撞检查中包括刀具夹持器</td><td>
使用先前操作中从刀具夹持器碰撞检测保存的 2D 工件作为要包含当前操作中切削运动的修剪几何体</td></tr>
</table>

（续）

<table>
<tr><td colspan="3">☑使用 2D IPW</td><td colspan="3">☑使用参考刀具</td></tr>
<tr><td colspan="3">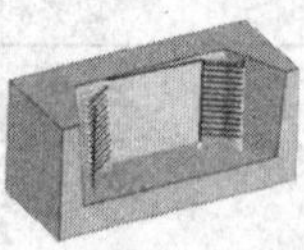
在后续操作中仅加工部件上剩余的材料</td><td colspan="3">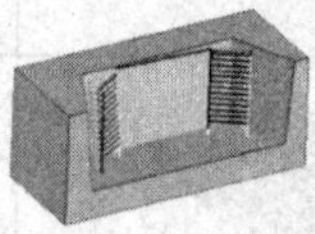
引用较大的刀具以使当前操作仅移除可能不会被较大刀具切削的材料</td></tr>
<tr><td colspan="6">IPW 碰撞检查：允许指定是否检查 IPW 碰撞</td></tr>
<tr><td colspan="3">☐IPW 碰撞检查</td><td colspan="3">☑IPW 碰撞检查</td></tr>
<tr><td colspan="3">
如果已经知道部件上遗留了多少材料，则指定安全距离值以防止碰撞</td><td colspan="3">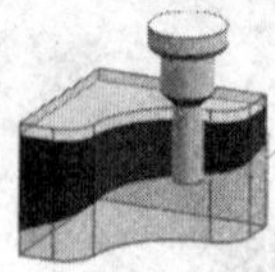
不知道部件上遗留了多少材料时防止碰撞</td></tr>
<tr><td colspan="6">小面积避让（对型腔铣可用）</td></tr>
<tr><td colspan="2">切削</td><td colspan="2">忽略</td><td colspan="2">面积大小</td></tr>
<tr><td colspan="2">
只要刀具适合，即可切削小封闭区域</td><td colspan="2">
忽略小封闭区域，刀具在该区域外切削</td><td colspan="2">
指定刀具忽略的最大面积</td></tr>
</table>

3. *使用刀具夹持器提示*

刀具夹持器定义为多个圆柱或圆锥。在固定轴曲面轮廓铣操作的深度铣、型腔铣、区域铣削和清根驱动方法中，可以用“使用刀具夹持器提示”来指定刀具夹持器，从而确保刀轨不会有夹持器碰撞。

如果刀具夹持器和工件之间检测到碰撞，则发生碰撞的区域不会被切削。

图 2-3a 显示刀具不够长，无法在刀具夹持器不与 4 个柱碰撞的情况下触及底面，由于检测到碰撞，所以发生碰撞的区域不会被切削。

图 2-3b 显示较短刀具无法触及的未切削区域在用较长刀具的后续操作中已被识别。

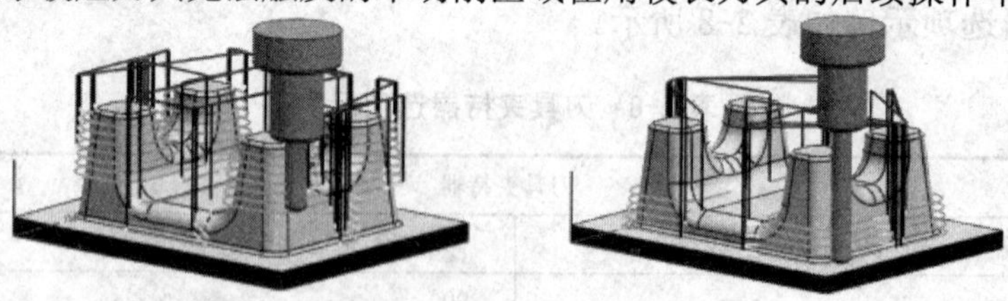

a）　　b）

图 2-3　使用刀具夹持器提示

a）较短刀具　b）较长刀具

2.2.6　更多选项卡

1. *切削步长（用于固定轴和可变轴曲面轮廓铣操作）*

切削步长控制沿切削方向、在驱动轨迹的驱动点之间测量的线性距离。

如果最大步长值太大，小特征不会被识别，因为它们在曲面上不直接具有驱动点，刀轨穿过特征，如图 2-4 所示。

步长越小，创建的驱动点越多，驱动轨迹越能准确跟随部件几何体的轮廓，因此较小的特征能够被识别，如图 2-5 所示。

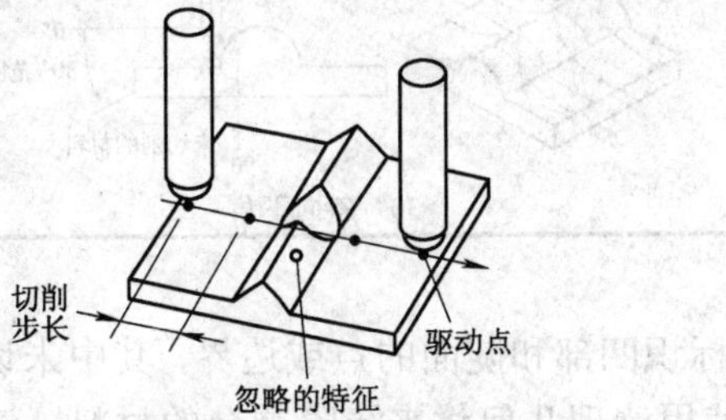

图 2-4　步长较大的特征未被识别

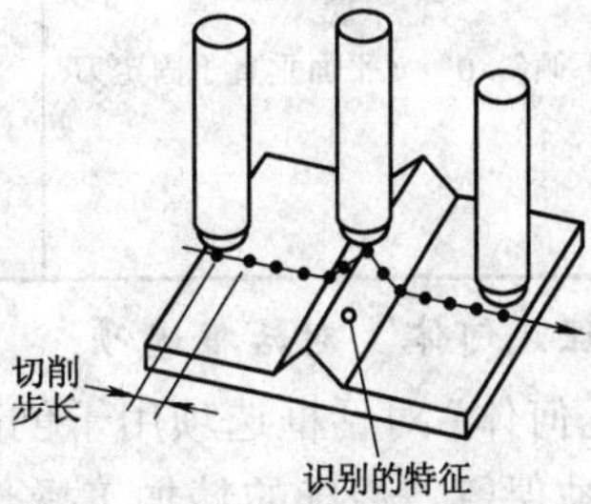

图 2-5　步长较小的特征被识别

只要生成的刀轨不违反指定的部件内公差和部件外公差值，系统就会应用为最大步长输入的值。

2. **容错加工（对型腔铣操作可用）**

容错加工关闭时，刀轨可能产生意外结果。但只有在必须关闭时才能使用“防止底切”选项。

在不过切部件的情况下查找正确的可加工区域，打开容错加工是大部分铣削操作的首选方法。具体应用如图 2-6 所示。

容错加工打开时的反拔模条件　　容错加工关闭时的反拔模条件

图 2-6　容错加工的应用

3. **倾斜（可用于固定轴曲面轮廓铣操作）**

倾斜选项可以指定刀具的向上和向下角度运动限制，角度是从垂直于刀轴的平面测量的，应用示例如表 2-9 所示。

表 2-9　倾斜选项示例

斜向上角	输入 0°～90° 之间的值：90°（默认）不限制刀具移动；0° 创建仅向下切削
 允许刀具向上倾斜 0°（平面垂直于固定刀轴）到指定值	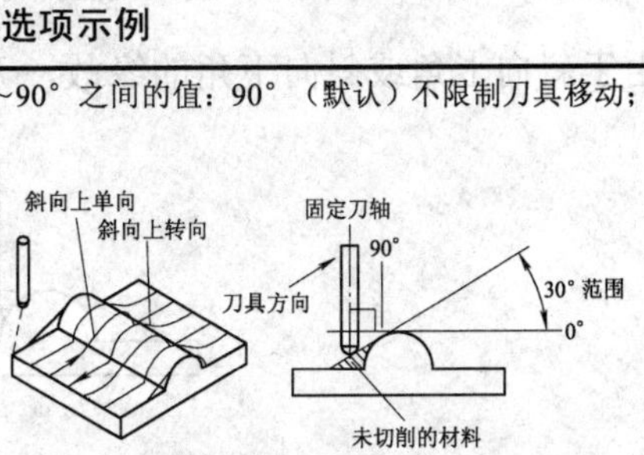 30° 斜向上角

（续）

斜向下角  允许刀具向下倾斜 0°（平面垂直于固定刀轴）到指定值	输入 0°～90° 之间的值：90°（默认）不限制刀具移动；0° 创建仅向上切削 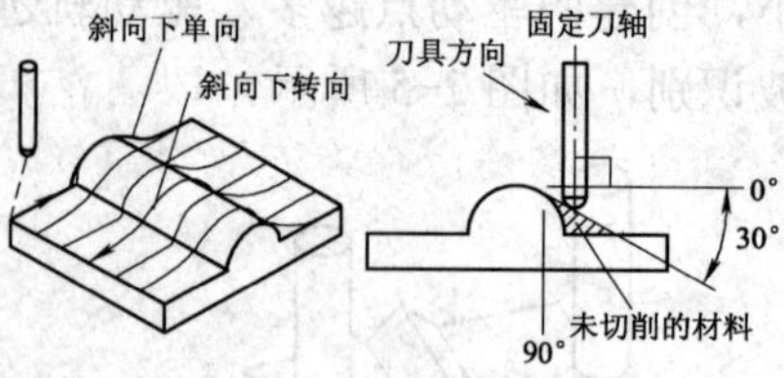 30° 斜向下角

4. **“清理几何体”对话框选项**

“清理几何体”对话框选项用于创建可标识凹部和陡面的点或边界，其中未切削的材料在操作后仍被保留，后续的精加工操作可使用清理几何体来清除剩余的材料。清理几何体可用于固定轴曲面轮廓铣中除清根以外所有驱动方法。

☑凹部为遗留未切削材料的区域创建清理几何体，如图 2-7 所示。

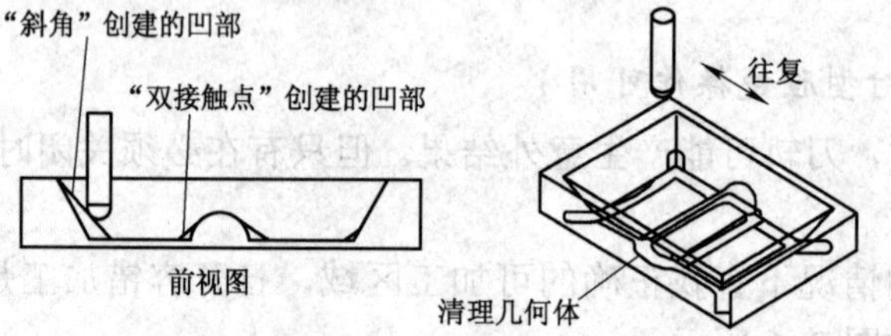

图 2-7　凹部

以下情况应用凹部可识别剩余未切削材料：

1）刀具无法进入区域并且存在双接触点，如图 2-8 所示。

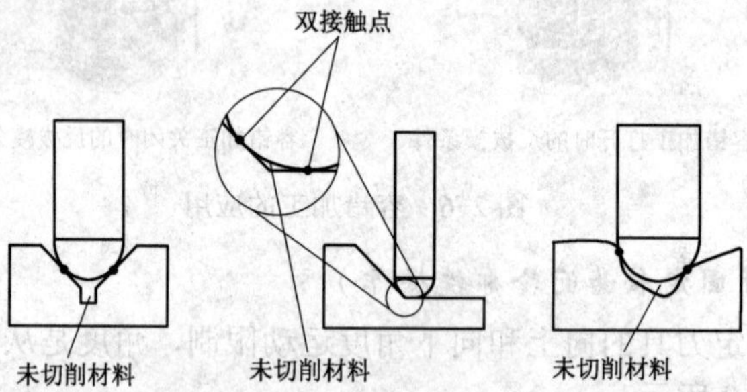

图 2-8　由双接触点导致的未切削材料（凹部）

2）由于斜向上角或斜向下角的缘故，刀具无法触及拐角和小型腔，如图 2-9 所示。

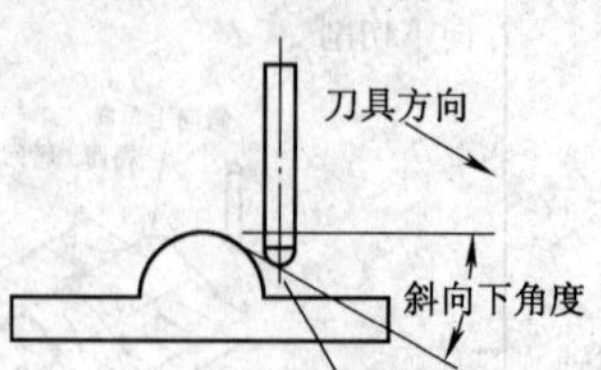

图 2-9　由指定的斜向上角导致的未切削材料（凹部）

5. ☑另外的横向驱动（常用于边界驱动方式下的往复切削模式）

在选定凹部时，可用于往复切削模式的边界驱动方法。

由于受切削方向以及步距大小影响，当 UG NX 未能生成双接触点时，则不能识别出所有凹部和倾斜角度。此时可通过在与切削方向成 90°的地方添加横向驱动，创建额外的双接触点。另外的横向驱动不保存为刀轨，它仅用于计算双接触点，如图 2-10 所示。

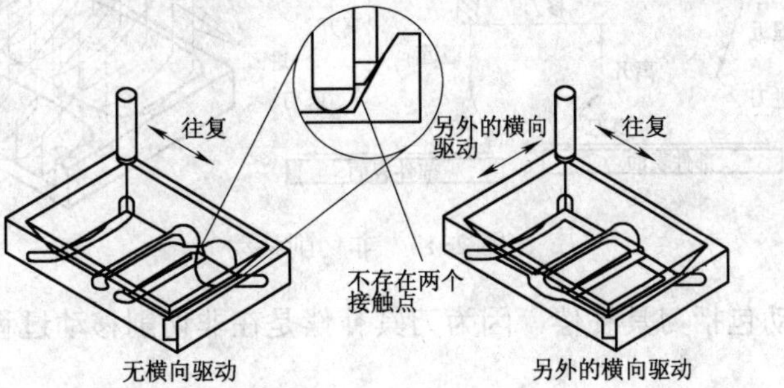

图 2-10　另外的横向驱动

6. ☑陡峭区域（可用于边界驱动方法）

当曲面角度超出指定的陡角时，选择“陡峭区域”创建表示未切削区域的“接触”条件封闭边界识别超过指定陡角值的部件表面上未切削的材料。不论曲面角度在何处超出指定的陡角，都可创建表示未切削区域的“接触”条件封闭边界。该选项包括“定向”、“陡角”、“陡峭重叠”和“陡峭合并”选项。

由于是陡峭曲面，未切削材料还可能以连续残余高度的形式遗留下来，如图 2-11 所示。

以下情况会将曲面视为陡峭的：

- 曲面角度超过指定的陡角值。
- 步距方向为沿曲面倾斜向上或向下。

如果切削方向如图 2-12 所示沿曲面倾斜向上或向下，则曲面被视为非陡峭的。

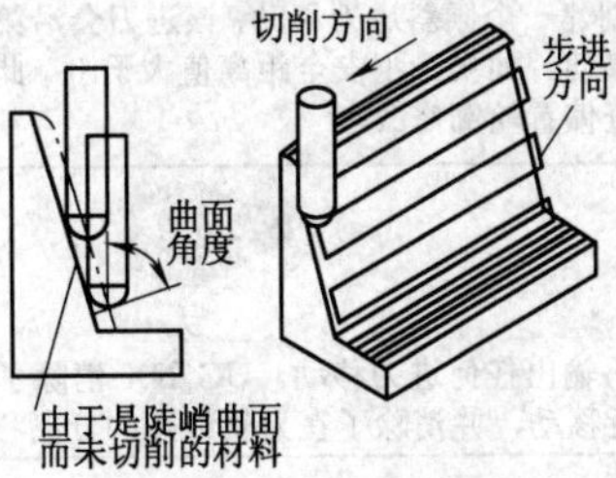

图 2-11　陡峭曲面

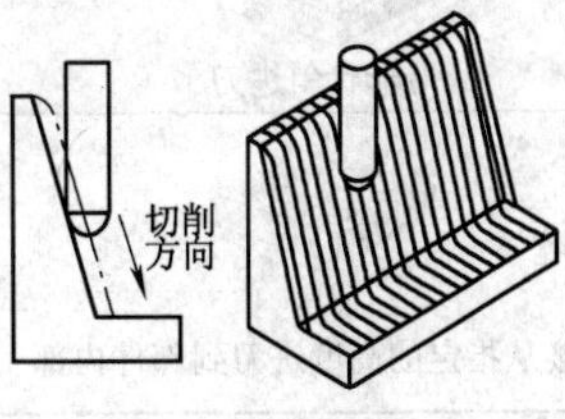

图 2-12　非陡峭曲面

2.3　非切削参数

使用非切削移动命令可以避免与部件或夹具设备发生碰撞（本节内容以平面铣为例）。非切削移动可以执行以下操作：

1）将刀具放在切削移动之前、之后或之间。

2）创建与切削移动段相连的非切削刀轨段以便在单个操作内形成完整刀轨。

3）非切削移动可以简单到单个的进刀和退刀，或复杂到一系列定制的进刀、退刀和传递（离开、移刀、逼近）运动，这些运动的设计目的是协调刀路之间的多个部件曲面、检查曲面和抬刀操作，如图 2-13 所示。

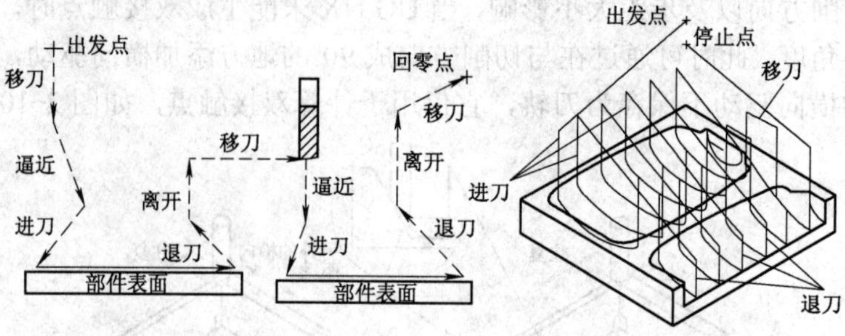

图 2-13　非切削移动

4）非切削移动包括刀具补偿，因为刀具补偿是在非切削移动过程中激活的。

2.3.1　进刀

进刀指定刀具在做进刀移动时的进刀类型及其参数，产生符合加工工艺要求的进刀刀轨。

1. ***封闭区域进刀***

封闭区域进刀指刀具到达当前切削层之前必须切入部件材料中的区域，应用示例如表 2-10 所示。

表 2-10　封闭区域进刀示例

与开放区域相同 处理封闭区域的方式与开放区域类似，且使用开放区域移动定义	
 螺旋线	在第一个切削运动处，创建无碰撞的、螺旋线形状的进刀移动。使用最小安全距离可避免使用部件和检查几何体。螺旋线尺寸从请求的尺寸降低到允许的最小尺寸 如果在进刀时会过切部件，则不使用螺旋线移动。如果无法满足螺旋线移动的要求，则替换为具有相同参数的倾斜移动
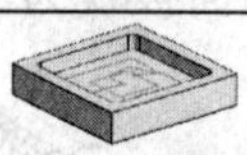 沿形状斜进刀	创建一个倾斜进刀移动，该进刀会沿第一个切削运动的形状移动。如果最小安全距离值大于 0，此形状可通过部件或检查偏置轮廓修改
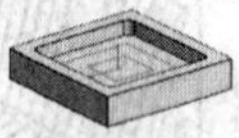 插削 直接从指定的高度进刀到部件内部	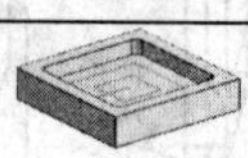 无 不输出任何进刀移动。UG NX 消除了在刀轨起点的相应逼近移动，并消除了在刀轨终点的分离移动
倾斜角度（斜坡角） 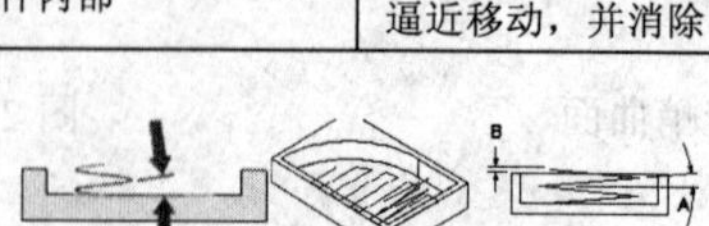 最小安全距离（B）和倾斜角度（A） 控制刀具切入材料的倾斜角度。倾斜角度是在垂直于部件表面的平面中测量的。该角度必须大于 0° 且小于 90° 。刀具从指定倾斜角度与最小安全距离几何体相交处开始倾斜移动。如果要切削的区域小于刀具半径，则不会发生倾斜	
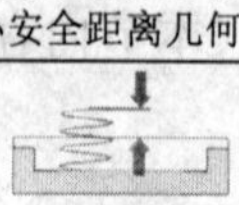 高度 指定要在切削层的上方开始进刀的距离 注释：为避免碰撞，高度值必须大于面上的材料	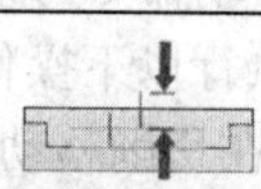 高度起点为当前层 指定测量封闭区域进刀移动高度的位置

（续）

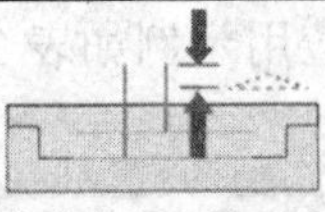 高度起点为前一层 指定测量封闭区域进刀移动高度的位置	 平面 可以指定决定斜进刀总体尺寸的距离值
最大宽度 可以指定决定斜进刀总体尺寸的距离值	
 最小安全距离 指定刀具可以逼近非加工的部件区域的最近距离，还可以指定后备退刀倾斜离部件多远	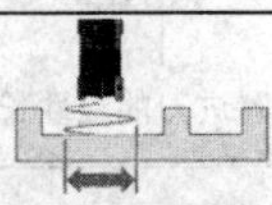 最小倾斜长度 控制自动斜削或螺旋进刀切削材料时刀具必须移动的最短距离。适于需要在前导和后置插入物之间留有足够交叠部分，进而防止未切削材料接触到刀具的非切削底部的插入式刀具

2. **开放区域进刀**

选择开放区域进刀，刀具可悬空进入当前切削层的区域。如果进刀移动处于最小安全距离偏置值范围内，则延续移动，以确保进刀位置与部件几何体的距离为最小安全距离。

应用示例如表 2-11 所示。

表 2-11 开放区域进刀示例

与封闭区域相同 不尝试开放区域移动，且使用封闭区域默认值	
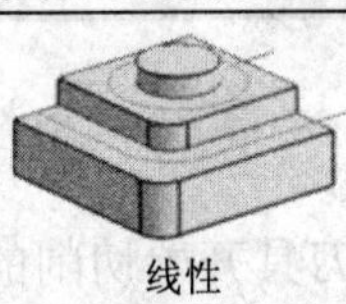 线性 在与第一个切削运动相同方向的指定距离处创建进刀移动	 线性—相对于切削 创建与刀轨相切（如果可行）的线性进刀移动
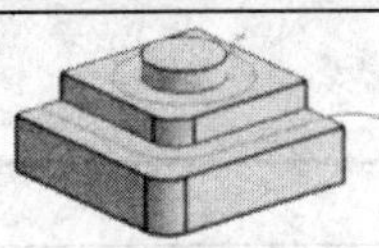 圆弧 创建一个与切削移动的起点相切（如果可能）的圆弧进刀移动	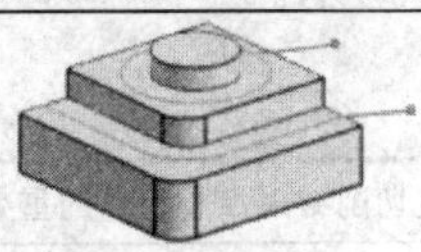 点 为线性进刀指定起点。添加一个半径，以从线性进刀移动平滑过渡到部件材料上的切削移动
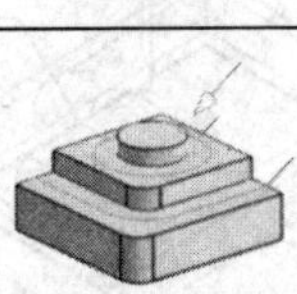 线性—沿着矢量 指定进刀方向。使用矢量构造器可定义进刀方向	 角度平面 指定起始平面。旋转角度和倾斜角度定义进刀方向。平面将定义长度
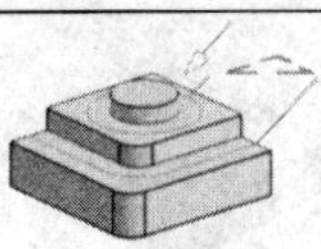 矢量平面 指定起始平面。使用矢量构造器可定义进刀方向。平面将定义长度	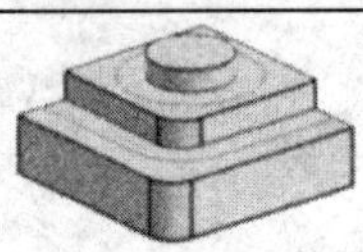 无 不创建进刀移动。进刀移动（如果需要）直接与切削移动相连

3. **其他参数**

包括设置进刀长度、旋转角度、最小安全距离等参数，应用示例如表 2-12 所示。

表 2-12　其他参数应用示例

<table>
<tr><td colspan="3">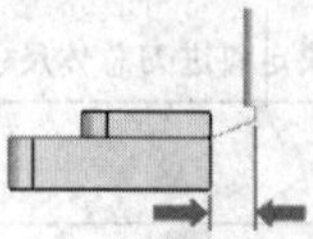
长度
设置进刀的线性长度</td><td colspan="3">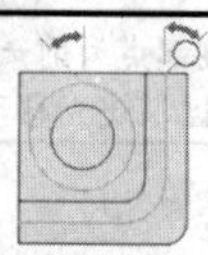
旋转角度
设置此值，在与切削层相同的平面中以该角度进刀。如果旋转角度为正，则刀具始终远离部件</td></tr>
<tr><td colspan="3">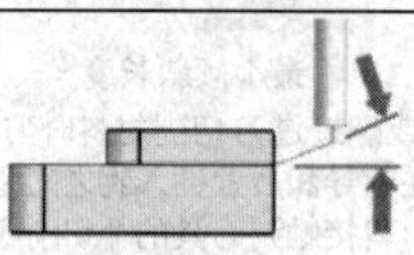
倾斜角度
设置此值以在切削层上方进刀</td><td colspan="3">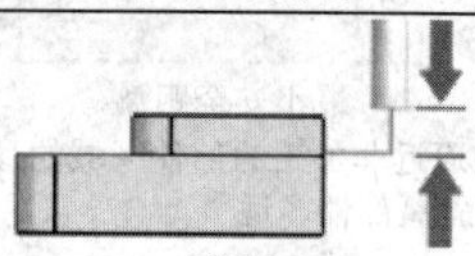
高度
指定要在切削层的上方开始进刀的距离</td></tr>
<tr><td colspan="2">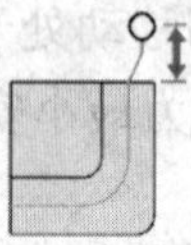
最小安全距离
指定刀具可以逼近非加工的部件区域的最近距离，还可以指定后备退刀倾斜离部件多远</td><td colspan="2">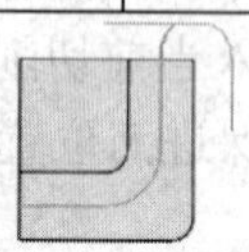
修剪至最小安全距离
将圆弧和线性进刀移动修剪到最小安全距离。限制总体进刀移动距离，同时仍确保该移动距离材料的距离为最小安全距离</td><td colspan="2">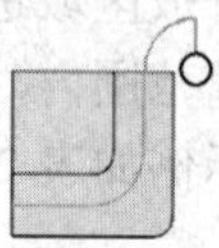
在圆弧中心处开始
从圆弧进刀的起点将一个移动添加到圆弧的中心</td></tr>
</table>

2.3.2　起点/钻点

起点/钻点指定刀具进入切削层时的位置以及在切削层中刀具开始切削的切削点，应用示例如表 2-13 所示。

表 2-13　起点/钻点示例

<table>
<tr><td colspan="2">重叠距离：指定切削结束点和起点的重叠深度</td></tr>
<tr><td>
重叠距离指定进刀和退刀移动之间的总体重叠距离。此选项确保在发生进刀和退刀移动的点进行完全清理。刀轨在切削刀轨原始起点的两侧同等地重叠</td><td>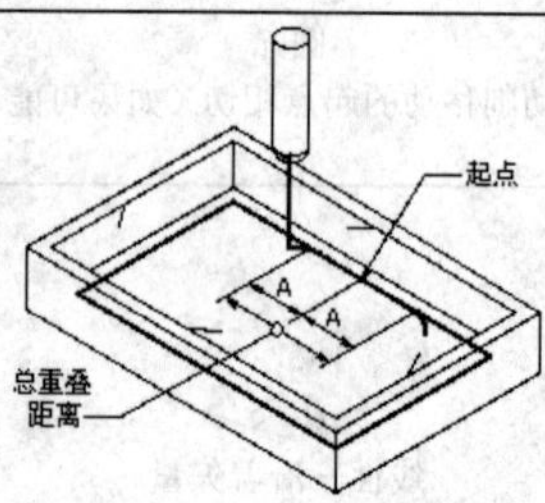</td></tr>
<tr><td colspan="2">区域起点：指定从何处开始加工</td></tr>
<tr><td>
中点
（默认）在切削区域内最长的线性边中点开始刀轨。如果没有线性边，则使用最长的段</td><td>
拐角
从指定边界的起点开始</td></tr>
</table>

（续）

 指定点 指定区域起点位置。可以选择预定义点或使用点构造器指定点	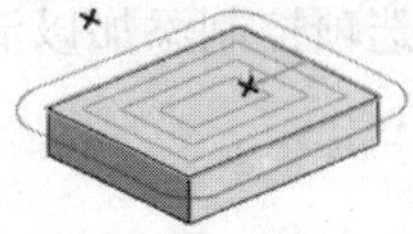 有效距离 指定—— 设置最大值，UG NX 将忽略超出该距离的点 无——不设置距离。系统使用任何点
预钻点：代表预先钻好的孔，刀具将在没有任何特殊进刀的情况下下降到该孔并开始加工	
 指定点 指定预钻点位置。可以选择预定义点或使用点构造器指定点	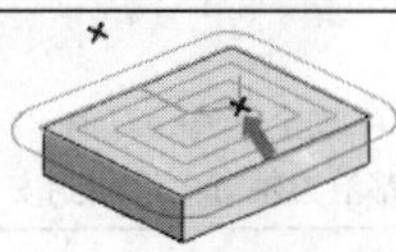 有效距离 指定——设置最大值，软件将忽略超出该距离的点 无——不设置距离。系统使用任何点

2.3.3　转移/快速

转移/快速指定刀具从一个切削路径运动到下一个切削路径的移动方式及其参数。

1. **安全设置选项**

安全设置选项应用示例如表 2-14 所示。

表 2-14　安全设置选项示例

 使用继承的 使用在 MCS 中指定的安全平面	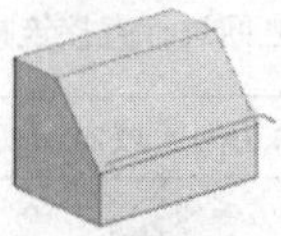 无 不使用安全平面
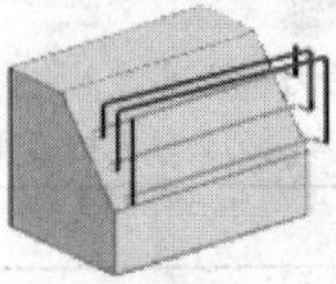 自动平面 将安全距离值添加到清除部件几何体的平面中	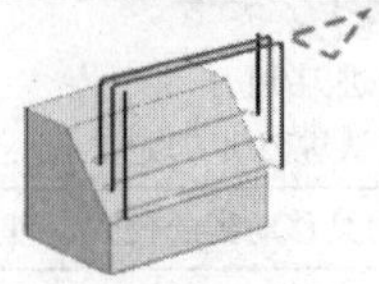 平面 为此操作指定安全平面。使用平面构造器定义安全平面
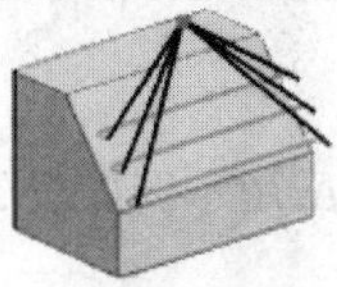 点 指定要传递到的安全点	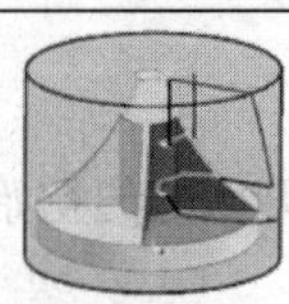 包容圆柱体 指定圆柱形状作为安全几何体。通常假设圆柱外的体积是安全的
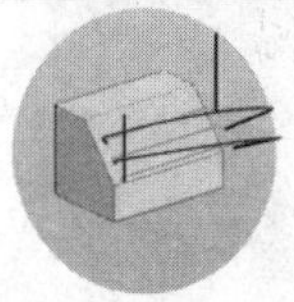 球 指定球形作为安全几何体	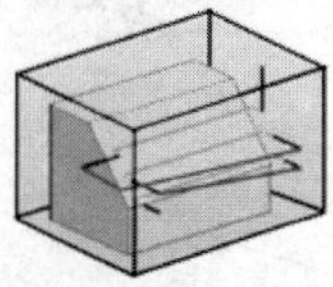 包容块 指定包容块形状作为安全几何体

2. **区域之间选项**

区域之间选项控制添加以清除不同切削区域之间障碍的退刀、传递和进刀，应用示例如表 2-15 所示。

表 2-15　区域之间选项示例

<table>
<tr><td colspan="2">传递类型：指定要将刀具移动到的位置</td></tr>
<tr><td>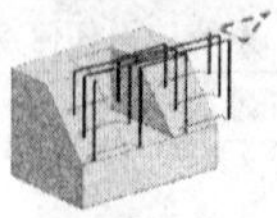
安全距离—刀轴
所有移动都沿刀轴方向返回到安全几何体</td><td>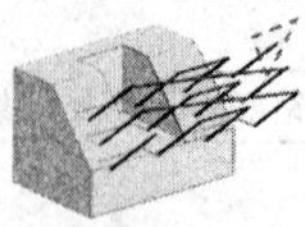
安全距离—最短距离
所有移动都根据最短距离返回已标识的安全平面</td></tr>
<tr><td>
安全距离—切削平面
所有移动都沿切削平面返回到安全几何体</td><td>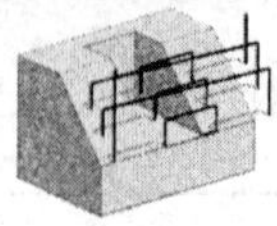
前一平面
所有移动都返回到前一切削层，此层可以安全传刀以使刀具沿平面移动到新的切削区域</td></tr>
<tr><td>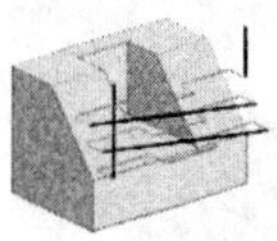
直接
在两个位置之间进行直接连接</td><td>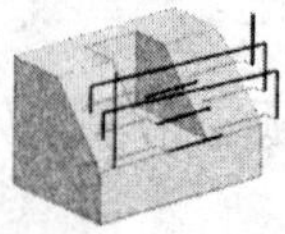
最小安全值 Z
首先应用直接移动。如果移动无过切，则使用前一安全深度加工平面</td></tr>
<tr><td colspan="2">区域内：控制添加以清除切削区域内或切削特征各层之间材料的退刀、传递和进刀</td></tr>
<tr><td>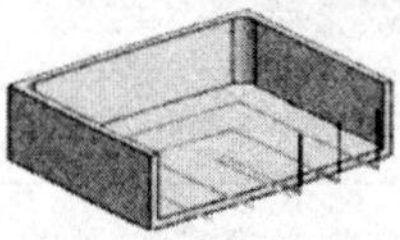
进刀/退刀
使用默认进刀/退刀定义</td><td>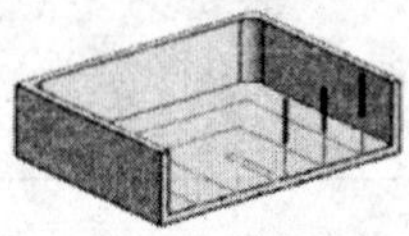
抬刀和插削
以竖直移动产生进刀和退刀。输入抬刀和插削高度</td></tr>
<tr><td colspan="2">传递类型：指定要将刀具移动到的位置。可用类型选项与区域之间的选项相同</td></tr>
<tr><td colspan="2">安全距离：指定要与前一平面、毛坯平面或最小安全值 Z 相加以便安全地清除障碍的距离</td></tr>
</table>

2.3.4 避让

避让指定新刀轨开始处的初始刀具位置及返回处的回零位置，应用示例如表 2-16 所示。

表 2-16　避让示例

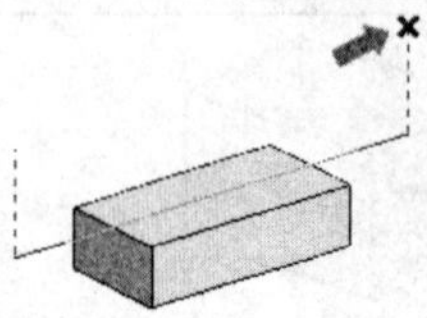 点选项—指定：设置出发点位置	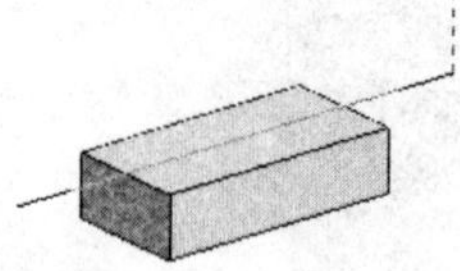 点选项—无：不使用指定的出发点

（续）

<table>
<tr><td>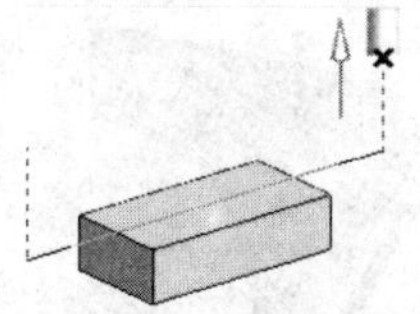
指定—刀轴：设置刀轴方位</td><td>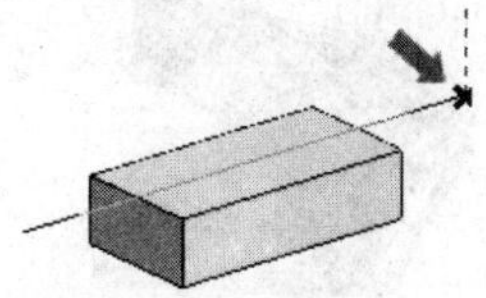
指定—起点：设置起点位置</td></tr>
<tr><td>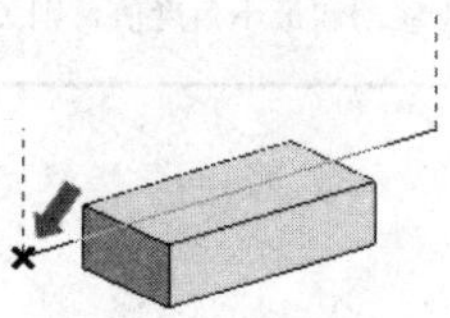
指定—返回点：设置返回点位置</td><td>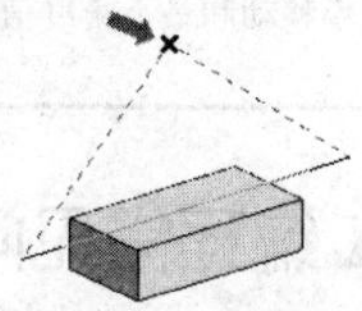
回零点—与起点相同
使用指定的出发点位置作为回零点位置</td></tr>
<tr><td>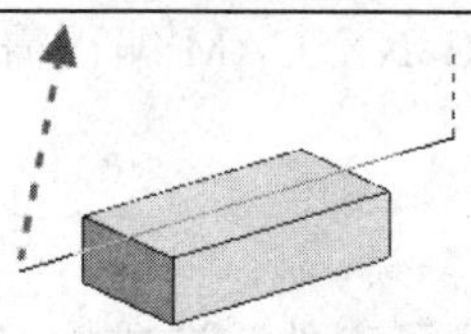
回零—没有点：使用默认机床</td><td>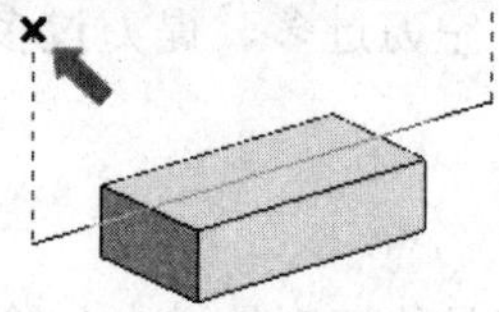
回零—指定：设置回零点位置</td></tr>
</table>

2.3.5　更多选项

指定是否在非切削移动时进行碰撞检查以及是否使用刀具补偿功能，应用示例如表 2-17 所示。

表 2-17　更多选项示例

<table>
<tr><td colspan="2">碰撞检查
选定时，系统检测与选定部件和检查几何体的碰撞</td></tr>
<tr><td>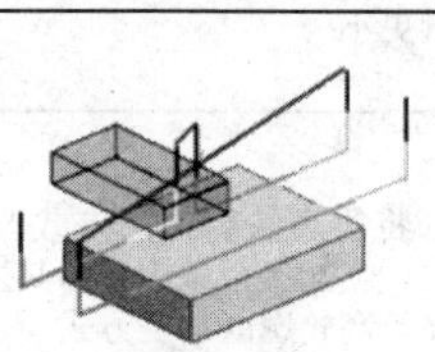
碰撞检查
关闭碰撞检查</td><td>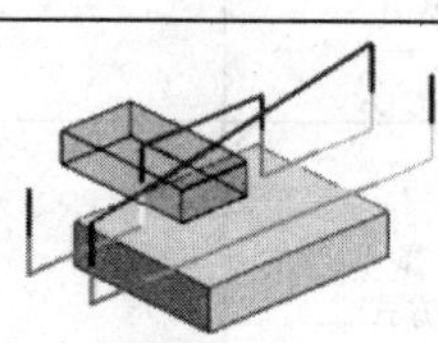
碰撞检查
检测与部件和检查几何体的碰撞。所有适用的余量和安全距离都添加到部件和检查几何体中用于碰撞检查</td></tr>
<tr><td colspan="2">刀具补偿
在使用不同尺寸的刀具时，采用刀具补偿（CUTCOM）可针对一个刀轨获得相同的结果。刀轨显示刀具补偿是否打开</td></tr>
<tr><td>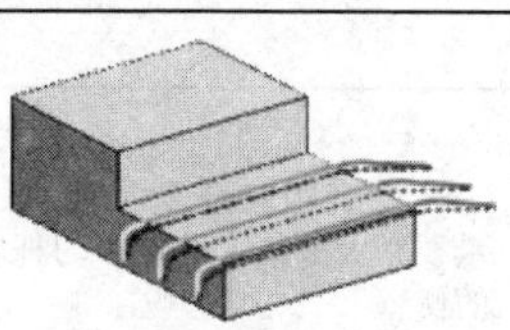
所有精加工刀路
自动提供 CUTCOM 语句，并将 LEFT/RIGHT 参数、最小移动值和最小角度值添加到所有刀路的输出</td><td>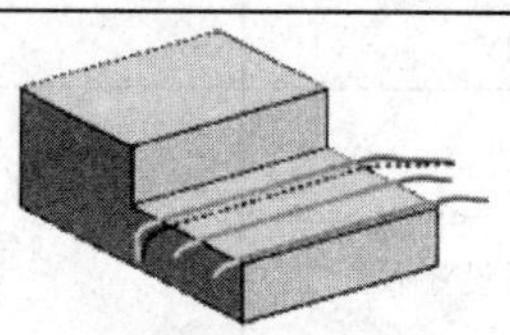
最终精加工刀路
应用刀具补偿到最终精加工刀路。在选择最终精加工刀路时，输出接触/跟踪数据选项变为可用状态</td></tr>
</table>

（续）

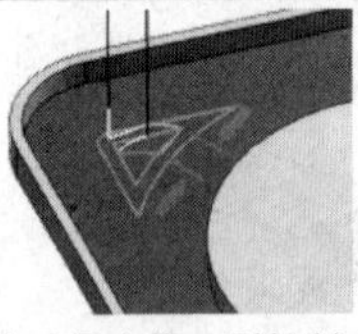 □如果小于最小值，则抑制刀具补偿 即使偏置值小于最小移动和最小角度值，也不关闭刀具补偿	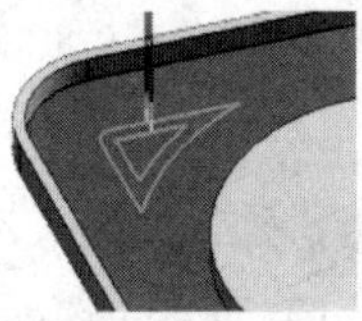 ☑如果小于最小值，则抑制刀具补偿 如果偏置值小于最小移动和最小角度值，则关闭刀具补偿

2.4 UG NX 编程常见问题

CAM 编程应用在实际数控切削加工中常遇到的问题有撞刀、弹刀、过切、漏加工、多余的加工、空刀过多、提刀过多和刀路凌乱等，这是 UG NX CAM 编程需要解决的重要问题。

2.4.1 撞刀

撞刀指刀具的切削量过大，除了切削刃外，刀杆也撞到了工件。造成撞刀的原因主要是安全高度设置不合理或根本没设置安全高度、选择的加工方式不当、刀具使用不当和二次开粗时余量的设置比第一次开粗设置的余量小等。

以图表的方式讲述撞刀的原因及解决方法，如表 2-18 所示。

表 2-18 撞刀的原因及解决方法

序 号	撞刀的原因	图 解	撞刀的解决方法
1	吃刀量过大	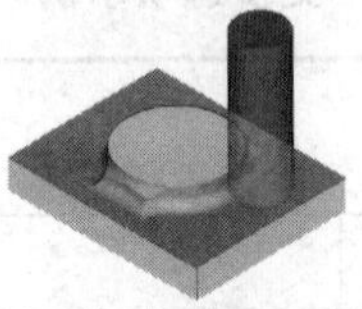	减少吃刀量。刀具直径越小，其吃刀量应该越小。一般情况下模具开粗每刀吃刀量不大于 0.5mm，半精加工和精加工吃刀量更小
2	选择不当的加工方式	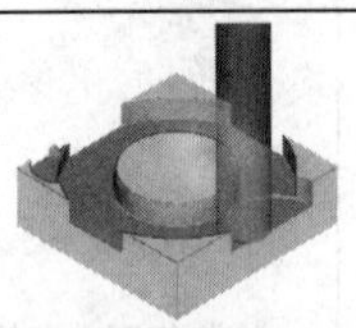	将等高轮廓铣的方式改为型腔铣的方式。当加工余量大于刀具直径时，不能选择等高轮廓的加工方式
3	安全高度设置不当	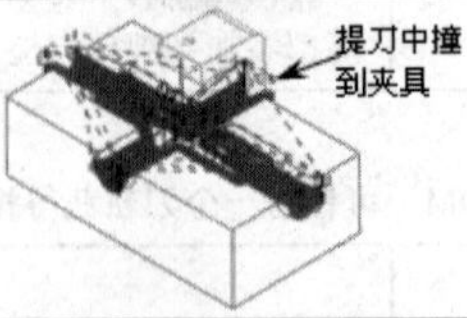	1）安全高度应大于装夹高度 2）多数情况下不能选择直接的进退刀方式，除了特殊的工件之外
4	二次开粗余量设置不当	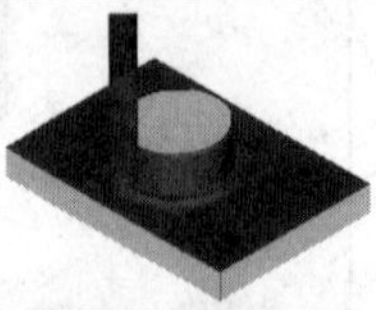	二次开粗时余量应比第一次开粗的余量要稍大一点，否则，刀杆容易撞到上面的侧壁
除了上述原因会产生撞刀外，修剪刀路有时也会产生撞刀，所以尽量不要修剪刀路。撞刀产生最直接的后果就是损坏刀具和工件，更严重的可能会损坏机床主轴			

2.4.2　弹刀

弹刀指刀具因受力过大而产生幅度相对较大的振动。弹刀造成的危害就是工件过切和损坏刀具，刀径小且刀杆过长或受力过大都会出现弹刀。

下面以图表的方式讲述弹刀的原因及解决方法，如表 2-19 所示。

表 2-19　弹刀的原因及解决方法

序　　号	弹刀的原因	图　　解	弹刀的解决方法
1	刀径小且刀杆过长	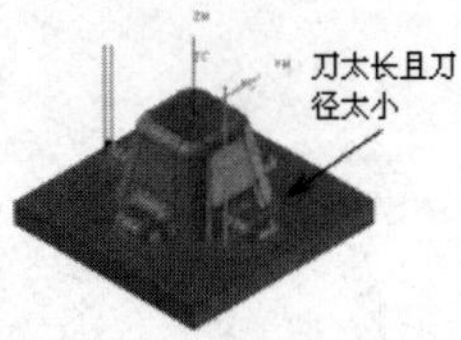	改用大一点的球刀清角或电火花加工深的角位
2	受力过大（即吃刀量过大）	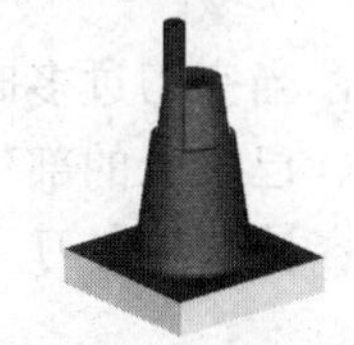	减少吃刀量（即全局每刀深度），当加工深度大于 120mm 时，要分开两次装刀，即先装上短的刀杆加工到 100mm 的深度，然后再装上加长刀杆加工 100mm 以下的部分，并设置小的吃刀量

2.4.3　过切

过切指刀具把不能切削的部位也切削了，使工件受到了损坏。造成工件过切的原因有多种，主要有机床精度不高、撞刀、弹刀、编程时选择小的刀具但实际加工时误用大的刀具等。另外，如果操机人对刀不准确，也可能会造成过切。

如图 2-14 所示的情况是由于安全高度设置不当而造成的过切。

2.4.4　漏加工

漏加工指模具中存在一些刀具能加工到的地方却没有加工，其中平面中的转角处是最容易漏加工的，如图 2-15 所示。

图 2-14　过切图

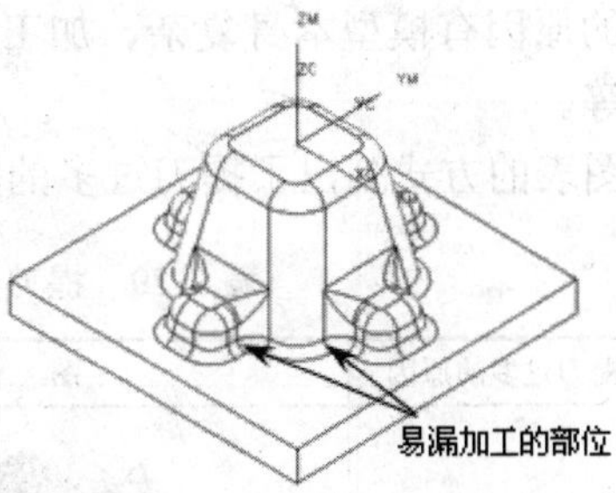

图 2-15　平面中的转角处漏加工

为了提高加工效率，一般会使用较大的平底刀或圆鼻刀进行光平面，当转角半径小于刀具半径时，转角处就会留下余量，如图 2-16 所示。为了清除转角处的余量，应使用球刀在转角处补加刀路，如图 2-17 所示。

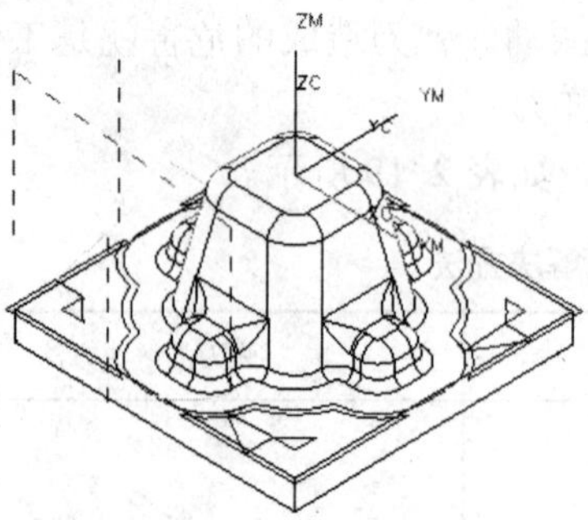

图 2-16　平面铣加工

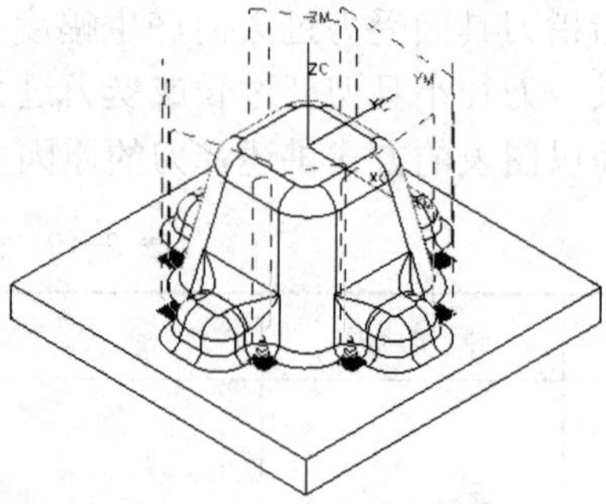

图 2-17　补加刀路

2.4.5　空刀过多

空刀指刀具在加工时没有切削到工件，当空刀过多时则浪费时间。产生空刀的原因多是加工方式选择不当、加工参数设置不当、已加工的部位所剩的余量不明确、大面积进行加工，其中选择大面积的范围进行加工最容易产生空刀，如图 2-18 所示。

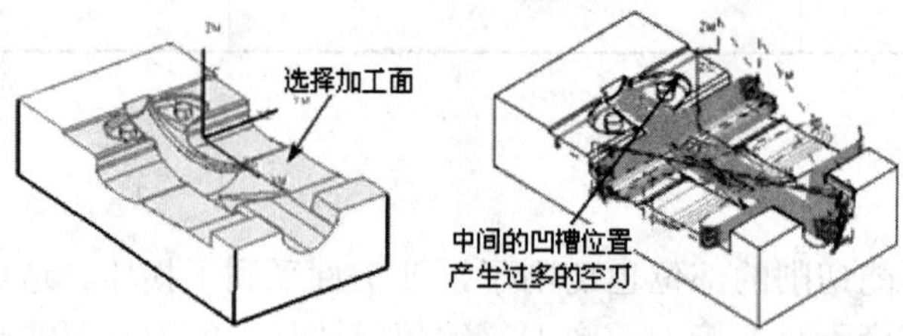

图 2-18　空刀过多

2.4.6　提刀过多和刀路凌乱

提刀在编程加工中是不可避免的，但当提刀过多时就会浪费时间，大大地降低加工效率和提高加工成本。

另外，提刀过多会造成刀路凌乱不美观，而且会给检查刀路的正确与否带来麻烦。造成提刀过多的原因有模型本身复杂、加工参数设置不当、切削模式选择不当和没有设置合理的进刀点等。

下面以图表的方式列出了提刀过多的原因及解决方法，如表 2-20 所示。

表 2-20　提刀过多的原因及解决方法

序　　号	提刀过多的原因	图　　解	解决方法及图示
1	设置不当的加工参数	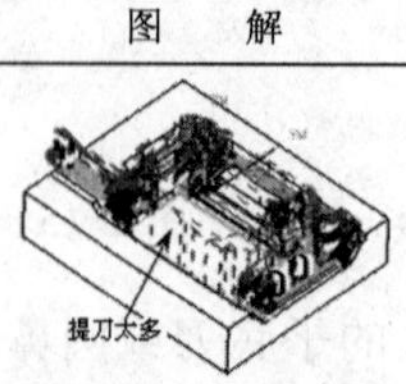 二次开粗：选择“使用 3D”方式	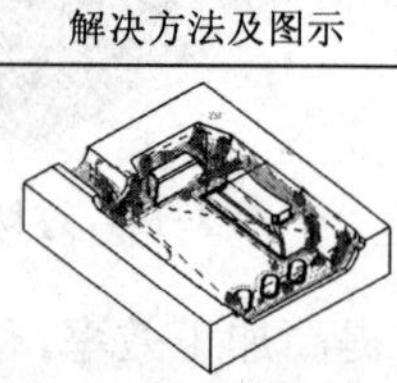 二次开粗：选择“使用基于层的”方式

（续）

序　　号	提刀过多的原因	图　　解	解决方法及图示
2	选择不当的切削模式	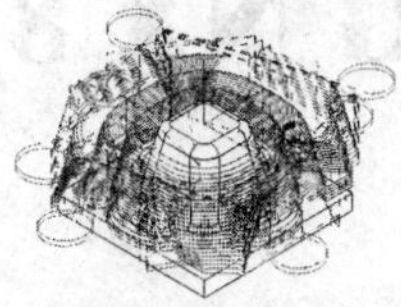 选择"跟随部件"切削模式	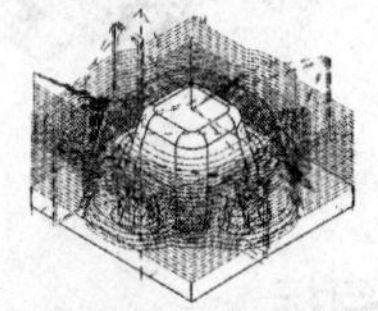 选择"跟随周边"切削模式
3	没有设置合理的进刀点	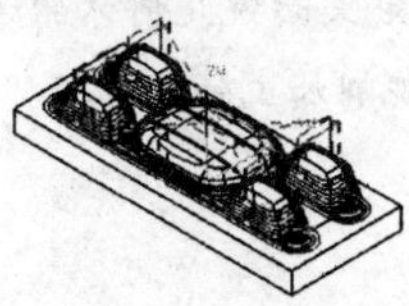 等高轮廓铣加工时没设置进刀点	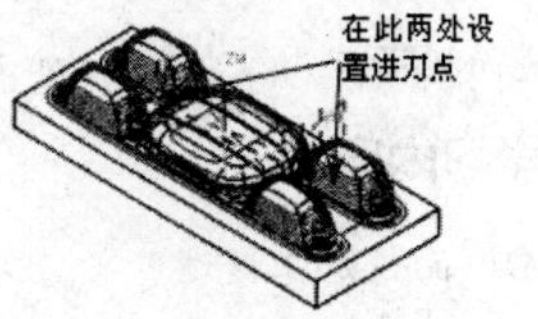

第3章　UG NX 8面铣加工

➘ 学习目标

了解UG NX 8面铣加工的编程步骤，掌握定义面铣几何体的方法，学会设置正确的面铣加工切削参数，进而提高应用数控铣床/加工中心完成零件铣削加工的实际操作技能。

➘ 学习内容

- 面铣加工概述
- 面铣加工步骤
- 面铣加工几何体
- 面铣切削参数
- 面铣非切削参数
- 面铣加工操作实例

3.1　面铣加工概述

3.1.1　面铣加工简介

面铣加工（Face Milling）是一种专门用于加工表面几何的模板，它是平面铣的一种特例。可直接选择表面来指定要加工的表面几何，也可以通过选择存在的曲线、边缘或指定一系列有序点来定义表面几何。在面铣中，可以指定要切除的材料量，也可以指定零件与检查几何周围的材料量，以避免过切。

面铣操作加工只能加工垂直于刀轴的平的面，操作时必须选择部件几何体和切削区域几何体以指定要加工的面。由于面铣在相对于刀轴的平面层移除材料，所以非平的面以及不垂直于刀轴的面将被忽略。对于各选定的切削区域或要切削的边界，轨迹是根据几何体创建的，区域被标识且随后被切削，而不过切部件。

面铣操作子类型主要应用在切削实体上的平面，如铸件上的凸垫。

面铣操作包括3种子类型：

FACE_MILLING、FACE_MILLING_AREA和FACE_MILLING_MANUAL。表3-1简要介绍了面铣加工操作模板选项的功能。

表3-1　模板选项的功能说明

模板选项	功能说明
FACE_MILLING	FACE_MILLING 是主要的面铣操作子类型
FACE_MILLING_AREA	面铣区域是定制用于识别切削区域和壁选择的面铣操作子类型
FACE_MILLING_MANUAL	手工面铣是使用混合切削模式定制的面铣操作子类型，可为各个面指定不同切削模式。可用切削模式包括允许精确放置刀具的手工选项，类似于车削中的示教模式

3.1.2　面铣加工基本操作过程

1）在“插入”工具栏中，单击“创建操作”图标，或选择“插入”→“操作”命令。

2）在创建操作对话框中的类型组中单击 mill_planar 。

3）在操作子类型组中，单击图标。

4）在位置组中选择以下选项。程序：NC_PROGRAM；刀具：D30（铣刀-5 参数）；几何体：WORKPIECE；方法：MILL_ROUGH。

5）单击“确定”按钮，显示“面铣区域”对话框。

6）在几何体组中，单击“指定切削区域”图标。

7）选择所示面以定义为切削区域，如图 3-1 所示。

8）单击“确定”按钮。

9）在“面铣区域”对话框的刀轨设置组中，设置参数。

10）单击“生成”图标，生成刀轨，如图 3-2 所示。

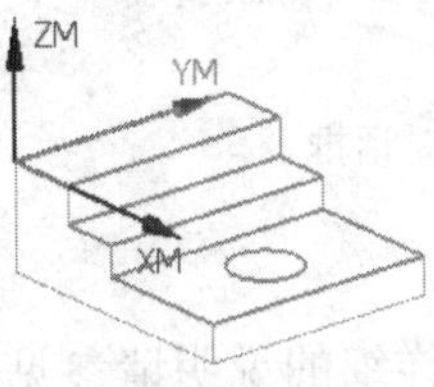

图 3-1　选择切削区域

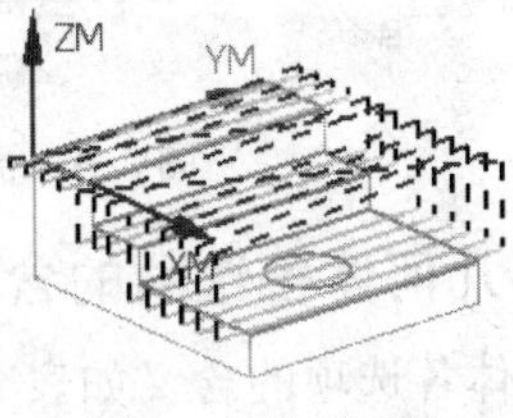

图 3-2　生成刀轨

3.1.3　面铣加工对话框

在面铣加工对话框中主要由几何体、刀具、刀轴设置等选项构成，如图 3-3 所示。

通过面铣加工对话框可以选择加工几何、选择切削模式、设置加工步距、设置每刀切削深度、选择控制点以及确定分层加工方法及其参数等，还可以对生成的刀具路径进行显示和模拟加工。

注释：部件几何体表示加工完成后的部件；切削区域几何体定义要加工的特定区域；壁几何体定义切削区域周围的壁面。

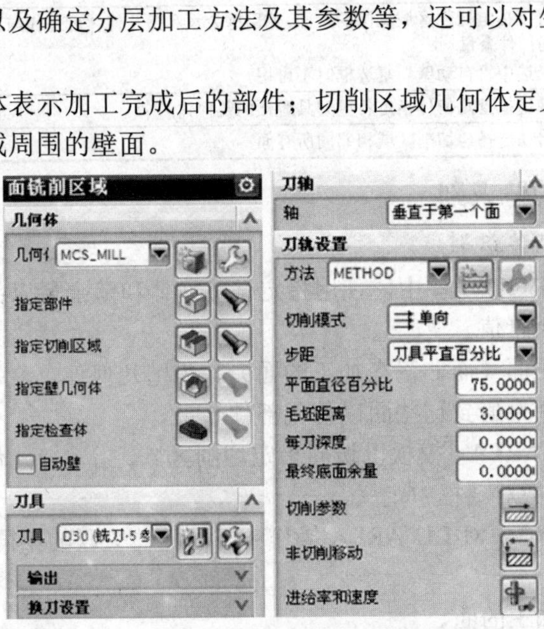

图 3-3　面铣加工对话框

3.2 面铣加工几何体

3.2.1 面铣加工几何体对话框

在面铣加工几何体对话框中可以直接选择已定义的加工几何，也可以重新选择部件几何、切削区域几何、侧壁几何体和检查几何体，如图 3-4 所示。

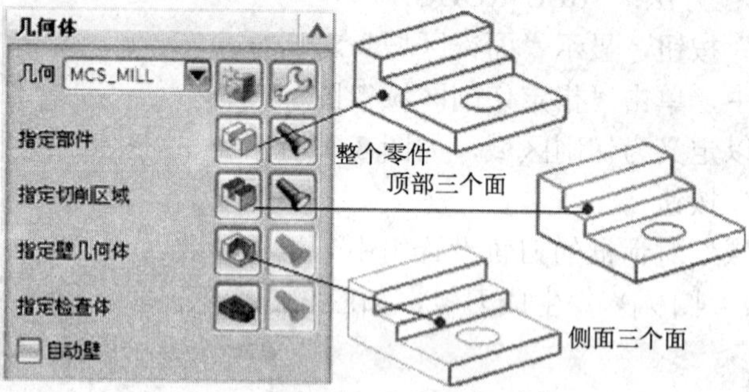

图 3-4 面铣加工几何体对话框

3.2.2 面铣加工几何体各选项的含义

面铣加工几何体各选项的含义如表 3-2 所示。更详细的说明请参见第 2 章有关内容。

表 3-2 面铣加工几何体各选项的含义

选项	含义
指定部件	指定表示成品的体。为使用过切检查，必须指定或继承实体部件几何体
指定切削区域	指定要加工部件的区域 切削区域是面几何体的替代方法，用于定义要切削的面 可以选择多个面。只有垂直于刀轴的平坦面才会被处理
指定壁几何体	可以指定切削区域周围的壁面。使用壁余量和壁几何体可替代与部件体上的加工面相关的壁的全局部件余量 当选中“自动壁”复选框时不可用
检查几何体	使用检查几何体指定希望刀具避让的几何体
自动壁	自动选择与切削区域相邻的所有面

3.2.3 面铣区域中的壁识别

1. *壁余量和壁几何体识别*

在 FACE_MILL_AREA 操作中，使用指定壁几何体和壁余量以：

1）替代全局部件余量值。

2）选择部件体上的面（而非正在加工的面）作为壁几何体。

3）应用唯一的壁余量值到这些面以替代部件余量。

使用 FACE_MILL_AREA 模板以访问指定切削区域、指定壁几何体和自动壁。壁余量可在面铣操作的切削参数对话框中定义。

图 3-5 说明了在 FACE_MILL_AREA 操作中与部件体关联的不同几何体类型。

在图 3-5 中：

1）①部分表示要加工的面。

2）②部分表示被选为要接收壁余量的壁几何体的面。

3）③部分表示用做要接收部件余量的部件几何体的面。

图 3-6 所示为当将壁余量（1mm）和部件余量（10mm）分别应用于壁几何体和部件几何体时此部件的顶视图。此时，系统只将壁余量（1mm）应用于壁面，而将部件余量（10mm）应用于部件体上剩余的面。

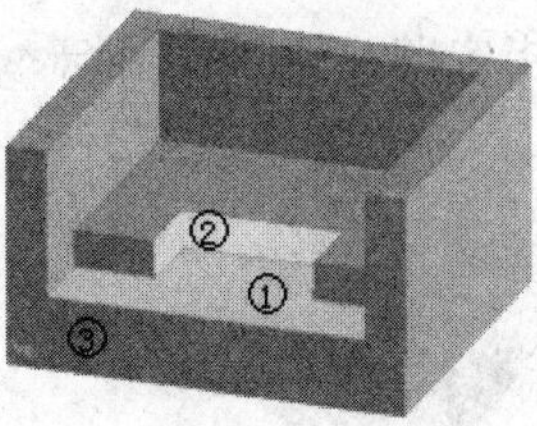

图 3-5　与部件体关联的几何体

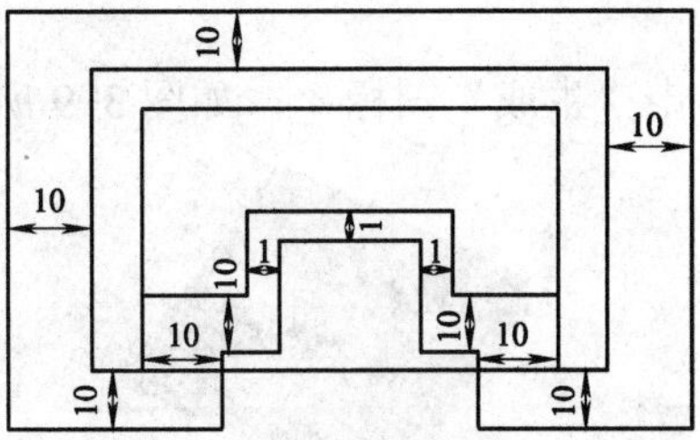

图 3-6　壁余量和部件余量的应用

2. **自动壁识别**

通过使用自动壁识别，面铣区域处理器可以自动识别壁余量并将其应用于选定切削区域面的相邻面；其中，该壁余量需满足图 3-7 中所述的壁规则。图 3-7 中底部的红点表示壁的起点（底面和壁相交的点），顶部的红点表示壁的顶部。如果自动壁识别的条件足够充分，则可以将壁余量应用于所需的面，而不必分别选择各个面。

3. **自动壁规则，如图 3-7 所示**

1）在工况 4 和工况 8 中，自动壁识别会停止在与底面相邻的面之外的第一个凹面处。

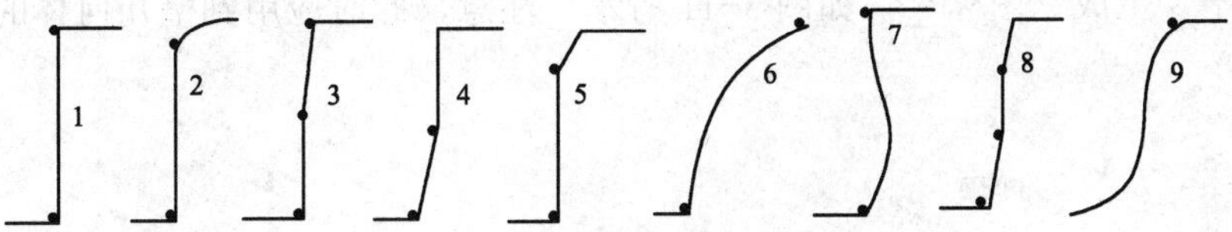

图 3-7　自动壁规则

2）在工况 3 和工况 5 中，自动壁识别会停止在与底面相接的面之外的第一个凸面处，其中底面在 6° 的角度公差之外。在工况 3 中，第一个凸面在角度公差范围内，因此壁向上延伸直至遇到在角度公差范围之外的下一个凸面。在工况 5 中，由于第一个凸面在角度公差范围之外，所以壁会在此处停止。

4. **自动壁限制**

1）如果使用面几何体（毛坯边界）来定义毛坯包容，则系统不会应用自动壁识别。

2）在壁面延伸到切削区域底面以下的情况时，自动壁会选择过多的壁面。在这些情况下，需要手工选择壁面。

5. **面铣操作中壁余量的应用示例**

1）在“插入”工具栏中，单击“创建操作”图标，或选择“插入”→“操作”命令。

2）在创建操作对话框中的类型组中单击 mill_planar。

3）在操作子类型组中，单击图标。

4）在位置组中选择以下选项。程序：NC_PROGRAM；刀具：MILL（铣刀-5 参数）；几何体：WORKPIECE；方法：MILL_ROUGH。

5）单击“确定”按钮，显示“面铣区域”对话框。

6）在几何体组中，单击“指定切削区域”图标。选择如图 3-8 所示的面。

7）单击“切削区域”对话框中的“确定”按钮。

8）在“面铣区域”对话框的刀轨设置组中，从切削模式列表项里选择“跟随周边”图标。

9）单击“生成”图标，如图 3-9 所示。再单击“指定壁几何体”图标。

图 3-8　指定切削区域

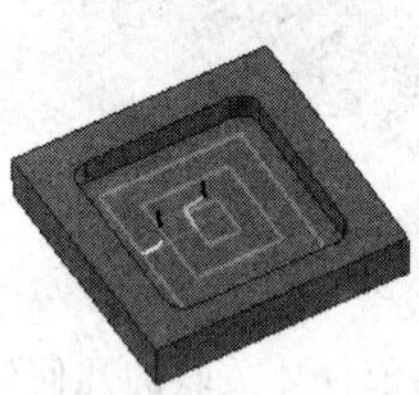

图 3-9　生成刀轨

10）选择如图 3-10 所示的几何体。

11）单击“确定”按钮。

12）在“面铣区域”对话框的刀轨设置组中，单击“切削参数”图标。

13）单击“余量”选项组。

14）在余量组的“壁余量”文本框中，输入 12.5。

15）单击“确定”按钮。

16）单击“生成”图标，如图 3-11 所示。注意，此时应用到壁几何体的额外余量。

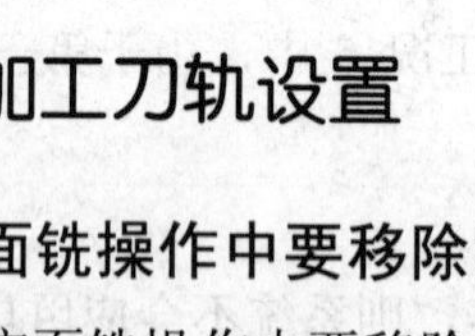

图 3-10　指定壁几何体

图 3-11　生成刀轨

3.3　面铣加工刀轨设置

3.3.1　指定面铣操作中要移除的材料厚度

如果要指定面铣操作中要移除的材料厚度，则可以在面铣刀轨设置对话框里输入毛坯距离和最终底面余量值。

下面简要介绍如何将这些值应用到现有部件几何体。

1）在“面铣区域”对话框的刀轨设置组中，输入毛坯距离值。此值是从部件面到毛坯的距离，示例如图 3-12 所示。

2）输入最终底面余量值。此值是加工后保留在面上的材料量，示例如图 3-13 所示。

3）单击“生成”图标。面铣操作中移除的材料总厚度为指定的毛坯距离和最终底面余量之间的距离，示例如图 3-14 所示。

4）单击“确定”按钮。

注释：毛坯距离值必须大于或等于最终底面余量值。

5）刀轨示范，如图 3-15 所示。

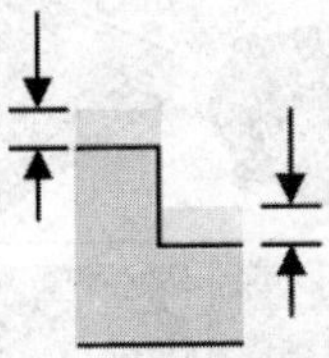
图 3-12　毛坯距离值示例

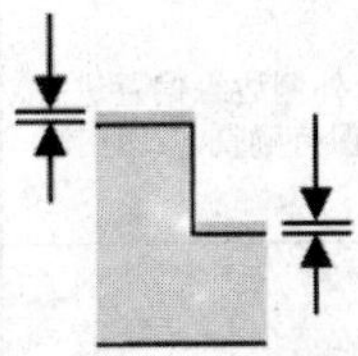
图 3-13　底面余量值示例

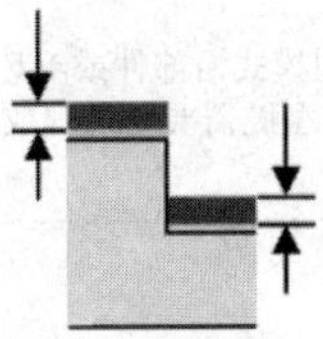
图 3-14　材料总厚度示例

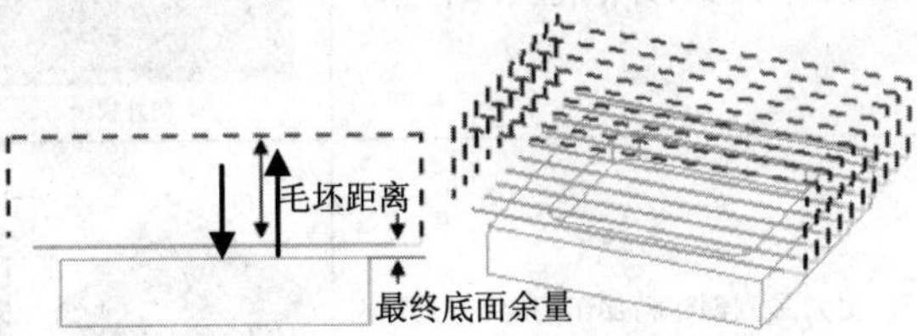

图 3-15　刀轨示范

3.3.2　面铣操作的切削模式

1. 概述切削模式确定加工切削区域的刀轨模式

1）单向、往复、单向轮廓模式，是利用平行的线性刀路移除了大量材料。

2）跟随周边、跟随部件、摆线模式，是利用一系列同心切削刀路移除了大量材料，这些刀路可以向内移动，也可以向外移动。

3）轮廓铣模式用于创建一个或多个跟随开放或封闭区域内部件壁的精加工刀路。

4）混合模式可以创建多层面铣区域操作，每层可以指定不同的切削模式。

2. 面铣加工切削模式选项的主要应用，如表 3-3 所示

表 3-3　面铣加工切削模式

单向 单向切削模式始终以一个方向切削。刀具在各切削结束处退刀，然后移动到下一切削刀路的起始位置。可以在切削参数里设置切削方向和角度	
往复 往复切削模式以一系列相反方向的平行直线刀路加工，同时向一个方向步进。此切削模式允许刀具在步进过程中连续进刀	
单向轮廓 具有以下特点： 以保持顺铣或逆铣方向的一系列环进行切削。具有始终跟随切削区域轮廓的切削步进移动。避免进刀至型腔拐角或沿壁移动以生成更干净的切削	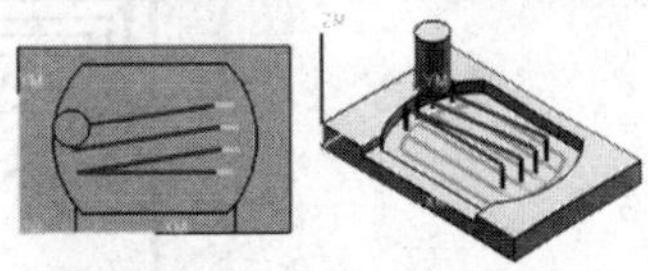
跟随部件 刀轨沿所有指定部件几何体的同心圆偏置。最外侧的边和所有内部岛及型腔用于计算刀轨。消除了岛清理刀路的必要。对于有岛的型腔区域，建议使用跟随部件切削模式	

（续）

跟随周边 跟随周边切削模式沿部件或毛坯几何体定义的最外侧边缘偏置进行切削。内部岛和型腔需要岛清理或清理轮廓刀路。保持顺铣（或逆铣）	
摆线 由于大部分切削模式在进刀过程中会在岛和部件之间以及较窄的区域生成嵌入区域。而摆线模式限制多余步距以防刀具完全嵌入切削时刀具损坏，可避免嵌入刀具	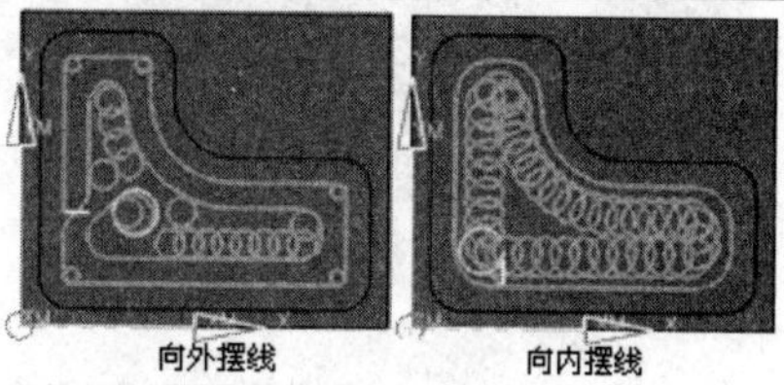
轮廓加工 轮廓铣切削模式沿部件壁加工，由刀具侧创建精加工刀路。刀具跟随边界方向	
混合 可以在部件的每个面上指定不同的切削模式或希望使用手工切削模式时，可以使用混合切削模式	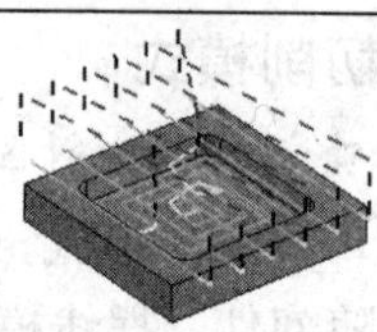

3.4 面铣加工中的典型刀路

3.4.1 跟随部件刀路

1. ***在跟随部件切削模式中，刀路具有以下特点***

1）从所有部件几何体，包括圆周环、岛和型腔等距偏置。相交偏置不会交叉，但会相互修剪，如图 3-16 所示。

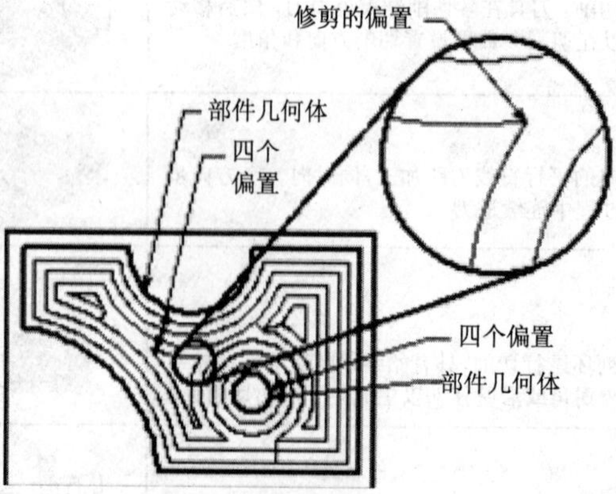

图 3-16　修剪的偏置

2）只有当没有定义要从其中偏置的部件几何体时（如在面加工区域中），才会从毛坯几何体偏置。

3）它们可以在连续刀路之间的区域生成额外的清理移动。额外的清理移动有时对大步距是必需的。如果步距大于刀具直径的 50%，但小于刀具直径的 100%，则视为大步距。

4）始终朝着部件几何体行进，如图 3-17 所示。

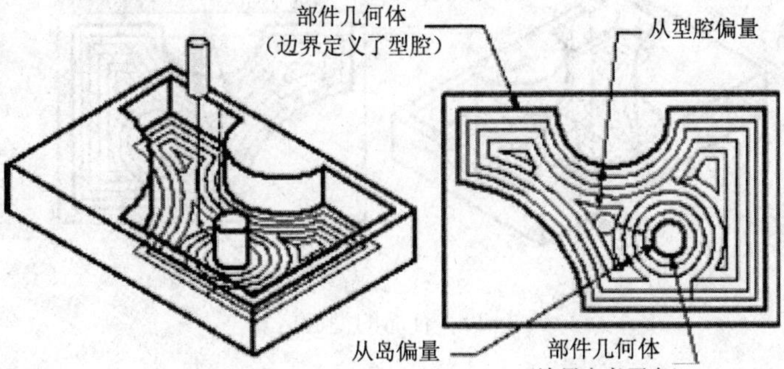

图 3-17　跟随部件切削模式

2. *步距方向*

1）对于型腔，步距方向为向外。刀路在朝着部件行进过程中逐渐变大。

2）对于岛，步距方向为向内。刀路在朝着部件行进过程中逐渐变小。

3）对于毛坯几何体定义的面加工区域，偏置跟随毛坯几何体的圆周形状，步距方向为向内，如图 3-18 所示。

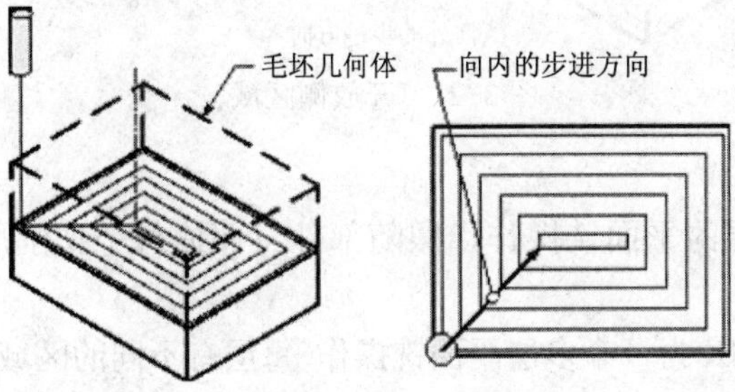

图 3-18　面加工区域

4）对于圆周环由毛坯几何体定义、岛由部件几何体定义的型芯区域，偏置跟随部件几何体的形状，步距方向为朝着定义各岛的部件几何体向内，如图 3-19 所示。

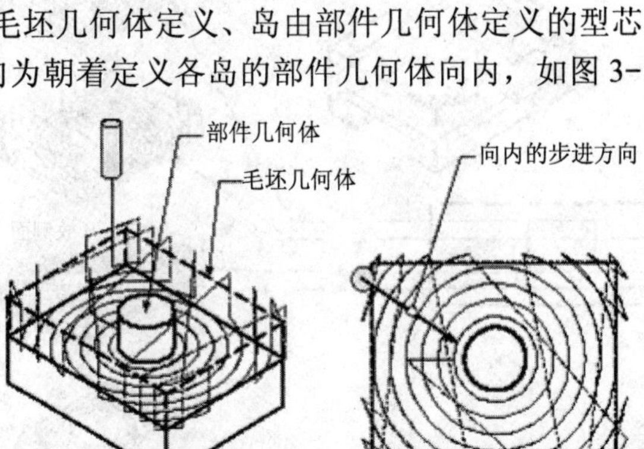

图 3-19　型芯区域

5）对于有岛的型腔，步距方向为朝着定义周边的部件几何体向外，朝着定义岛的部件几何体向内，如图 3-20 所示。

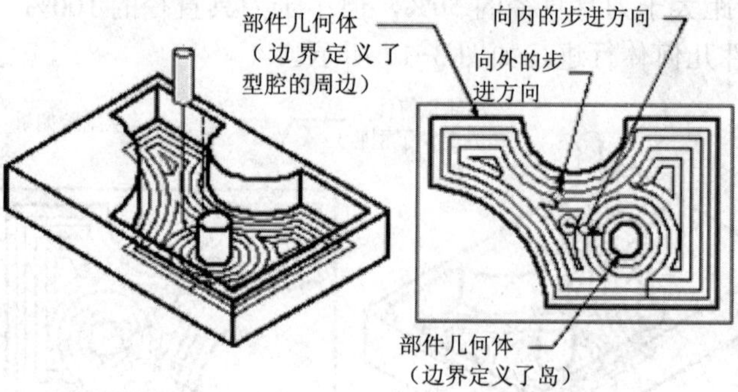

图 3-20 有岛的型腔区域

6）对于不创建封闭圆周形状的开放侧区域，步距方向为朝着定义周边的部件几何体向外，朝着定义岛的部件几何体向内，如图 3-21 所示。

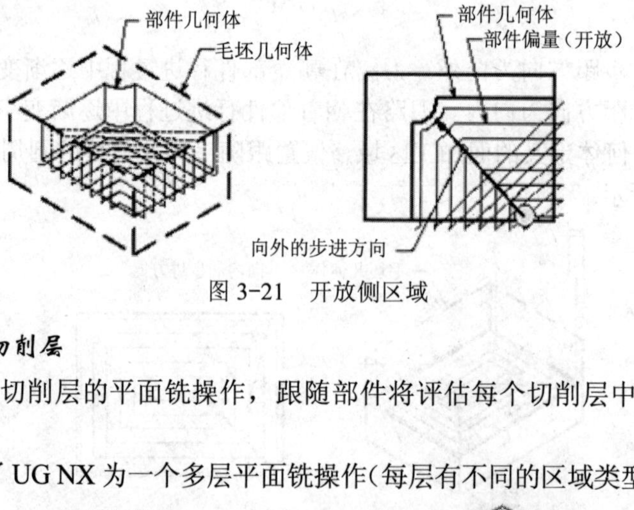

图 3-21 开放侧区域

3. *跟随部件切削层*

对于具有多个切削层的平面铣操作，跟随部件将评估每个切削层中切削区域的类型并应用合适的偏置。

图 3-22 说明了 UG NX 为一个多层平面铣操作（每层有不同的区域类型）生成的各种偏置。

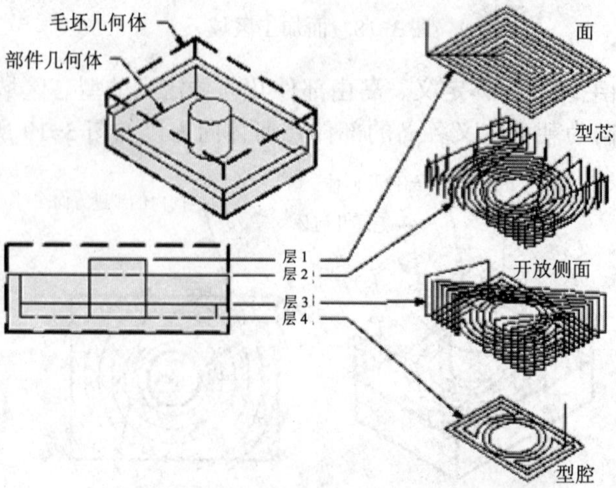

图 3-22 多个切削层的平面铣的偏置

3.4.2　跟随周边刀路

1. ***在跟随周边切削模式中，刀路具有以下特点***

1）为切削区域圆周环的封闭形状偏置。在较窄的区域，软件添加精加工刀路并调整跟随周边刀路以使材料由精加工刀路切削。

2）在无法继续按周边形状切削时，它们与岛形状合并。

3）只要刀具不相交，则跟随切削区域轮廓以保持连续切削运动。如果一个区域需要的腔体加工刀路比另一个区域多，则软件在子区域之间添加传递以完成较大区域，如图 3-23 所示。

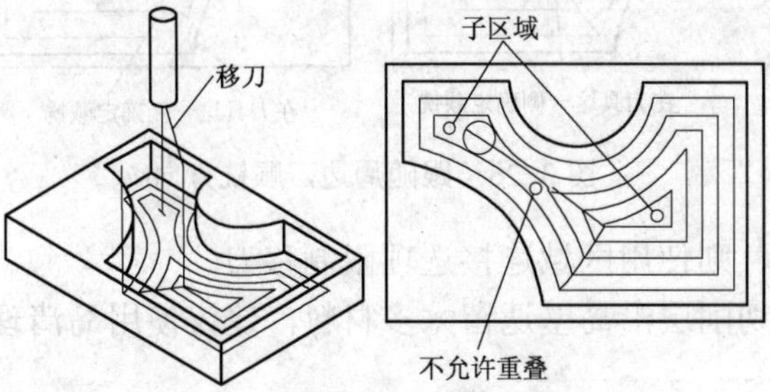

图 3-23　在子区域之间进行传递运动

4）遵照下面的切削顺序。

- 对于向内递进，首先切削所有开放刀路，然后切削所有封闭的内刀路。
- 对于向外递进，首先切削所有封闭的内刀路，然后切削所有开放刀路。

5）可以生成对角刀具移动，称为尖牙刀轨，以便移除拐角中的材料。当步距与刀具直径相比较大，且拐角处的刀路间没有重叠时，尖牙刀轨就变得非常必要，如图 3-24 所示。

6）它们可以在连续刀路之间的区域生成额外的清理移动，额外的清理移动有时对大步距是必需的。

2. ***在跟随周边初始刀路中保持切削方向***

图 3-25 说明了当顺铣与向内腔体方向结合使用时，此切削是如何沿第一个刀路上的壁生成逆铣切削的。要避免这种情况，有如下两种方法。

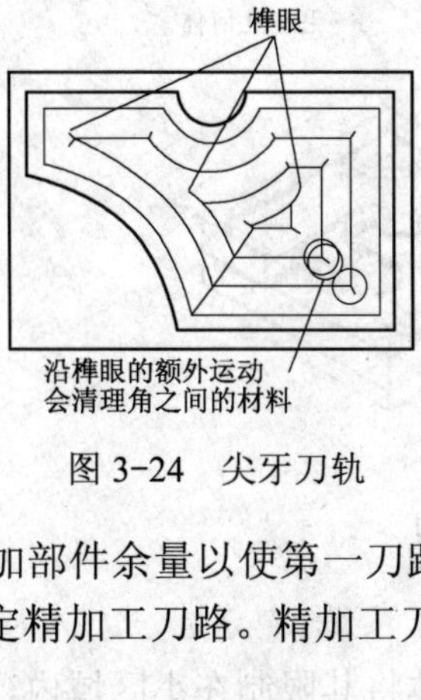

图 3-24　尖牙刀轨

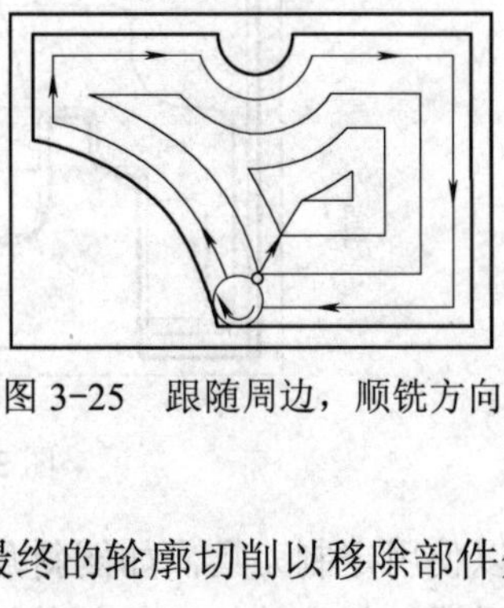

图 3-25　跟随周边，顺铣方向

1）添加部件余量以使第一刀路远离壁。

2）指定精加工刀路。精加工刀路会沿此壁生成最终的轮廓切削以移除部件余量，并保持顺铣。

3. *跟随周边切削参数提示*

1）刀路方向设置（向内或向外）是必需的。对于向内，最靠近切削模式中心的刀具侧决定切削方向为顺铣还是逆铣，如图 3-26 所示。对于向外（默认），最靠近切削区域边缘的刀具侧决定切削方向为顺铣还是逆铣。

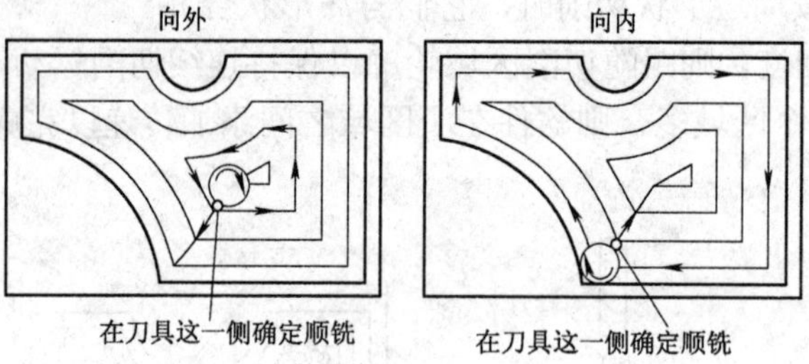

图 3-26　跟随周边，顺铣方向

2）如果移刀太多，则使用区域连接选项限制移刀。

3）要防止在下一切削层沿岛壁遗留太多材料，建议使用岛清理选项。

3.4.3　轮廓铣刀路

1. *在轮廓铣切削模式中，刀路具有以下特点*

1）可以加工开放区域，也可以加工封闭区域，封闭形状的构建与移刀方式、跟随部件切削模式相同，如图 3-27 所示。

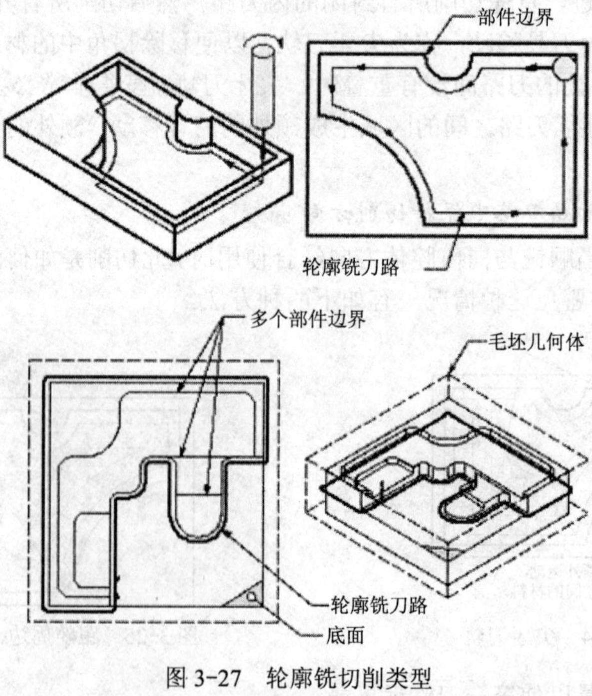

图 3-27　轮廓铣切削类型

2）可以使用定制刀具，如倒斜角刀具。

3）可以通过仅在精加工的部件区域定义毛坯几何体将其限制在小区域内，如图 3-28

所示。

4）需要不相交的部件边界以使软件决定材料侧。

5）一次可以切削多个开放区域。如果开放区域的封闭程度足够刀路经过，则 UG NX 按如图 3-29 所示调整刀轨。

6）可以在连续刀路之间的区域生成额外的清理移动，额外的清理移动有时对大步距是必需的，完全由毛坯几何体组成的切削区域不会产生切削运动。

7）如果一个精加工刀路不够，则可以指定附加刀路值在多个刀路中逐步移除材料，如图 3-30 所示。

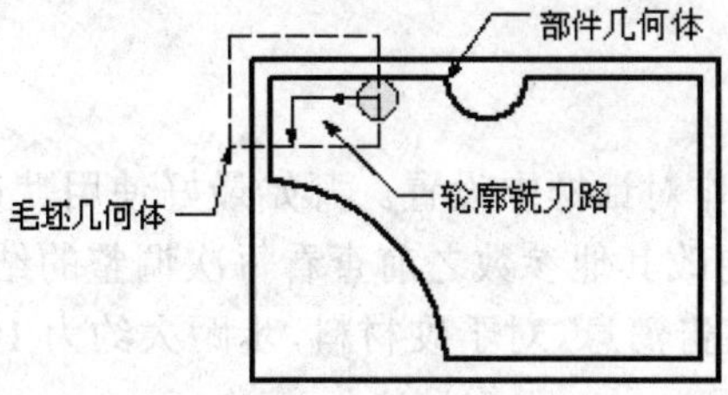

图 3-28　精加工小区域

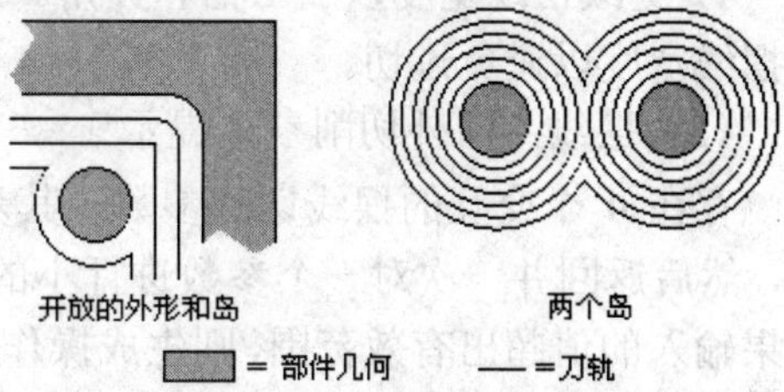

图 3-29　相互重叠的刀路

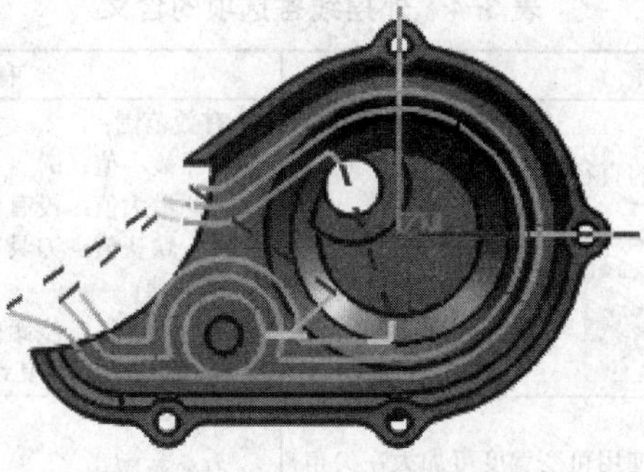

图 3-30　附加刀路

2. *刀轨通常直接从边界段偏置*

第一个或最后一个边界段可能会从刀轨消失。例如，当第一个或最后一个边界段为凹弧，且刀具半径加上侧面余量超过圆弧半径，就会发生刀轨消失，此时凹弧中心位于与刀具相同的圆弧侧。

当第一个或最后一个边界段从刀轨消失时：

1）如果未使用边界的第一段，则刀轨的第一段与边界的第二段平行。

2）如果未使用边界的最后一段，则刀轨的最后一段与边界的下一段到最后一段平行。

3.4.4　摆线刀路

1. *摆线—向外刀路*

（1）在向外摆线切削模式中，刀路具有的特点

1）它们仅在需要时引进摆线切削。摆线切削是由跟随部件几何体的短段跟随的一系列圆，如图 3-31 所示。

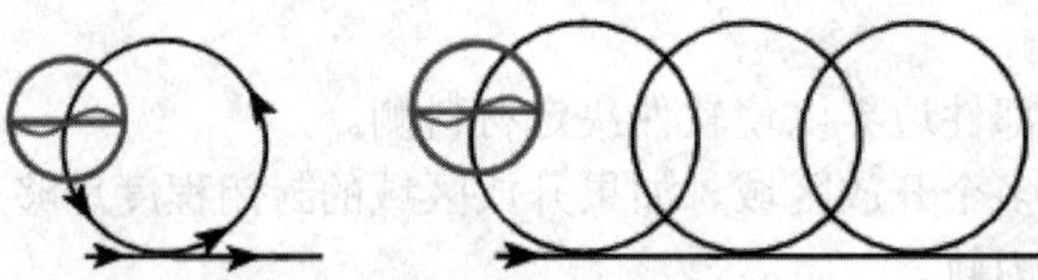

图 3-31　摆线刀路示意图

2）通常从远离部件壁处开始，向部件壁方向行进。

3）对尖角进行倒圆加工。

4）更改摆线宽度以加工槽和尖角。当指定一个最小宽度时，软件根据需要逐步减小实际摆线宽度以避免过切。

（2）摆线—向外切削参数提示

存在 4 个交互的摆线切削参数，其步距在主操作对话框中设置。开始最好使用默认参数，然后返回并一次对一个参数进行小的调整。在更改其他参数之前查看每次调整的结果。如果输入的值超出有效范围，则生成操作时会显示警告消息。对于硬材料，步距大约为 10%。

外摆线各选项的含义，如表 3-4 所示。

表 3-4　外摆线各选项的含义

选　　项	有效范围和推荐值
摆线宽度 指定从摆线圆的刀轨中心线测量的直径 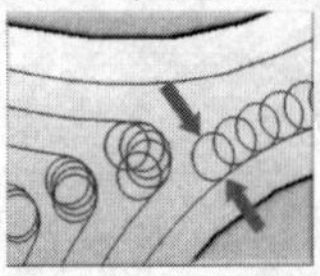	有效范围： ● 最小值：0 ● 最大值：没有限制。值最好不大于刀具直径 ● 默认值：刀具直径的 60% 推荐值： ● 硬材料：步距的 1.5 倍 ● 简单槽：将其设为等于要加工的槽宽度或刀轨步距
最小摆线宽度 指定允许的摆线圆的最小直径。使用可变宽度可加大在尖角和狭槽中对刀轨的控制 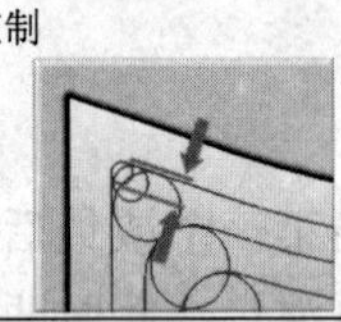	有效范围： ● 最小值：大于 0 ● 最大值：小于摆线宽度 ● 默认值：刀具直径的 20% 最小摆线宽度必须小于摆线宽度，否则会显示警告
步距限制% 指定实际步距可超过在主操作页面上指定的步距的最大数量。摆线环可防止出现更大的步距 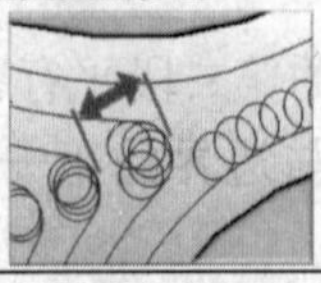	有效范围： ● 最小值：100% ● 最大值：200% ● 默认值：150% 计算出的最大步距必须小于刀具直径，否则会显示警告。必须缩小步距限制%值或步距值 推荐值：150%
摆线向前步长 指定摆线圆沿刀轨的间隔距离 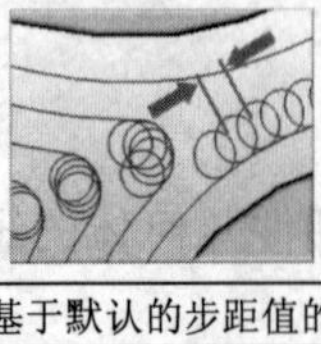	有效范围： ● 最小值：大于 0 ● 最大值：小于或等于步距 ● 默认值：刀具直径的 40% 推荐值： ● 硬材料：刀轨步距的 80%～100% ● 简单槽：等于刀轨步距
默认向外摆线参数基于默认的步距值的 50%	

2. **摆线—向内切削方向刀路**

（1）在向内摆线切削模式中，刀路具有的特点

1）以圆形回环模式切削，而圆的中心沿初始刀路的刀轨移动。

2）后续刀路以光顺的跟随周边模式切削，如图 3-32 所示。

3）需要小于 2/3 刀轨宽度的步距值。对于摆线模式太窄的区域通过跟随周边模式切削，如图 3-33 所示。

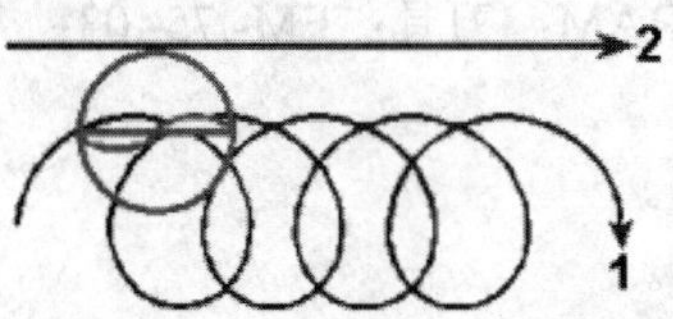

图 3-32 向内摆线初始刀路（1）和后续刀路（2）

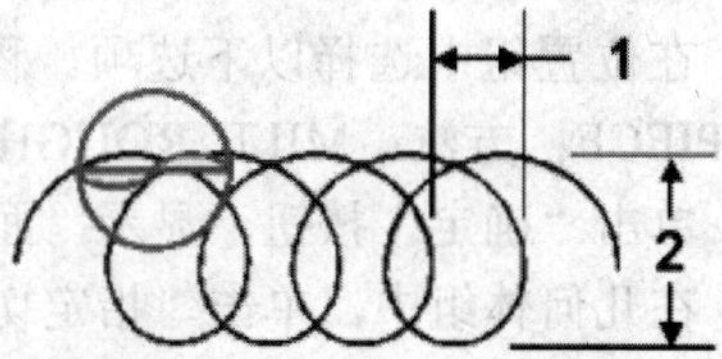

图 3-33 向内摆线宽度（2）和步距（1）

（2）摆线—向内切削参数提示

1）使用摆线宽度选项控制环的大小，如图 3-34 所示。

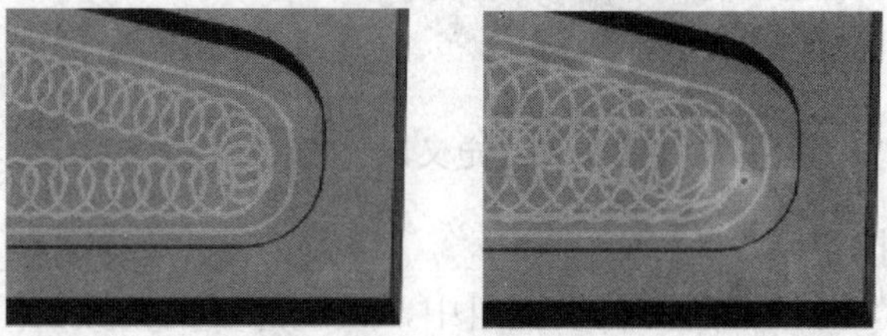

a） b）

图 3-34 使用摆线宽度选项控制环

a）较小的摆线宽度值 b）较大的摆线宽度值

2）在非切削时，要沿部件对刀具进行短距离进给，则使用短距离移动上的进给选项。

如果不同切削区域之间的距离小于最大移刀距离值，则刀具沿部件进给。

如果不同切削区域之间的距离大于最大移刀距离值，则刀具退刀、传递至下一区域，然后进刀。

（3）选择摆线宽度时要注意两项

1）摆线宽度必须大于步距两倍，否则会显示警告。

2）如果摆线宽度太大以至该模式无法适合所有切削区域，则会显示警告。

3.5 混合切削模式

3.5.1 简介

使用混合切削模式可以在部件的每个面上指定不同的切削模式。

在选择混合切削模式时，可以使用不同切削模式加工部件的各个已定义区域，根据加工区域几何体的不同，可以执行以下操作中的一种：

1）使用预定的切削模式。

2）使用手工切削模式创建定制切削模式。

3）当前范围不需要切削时，选择省略。

3.5.2 创建操作

1）在“插入”工具栏中，单击“创建操作”图标，或选择“插入”→“操作”命令。

2）在创建操作对话框中的类型组中单击 mill_planar。

3）在操作子类型组中，单击图标。

4）在位置组中选择以下选项。程序：NC_PROGRAM；刀具：EM-.75-.03；几何体：WORKPIECE；方法：MILL_ROUGH。

5）单击“确定”按钮，显示“面铣区域”对话框。

6）在几何体组中，单击“指定切削区域”图标。

7）在图形窗口中，选择多个面定义为切削区域，选择两个面如图 3-35 所示。

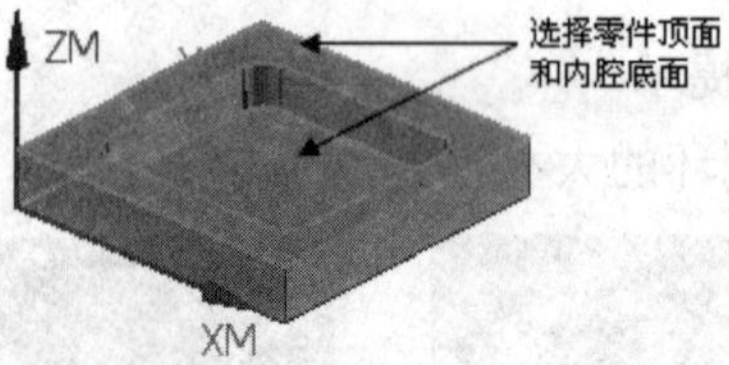

图 3-35 定义切削区域

8）单击“确定”按钮。

9）在“面铣区域”对话框的刀轨设置组中，设置想要的参数。

10）在“面铣区域”对话框的刀轨设置组中，找到切削模式列表再单击“混合”图标。

11）单击“生成”图标，打开“区域切削模式”对话框。

由于选择了两个面作为面几何体，因此有两个区域必须指定切削模式，如图 3-36 所示。

① 单击 region_1（内腔）。

从列表中选择跟随周边的切削模式，确定后生成轨迹，如图 3-37 所示。

② 单击 region_2（顶面）。

图 3-36 “区域切削模式”对话框

③ 从列表中选择往复的切削模式，确定后生成轨迹，如图 3-38 所示。

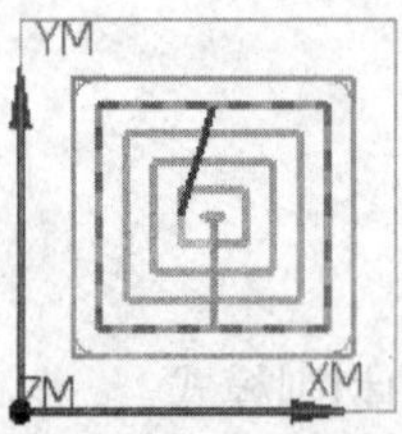

图 3-37 跟随周边轨迹

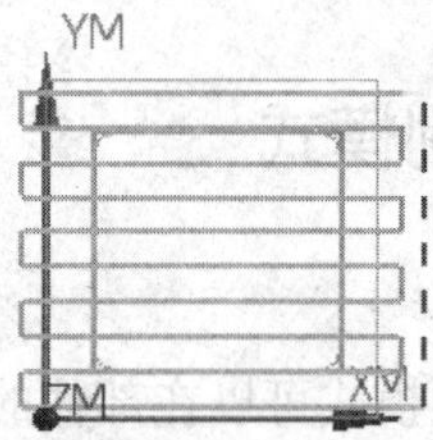

图 3-38 往复轨迹

12）单击“确定”按钮，再单击“生成”图标完成刀轨。

3.6　切削参数设置

3.6.1　延伸刀轨到部件轮廓

1）在“插入”工具栏中，单击“创建操作”图标，或选择“插入”→“操作”命令。

2）在创建操作对话框中的类型组中单击 mill_planar。

3）在操作子类型组中，单击图标。

4）在位置组中选择以下选项。程序：NC_PROGRAM；刀具：MILL（铣刀-5 参数）；几何体：WORKPIECE；方法：METHOD。

5）单击“确定”按钮显示“面铣区域”对话框。

6）在几何体组中，单击“指定切削区域”图标。

7）选择显示的圆柱顶面，如图 3-39 所示。

8）单击“确定”按钮。

9）单击“生成”图标。刀轨仅切削选定的面，如图 3-40 所示。

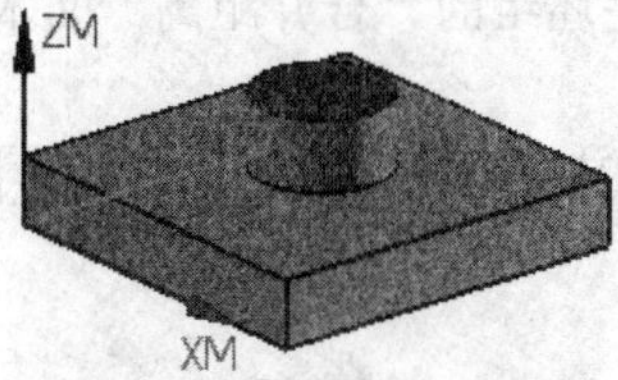

图 3-39　指定切削区域

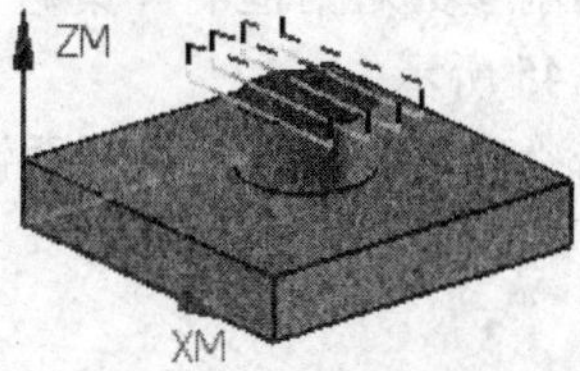

图 3-40　生成刀轨

10）在刀轨设置组中，单击“切削参数”图标。

11）在切削参数对话框的“策略”选项卡中的毛坯组中选中“延伸到部件轮廓”复选框，如图 3-41 所示。

12）单击“确定”按钮。

13）在“面铣区域”对话框中，单击“生成”图标。刀轨切削几何体轮廓，如图 3-42 所示。

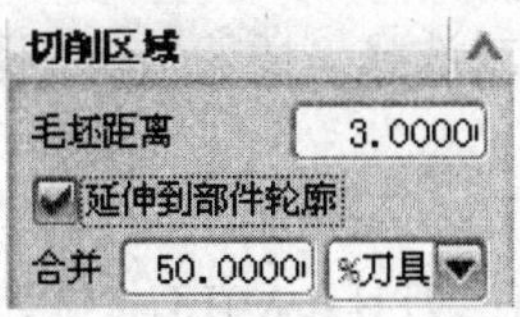

图 3-41　选中“延伸到部件轮廓”复选框

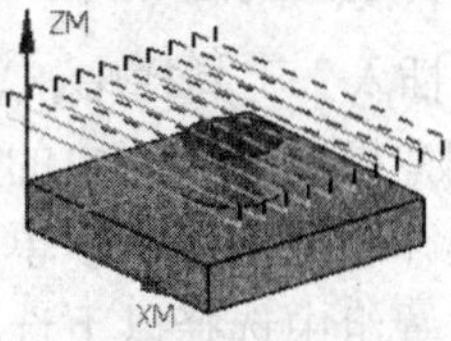

图 3-42　刀轨切削几何体轮廓

14）单击“确定”按钮。

3.6.2　将两个切削区域合并为一个区域

1）在“插入”工具栏中，单击“创建操作”图标，或选择“插入”→“操作”命令。

2）在创建操作对话框中的类型组中单击 mill_planar。

3）在操作子类型组中，单击图标。

4）在位置组中选择以下选项。程序：NC_PROGRAM；刀具：MILL（铣刀-5 参数）；

几何体：WORKPIECE；方法：METHOD。

5）单击“确定”按钮，显示“面铣区域”对话框。

6）在几何体组中，单击“指定切削区域”图标。选择显示的面，如图 3-43 所示。

7）单击“确定”按钮。

8）单击“生成”图标。刀轨切削两个选定的面，如图 3-44 所示。

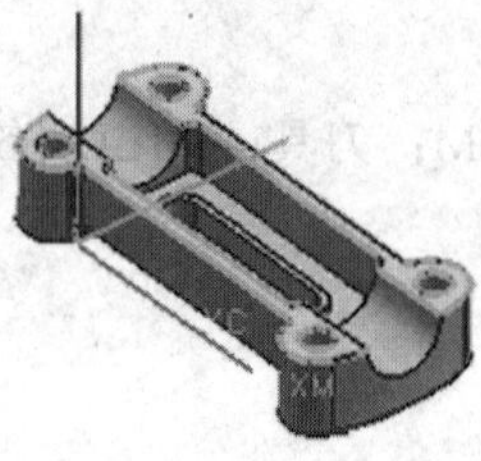

图 3-43　指定切削区域

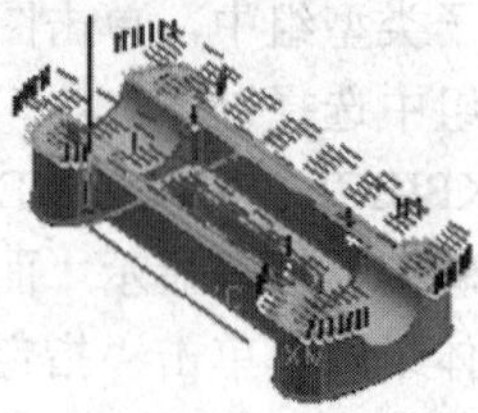

图 3-44　生成刀轨切削几何体轮廓

9）在刀轨设置组中，单击“切削参数”图标。

10）在切削参数对话框的“策略”选项卡中的毛坯组的“合并距离”文本框中，输入 1.00，如图 3-45 所示。

11）单击“确定”按钮。在“面铣区域”对话框中，单击“生成”图标，如图 3-46 所示。

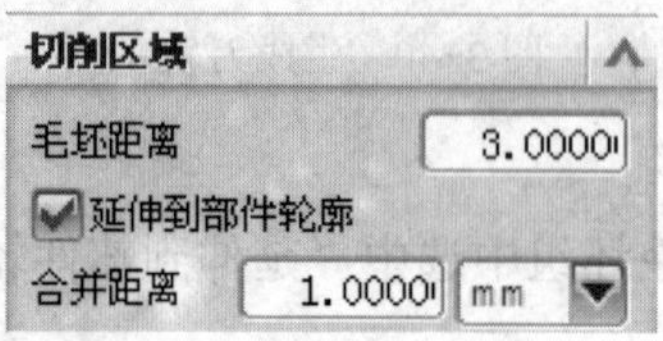

图 3-45　指定合并距离

图 3-46　合并为一个区域

12）单击“确定”按钮。

3.6.3　使用光顺创建刀轨

1）在“插入”工具栏中，单击“创建操作”图标，或选择“插入”→“操作”命令。

2）在创建操作对话框中的类型组中单击 mill_planar。

3）在操作子类型组中，单击图标。

4）在位置组中选择以下选项。程序：NC_PROGRAM；刀具：MILL（铣刀-5 参数）；几何体：WORKPIECE；方法：METHOD。

5）单击“确定”按钮，显示“面铣区域”对话框。

6）在几何体组中，单击“指定切削区域”图标。

7）选择显示的面，如图 3-47 所示。

8）在刀轨设置组中，单击“切削参数”图标。设置跨空区域以忽略未选定的内部面。

9）在切削参数对话框的“连接”选项卡中的跨空区域组中运动列表选择切削。

10）单击“确定”按钮。

11）在“面铣区域”对话框的刀轨设置组中，从切削模式列表中选择跟随周边。

12）单击“生成”图标，如图 3-48 所示。

13）在刀轨设置组中，单击“切削参数”图标。

14）单击“拐角”选项卡。

15）从光顺列表中选择所有刀路。

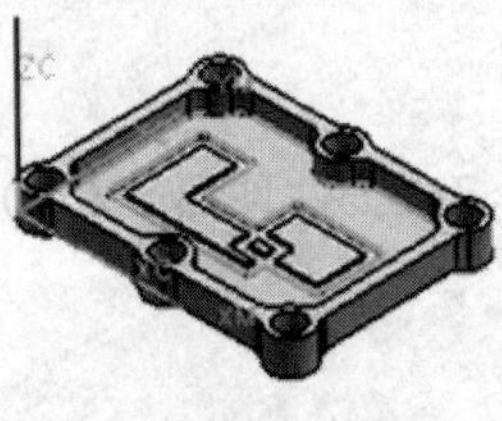

图 3-47　指定切削区域

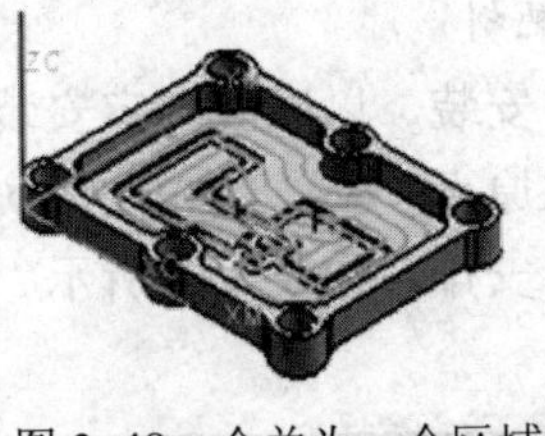

图 3-48　合并为一个区域

16）在“步距限制”文本框中，输入 150，如图 3-49 所示。

17）单击“确定”按钮。

18）在“面铣区域”对话框中，单击“生成”图标，如图 3-50 所示。步距移动为圆形的，并且在可能出现锐刺的拐角生成圆弧。

图 3-49　指定步距限制值

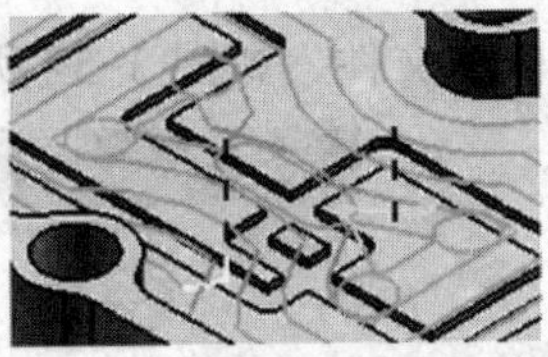

图 3-50　刀轨拐角生成圆弧

19）单击“确定”按钮。

3.7　面铣加工范例

1. **工作任务**

完成图 3-51 所示的六角形模板 CAM 软件的自动编程，学习 UG NX 8 CAM 模块的基本编程知识，掌握 UG NX 8 的面铣加工方法。

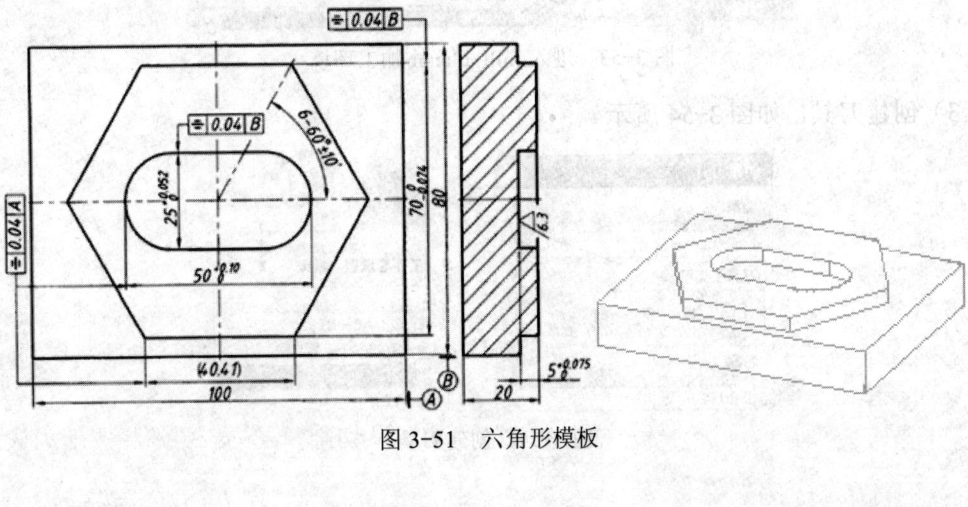

图 3-51　六角形模板

2. **图样分析**

1）毛坯尺寸：100mm×80mm×20.5mm。

2）最大加工深度：5mm。

3）最小的内圆角半径为 R12.5mm。

3. **工艺规划**

（1）工件安装　以底面固定安装在机床上。

（2）加工原点　X：工件的中心；Y：工件的中心；Z：工件顶面（Z20）。

（3）工步安排，如表 3-5 所示

表 3-5　工步安排表

序　号	加 工 内 容	加 工 方 式	刀　具	主轴速度/（r/min）	进给率/（mm/min）
1	平面加工	面铣粗加工	ϕ20 平底铣刀	1000	300
2	凹槽侧壁精加工	面铣精加工	ϕ20 平底铣刀	1000	300
3	六边形外轮廓精加工	平面铣轮廓	ϕ20 平底铣刀	1000	300

4. **编程步骤**

（1）打开模型文件，如图 3-52 所示

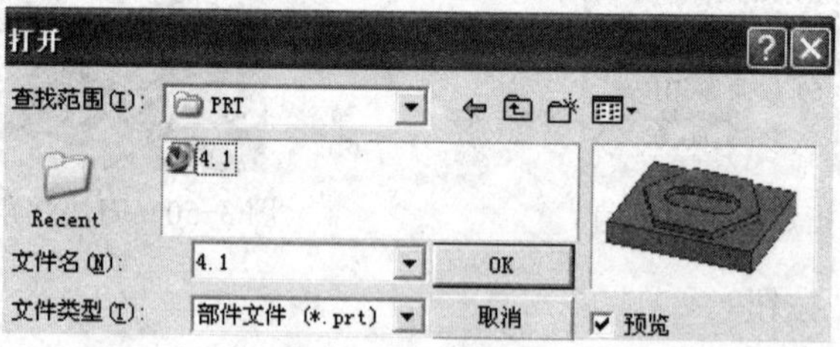

图 3-52　打开模型文件

（2）打开 CAM 模块，进入 mill_planar 加工环境，如图 3-53 所示

图 3-53　进入 mill_planar 加工环境

（3）创建刀具，如图 3-54 所示

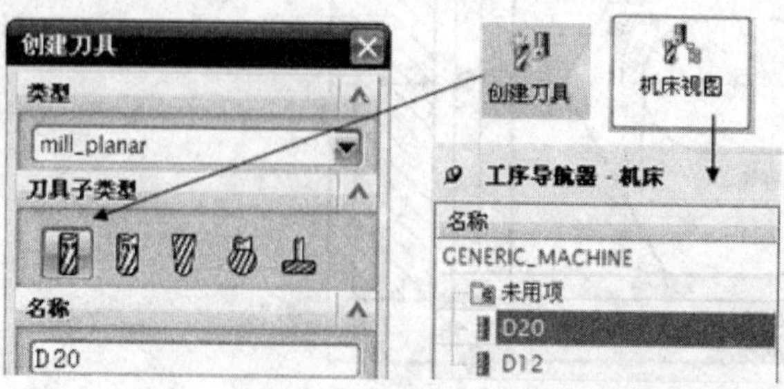

图 3-54　创建刀具

（4）创建几何体，如图 3-55 所示

图 3-55 “创建几何体”对话框

1）创建机床坐标系及加工（编程）原点，如图 3-56 所示。

2）创建部件几何体，如图 3-57 所示。

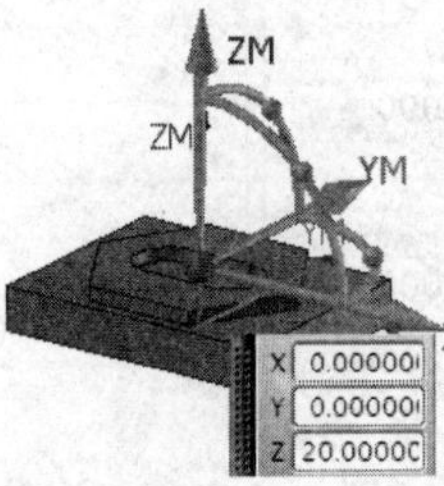

图 3-56 创建机床坐标系及加工原点

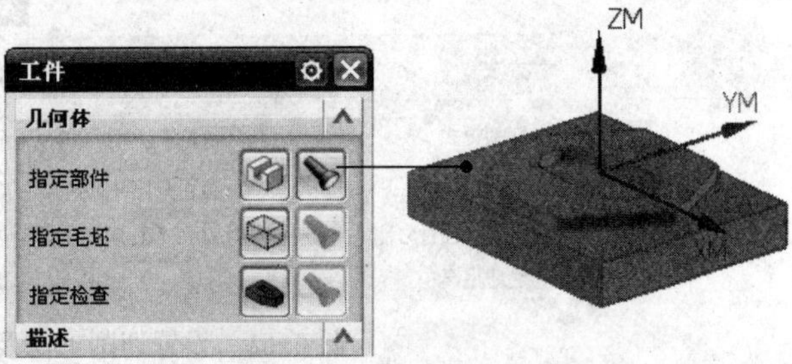

图 3-57 创建部件几何体

3）创建毛坯几何体，如图 3-58 所示。

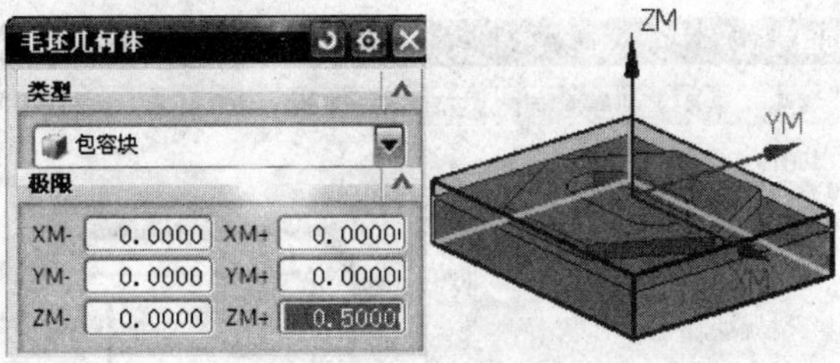

图 3-58 创建毛坯几何体

（5）创建面铣粗加工操作

1）创建 FACE_MILLING_AREA 面铣加工工序，如图 3-59 所示。

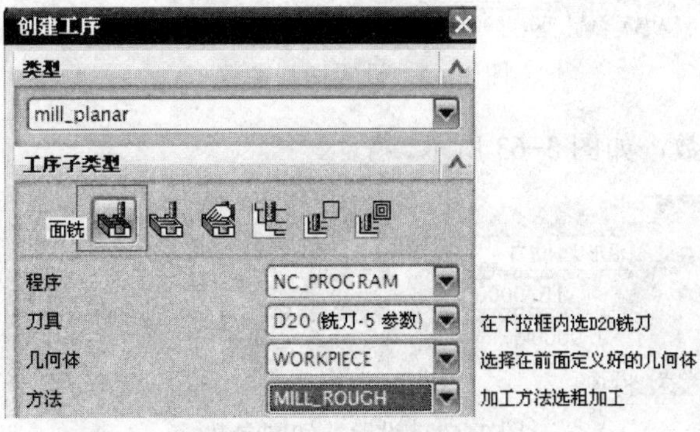

图 3-59 创建面铣加工工序

2）选择面铣削区域，如图 3-60 所示。

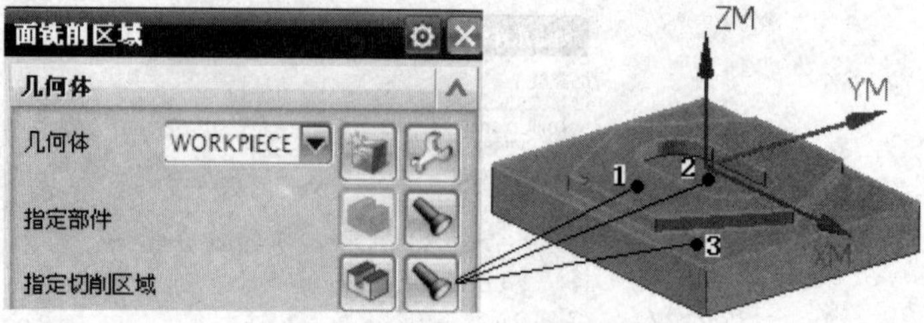

图 3-60　选择面铣削区域

3）设置切削方法（余量）及切削模式，如图 3-61 所示。

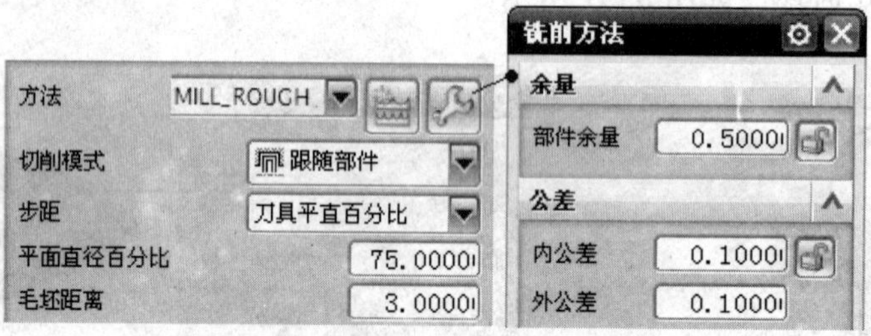

图 3-61　设置切削方法及切削模式

4）其余按系统默认值设置。

5）设置切削参数，如图 3-62 所示。

图 3-62　设置切削参数

6）设置非切削参数，如图 3-63 所示。

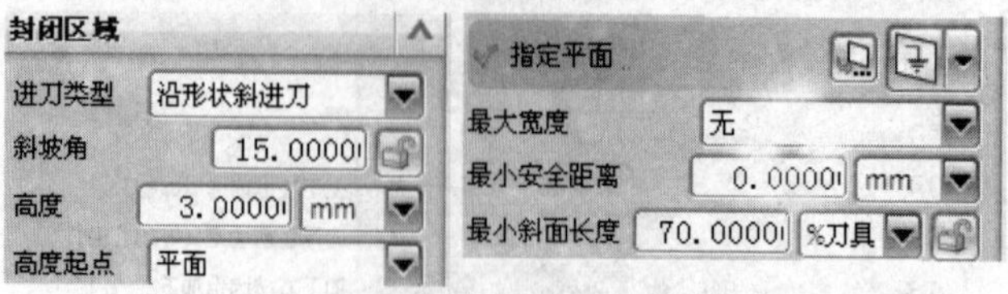

图 3-63　设置非切削参数

7）设置主轴速度和进给率，如图 3-64 所示。

图 3-64　设置主轴速度和进给率

8）生成刀路和仿真验证，如图 3-65 所示。

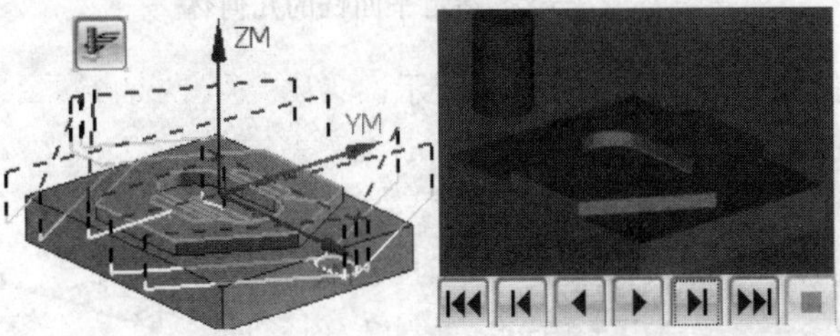

图 3-65　生成刀路和仿真验证

（6）凹槽侧壁精加工，如图 3-66 所示

1）复制上一步生成的程序，然后再粘贴到程序导航器中，双击打开，编辑该程序。

2）重新指定切削区域；将加工方法改为精加工，余量设置为 0。

3）将切削模式改为轮廓加工；单击“生成”按钮，再单击“确定”按钮完成操作。

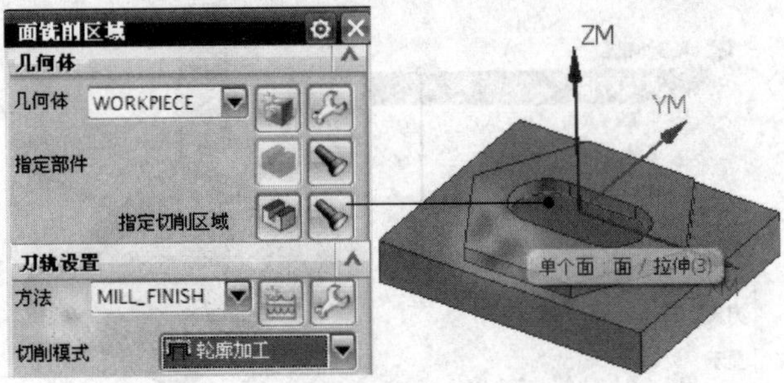

图 3-66　凹槽侧壁精加工参数设置

（7）六边形外轮廓精加工

1）创建平面铣加工子类型，如图 3-67 所示。

图 3-67　创建平面铣加工子类型

2）指定几何体，如图 3-68 所示。

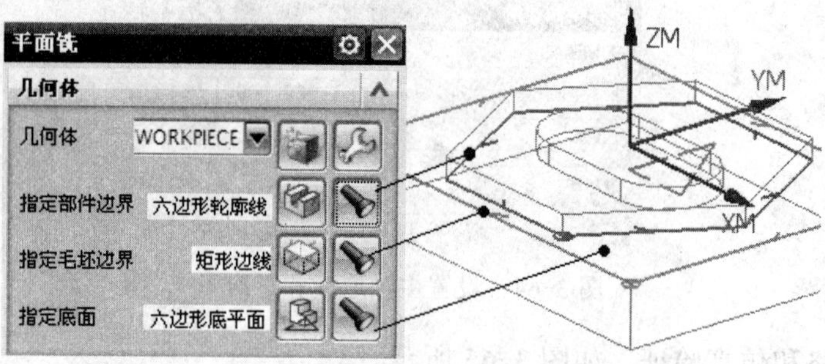

图 3-68　指定平面铣的几何体

3）设置刀轨，生成程序，如图 3-69 所示。

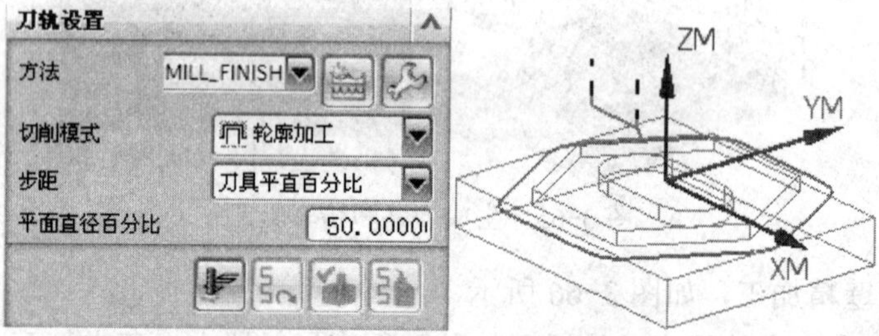

图 3-69　设置刀轨，生成程序

4）可视化仿真，如图 3-70 所示。

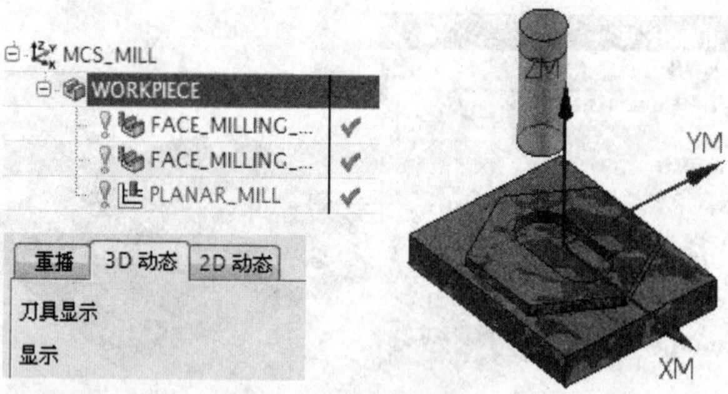

图 3-70　可视化仿真

第 4 章　UG NX 8 平面铣加工

学习目标

了解 UG NX 8 平面铣加工的编程步骤，掌握定义平面铣几何体的方法，学会设置正确的平面铣加工切削参数，进而提高应用数控铣床/加工中心完成零件铣削加工的实际操作技能。

学习内容

- 平面铣加工概述与加工步骤
- 平面铣加工几何体
- 切削方法、步距、深度
- 切削角度、进（退刀）与控制点
- 平面铣加工操作实例

4.1　平面铣加工概述

4.1.1　平面铣加工简介

平面铣（Planar Milling）是在垂直于固定刀轴的平面层移除材料，要加工的部件可以包括垂直于刀轴的平面岛和平底面，这种加工方法常用于粗加工，有时也用于精加工外形以及清除转角的残余量的切除。平面铣的刀轨可以是单个刀路、多个刀路或刀槽，切削体积由刀槽或创建刀槽的部件边界周围的毛坯边界封闭。

在图 4-1 中，毛坯边界定义要移除的材料，部件边界定义成品；底面定义刀轨的最终深度。

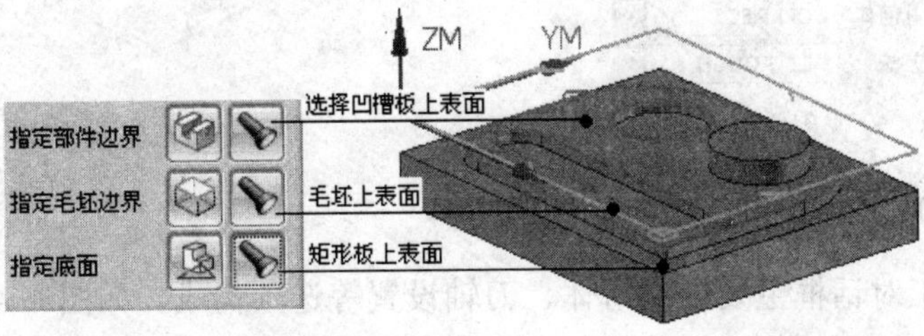

图 4-1　几何体定义

在平面铣编程中一般要进行如下操作：从面、边、曲线和点创建边界以包含刀轨；选择底面作为刀轨的最终深度；使用特定于平面铣的不同方法选择切削层；使用腔体加工方法或通过沿部件边界创建轮廓切削将材料作为切削体积进行移除。

平面铣操作包括 7 种子类型，表 4-1 简要介绍了平面铣操作模板选项的功能。

表 4-1　模板选项的功能说明

模板选项	功能说明
PLANAR_MILL	此选项是主要的平面铣操作子类型
ROUGH_FOLLOW	此选项是使用跟随部件切削模式定制的平面铣操作子类型
ROUGH_ZIGZAG	此选项是使用往复切削模式定制的平面铣操作子类型
ROUGH_ZIG	此选项是使用单向轮廓切削模式定制的平面铣操作子类型
CLEANUP_CORNERS	此选项是使用跟随部件切削模式定制的平面铣操作子类型，使用先前操作中的 2D IPW。因为这些拐角中有前一刀具留下的材料，所以常用于清除拐角
FINISH_WALLS	此选项是使用轮廓切削模式定制的平面铣操作子类型。此操作将继承的部件余量留在壁上，并将最终底面余量设为 0.25mm
FINISH_FLOOR	此选项是使用跟随部件切削模式定制的平面铣操作子类型，用于精加工底面，并将余量留在壁上。此操作不会留下最终底面余量，但会使部件余量设为 0.12mm，以便将材料留在壁上。此操作不继承部件余量

4.1.2　平面铣加工基本操作过程

1）在“插入”工具栏中，单击“创建操作”图标，或选择“插入”→“操作”命令。

2）在创建操作对话框中的类型组中单击 mill_planar。

3）在操作子类型组中，单击图标。

4）在位置组中选择以下选项，如图 4-2 所示。

5）单击“确定”按钮。显示“平面铣区域”对话框。

6）在几何体组中，指定部件边界、毛坯边界、底面。

7）根据需要指定检查边界和修剪边界。

8）在“平面铣区域”对话框的刀轨设置组中，设置参数。

9）单击“生成”图标，生成刀轨，如图 4-3 所示。

图 4-2　设置程序、刀具等开始项

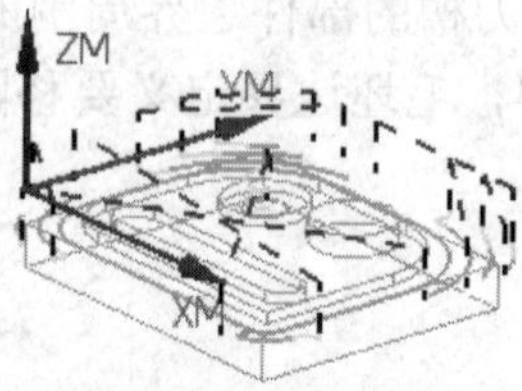

图 4-3　生成刀轨

4.1.3　平面铣加工对话框

在平面铣加工对话框主要由几何体、刀轴设置等选项构成，如图 4-4 所示。

通过平面铣加工对话框可以选择加工几何体、选择切削模式、设置加工步距、选择控制点、设置切削层以及确定分层加工方法及其参数等，还可以对生成的刀具路径进行显示和模拟加工。

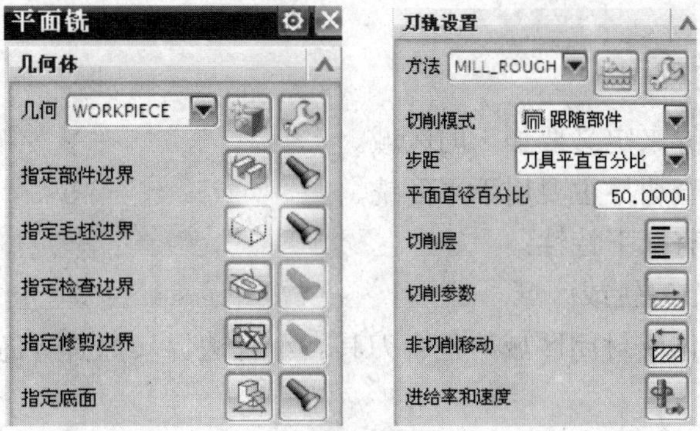

图 4-4　平面铣加工对话框

4.2　平面铣加工几何体

平面铣的加工几何体包括部件边界、毛坯边界、检查边界、修剪边界、底面几何体，除底平面外，其余几何体都是由边界定义的。

4.2.1　平面铣加工几何体对话框

在平面铣加工几何体对话框内可以直接指定边界来定义部件、毛坯或检查几何等，也可以重新选择或编辑平面铣所需要的几何，如图 4-5 所示。

图 4-5　平面铣加工几何体对话框

4.2.2　平面铣加工几何体各选项的含义

平面铣加工几何体各选项的含义如表 4-2 所示。更详细的说明参见第 2 章有关内容。

表 4-2　平面铣加工几何体各选项的含义

选项	含义
部件边界	部件边界定义要加工的几何体
毛坯边界	毛坯边界指定要切削的材料。可以同时使用部件边界和毛坯边界来定义切削体积
检查边界	使用检查边界连同指定的部件几何体来定义刀具必须避开的区域
修剪边界	在每一个切削层上使用修剪边界来限制切削区域。将修剪边界与指定的部件几何体组合，可以舍弃修剪边界之外的切削区域
底面	使用底平面几何体定义最低的（最后一个）切削层。一次操作只能定义一个底面

4.2.3 边界几何的应用

使用加工中的边界来定义要加工的区域。

部件、毛坯和检查边界主要用于平面铣。

所有加工边界具有以下特性：

- 边界定义一个刀轨或区域。

单个边界（如腔体或封闭区域）包含刀具。组合边界（如具有岛的腔体）可同时包含或排除刀具。

- 边界由成员组成。

每个成员都是包含如内公差/外公差、侧面余量和刀具位置这样的属性的一个段（面的边或曲线）。

- 边界包括起点、刀具位置（对中、相切、接触）、方向、材料侧（内部、外部、左或右）和类型（开放或封闭）。
- 它们具有一个起点和前进方向。

1. **指定部件边界**

使用部件边界来定义要加工的几何体。

UG NX 将由内部仍剩余材料的部件边界所包围的区域视为岛，因此某些按惯例未被视为岛的区域将在 UG NX 中将被视为岛。

图 4-6 显示部件边界定义的多边形轮廓，材料侧为内部。型腔与内孔的边界，材料侧为外部，这些为岛边界。

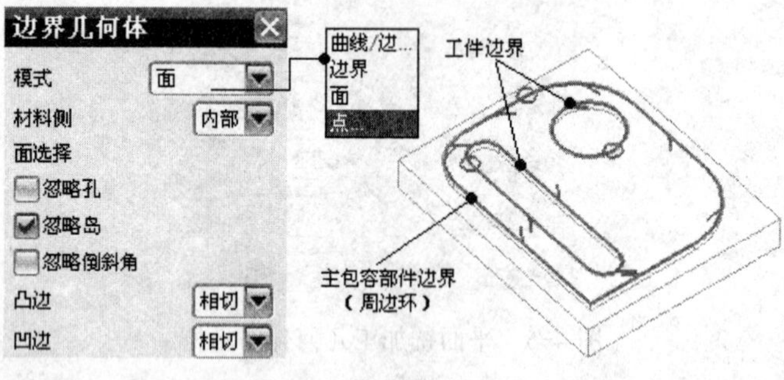

图 4-6 指定部件边界

2. **指定毛坯边界**

使用毛坯边界指定要切削的材料，可以同时使用部件边界和毛坯边界来定义切削体积。切削体积指要移除的材料，可以将要移除的材料指定为毛坯材料（原料件、锻件、铸件等）减去工件材料，如图 4-7 所示。

在图 4-8 中，毛坯边界定义毛坯体积，多个工件边界定义工件体积。切削体积（要移除的材料）由毛坯体积减去工件体积来定义。

特别需要指出的是，并非总是需要指定毛坯边界，通过包围其他工件边界，工件边界可以作为边缘环（主包容边界），如图 4-9 所示。

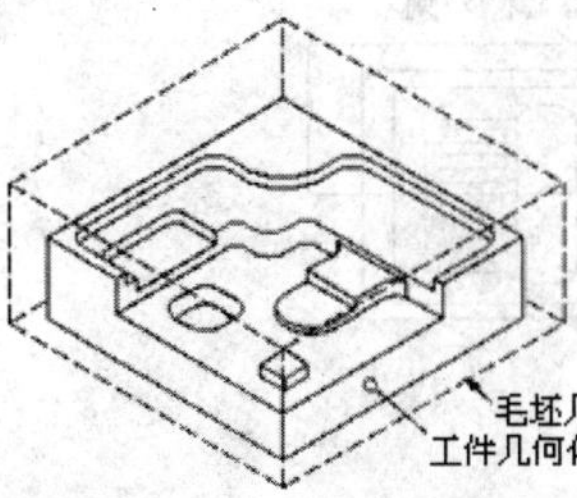

图 4-7 工件和毛坯几何体

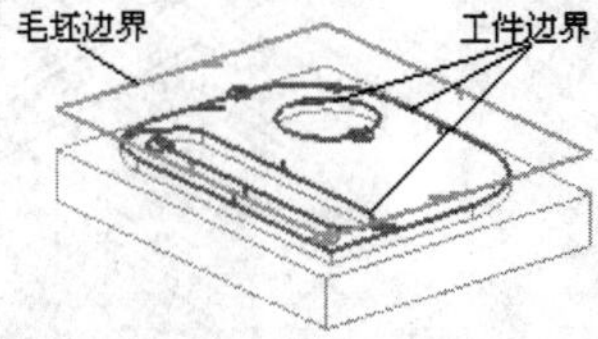

图 4-8 毛坯和工件边界

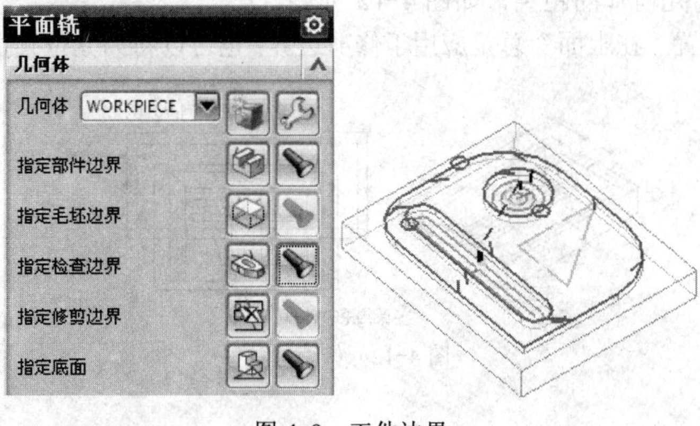

图 4-9 工件边界

3. ***指定检查边界***

指定检查边界选项可以用来定义不希望破坏的几何体，如固定工件的夹具。

也可以在切削参数中指定检查余量的值，此值定义刀具位置和检查几何体之间的距离。

检查边界总有相切刀具位置而且检查边界平面的法向必须平行于刀轴。

检查边界操作示例如图 4-10 所示。

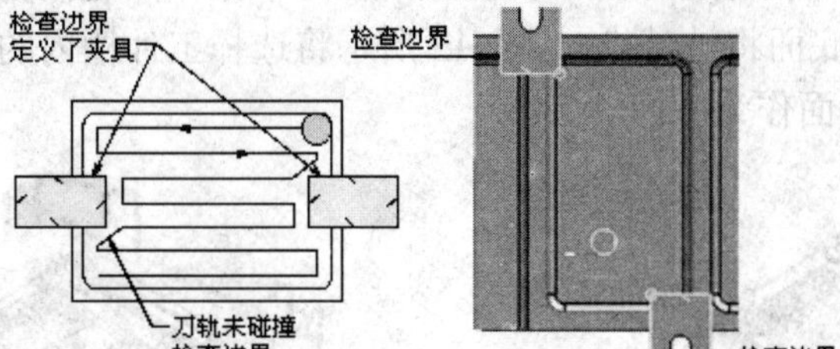

图 4-10 检查边界操作示例

4. ***指定修剪边界***

修剪边界选项可以进一步指定在每一个切削层上使用修剪边界来限制的切削区域，将修剪边界与指定的部件几何体组合，可以舍弃修剪边界之外的切削区域。例如，可以定义修剪边界以使操作仅切削前一操作在夹具下面遗留材料的区域。

它可以通过将修剪侧指定为内部或外部（对封闭边界而言），或指定为左侧或右侧（对于开放边界），定义要从操作中排除的切削区域的这一部分，如图 4-11 所示。

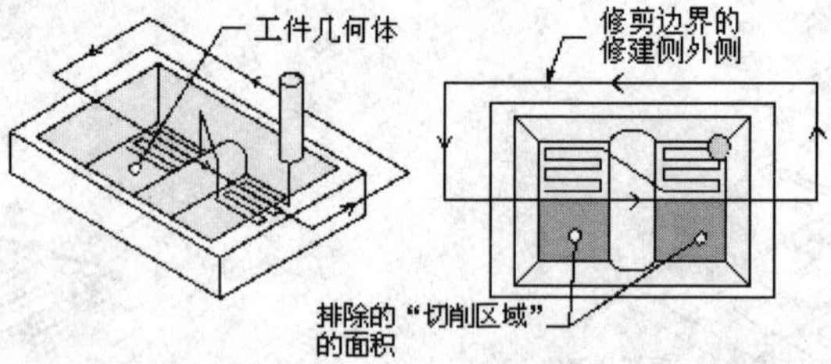

图 4-11　外部修剪侧

指定修剪边界时可以为其指定一个修剪余量值（选择“切削”→“修剪余量”命令），以定义刀具与修剪几何体的距离，如图 4-12 所示。

此时，刀具位置“在上面”总是应用于修剪边界；也可以将刀具位置指定为“相切于”。

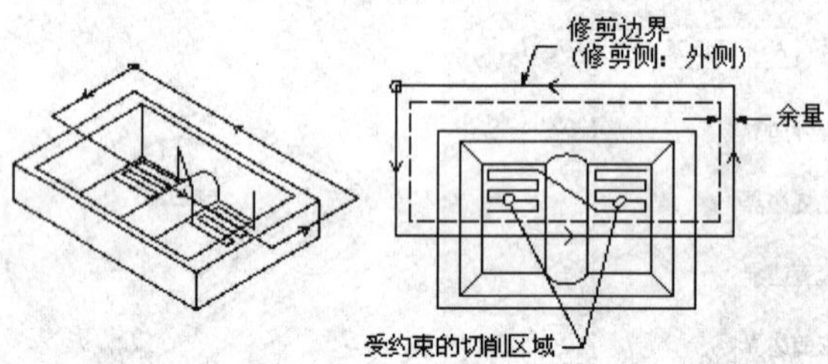

图 4-12　修剪边界

警告：

在刀具不能安全进刀至切削区域的情况下不要使用修剪边界。

例如，在使用修剪边界切削毛坯中的小块区域时，移动到已修剪区域的进刀可能在毛坯内部开始。如果前一操作未移除毛坯材料，刀具会与毛坯材料碰撞。

5. 指定底面

底面是在平面铣操作中使用指定底面选项选择的底面几何体，底面定义操作的是最后一个切削层，所有切削层都是平行于底面而生成的，每个操作只能指定一个底面。如果选择新的底面几何体，则现有底面将被替换。图 4-13 所示将选择工件槽内的平面作为底面，图 4-14 所示将选择工件底部平面作为底面。

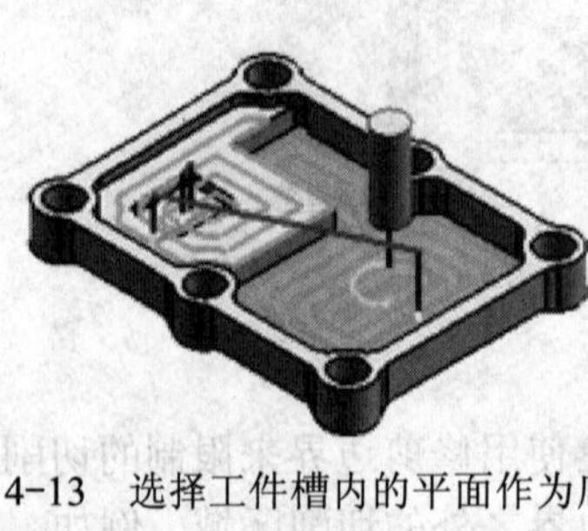

图 4-13　选择工件槽内的平面作为底面

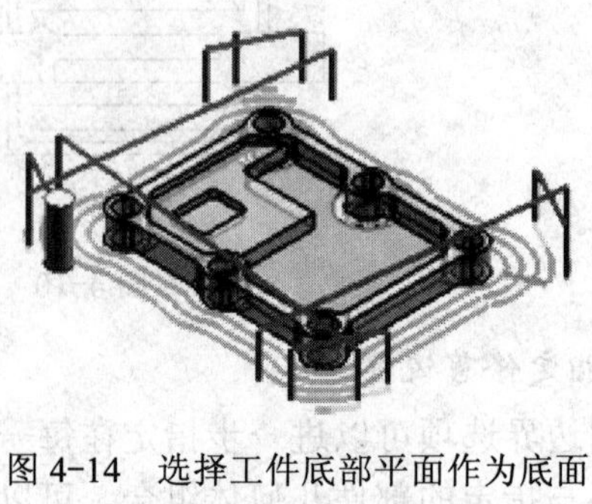

图 4-14　选择工件底部平面作为底面

刀具必须能够到达底面，并且不会过切工件。如果底面定义的切削层无法到达，则会显示一条出错消息。

如果未指定底面，系统将使用机床坐标系（MCS）的 X-Y 平面。

4.3　设置边界几何体

如图 4-15 所示，“边界几何体”对话框主要由模式、材料侧、定制边界数据、面选择以用凸凹边设置组成，下面对以上各选项的用法分别加以介绍。

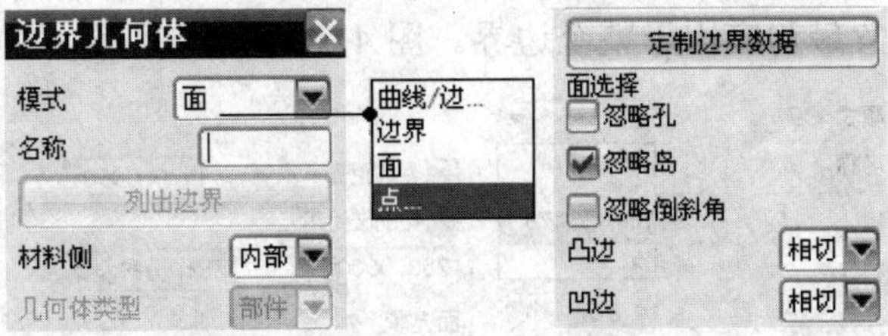

图 4-15　“边界几何体”对话框

4.3.1　创建加工边界

1. *面创建基本过程*

（1）在模式选项内选择 模式 面，然后选中或清除忽略孔、忽略岛和忽略倒斜角

1）如果所有孔对刀轨都不重要，则可选中忽略孔。

2）对于刀轨位于所有岛的上方的粗加工操作，可选中忽略岛。

3）选中忽略倒斜角来创建延伸为包含与所选面相邻的倒斜角、圆角和倒圆的边界；清除忽略倒斜角来在所选面的边上创建边界。

（2）在材料侧下面，选择以下选项之一

1）如果保留封闭边界内部的材料，则选择内部。

2）如果保留封闭边界外部的材料，则选择外部。

（3）选择定义边界的一个或多个面，如图 4-16 所示指定零件表面创建加工边界

注释：

如果只忽略一些孔或岛，则清除忽略孔或忽略岛。然后编辑边界以移除不需要的孔或岛边界。忽略孔和岛可以减少处理时间，尤其是在使用复杂实体模型时。

2. *从曲线/边创建边界*

在模式选项内选择 模式 曲线/边...，然后选择曲线或实体边界来创建边界。其他设置参照面的创建过程，如图 4-17 所示。

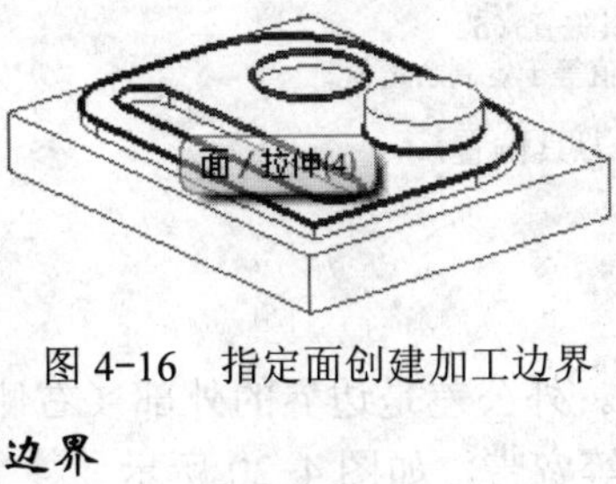

图 4-16　指定面创建加工边界

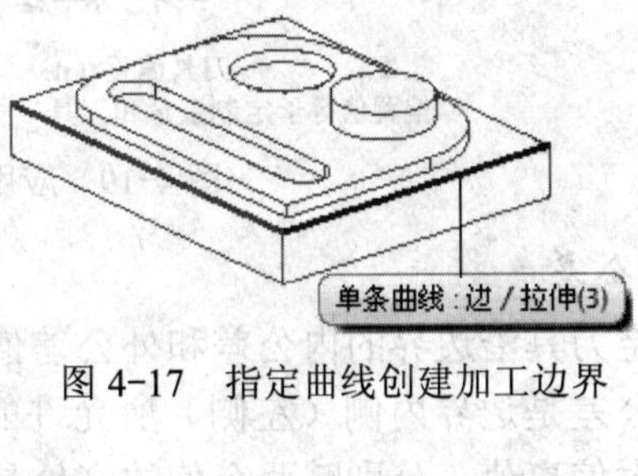

图 4-17　指定曲线创建加工边界

3. *边界*

从永久边界创建边界。

选择要创建的边界的类型，如指定部件边界。

4. **点**

选择系列点集创建边界。

4.3.2 定制边界数据

利用定制边界数据 定制边界数据 选项设置与选定边界相关联的公差、余量、毛坯距离和切削进给率值，这些设置最初应用于整个边界。图 4-18 为定制边界数据对话框。

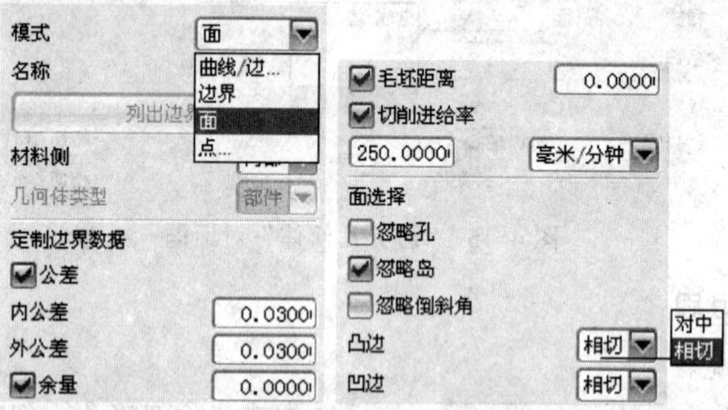

图 4-18 定制边界数据对话框

定制边界数据的优点：

1）可以决定在工件中的何处指定定制边界数据。例如，如果考虑加工工件中某些复杂区域，则可以为此特殊区域指定一个较大的余量值。

2）在任何需要的位置进行调整都可以更灵活地加工工件，以获得高质量的加工工件。

1. **余量**

可以使用余量指定从刀具到边界的距离。一般来说，当刀位为对中时，系统会忽略余量值。不过，当为边界的单个成员定义定制余量值时，情况就不是这样了。

对于相切刀位，偏置值等于该刀位与刀具半径的组合余量值。对于对中刀位，偏置值等于该刀位的定制余量值，如图 4-19 所示。

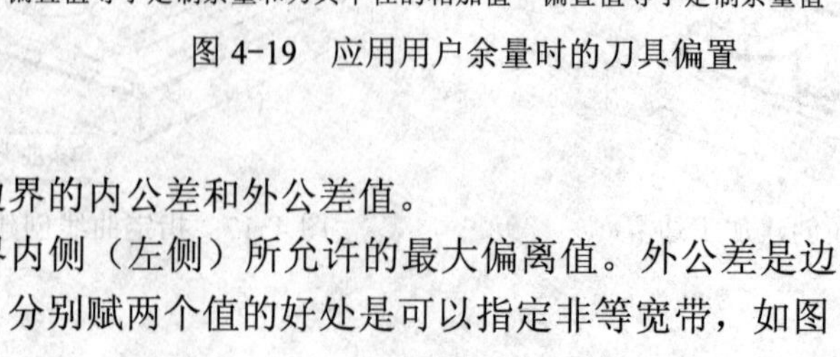

图 4-19 应用用户余量时的刀具偏置

2. **公差**

指定刀具沿边界的内公差和外公差值。

内公差是边界内侧（左侧）所允许的最大偏离值。外公差是边界的外部（右侧）所允许的最大偏离值。分别赋两个值的好处是可以指定非等宽带，如图 4-20 所示。

3. **面选择**

利用面选择的各个选项，可以指定在生成边界时要使用哪类内部边。只有在通过所选面生成边界时，这些选项才是可用的。

（1）忽略孔　忽略孔选项会使系统忽略选择用来定义边界的面上的孔。如果将此选项切换为关闭，则系统会在所选面上围绕每个孔生成边界，如图 4-21 所示。

（2）忽略岛　忽略岛选项会使系统忽略选择用来定义边界的面上的岛。如果将此选项切换为关闭，则系统会在所选面上每个岛的周围生成边界，如图 4-22 所示。

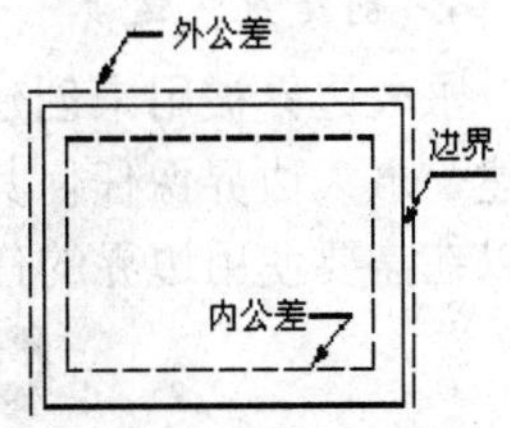

图 4-20　非等宽带内公差

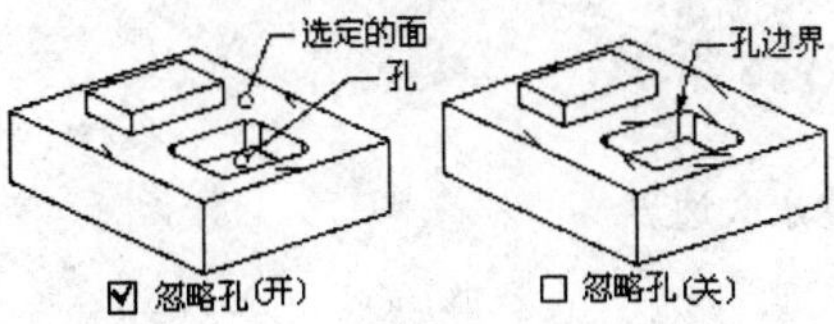

图 4-21　打开/关闭忽略孔选项

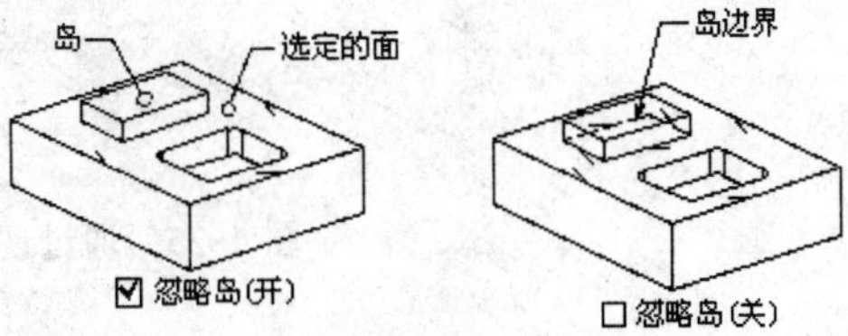

图 4-22　打开/关闭忽略岛选项

忽略孔和岛可以减少处理时间，尤其是在使用复杂实体模型时。许多实体都包含对于建立刀轨并无重要性的孔。让处理器忽略掉这样的孔，可以提高处理的速度。同样，如果切削深度允许（即刀轨并没有深到要进入岛区域），则可以在粗加工操作中排除岛。

（3）忽略倒角　利用忽略倒角选项，可以指定在通过所选面创建边界时是否识别相邻的倒角、圆角和圆。将忽略倒角切换为关闭时，就会在所选面的边上创建边界。

当切换为打开时，创建的边界将包括与所选面相邻的倒角、圆角和圆，如图 4-23 所示。

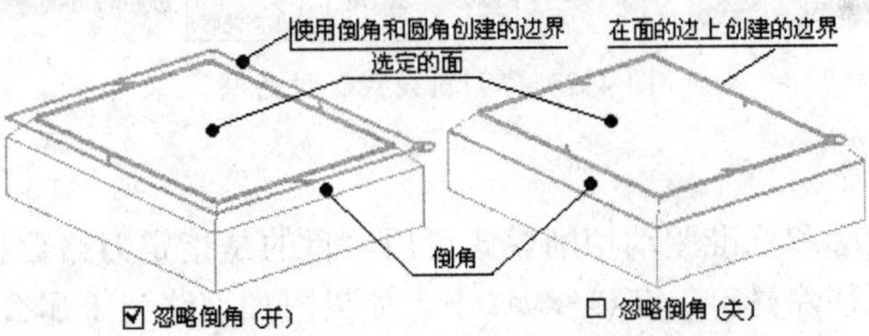

图 4-23　打开/关闭忽略倒角选项

（4）凸边　使用凸边选项可以为沿着所选面的凸边出现的边界成员控制刀位。使用对中选项可以为沿凸边创建的所有边界成员指定对中刀位。对中选项是默认设置。使用相切选项可以为沿凸边创建的所有边界成员指定相切刀位，如图 4-24 所示。

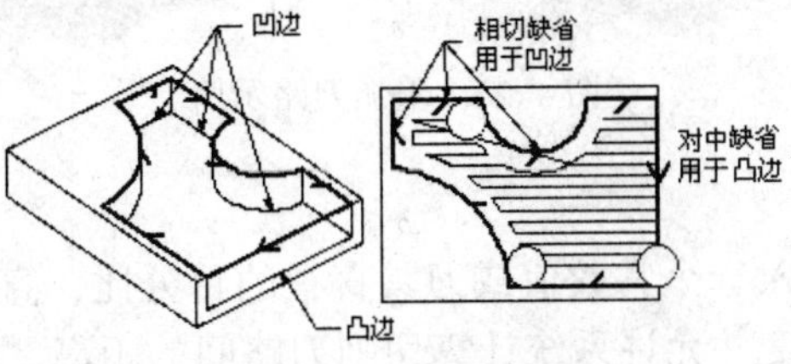

图 4-24　凸边和凹边

（5）凹边　凹边选项可以为沿所选面的凹边出现的边界成员控制刀位，如图 4-24 所示。

4. 创建永久边界

永久边界被用来创建在多个操作之间共用的边界。永久边界只能通过选择曲线和边来创建，永久边界像任何其他永久几何实体（直线、圆弧等）一样持续地显示在屏幕上并且可以在需要使用边界的任何加工模块中使用，如图 4-25 所示。

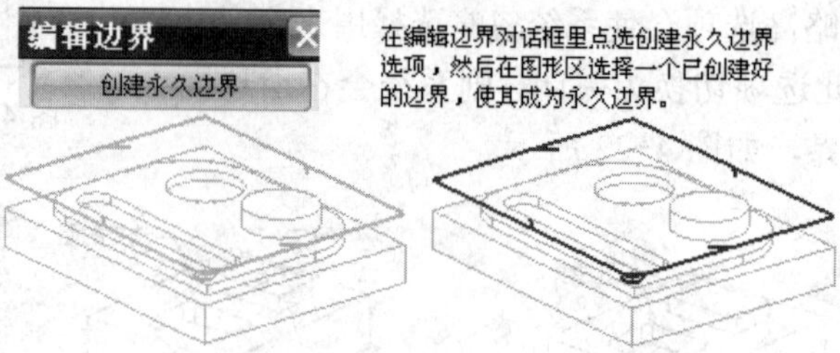

图 4-25　通过现有边界创建永久边界

4.4　刀轨设置

在“刀轨设置”对话框中，可以设置加工方法、切削模式、步距、切削层、切削参数、非切削参数、进给率和速度等，如图 4-26 所示。

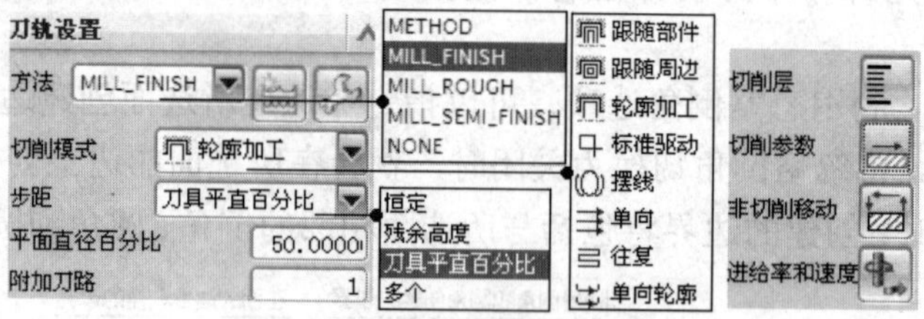

图 4-26 “刀轨设置”对话框

4.4.1　附加刀路

附加刀路仅对轮廓和标准驱动切削模式可用，目的是指定刀路数和沿边界的刀路，以便在多个刀路中逐步移除材料。在轮廓加工中，如果附加刀路为 1 那么就有两条刀路。

附加刀路常用在轮廓加工中以便分多次切除余量，如图 4-27 所示。

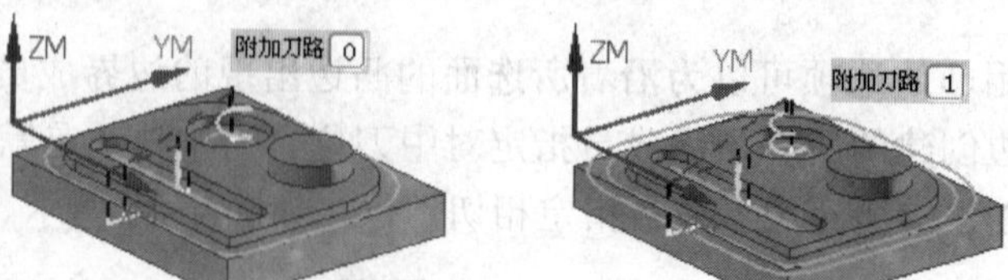

图 4-27　附加刀路示例

4.4.2　步距

通过在步距选项中输入一个常数值或刀具直径的百分比，直接指定切削刀路之间的距离；也可通过输入残余高度并允许系统计算切削刀路间的距离，间接指定该距离。

还可通过为系统指定在确定步距大小时使用的允许范围，或指定步距大小和相应的刀路数目，来定义可变步距。

步距提供了恒定、残余高度、刀具直径的百分比、多个等选项，关于步距的定义参考图 4-28。

注意，随着所选切削模式的不同，步距等选项也相应改变。

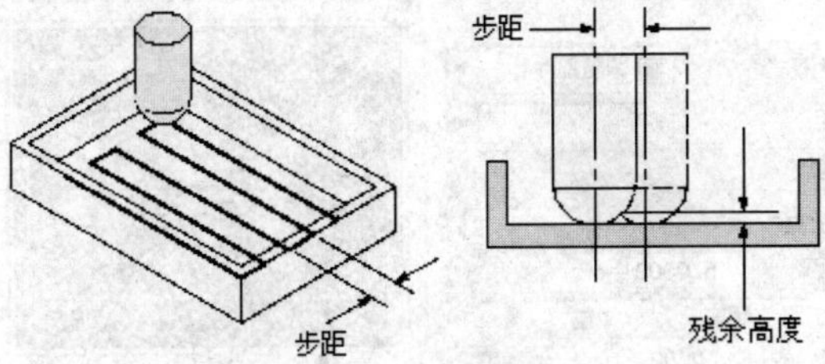

图 4-28　关于步距的定义

下面介绍各个步距选项及其所需的输入值。

1. **恒定**

此选项可以指定连续切削刀路之间的固定距离。如果指定的刀路间距不能平均分割所在区域，则系统将减小这一刀路间距以保持恒定步距，如图 4-29 所示。

在图 4-29 中，用户指定的步距是 0.750，但系统将其减小为 0.583 以在宽度为 3.50 的切削区域中保持恒定步距。

在轮廓铣模式和标准驱动模式中，指定附加刀路数来确定连续切削刀路之间的距离以及偏置的数量，此时偏置的距离就是在恒定模式下的步距值，如图 4-30 所示。

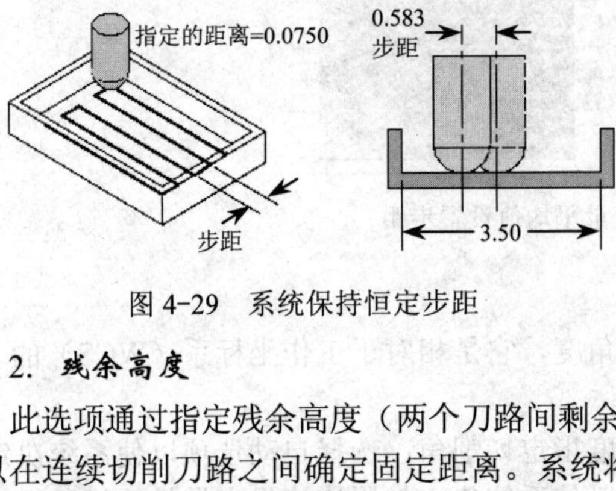

图 4-29　系统保持恒定步距

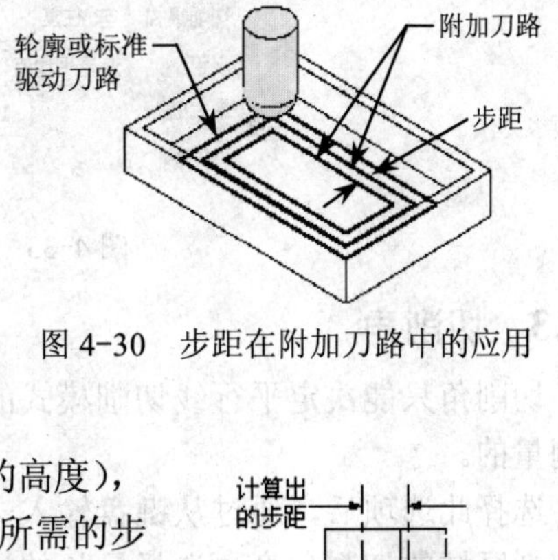

图 4-30　步距在附加刀路中的应用

2. **残余高度**

此选项通过指定残余高度（两个刀路间剩余材料的高度），可以在连续切削刀路之间确定固定距离。系统将计算所需的步距，从而使刀路之间的残余高度不大于指定的高度。由于边界形状不同，所计算出的每次切削的步距也不同。此选项可以保护刀具在切除材料时负载不至于过重，最大步距被限制在刀具直径长度的 2/3 以内，如图 4-31 所示。

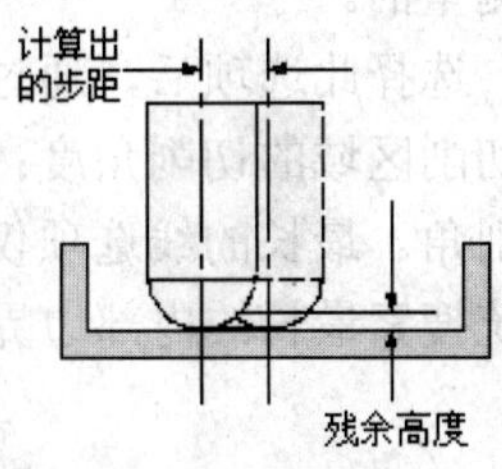

图 4-31　残余高度

3. **刀具直径的百分比**

此选项指定刀具直径的百分比，从而在连续切削刀路之间建立起固定距离。如果刀路间距不能平均分割所在区域，则系统将减小这一刀路间距以保持恒定步距。

4. **多个**

此选项用于跟随部件、跟随周边、轮廓铣和标准驱动切削模式。多个选项允许为刀路指定多个步距距离和相应的刀路数。

刀路列表中的第一行对应于最靠近边界的刀路。随后的行朝着腔体中心行进，如图 4-32 所示。当所有刀路的总数不等于要加工的区域时，软件会从切削区域中心加上或减去刀路。

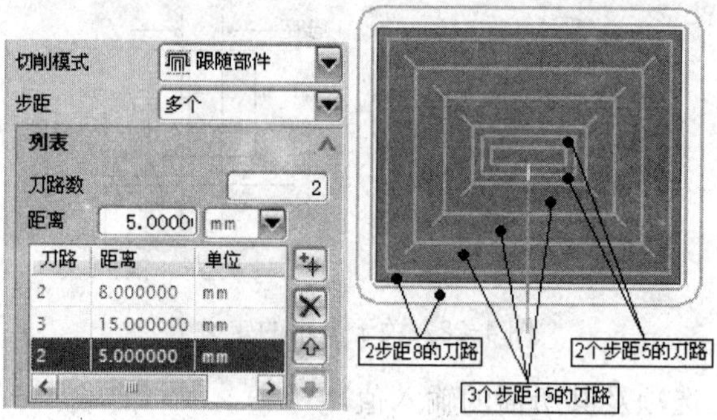

图 4-32　多个步距

5. **变量平均值**

此选项用于往复、单向和单向轮廓等切削模式，可以通过 UG NX 建立用于决定步距大小和刀路数的允许范围，该步距能够不断调整以保证刀具始终与边界相切并平行于 Zig 和 Zag 切削，如图 4-33 所示。

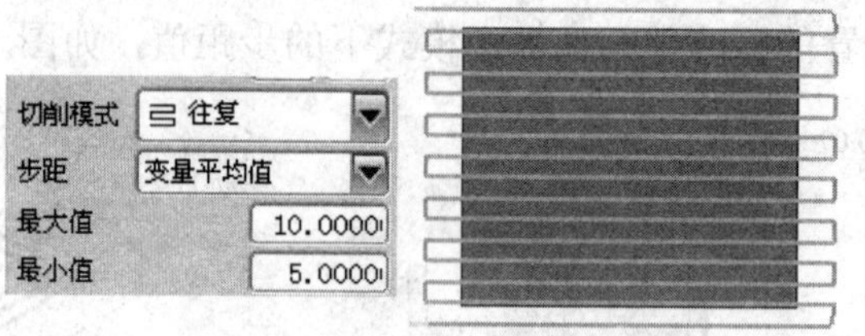

图 4-33　应用变量平均值设置步距

4.4.3　切削角

切削角只能决定平行线切削模式的旋转角度，它是相对于工作坐标系（WCS）的 XC 轴测量的。

选择此选项后，通过从键盘输入一个角度指定切削角；选择自动选项以使系统决定每个切削区域的切削角度；选择最长的边选项以使系统建立与周边边界中最长的线段平行的切削角。最长的线选项仅可用于包含可区分的线段的边界。如果周边边界不包含线段，则系统搜索最长的内部边界线段；也可能选择矢量来确定加工方向，如图 4-34 所示。

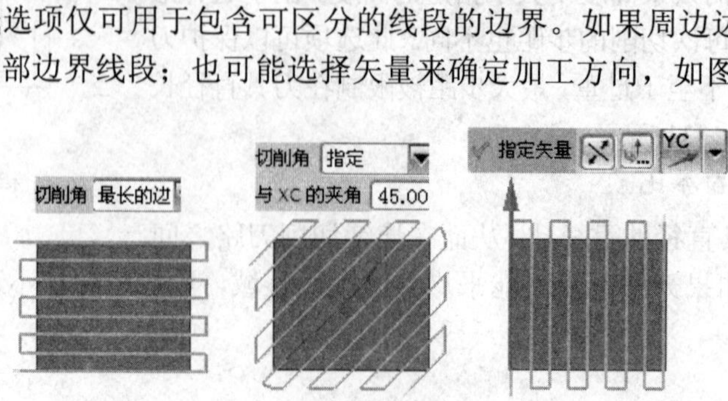

图 4-34　切削角

4.4.4　切削层

通过切削层设置切削深度，只有在刀轴与底部面垂直或者工件边界与底部面平行的情况下，才会应用切削深度参数。可以通过用户定义、仅底面、恒定等选项设置切削深度。切削层设置对话框如图 4-35 所示。

下面介绍切削层中的选项。

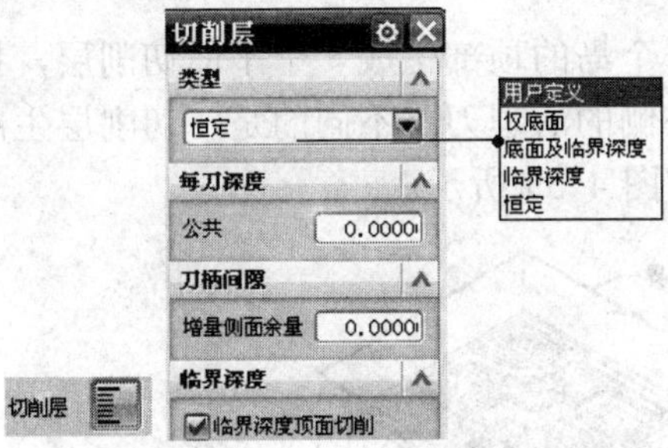

图 4-35　切削层设置对话框

1. ***用户定义***

此选项可以通过只输入数值来指定切削深度。此选项可激活公共、最小值、增量侧面余量等字段。临界深度顶面切削（顶面岛）按钮也变成可用，如图 4-36 所示。

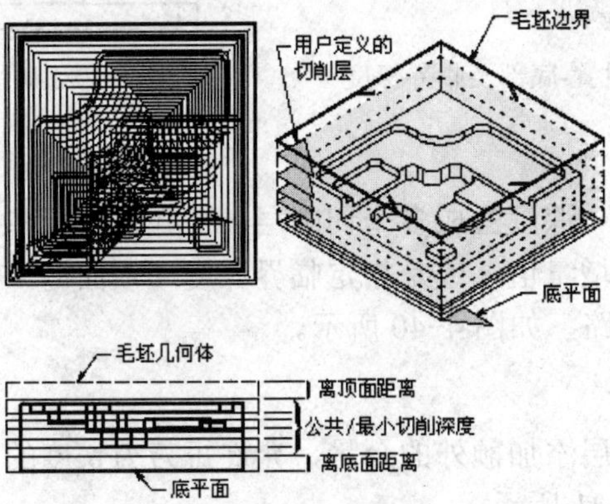

图 4-36　切削层设置-用户定义

2. ***仅底部面***

仅底部面在底平面上生成单个切削层，如图 4-37 所示。

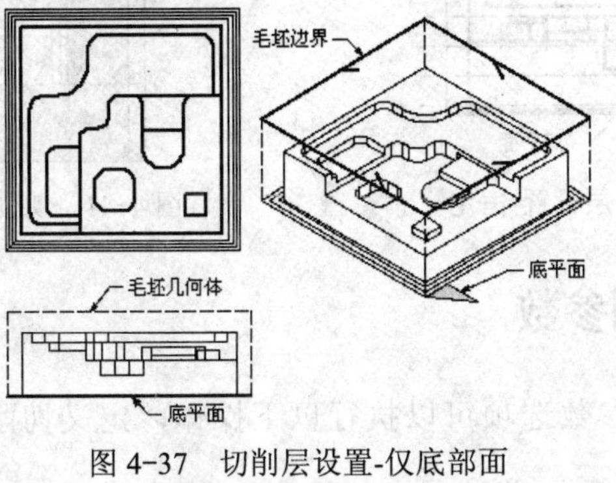

图 4-37　切削层设置-仅底部面

3. **底部及临界深度（岛顶部）**

底部面和岛顶部在底平面上生成单个切削层，接着在每个岛顶部生成一条清理刀路。清理刀路仅限于每个岛的顶面，且不会切削岛边界的外侧。

注意，在图 4-38 中的俯视图中，刀轨没有在顶部互相叠加。

4. **临界深度（岛顶部的层）**

应用临界深度可以在每个岛的顶部生成一个平面切削层，接着在底平面生成单个切削层。它与不会切削岛边界外侧的清理刀路不同的是，切削层生成的刀轨可完全移除每个平面层内的所有毛坯材料，如图 4-39 所示。

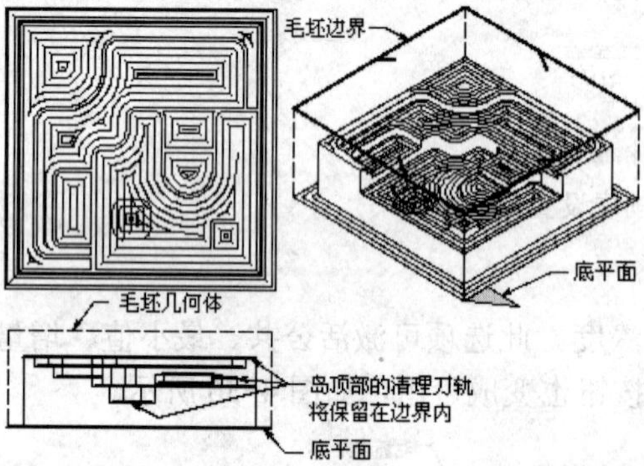

图 4-38　切削层设置-底部及临界深度

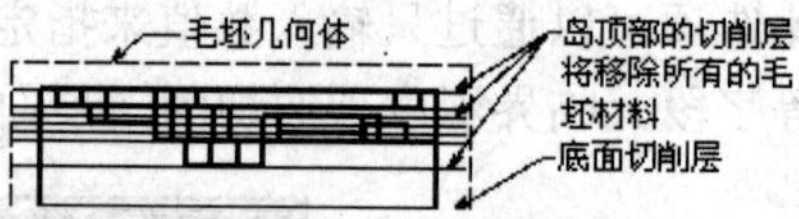

图 4-39　切削层设置-岛顶部的层

5. **恒定**

应用恒定选项可在某一深度生成多个切削层，公共值可用指定切削深度。也可以在此选项下指定一个侧面余量增量值，或是指定临界深度（顶面岛）值，来为与切削层不重合的岛顶部定义附加清理刀路，如图 4-40 所示。

6. **侧面余量增量**

此选项可以在各切削层添加额外的余量，允许短刀刃长度的刀具安全距离，而不移除边界的所有余量，如图 4-41 所示。

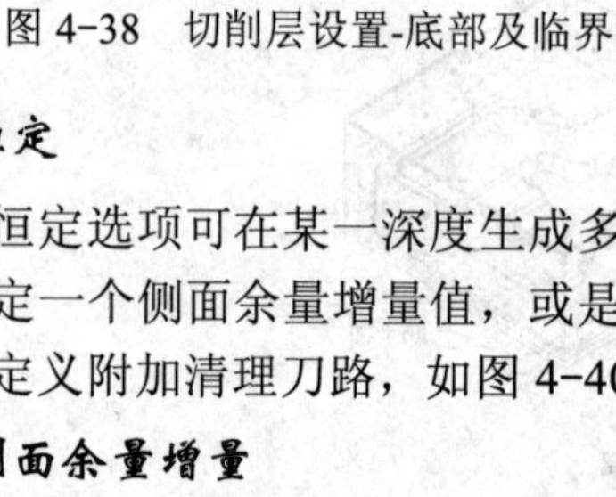

图 4-40　切削层设置-恒定

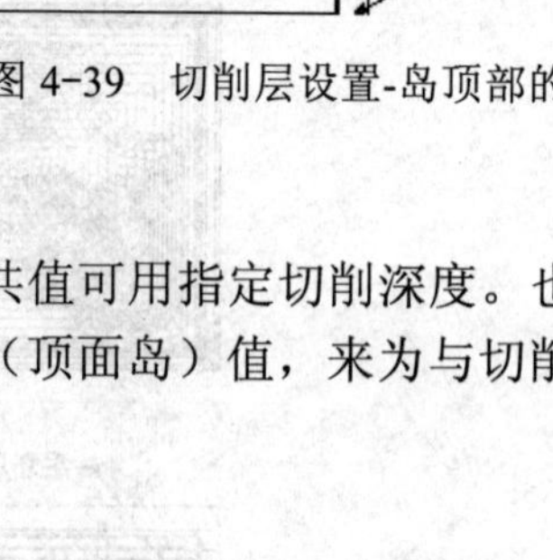

图 4-41　切削层设置-侧面余量增量

4.5　平面铣的切削参数

通过平面铣的切削参数选项可以执行以下操作，定义切削后在部件上保留多少余量；提供对切削模式的额外控制，如切削方向和切削顺序；确定输入毛坯并指定毛坯距离；添加并控制精加工刀路；控制拐角的切削行为以及控制切削顺序并指定如何连接切削区域。

4.5.1　策略

策略选项包括切削、合并和毛坯 3 项，具体定义如表 4-3 所示。

表 4-3　切削参数-策略

<table>
<tr><td colspan="2">切削方向：根据边界方向和主轴旋转方向计算切削方向</td></tr>
<tr><td>顺铣——指定顺时针主轴旋转时，材料在刀具右侧
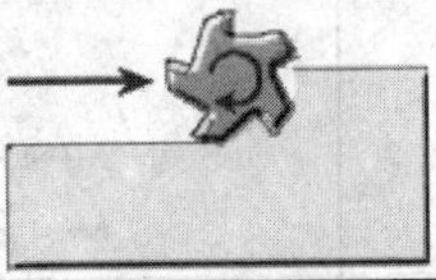</td><td>逆铣——指定顺时针主轴旋转时，材料在刀具左侧
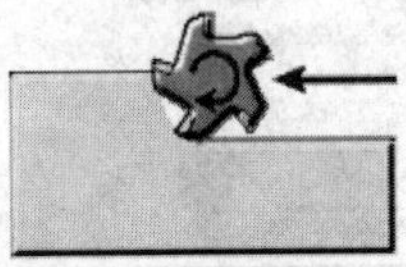</td></tr>
<tr><td>跟随边界表示指定刀具切削时移动的方向，刀轨按选择边界成员的方向切削，通常用于开放边界
</td><td>边界反向表示指定刀具切削时移动的方向，刀轨以选择边界成员的反方向切削，通常用于开放边界
</td></tr>
<tr><td colspan="2">切削顺序：指定如何处理具有多个区域的刀轨</td></tr>
<tr><td>层优先表示刀轨将首先完成每一层的加工，然后才会向下进刀。该选项可用于加工薄壁腔体
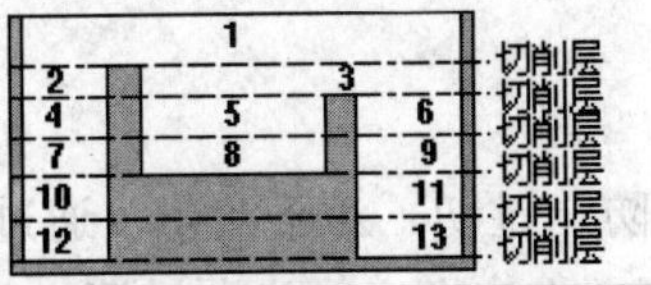</td><td>深度优先表示系统将切削至每个腔体中所能触及的最深处，即刀具在到达底部后才会离开腔体
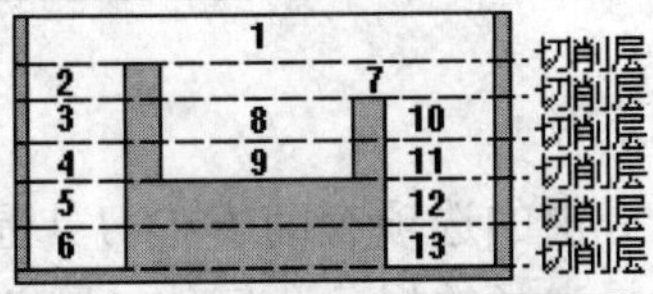</td></tr>
<tr><td colspan="2">壁：壁选项（跟随周边和轮廓铣）可确保在岛的周围不会留下多余的材料。每个岛区域都包含一个沿该岛的完整清理刀路</td></tr>
<tr><td>岛清根：（是）在各岛周围添加完整清理刀路以移除多余材料
</td><td>只切削壁：（是）在各切削层插入最终轮廓铣刀路以移除保留在部件壁的凸部。壁清理刀路不同于轮廓铣刀路
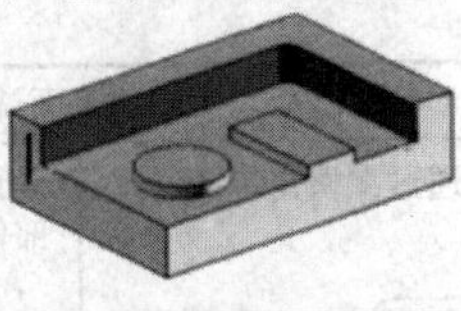</td></tr>
<tr><td>毛坯距离：默认的毛坯距离应用于封闭部件边界。可用于处理铸件或部件（要移除的材料具有恒定厚度）
</td><td>合并距离：将两个或多个面合并到单个刀轨以减少进刀和退刀
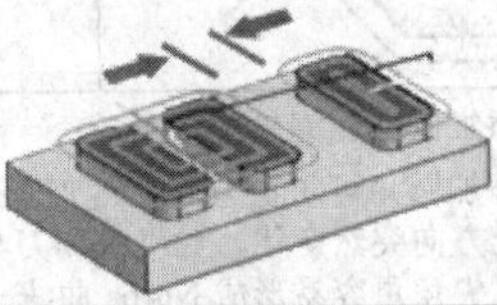</td></tr>
</table>

4.5.2　余量

余量选项决定了完成操作后工件上剩余的材料量。可以为底平面和内部/外部工件壁面指定余量，分别为底部面余量和部件余量，各参数具体定义如表 4-4 所示。

表 4-4　切削参数-余量

<table>
<tr><td colspan="6">余量：可用于某项操作的余量参数由处理器确定</td></tr>
<tr><td colspan="3">部件余量：指定加工后遗留的材料量
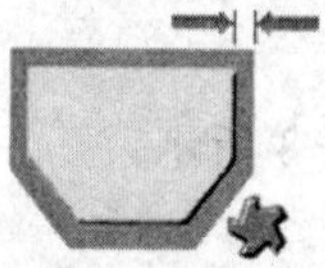</td><td colspan="3">最终底面余量：设置未切削的材料量值。底面余量从底面平面测量并沿刀轴偏置
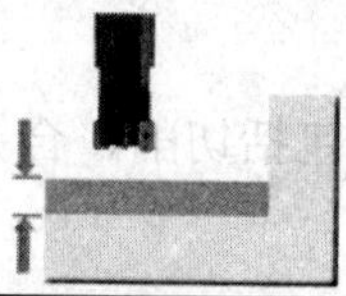</td></tr>
<tr><td colspan="2">毛坯余量：指定刀具偏离已定义毛坯几何体的距离。应用于具有相切条件的毛坯边界或毛坯几何体
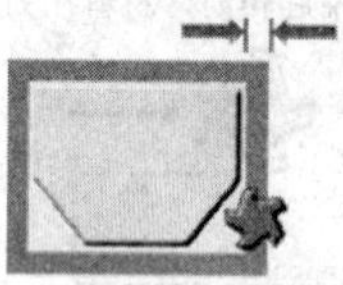</td><td colspan="2">检查余量：指定刀具位置与已定义检查边界的距离
</td><td colspan="2">修剪余量：指定自定义的修剪边界放置刀具的距离
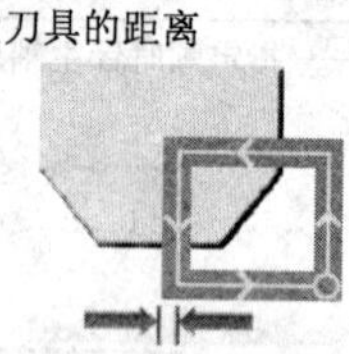</td></tr>
<tr><td colspan="6">公差：工件内公差和工件外公差定义了刀具偏离实际工件表面的可允许范围。值越小，切削就会越准确。越小的内公差和外公差值所允许与曲面的偏离就越小，并可产生更光顺的轮廓，但是需要更多的处理时间，因为这会产生更多的切削步骤
请勿将两个值都指定为零</td></tr>
<tr><td colspan="3">内公差：指定刀具在部件表面内切削时可以偏离预期刀轨的最大距离
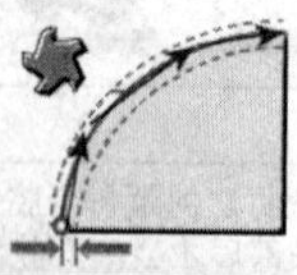</td><td colspan="3">外公差：指定刀具远离部件表面切削时可以偏离预期刀轨的最大距离
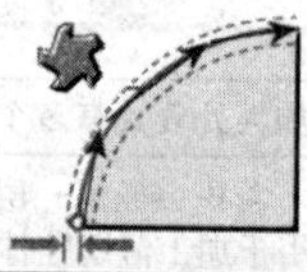</td></tr>
</table>

4.5.3　拐角

拐角提供的选项有助于在刀具围绕腔体角移动时防止过切。对于凹角，通过自动生成稍大于刀具半径的拐角几何体（圆角），可以让刀具在工件内壁之间光顺过渡；对于凸角，刀具可通过延伸相邻段或绕拐角滚动来过渡工件壁。拐角各参数具体定义如表 4-5 所示。

表 4-5　切削参数-拐角

<table>
<tr><td colspan="6">拐角处的刀轨形状：凸角，可用于平面铣和面铣操作</td></tr>
<tr><td colspan="2">绕对象滚动：通过在拐角滚动过渡部件壁
</td><td colspan="2">延伸并修剪：通过延伸相邻段过渡部件壁
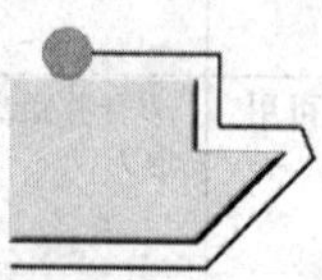</td><td colspan="2">延伸：通过延伸相邻段到交点以过渡部件壁
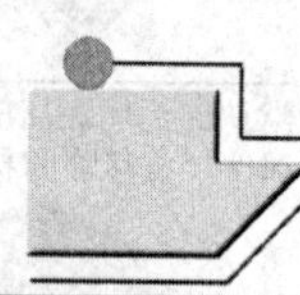</td></tr>
<tr><td colspan="6">光顺：提供添加圆弧到刀轨的选项
为所有拐角添加圆角可防止方向突然变化，而对机床和刀具造成过大的压力。在加工硬材料或高速加工时，此操作尤其有用，可以防止方向突然变化，对机床和刀具造成过大的压力。为所有拐角添加圆角还有助于为 Nurbs 输出生成刀轨，原因是光顺过渡比尖角更容易形成 Nurbs 曲线</td></tr>
<tr><td colspan="3">无：不应用光顺半径到刀轨拐角和步距
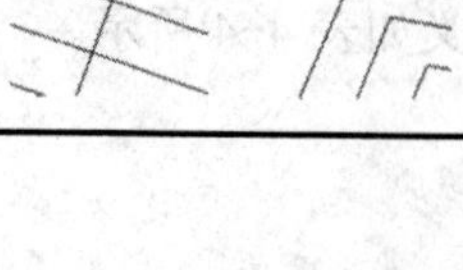</td><td colspan="3">所有刀路：应用光顺半径到刀轨拐角和步距
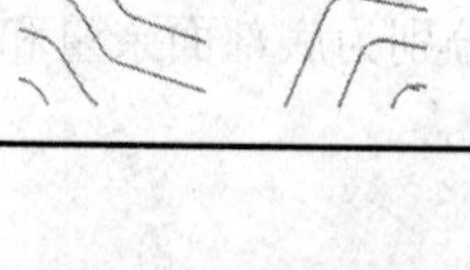</td></tr>
</table>

4.5.4　连接

连接参数定义了切削运动间的运动方式，连接各参数具体定义如表 4-6 所示。

表 4-6　切削参数-拐角

<table>
<tr><td colspan="2">区域排序：提供了几种自动和手工指定切削区域的加工顺序的方法</td></tr>
<tr><td>标准：确定此切削区域的加工顺序。当使用层优先选项作为切削顺序来加工多个切削层时，处理器将针对每一层重复相同的加工顺序
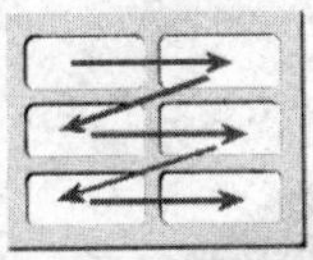</td><td>优化：根据最有效加工时间设置加工切削区域的顺序。优化顺序可使刀具尽可能少地在区域之间来回移动，从而使总移动距离最短
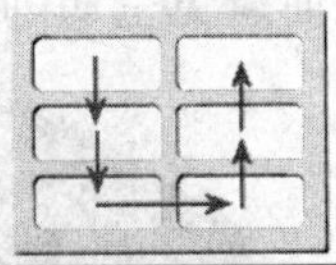</td></tr>
<tr><td>跟随起点：根据指定区域起点的顺序设置加工切削区域的顺序。这些点必须处于活动状态，以便区域排序能够使用这些点
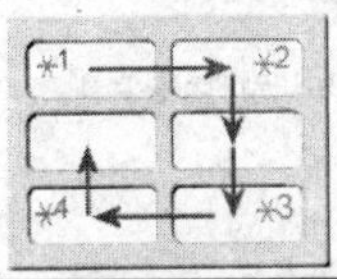
</td><td>跟随预钻点：根据指定预钻进刀点的顺序设置加工切削区域的顺序，跟随预钻点应用相同规则作为跟随起点
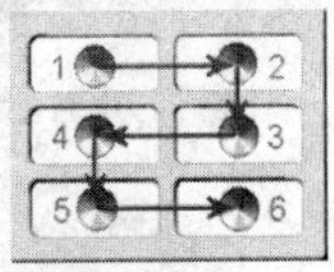
</td></tr>
<tr><td colspan="2">跨空区域：可用于平面铣中的单向、往复和单向轮廓切削模式以及面铣中的所有切削模式
指定存在空区域时的刀具运动（空区域为完全封闭的腔体或孔）</td></tr>
<tr><td>跟随：指定存在空区域时必须抬刀
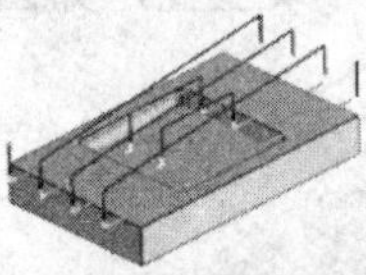</td><td>切削：以相同方向跨空切削时刀具保持切削进给率
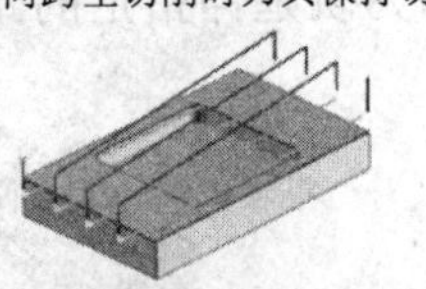</td></tr>
<tr><td>移刀：在指定刀具完全跨空时，刀具从切削进给率更改为移刀进给率，刀具按相同方向继续切削
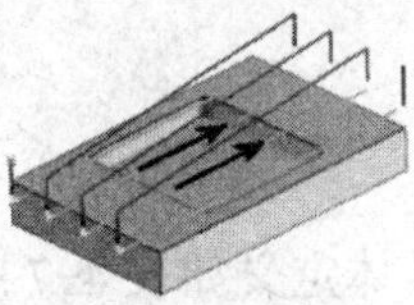</td><td>最小移刀距离：在切削进给处指定 UG NX 允许刀具空切的最长距离。如果最小移刀距离被超出，进给率将从切削进给率改为移刀进给率
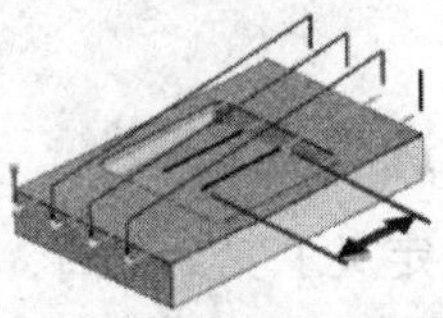</td></tr>
<tr><td colspan="2">开放刀路：部件的偏置刀路与区域的毛坯部分相交时，形成开放刀路</td></tr>
<tr><td>保持切削方向：指定移动开放刀路时保持切削方向
</td><td>变换切削方向：移动开放刀路时变换切削方向
</td></tr>
<tr><td colspan="2">跟随检查几何体：确定刀具遇到检查几何体时的行为</td></tr>
<tr><td>☐跟随检查几何体：识别到检查几何体时退刀，并使用指定的避让参数
</td><td>☑跟随检查几何体：在标识的检查几何体周围切削
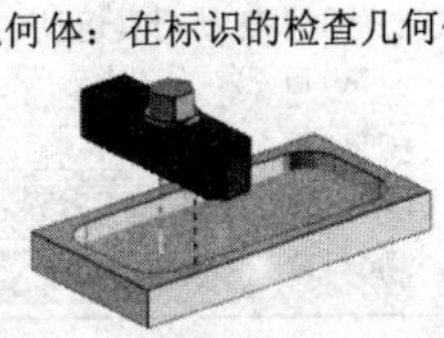</td></tr>
</table>

4.5.5 空间范围

空间范围选项给出了处理中的工件（IPW）的设置方法。在平面铣中使用 2D IPW 选项可以避免在已移除材料的地方生成刀具运动，后续操作仅加工部件上遗留的材料。打开此选项可以使 UG NX 通过执行上一个操作，跟踪剩余的材料。

1. **使用 2D IPW**

使用此选项可识别大刀具错过的剩余材料，并将这些剩余材料指定给下一个使用较小刀具的操作，从而避免空切削，如图 4-42 所示。

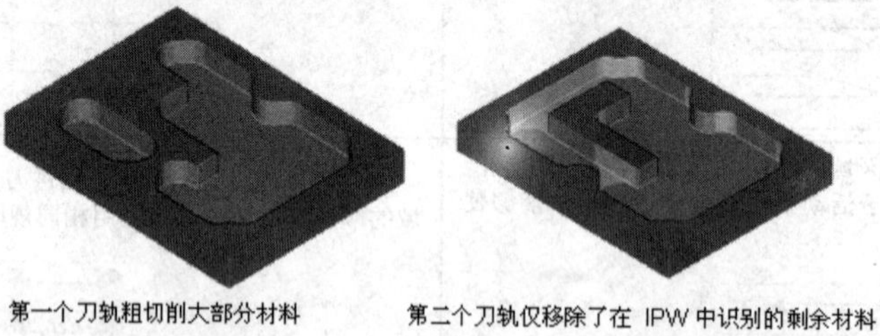

图 4-42 使用 2D IPW

2. **重叠距离**

使用重叠距离可以帮助消除残余高度并获得剩余铣操作序列中刀轨之间的完全清理。将当前操作的刀轨延伸指定的距离，使其与另一操作的切削区域重叠，如图 4-43 所示。

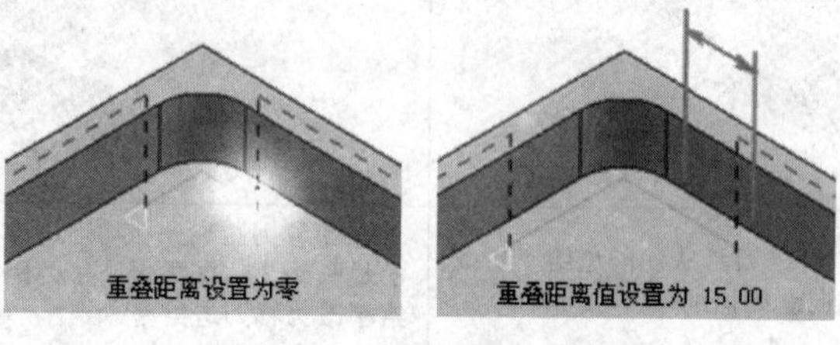

图 4-43 重叠距离示意图

4.5.6 更多选项

更多选项定义了安全距离、底切、下限平面等参数，具体定义如表 4-7 所示。

表 4-7 切削参数-更多

□允许底切：忽略底切几何体。这将导致处理竖直壁面时的公差更加宽松 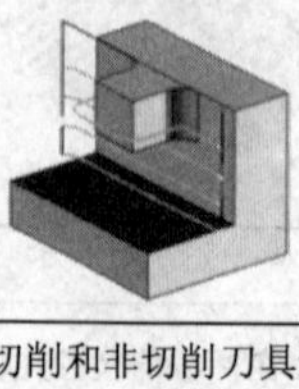	☑允许底切：标识底切几何体。如果不想加工部件边下面的面时可使用此选项 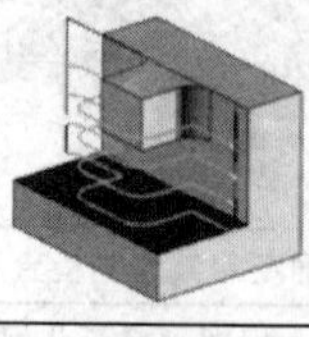
下限平面：定义切削和非切削刀具运动的下限  	

（续）

区域连接：由于岛、通道或其他刀轨障碍可能导致在可加工切削层区域生成多个子区域，各子区域由退刀和进刀移动连接，区域连接就是确定如何转换刀路和连接子区域。此时处理器将优化刀路间的步距运动，以寻找一条没有重复切削且无需抬刀的刀轨	
□区域连接：当部件中的区域间包含岛或通道时，系统快速地生成一条刀轨。而 UG NX 不会保持刀与通道中工件的连续接触，所以会产生频繁的退刀和进刀运动 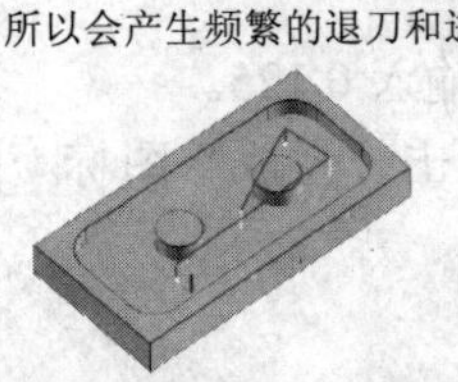	☑区域连接：此选项允许系统更好地预测刀轨的起始位置以及更好地控制进给率 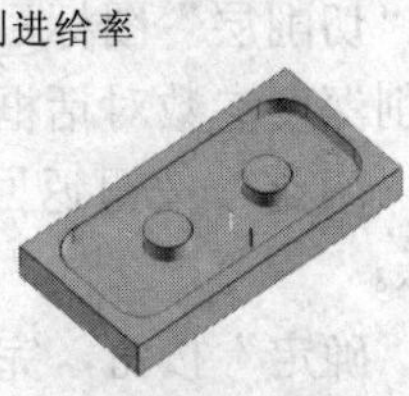
边界逼近：当边界或岛中包含二次曲线或 B 样条时，使用边界逼近可以减少处理时间并缩短刀轨。其原因是系统通常要对此类几何体的内部刀路（即远离岛边界或主边界的刀路）进行不必要的处理，以满足公差限制 **注释**：如果边界和所有岛中仅包含直线和圆弧，那么边界逼近不会缩短刀轨	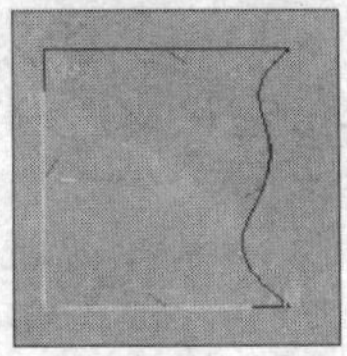

4.6　平面铣加工的其他应用

4.6.1　创建开放轮廓平面铣操作

当仅切削部分部件时可以创建开放轮廓刀轨。

下面的示例描述了创建开放轮廓平面铣操作的基本步骤，当然也可以选择其他参数以创建所需刀轨。

1）在“插入”工具栏中，单击“创建操作”图标，或选择“插入”→“操作”命令。

2）在操作子类型组中，单击图标。

3）在位置组中选择以下选项。程序：NC_PROGRAM；刀具：Insert Cutter 20 mm；几何体：WORKPIECE；方法：MILL_ROUGH。

4）单击“确定”按钮，显示“平面铣”对话框。

5）单击“指定部件边界”图标。

6）从模式列表中选择曲线/边。

7）从类型列表中选择开放。

8）从材料侧列表中选择右。

9）在图形窗口中，选择所示边，如图 4-44 所示。

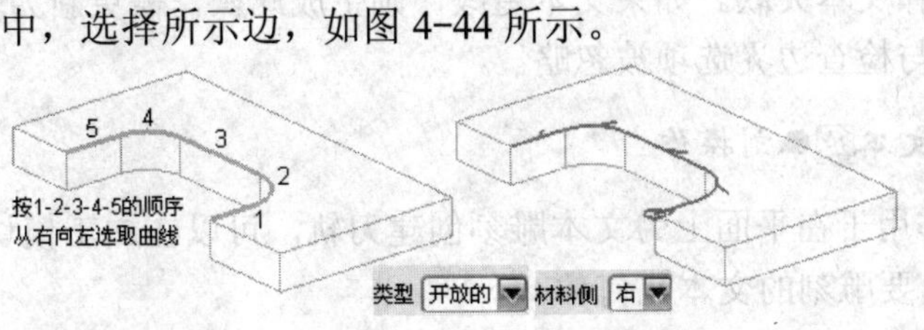

图 4-44　选择曲线，生成部件边界

10）单击“确定”按钮直至返回到“平面铣”对话框，创建并显示边界。

11）单击“指定底面”图标。

12）选择底面几何体。

这是刀轨的最终深度，如图 4-45 所示。

13）单击“确定”按钮在刀轨设置组中，从切削模式列表中选择轮廓。

14）单击“切削层”图标。

15）在切削深度参数对话框中的“最大值”文本框中输入 0.125。

16）单击“确定”按钮返回到“平面铣”对话框。单击“生成”图标，生成刀轨，如图 4-46 所示。

17）单击“确定”按钮，完成操作。

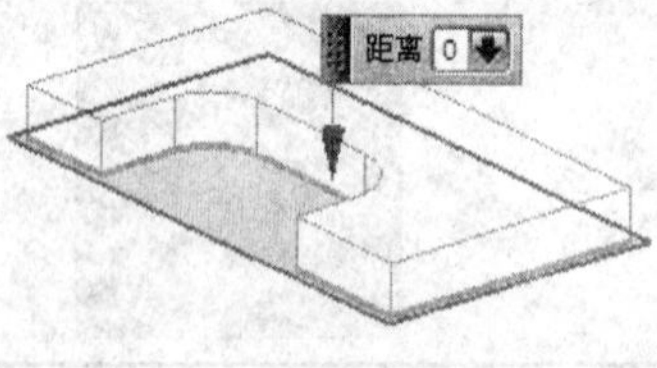

图 4-45　指定底面

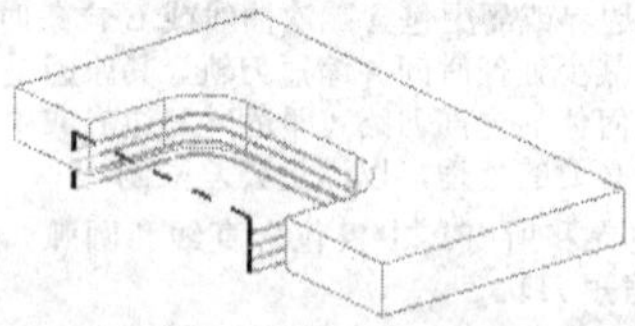

图 4-46　生成刀轨

4.6.2　创建平面文本雕刻操作

1. 平面文本简介

使用平面文本操作可以直接在平的面上雕刻注释文本、零件号和模具型腔 ID 编号。使用此功能必须在一个平行于底平面的平面中创建注释文本，UG NX 沿刀轴向底平面投影文本。图 4-47 所示为制图文本雕刻示例。

图 4-47　制图文本雕刻示例

在注释文本操作中：

1）刀轨与注释文本关联。如果文本更改，则生成此操作需更新刀轨。

2）修剪边界与检查边界选项被忽略。

2. 创建平面文本雕刻操作

平面文本操作用于在平面上为文本雕刻创建刀轨，可以在加工模块“插入”菜单中用“注释”命令做出要雕刻的文本几何体。

下面的示例描述了如何在部件平的表面上创建雕刻文字的平面文本操作。

1）在“插入”工具栏中，单击“创建操作”图标，或选择“插入”→“操作”命令，将显示创建操作对话框。

2）在类型组中，从类型列表中选择 mill_planar。

3）在操作子类型组中，单击图标。

4）在位置组中，选择以下选项。程序：PROGRAM；刀具：ENGRAVE_45；几何体：WORKPIECE；方法：FINISH。

5）单击“确定”按钮，将显示“平面文本“对话框。

6）在几何体组中，单击“指定制图文本”图标。

7）在图形窗口中，选择注释文本，如图 4-48 所示（参考此处创建制图文本）。

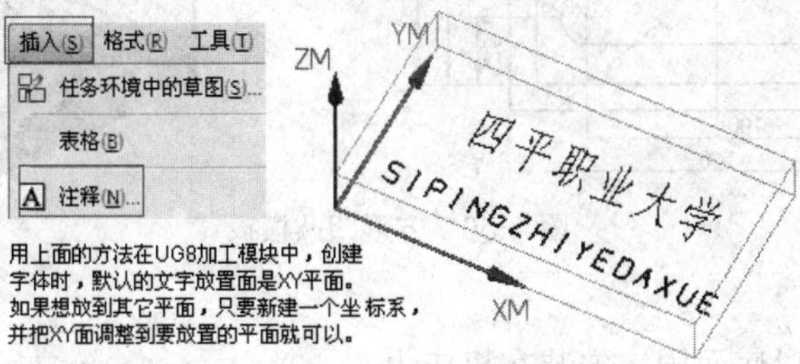

图 4-48　选择注释文本

8）单击“确定”按钮显示“平面文本”对话框。

9）在几何体组中，单击“指定底面”图标。

10）在图形窗口中，选择底平面。

11）单击“确定”按钮。

12）在刀轨设置组的“文本深度”文本框中输入 0.25。

13）单击“生成”图标，即已创建刀轨，如图 4-49 所示。

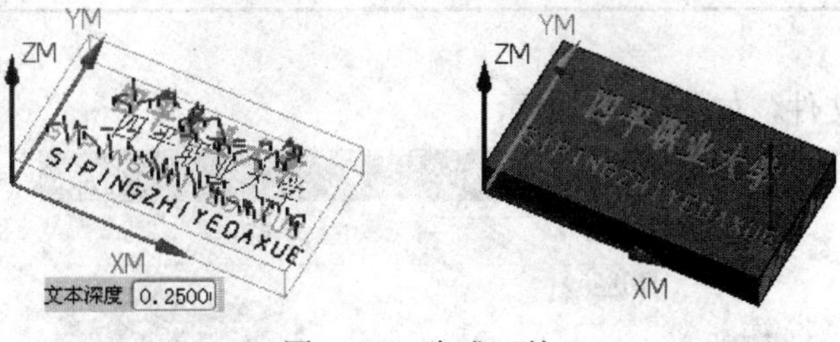

图 4-49　生成刀轨

4.7　平面铣加工范例

1. **工作任务**

完成图 4-50 所示的方形凹凸模板 CAM 软件的自动编程，学习 UG NX 8 CAM 模块的基本编程知识，掌握 UG NX 8 的平面铣加工方法。

2. **图样分析**

1）毛坯尺寸：160mm×130mm×36mm。

2）最大加工深度：15mm。

3）最小的内圆角半径为 *R*10mm。

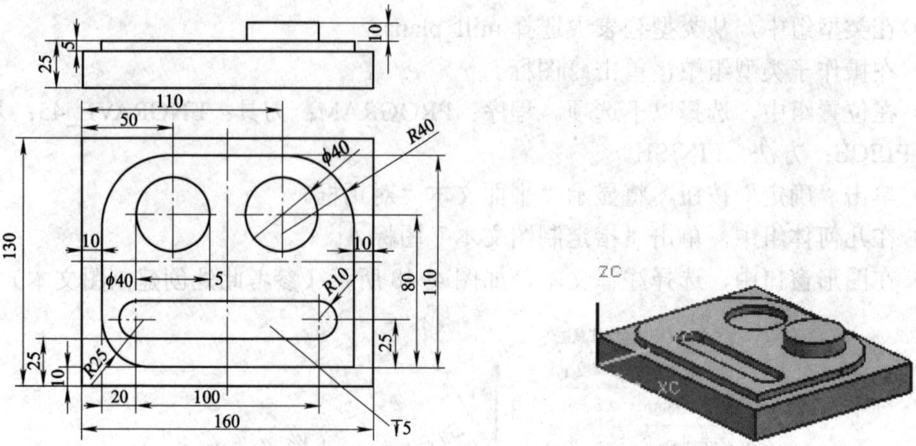

图 4-50　方形凹凸模板

3. **工艺规划**

（1）工件安装　以底面固定安装在机床上。

（2）加工原点　X：工件左上角点；Y：工件左上角点；Z：工件顶面（Z35）。

（3）工步安排，如表 4-8 所示

表 4-8　工步安排表

序　　号	加 工 内 容	加 工 方 式	刀　　具	主轴速度/（r/min）	进给率/（mm/min）
1	平面加工	面铣粗加工	ϕ18 平底铣刀	1000	300
2	凹槽板内外侧壁精加工	平面轮廓铣	ϕ18 平底铣刀	1000	300
3	圆柱外圆侧面精加工	平面轮廓铣	ϕ18 平底铣刀	1000	300

4. **编程步骤**

（1）打开模型文件，如图 4-51 所示

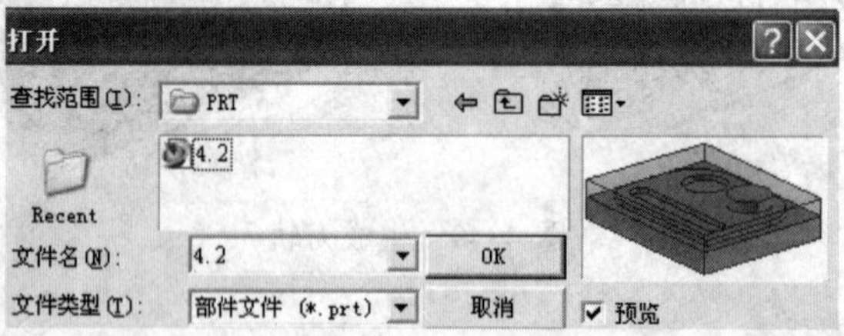

图 4-51　打开模型文件

（2）打开 CAM 模块，进入 mill_planar 加工环境，如图 4-52 所示

图 4-52　进入 mill_planar 加工环境

（3）创建刀具，如图 4-53 所示

（4）创建几何体，如图 4-54 所示

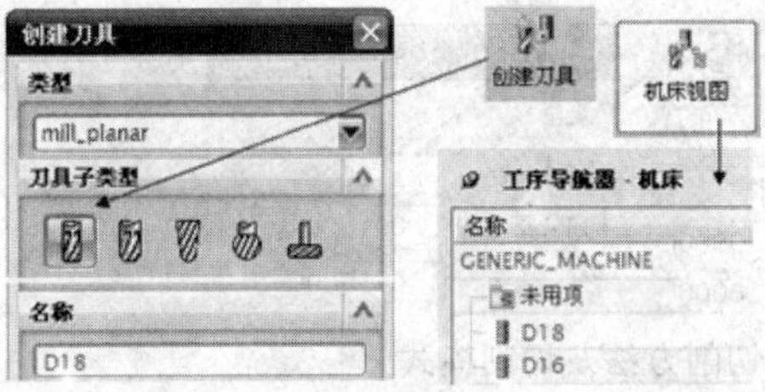

图 4-53　创建刀具

图 4-54　“创建几何体”对话框

1）创建机床坐标系及加工（编程）原点，如图 4-55 所示。

2）创建铣削几何体，如图 4-56 所示。

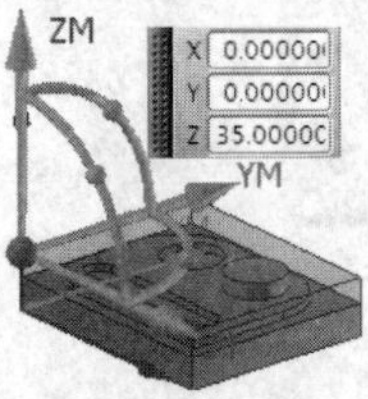

图 4-55　创建机床坐标系及加工原点

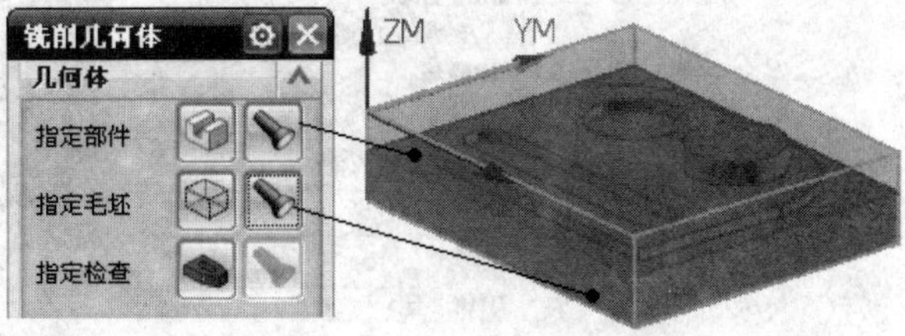

图 4-56　创建铣削几何体

（5）创建面铣粗加工操作

1）创建 **FACE_MILLING_AREA** 面铣加工工序，如图 4-57 所示。

图 4-57　创建面铣加工工序

2）选择面铣削区域（隐藏毛坯），如图 4-58 所示。

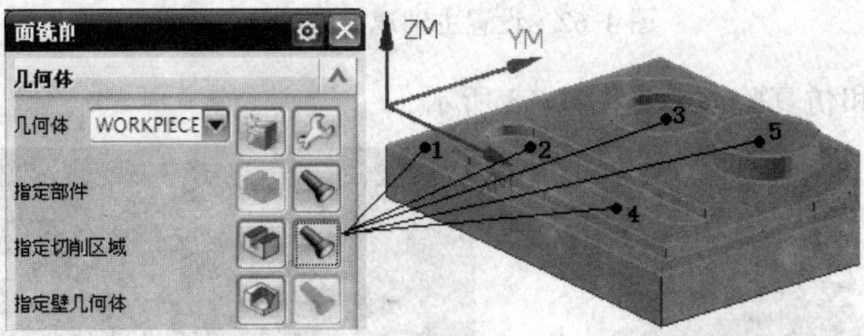

图 4-58　选择面铣削区域

3）设置切削方法（余量）及切削模式（其余按系统默认值设置），如图 4-59 所示。

4）设置切削参数，如图 4-60 所示。

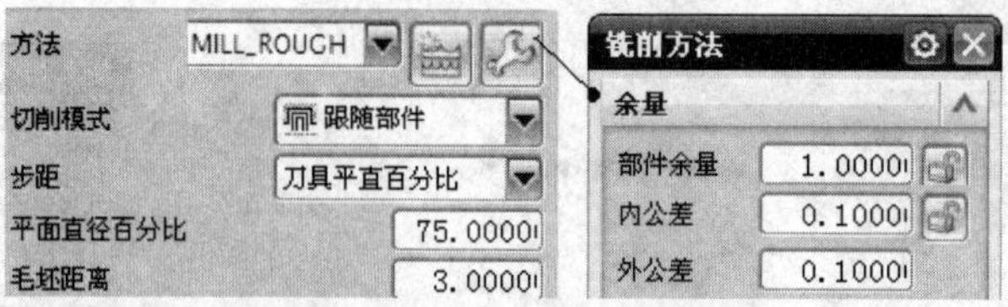

图 4-59　设置切削方法及切削模式

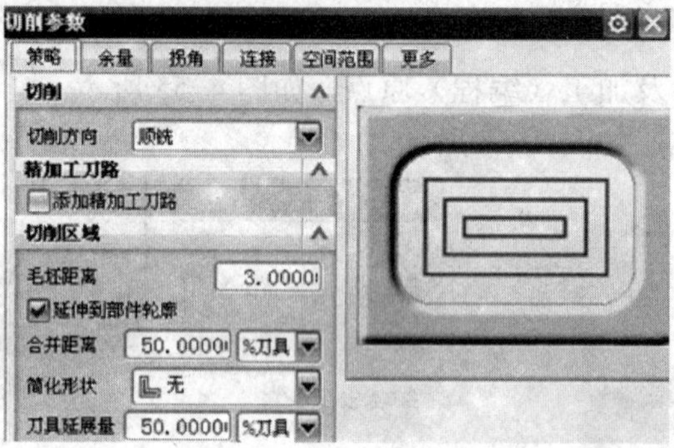

图 4-60　设置切削参数

5）设置非切削参数，如图 4-61 所示。

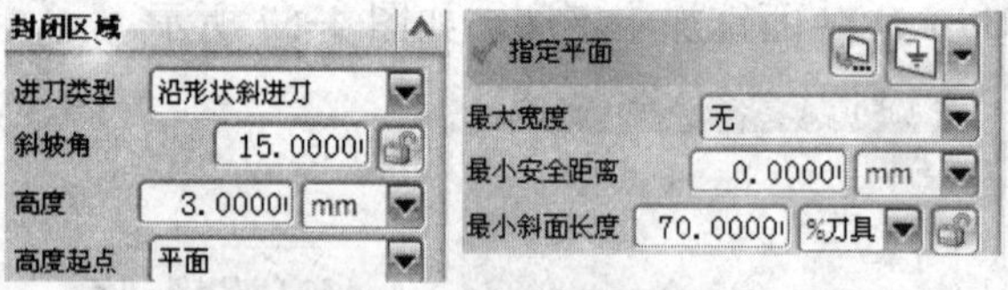

图 4-61　设置非切削参数

6）设置主轴速度和进给率，如图 4-62 所示。

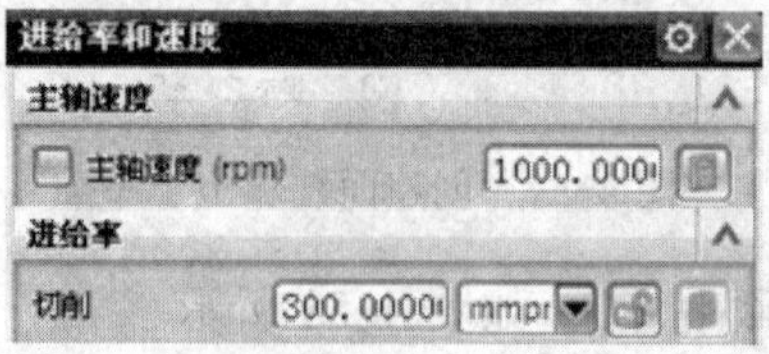

图 4-62　设置主轴速度和进给率

7）生成刀路和仿真验证，如图 4-63 所示。

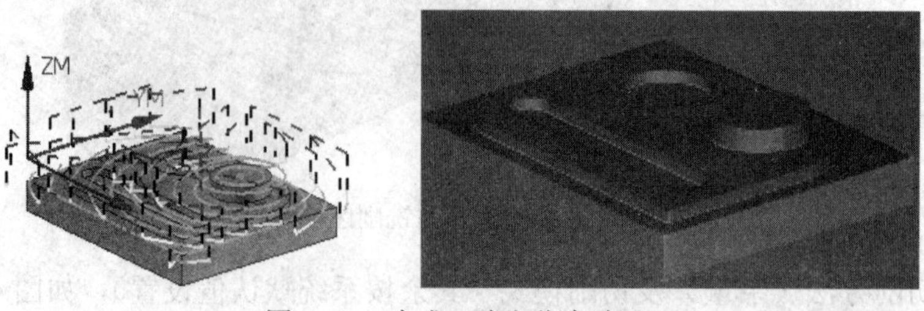

图 4-63　生成刀路和仿真验证

（6）凹槽板内外侧壁精加工

1）选择平面铣加工子类型，如图 4-64 所示。

图 4-64　选择平面铣加工子类型

2）指定几何体，如图 4-65 所示。

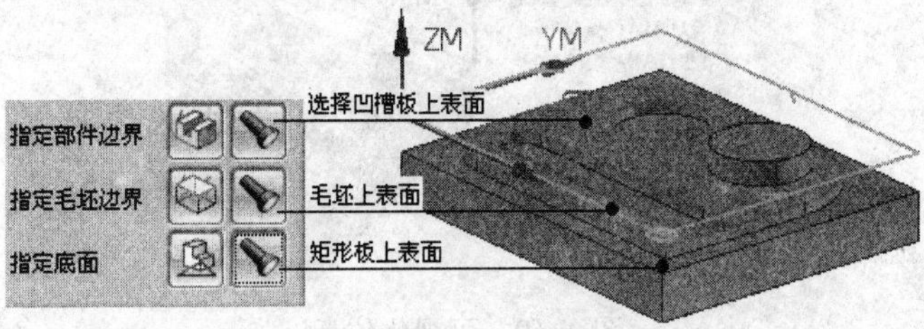

图 4-65　指定平面铣的几何体

3）设置刀轨，生成程序，如图 4-66 所示。

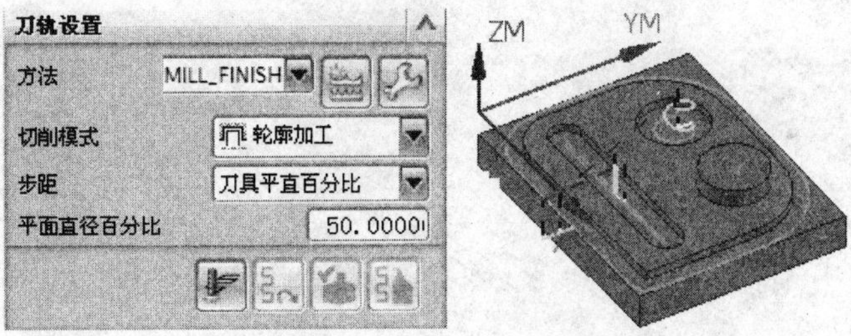

图 4-66　设置刀轨，生成程序

（7）圆柱外圆侧面精加工

1）选择平面铣加工子类型。参见上一步操作。

2）指定几何体，如图 4-67 所示。

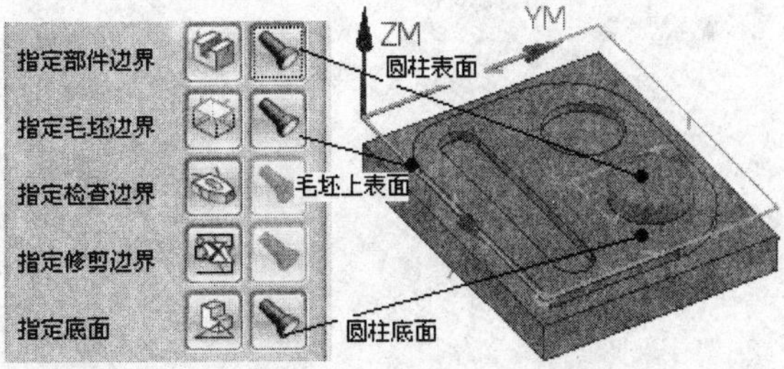

图 4-67　指定平面铣的几何体

3）设置刀轨，生成程序，如图 4-68 所示。

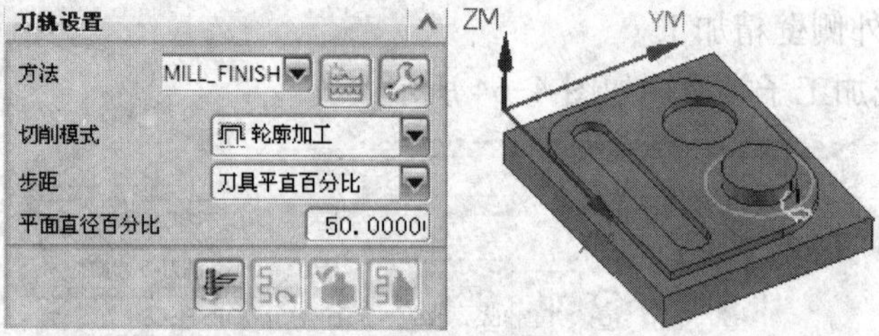

图 4-68　设置刀轨，生成程序

4）可视化仿真，如图 4-69 所示。

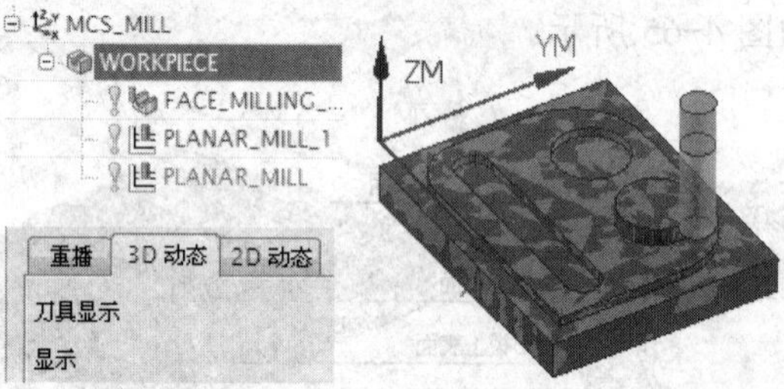

图 4-69　可视化仿真

第 5 章　UG NX 8 型腔铣加工

学习目标

了解 UG NX 8 型腔铣加工的编程步骤，掌握使用 IPW 定义型腔铣毛坯几何体的方法，学会设置正确的型腔铣加工切削参数，进而提高应用数控铣床/加工中心完成零件铣削加工的实际操作技能。

学习内容

- 型腔铣加工概述
- 创建型腔铣的操作步骤
- 使用 IPW 定义毛坯几何体
- 定义切削层
- 使用 IPW 创建型腔铣操作
- 型腔铣加工操作实例

5.1　型腔铣加工概述

5.1.1　型腔铣加工简介

型腔铣（Cavity Milling）主要针对曲面或有斜度的壁和轮廓的型腔、型芯进行加工，常在粗加工中用于快速切除大体积的材料。型腔铣对于粗切部件，如冲模、铸件和锻件，是理想选择。因此，这种操作类型常用于粗加工材料，目的是为精加工操作做好准备。

与先前介绍的平面铣相比，型腔铣和平面铣的相似之处在于，它们都可移除那些垂直于刀轴的切削层中的材料；不同之处在于定义材料的方法不同。主要区别如下：

1）平面铣使用边界来定义工件材料。

2）型腔铣使用边界、面、曲线和实体来定义工件材料。

3）平面铣是用于切削具有竖直壁的工件以及垂直于刀轴的平面岛和底部面；型腔铣用于切削具有带锥度的壁以及轮廓底部面的工件，如图 5-1 所示。

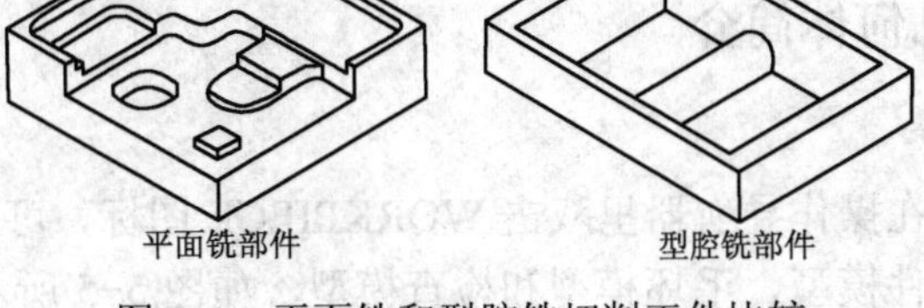

图 5-1　平面铣和型腔铣切削工件比较

5.1.2 型腔铣操作子类型

型腔铣处理器的操作子类型包括下面 3 项，其操作目的就是移除大体积的材料。

（1）（CAVITY_MILL） 该操作是型腔铣主要的操作子类型，其他的操作子类型皆是从该操作变化而来。

（2）（CORNER_ROUGH） 定制该操作子类型的作用是切削前一刀具由于直径或拐角半径等原因无法触及的拐角中剩余的材料。

（3）（REST_MILLING） 定制该操作子类型的作用是切削前一刀具由于直径或拐角半径原因无法触及的 IPW 中剩余的材料。

5.1.3 创建型腔铣操作

下面给出使用最小输入创建型腔铣的一般操作过程，除刀具、几何体等特别指定的参数外，其他参数使用系统默认值。

1）在“插入”工具栏中，单击“创建操作”图标，或选择“插入”→“操作”命令。

2）在创建操作对话框的操作子类型组中，单击图标。

3）在位置组中，根据图 5-2 所示设置选项。单击“确定”按钮。

如果几何体从 WORKPIECE 几何体父组继承，则其选项不可用于选择，如图 5-3 所示。

4）在“型腔铣”对话框操作组中，单击“生成”图标。要查看刀轨，单击“确认”图标。

5）在刀轨可视化对话框中，单击“3D 动态”选项卡。单击“播放”图标，图 5-4 显示了上一步生成的刀轨及 3D 动态可视化仿真加工后的零件。单击“确定”按钮关闭可视化对话框。

图 5-2 位置组选项

图 5-3 几何体选项

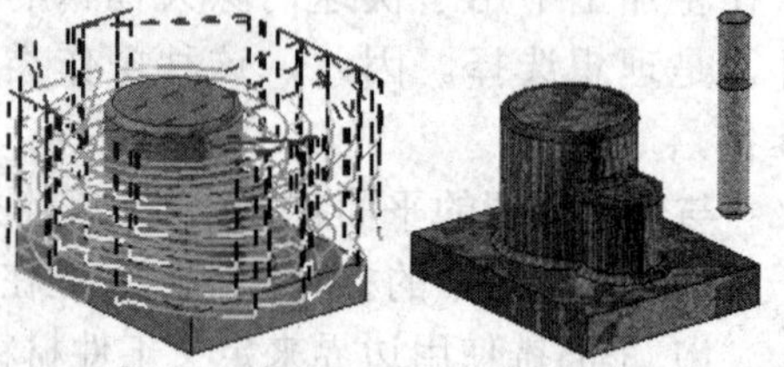

图 5-4 刀轨及 3D 仿真加工

5.2 型腔铣加工几何体

5.2.1 型腔铣加工几何体简介

1. **创建加工几何体**

通过创建几何体或在操作导航器里双击 WORKPIECE 图标，可以打开“工件”几何体对话框。在这里指定部件模型、毛坯模型和检查模型，如图 5-5 所示。

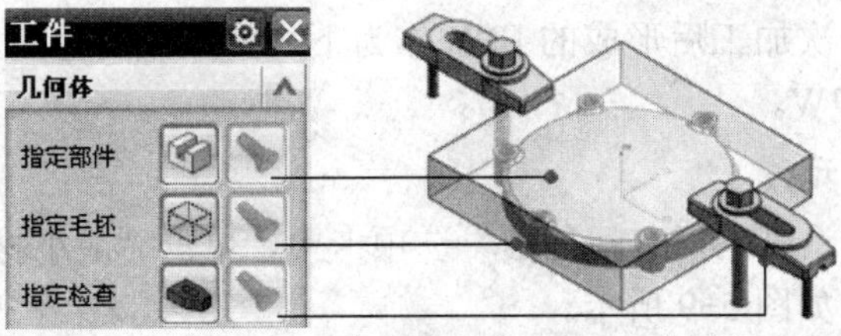

图 5-5　创建加工几何体

2. *在操作中指定几何体*

在创建操作中指定型腔铣几何体，包括几何体、指定部件、指定毛坯、指定检查和指定切削区域、指定修剪边界 6 个选项，如图 5-6 所示。

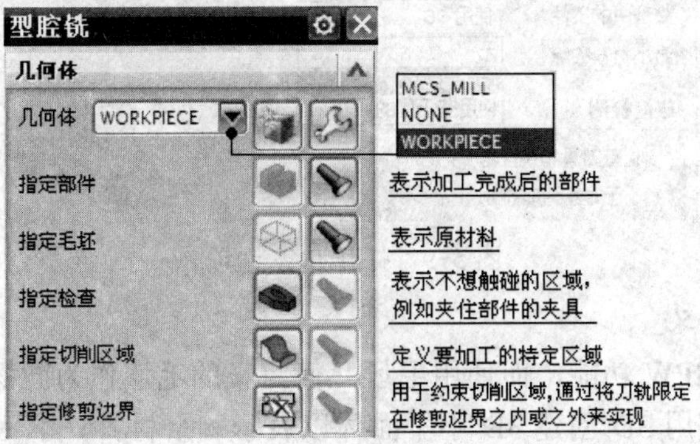

图 5-6　创建型腔铣几何体

1）对话框里的几何体选项用于指定特定操作的几何体。可以在下拉列表框中选择控制继承几何体的几何体父项，也可以为此操作创建新的几何体父项，还可以编辑先前定义的父组几何体。如果选定先前定义的父组几何体（如 WORKPIECE），则下面的部件和毛坯几何体不可用。

2）在型腔铣中，并非总是需要指定毛坯几何体的。如图 5-7 所示，工件几何体可独自包围并定义整个切削体积。

3）毛坯几何体也可以用于隔离要加工的部件切削区域。如图 5-8 所示，可以创建毛坯几何体，以便生成的边界仅围绕工件的分离区域和要切削掉的材料，然后系统将从毛坯几何体切削到工件几何体。

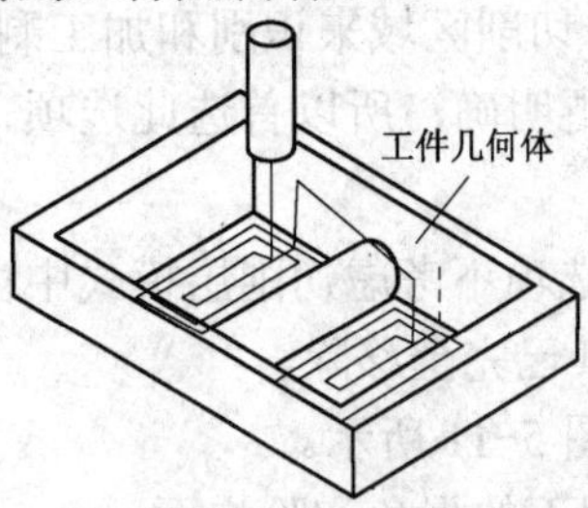

图 5-7　定义整个切削体积的工件几何体

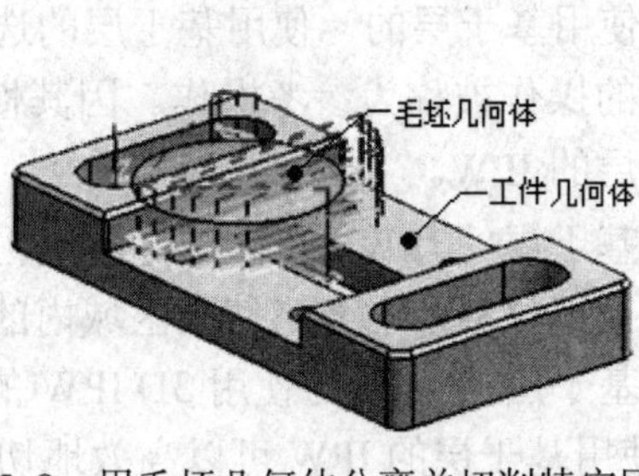

图 5-8　用毛坯几何体分离并切削特定区域

5.2.2　使用 IPW 定义毛坯几何体

处理中的工件（In Process Workpiece，IPW）是型腔铣操作中指定保留剩余材料的切削参数。它可以使用上一次加工后形成的 IPW 作为下一个操作的毛坯，同时还可以生成为下一个操作利用的新的 IPW。

1. 打开 IPW 选项开关

在“切削参数”对话框的“空间范围”选项卡中，单击“最小材料移除”下拉列表框，然后选择“使用 3D”，如图 5-9 所示。

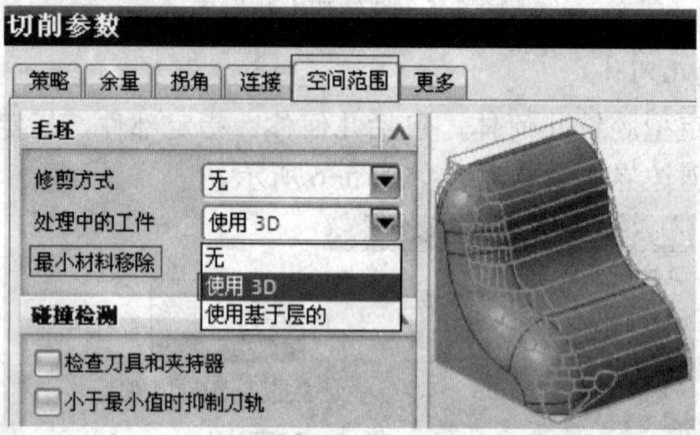

图 5-9　打开 IPW 选项

2. IPW 选项的含义

（1）无　不使用 IPW 功能，而使用毛坯几何定义的毛坯作为此操作的毛坯。

（2）使用 3D　使用 3D 创建 3D 小平面体以表示剩余材料。小平面体可能有很多微小的材料斑点，需要大量内存才能创建。

当选择“使用 3D”时，“毛坯几何体”图标替换为“指定前一个 IPW”图标。依次单击该图标和“显示”按钮，查看该操作的毛坯。在“操作”里单击（显示所得的 IPW），显示该操作所生成的处理中的工件，如图 5-10 所示。

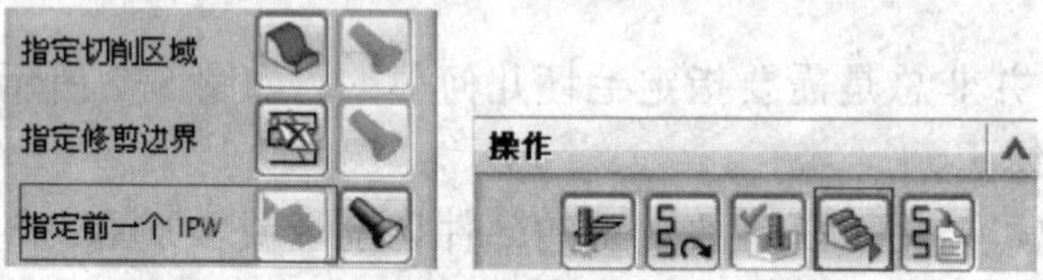

图 5-10　“使用 3D”生成 IPW 选项

（3）使用基于层的　使用基于层的选项创建 2D IPW 切削区域来识别和加工剩余材料。这些先前的操作被称为参考操作。因其性能更高、刀轨更明确，所以首选此选项，但无法查看基于层的 IPW。

使用基于层的 IPW 适用于拐角和壁上的阶梯面。该选项不考虑切削层模式中由相邻刀路留下的毛坯材料，它忽略切削区域内的刀痕，并认为其已完全移除。

使用基于层的 IPW 与使用 3D IPW 的刀轨比较，如图 5-11 所示。

1）使用基于层的 IPW 可以高效地切削先前操作中留下的拐角和阶梯面。

2）在加工部件时，刀轨处理时间较使用 3D IPW 显著减少，刀轨更加规则。

3）在实际加工时，可以在第一步操作中使用较大的刀具完成较深的切削，然后在后续操作中使用同一刀具完成深度很浅的切削以清除阶梯面。

4）可以将多个粗加工操作合并在一起，以便对给定的型腔进行粗加工和余料铣削，从而使加工过程进一步自动化。

5）可以将此选项与使用刀具夹持器选项结合使用，以便可以使用较短的刀具（这些刀具刚度更大）在型腔内切削到更深的位置。

使用 3D IPW 生成的刀轨　　　　使用基于层的 IPW 生成的刀轨

图 5-11　使用基于层的 IPW 与使用 3D IPW 的刀轨比较

5.2.3　使用 IPW 创建型腔铣操作

使用 IPW 时，可以创建有序型腔铣操作以减少各操作中 IPW 所遗留的材料量。精加工通常需要使用其他铣削操作。

下面示例显示如何使用 IPW 创建型腔铣粗加工操作。

1）在“插入”工具栏中，单击“创建操作”图标，或选择“插入”→“操作”命令。

2）在操作子类型组中，单击图标。

3）在位置组中，根据图 5-12 所示设置选项。

4）在“型腔铣”对话框中，单击“切削参数”图标，再单击“空间范围”选项卡。如图 5-13 所示，在“处理中的工件”文本框内选择使用 3D 选项。

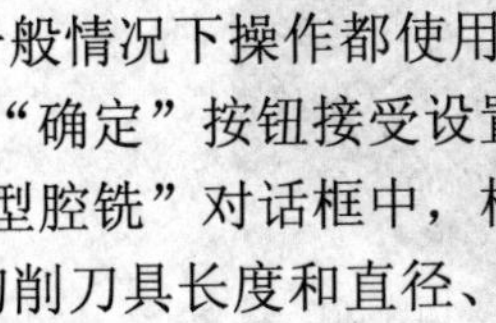

图 5-12　设置选项

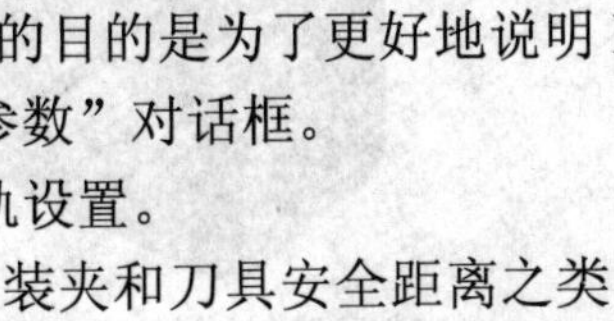

图 5-13　使用 3D

注意：一般情况下操作都使用基于层的，本例的目的是为了更好地说明 IPW。

5）单击“确定”按钮接受设置并关闭“切削参数”对话框。

6）在“型腔铣”对话框中，根据需要完成刀轨设置。

注释：切削刀具长度和直径、拔模角和底切、装夹和刀具安全距离之类的变量会影响各操作遗留的材料量。

7）单击“生成”图标，生成刀轨。

8）查看生成的 IPW。在操作栏中，单击“显示所得 IPW”图标，如图 5-14 所示。

在后续操作中，根据需要调节设置，再使用相同流程进一步减少 IPW 中遗留的材料量。

图 5-14　显示所得 IPW

5.2.4　型腔铣切削区域

1. *使用切削区域的目的*

使用“指定切削区域”图标来创建局部的型腔铣操作。使用此选项可以选择工件上特定的面来包含切削区域，而不需要选择整个实体，这样有助于省去修剪边界操作。

切削区域常用于模具和冲模加工。许多模具型腔都需要应用“分割加工”策略，这时型腔将被分割成独立的可管理的区域。随后可以针对不同区域（如较宽的开放区域或较深的复杂区域）应用不同的策略。当将切削区域限制在较大工件的较小区域中时，切削区域还可以减少处理时间。

注意：为避免碰撞和过切，应将整个工件（包括不切削的面）选作工件几何体。

2. *切削区域的应用*

切削区域位于型腔铣操作的几何体选择中，允许从几何体父组中继承；可以选择单个面或多个面作为切削区域。

可以使用在边上延伸（在切削参数/策略/延伸刀轨下）选项将刀具移出切削表面，在开放区域中掠过切削区域的外部边。

如图 5-15 所示，使用在边上延伸选项，可以在开放腔体中沿切向延伸刀轨（直至毛坯）并消除边缘翻转。如果延伸距离超过了毛坯，则切削将在毛坯处被中断。提示：如果要一直延伸到毛坯，则应指定一个较大的延伸距离。

注意：较高层的切削延伸区域可能会被扩大以包含较低层的延伸区域，这将确保能够移除上层材料并安全地切削下层区域。

当毛坯顶部在切削区域之上时，切削区域将延伸到毛坯的顶部，加工将被限制在这一区域中。

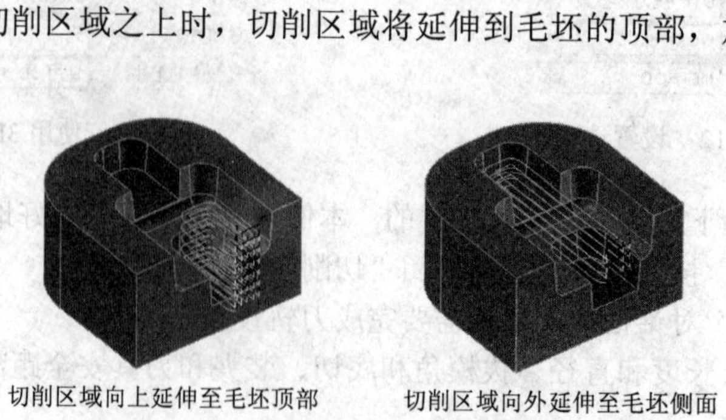

图 5-15　在边上延伸的应用

3. *定义移除材料的体积*

为使型腔铣达到最佳效果，切削区域中需包含明确定义了应移除材料体积的面。如果切削区域没有定义体积，则可能达不到预期的切削结果。

如果切削区域中仅包含竖直面，尽管系统仍将尝试定义要移除的体积，但得到的结果可能会与预期不符。通过选择更多的面、调整延伸距离或更改毛坯，可以得到应用于局部区域的所需刀轨。

如果切削区域中仅包含水平面，那么将无法定义切削深度，此时切削层可能会一直延伸到毛坯顶部。如果要将切削深度限制在局部区域内，则选择一些非水平的面来表示深度，或手工调整切削层。

5.3　型腔铣加工的刀轨设置

型腔铣的刀轨设置包括方法、切削模式、步距、切削深度、切削层和切削参数等选项，本节只介绍与前述章节不同的地方。

“刀轨设置”对话框如图 5-16 所示。

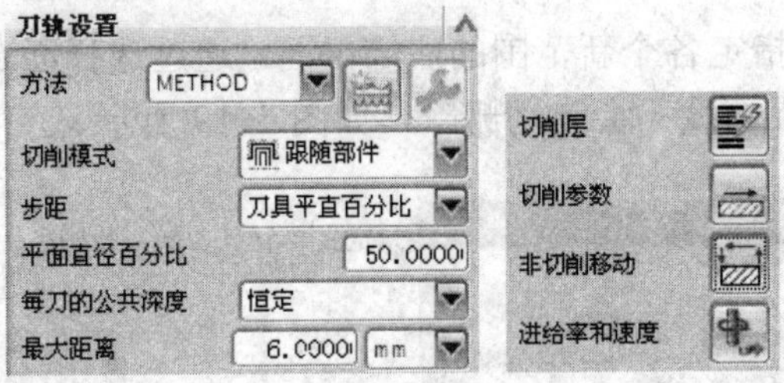

图 5-16 “刀轨设置”对话框

5.3.1　切削层

型腔铣操作是在沿刀轴移动到下一层之前完成当前层的切削，也就是说型腔铣是水平切削操作（2D 操作），系统在一个恒定的切削层完成切削后才会移至下一个切削层。使用切削层命令可以指定切削范围以及各范围中的切削深度。可以使用“切削层”对话框来执行这些操作，如图 5-17 所示。

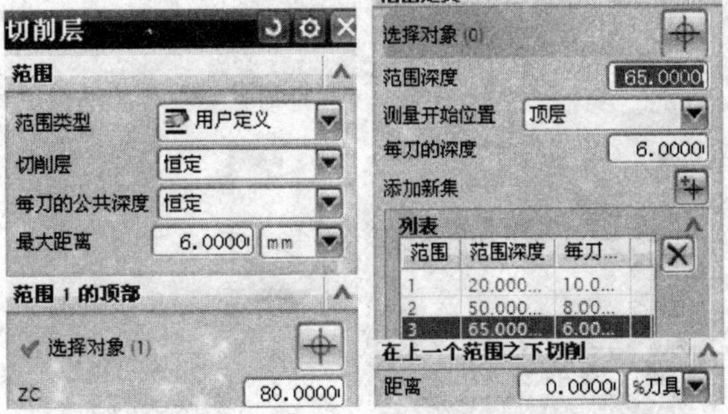

图 5-17 “切削层”对话框

1. ***范围类型***

作用是指定如何定义范围。

1）自动。（默认）设置范围以与垂直于固定刀轴的平的面对齐，范围定义临界深度且与部件关联。各范围均显示实线轮廓的大平面符号，如图 5-18 所示。

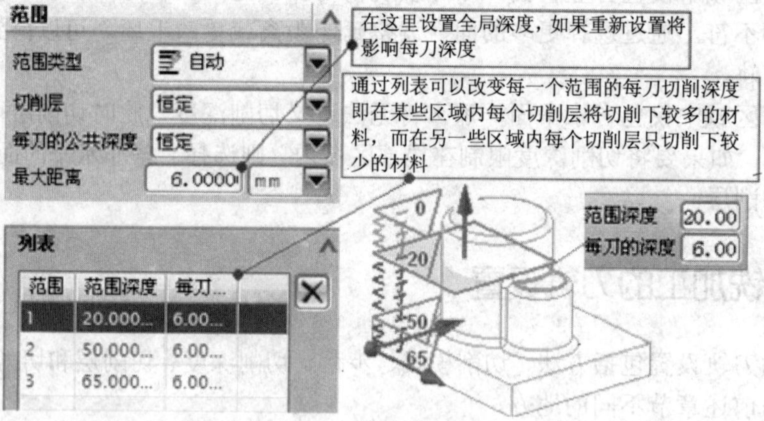

图 5-18　范围类型—自动

2）用户定义。可以指定各个新范围的底部平面。通过选择面定义的范围将保持与部件的关联性，但部件的临界深度不会自动删除，如图 5-19 所示。

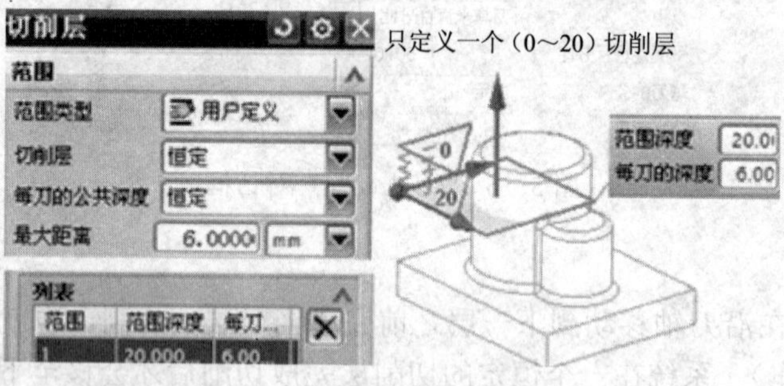

图 5-19　范围类型—用户定义

3）单个。将根据部件和毛坯几何体设置单独一个切削范围，具体的范围则是根据测量开始位置和范围深度而定，如图 5-20 所示。

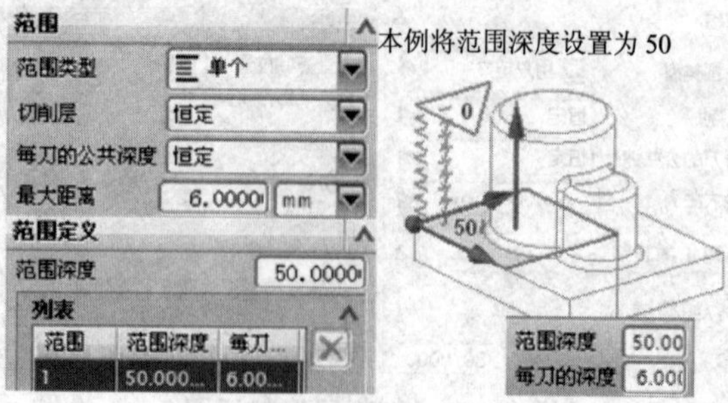

图 5-20　范围类型—单个

4）临界深度顶面切削。范围类型设置为单个时可用，可以在部件中为每个水平曲面添加切削深度（临界深度），如图 5-21 所示。

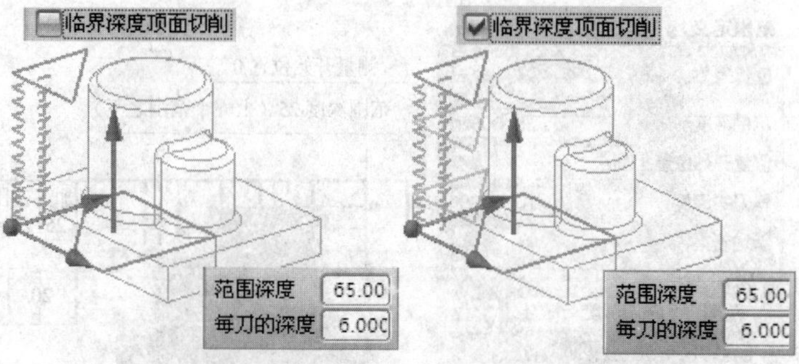

图 5-21　单个-临界深度顶面切削（有、无对比）

2. 范围 1 的顶部

范围 1 的顶部可以指定范围顶部的位置，如图 5-22 所示。

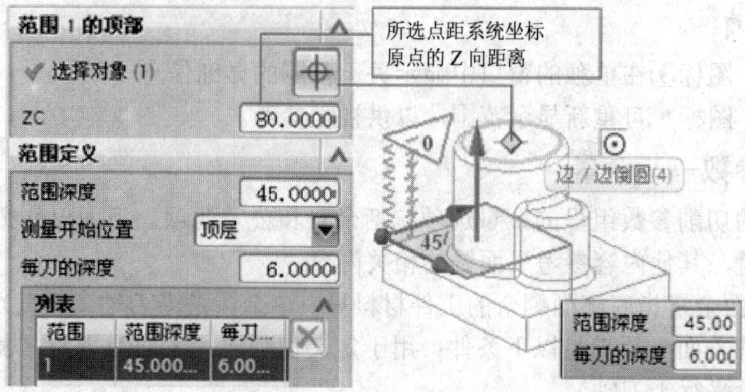

图 5-22　范围 1 的顶部示例

3. 范围定义

范围定义可以为当前选定的范围指定参数，如表 5-1 所示。

表 5-1　范围定义选项的含义

选　项	含　义
选择对象	通过选择点或面，指定范围底部的位置
范围深度	通过输入数值，指定范围底部
测量开始位置	定义测量范围深度值的方式 顶层：从第一刀切削范围顶部测量范围深度 当前范围顶部：从当前高亮显示范围顶部测量范围深度 当前范围底部：从当前高亮显示范围底部测量范围深度 WCS 原点：从 WCS 原点测量范围深度
每刀深度	指定当前活动范围的最大切削深度。可以为各切削范围指定不同值
添加新集	在当前活动范围之下添加新的范围
列表	在提供范围深度和每刀深度信息的表格中将各切削范围显示为一行

4. 在上一个范围之下切削

该项指定在上一个范围之下多深的地方切削，即指定新切削范围的切削深度的开始处是在上一个范围之下的底面，如图 5-23 所示。

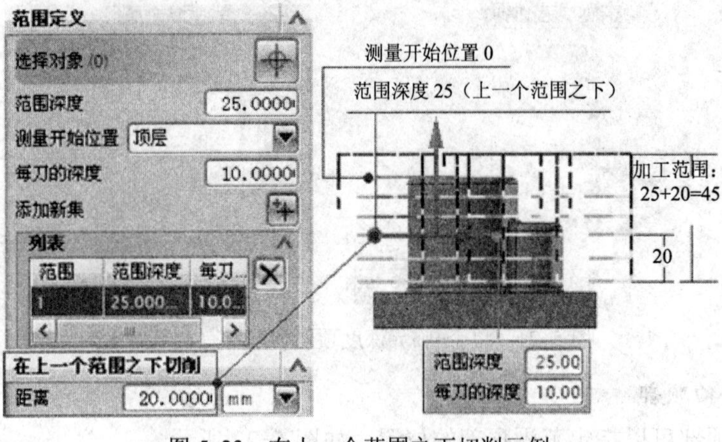

图 5-23　在上一个范围之下切削示例

5. *附加选项*

1）“信息”图标在单独的窗口中显示关于范围的详细信息。

2）“显示”图标可重新显示范围，以供视觉参考。

5.3.2　切削参数——余量

在型腔铣的切削参数组里的余量选项包括余量和公差两项。下面仅介绍部件底面余量和部件侧面余量，其他内容参考平面铣的相关内容。

1）部件底面余量指底部面剩余的工件材料量，该余量是沿刀轴（竖直）测量的。该选项所应用的工件表面必须满足以下条件：用于定义切削层、表面为平面、表面垂直于刀轴（曲面法向矢量平行于刀轴）。

2）部件侧面余量指壁面剩余的工件材料量，该余量是在每个切削层上沿垂直于刀轴的方向（水平）测量的。

部件侧面余量可以应用在所有能够进行水平测量的工件表面上（平面、非平面、竖直、倾斜等），如图 5-24 所示。

这两个参数取代了先前的部件余量参数。而先前版本的部件余量参数只允许为所有工件表面指定单一的余量值。

对于部件底面余量，曲面法向矢量必须与刀轴矢量指向同一方向。这可以防止部件底面余量应用到底切曲面上，如图 5-25 所示。

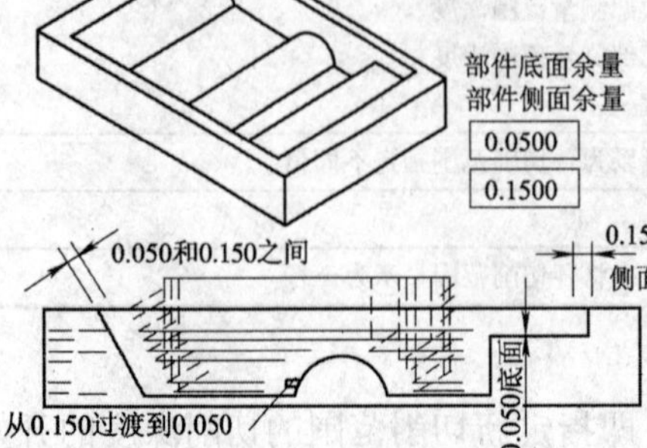

图 5-24　底面和侧面余量

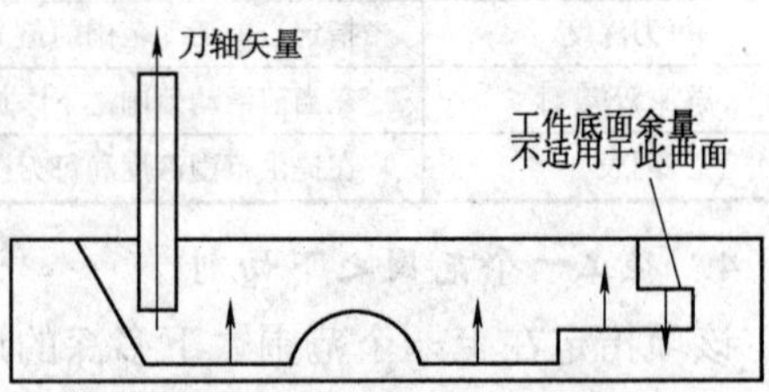

图 5-25　曲面法向矢量

由于弯角曲面和轮廓曲面的实际侧面余量通常难以预测，所以部件侧面余量一般应用在主要由竖直壁面构成的工件中。

5.4 型腔铣加工范例

1. **工作任务（孔加工部分请参考第 9 章有关介绍）**

完成图 5-26 所示的螺旋凸轮 CAM 软件的自动编程，学习 UG NX 8 CAM 模块的基本编程知识，掌握 UG NX 8 的型腔铣及一般钻孔的编程方法。

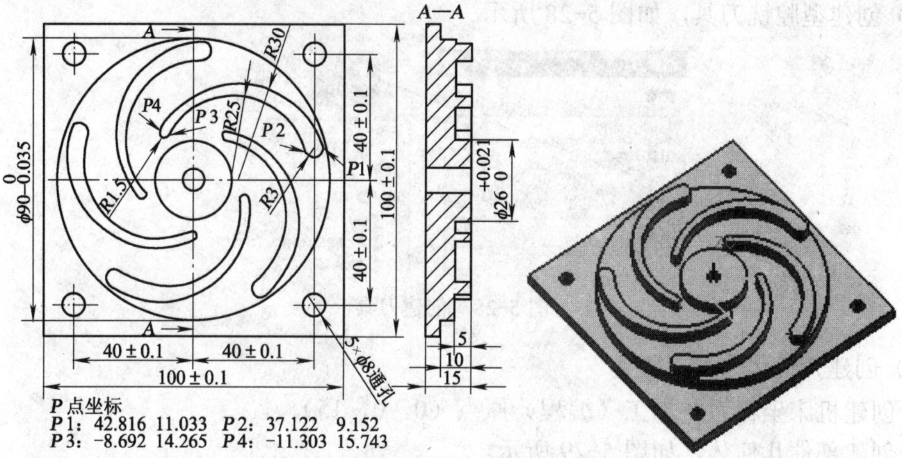

图 5-26 螺旋凸轮

2. **图样分析**

1）毛坯尺寸 100mm×100mm×15.5mm。

2）最大加工深度：10mm。

3）最小的圆角半径为 *R*1.5mm。

3. **工艺规划**

（1）工件安装　以侧面固定安装在机床上，底部留钻孔间隙 10mm。

（2）加工原点　X：工件中心点；Y：工件中心点；Z：工件顶面（Z15）。

（3）工步安排，如表 5-2 所示

表 5-2 工步安排表

序 号	加 工 内 容	加 工 方 式	刀 具	主轴速度/（r/min）	进给率/（mm/min）
1	圆柱凸轮平面加工	型腔铣粗加工	φ20 平底铣刀	1000	300
2	圆柱凸轮平面加工	型腔铣 IPW 粗加工	φ10 平底铣刀	1000	300
3	圆柱凸轮平面加工	型腔铣 IPW 精加工	φ3 平底铣刀	1000	300
4	5×φ8 钻孔加工	G81 钻孔加工	φ7.8 钻头	800	100
5	5×φ8 铰孔加工	G85 铰孔加工	φ8 铰刀	400	60

4. **编程步骤**

（1）打开模型文件（已隐藏孔特征），如图 5-27 所示

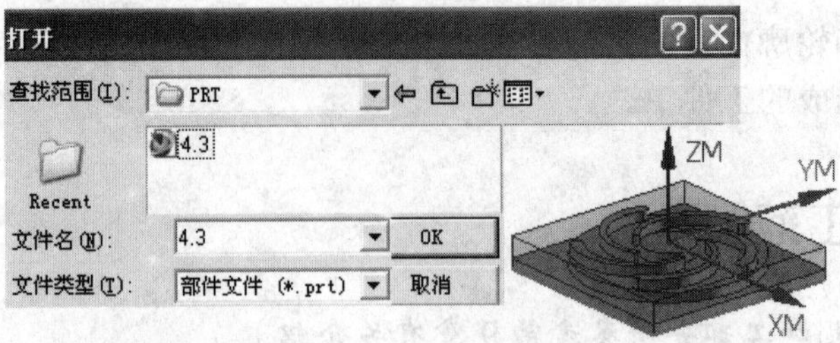

图 5-27　打开模型文件

（2）打开 CAM 模块，进入 mill_planar 加工环境

（3）创建型腔铣刀具，如图 5-28 所示

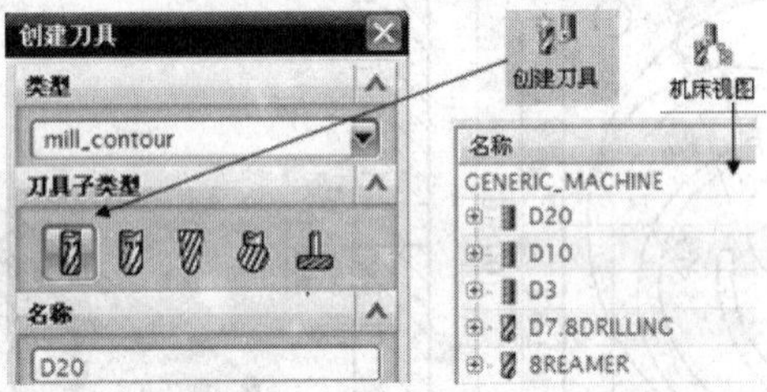

图 5-28　创建刀具

（4）创建几何体

1）创建机床坐标系及加工（编程）原点（0，0，15）。

2）创建部件几何体，如图 5-29 所示。

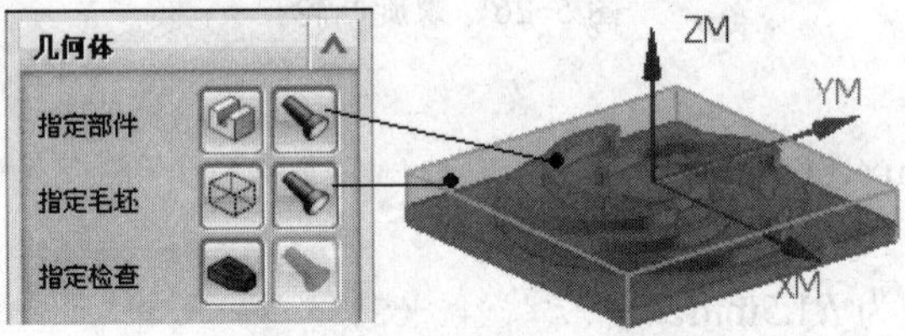

图 5-29　创建部件几何体

（5）创建型腔铣粗加工操作

1）创建 CAVITY_MILL 型腔铣加工工序，如图 5-30 所示。

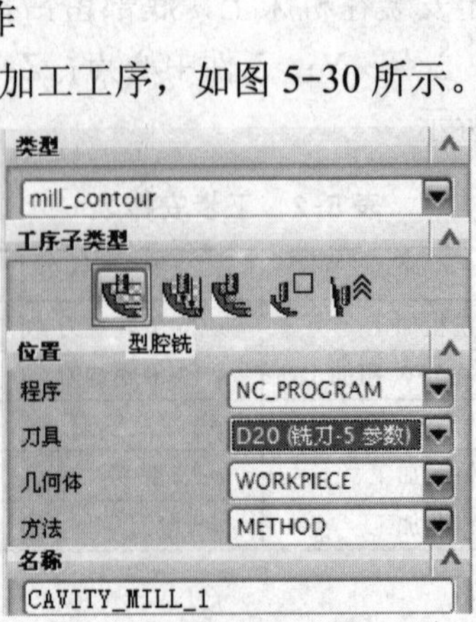

图 5-30　创建型腔铣加工工序

2）选择铣削区域，如图 5-31 所示。

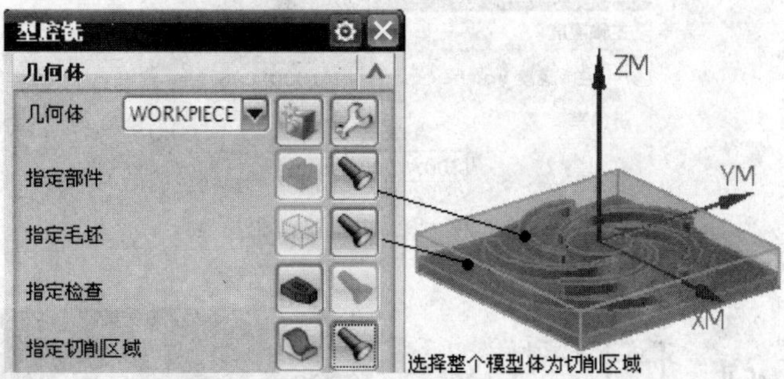

图 5-31　选择铣削区域

3）设置切削方法（余量）及切削模式（其余按系统默认值设置），如图 5-32 所示。

图 5-32　设置切削方法及切削模式

4）设置切削参数，如图 5-33 所示。

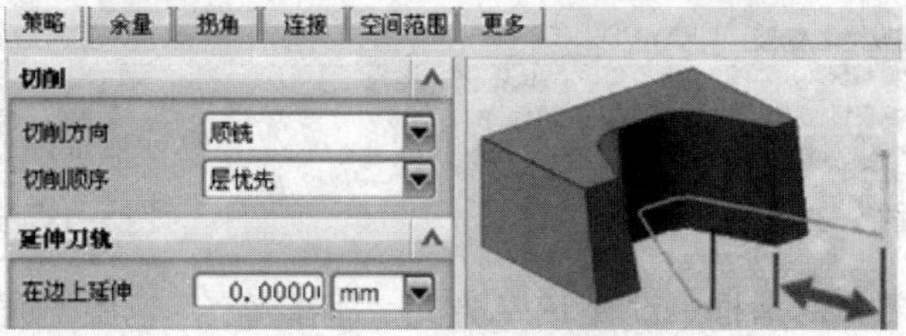

图 5-33　设置切削参数

5）设置非切削参数，如图 5-34 所示。

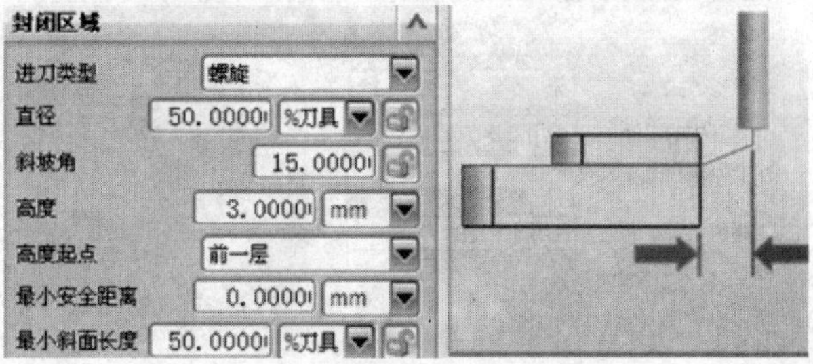

图 5-34　设置非切削参数

6）设置主轴速度和进给率，如图 5-35 所示。

7）生成刀路和仿真验证，如图 5-36 所示。

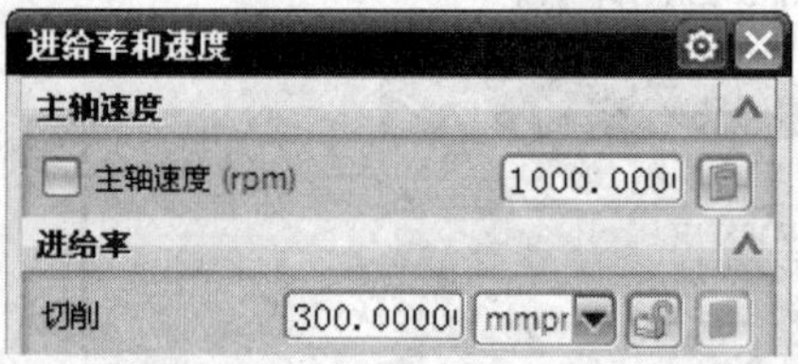

图 5-35　设置主轴速度和进给率

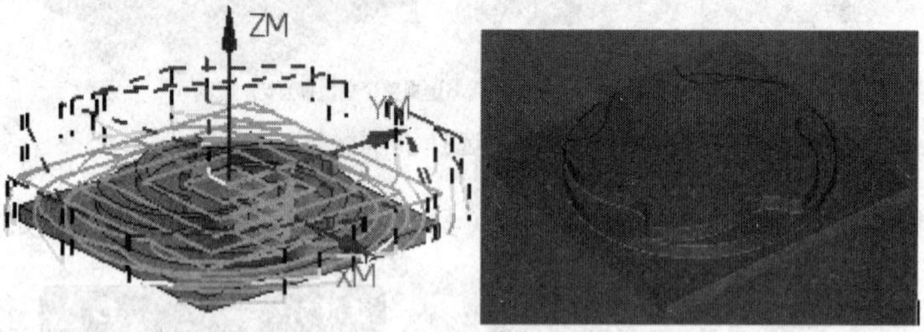

图 5-36　生成刀路和仿真验证

（6）型腔铣 IPW 粗加工

1）在工序导航器中复制上一步程序，如图 5-37 所示。

2）编辑刚粘贴生成的新程序。

● 选择 D10 的铣刀，如图 5-38 所示。

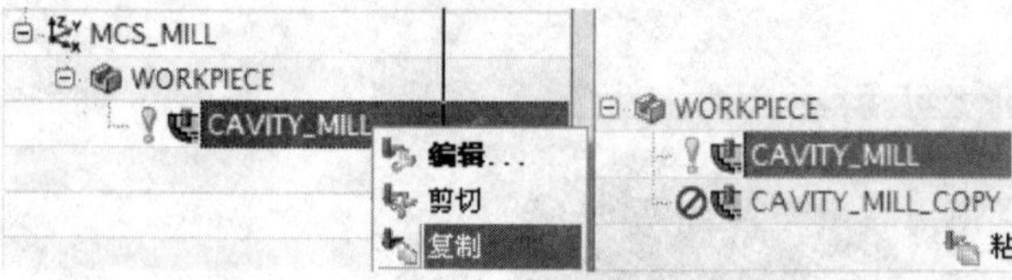

图 5-37　复制程序

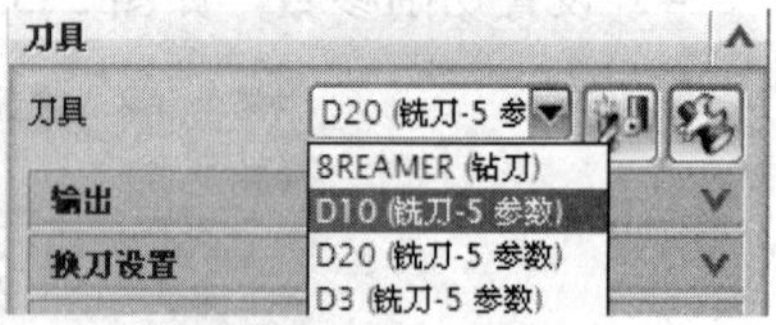

图 5-38　选择 D10 的铣刀

● 在“切削参数”对话框中设置 IPW 方式，即在“空间范围”选项卡中选择使用 3D 选项，如图 5-39 所示。

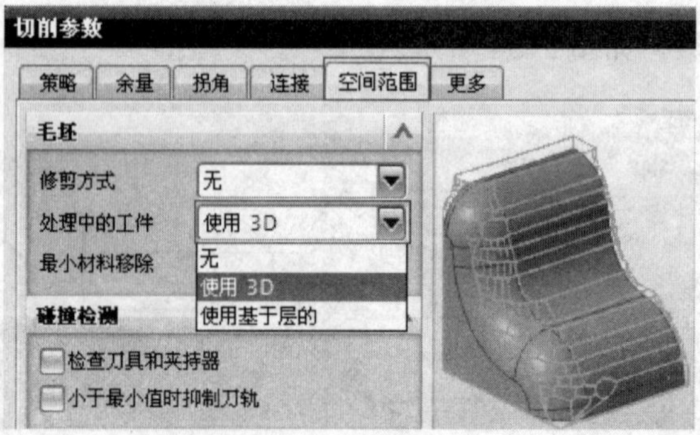

图 5-39　选择 IPW 方式

3）设置刀轨，生成程序，在操作参数里打开两个 IPW 选项，如图 5-40 所示。此时生成的程序只针对上一个加工后的余量。

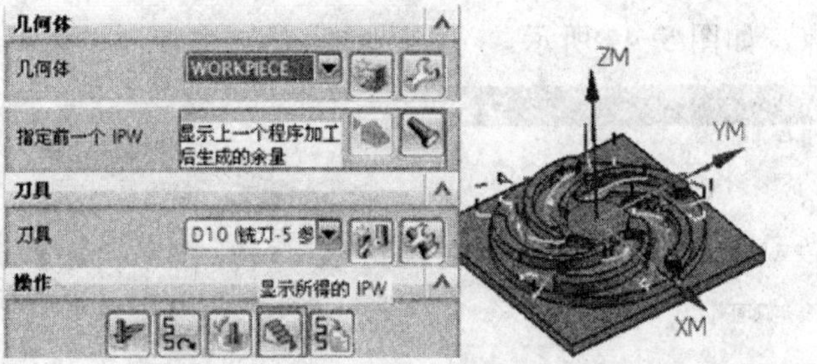

图 5-40　设置刀轨，生成程序

（7）型腔铣 IPW 精加工

1）将型腔铣 IPW 粗加工操作复制并粘贴生成新程序，然后将刀具改为 D3，将加工方式改为精加工，生成程序，如图 5-41 所示。

图 5-41　生成型腔铣 IPW 精加工程序

2）设置刀轨，生成程序，如图 5-42 所示。

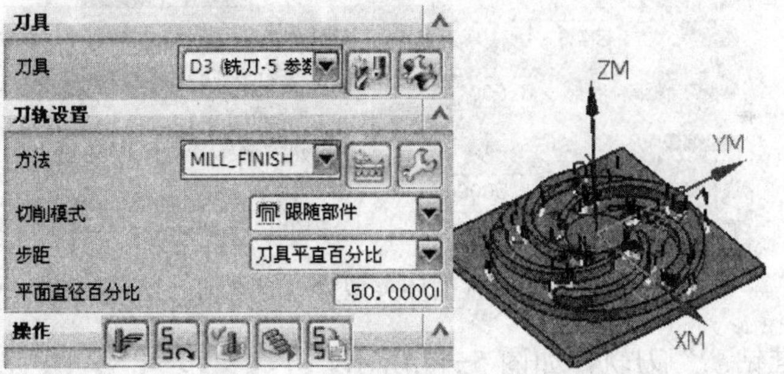

图 5-42　设置刀轨，生成程序

（8）G81 钻孔加工

1）创建 **DRILLING** 钻孔加工工序，如图 5-43 所示。

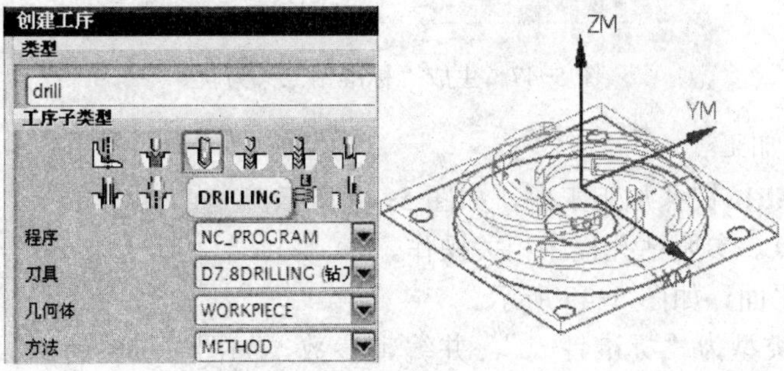

图 5-43　创建钻孔加工工序

2）指定钻孔点，如图 5-44 所示。

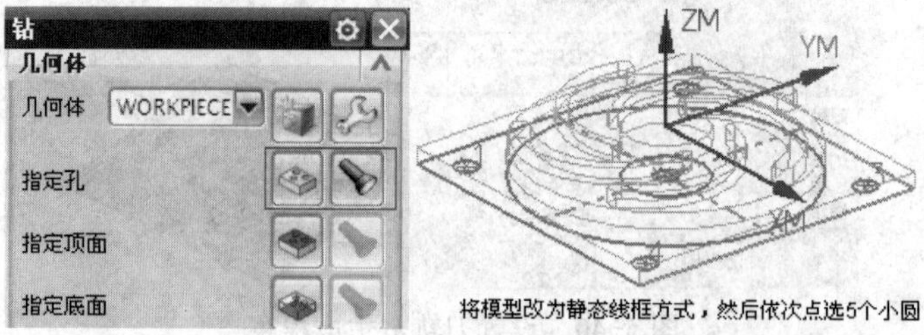

图 5-44　指定钻孔点

3）设置钻孔平面，如图 5-45 所示。

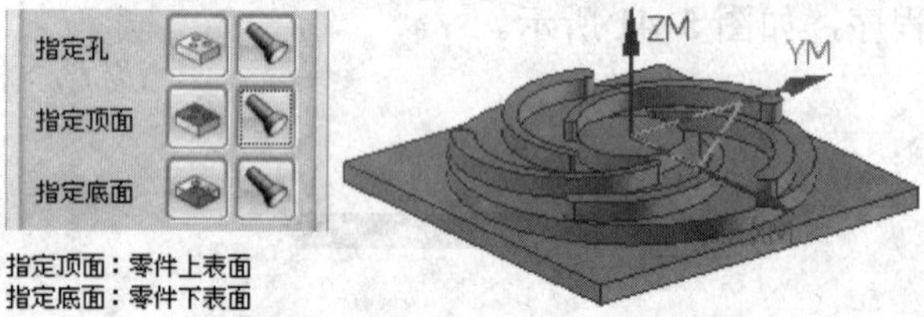

图 5-45　设置钻孔平面

4）设置循环类型为“标准钻...”，并编辑参数，如图 5-46 所示。

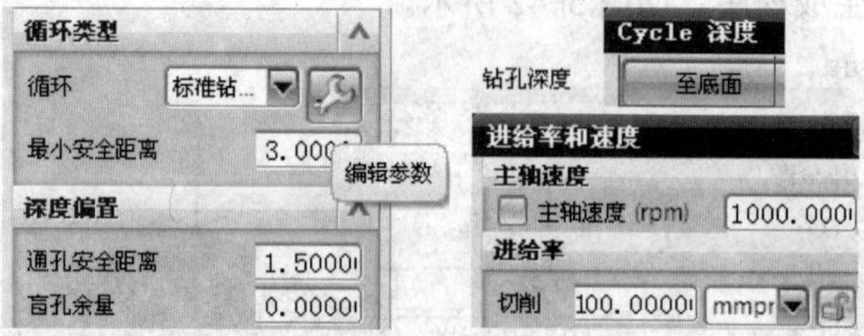

图 5-46　设置循环类型为“标准钻...”

5）生成“标准钻...”刀轨，如图 5-47 所示。

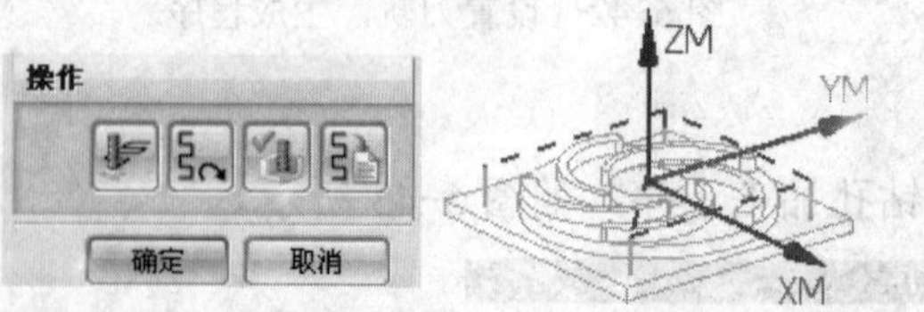

图 5-47　生成“标准钻...”刀轨

（9）G85 铰孔加工

1）创建 **REAMING** 铰孔加工工序，如图 5-48 所示。

2）指定铰孔点。参照钻孔程序相关操作。

3）设置铰孔平面，如图 5-49 所示。

4）设置循环类型为“标准镗...”，并编辑参数，如图 5-50 所示。参照钻孔程序相关操作。

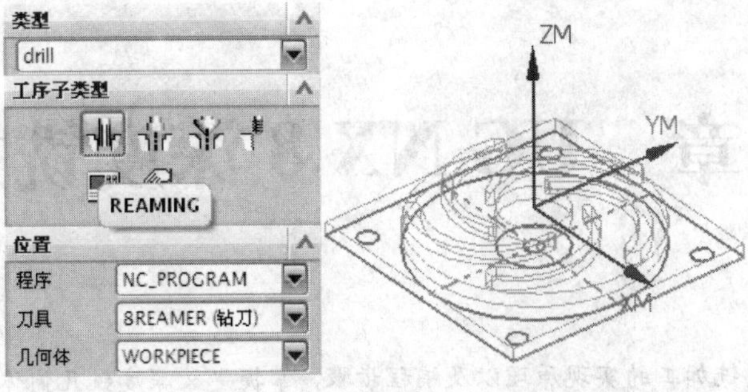

图 5-48　创建铰孔加工工序

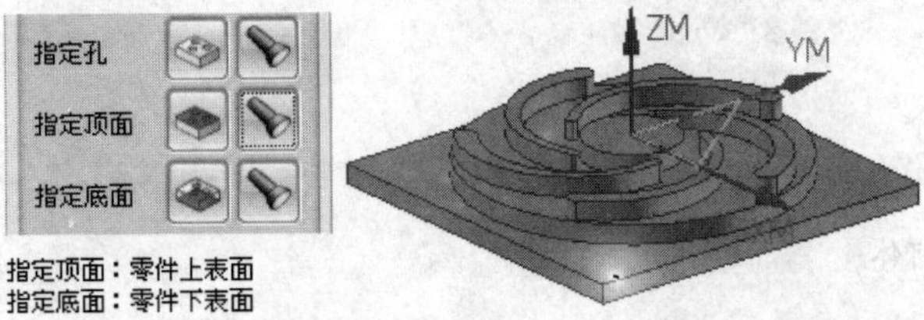

图 5-49　设置铰孔平面

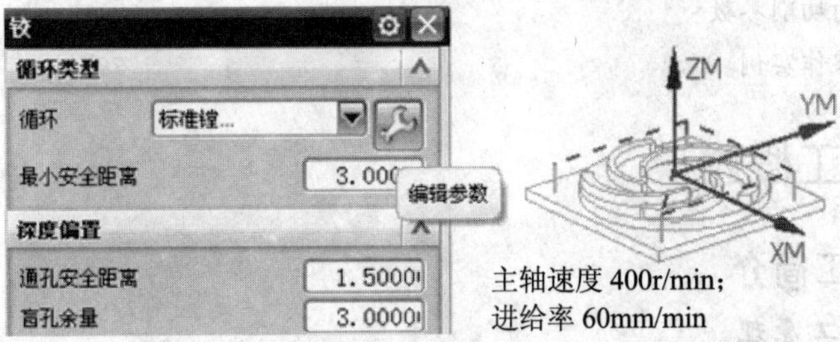

图 5-50　设置循环类型为“标准镗...”

5）2D 可视化仿真效果图，如图 5-51 所示。

6）后处理生成 G 代码程序。以标准钻程序为例：设置刀具号为 1，补偿寄存器为 1，安全平面为 Z10，如图 5-52 所示。

图 5-51　可视化仿真

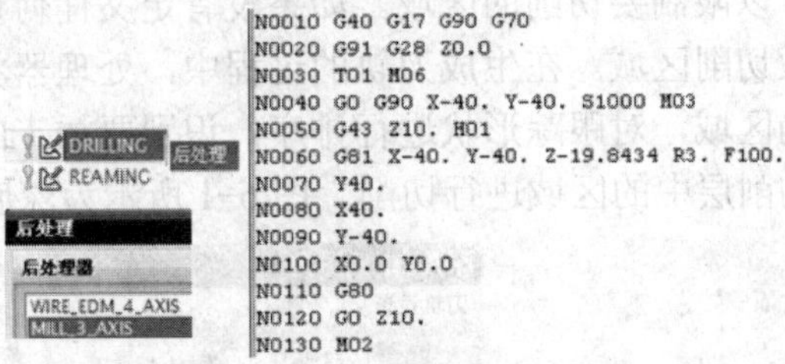

图 5-52　后处理标准钻程序

第 6 章　UG NX 8 深度铣加工

学习目标

了解 UG NX 8 深度铣加工的实现原理以及编程步骤，掌握定义深度铣几何体的方法，学会设置正确的深度铣加工切削参数，从而提高应用数控铣床/加工中心完成零件铣削加工的实际操作技能。

学习内容

- 深度铣加工简介
- 创建深度铣操作
- 深度铣加工几何体
- 定义切削区域
- 深度铣加工的操作参数
- 深度铣加工的切削参数
- 深度铣加工操作实例

6.1　深度铣加工概述

6.1.1　深度铣加工简介

1. ***深度铣的加工原理***

深度铣是型腔铣操作的一个子类型，其设计目的是对从多个切削层中的实体或曲面建模的工件进行轮廓铣，因此，深度铣常用于固定轴半精加工和精加工，又因为深度铣在陡峭壁上保持近似恒定的残余高度和切削载荷，所以对高速加工尤其有效。

在深度铣中，除了指定部件几何体外，还可以将切削区域几何体指定为部件几何体的子集，以限制要切削的区域。如果没有定义任何切削区域几何体，则系统将整个部件几何体当做切削区域。在生成刀轨的过程中，处理器将跟踪该几何体，需要时检测工件几何体的陡峭区域，对跟踪形状进行排序，识别要加工的切削区域以及在不过切工件的情况下对所有切削层中的区域进行切削。图 6-1 所示为深度铣的一般设置与刀轨生成过程。

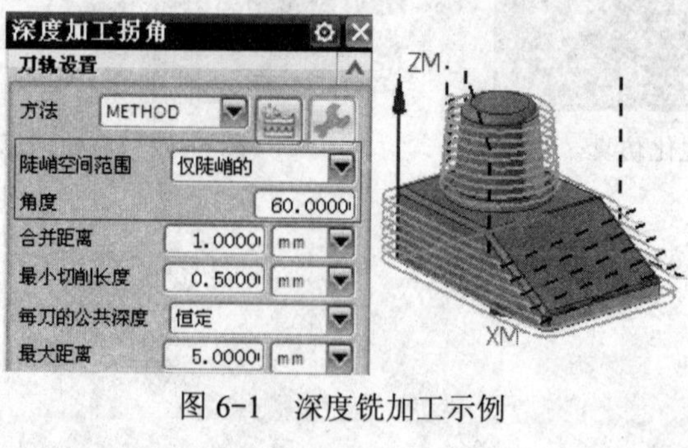

图 6-1　深度铣加工示例

2. **深度铣的加工特点**

1）对整个部件进行轮廓加工，或者指定陡峭空间范围，以便仅对陡峭度超过指定角度的区域进行轮廓加工。

2）在一个操作中实现多层切削。

3）在一个操作中切削多个特征（区域）。

4）对薄壁部件实现按层（水线）进行切削。

5）使刀具与材料保持恒定接触。通过层到层或混合切削方向选项允许切削整个区域而不用抬刀。

6.1.2　深度铣与型腔铣加工比较

在有些情况中，使用轮廓铣切削模式的型腔铣可以生成类似深度铣的刀轨，但深度铣对于半精加工和精加工更具有优势，主要体现在以下几点：

1）深度铣不需要毛坯几何体，具有陡峭空间范围。

2）当首先进行深度切削时，深度铣按形状进行排序，而型腔铣按区域进行排序，即应用深度铣时岛部件形状上的所有层都将在移至下一个岛之前进行切削。

3）在封闭形状上，深度铣可以通过直接斜削到部件上，然后刀轨在层之间移动，从而创建螺旋线形刀轨。

4）在开放形状上，深度铣可以交替方向进行切削，从而沿着壁向下创建往复运动。

另外，深度铣的一个重要功能就是能够指定陡角，以区分陡峭与非陡峭区域。

在将陡角切换为开时，只有陡峭度大于指定陡角的区域才执行轮廓铣；将陡角切换为关时，系统将对整个工件执行轮廓铣，如图 6-2 所示。

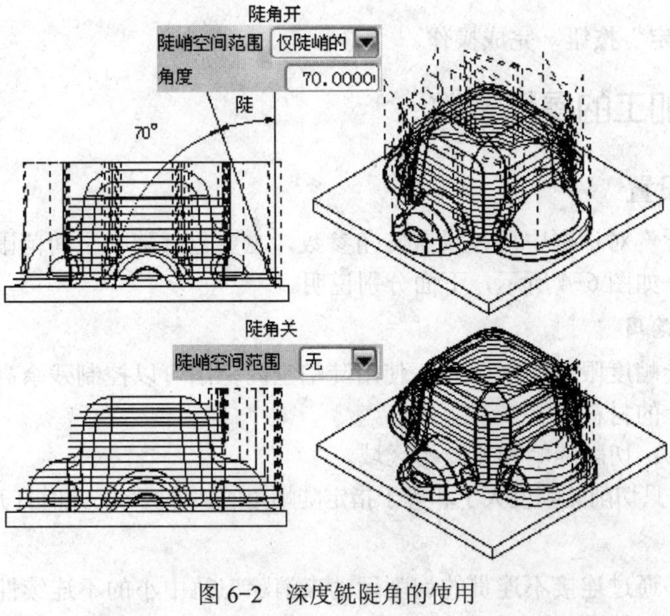

图 6-2　深度铣陡角的使用

6.1.3　深度铣操作子类型

使用深度铣处理器的操作子类型主要完成对部件或切削区域进行轮廓加工。深度铣操作子类型包括 ZLEVEL_PROFILE（等高轮廓铣）和 ZLEVEL_CORNER（等高拐角铣）两类。

1）（ZLEVEL_PROFILE）是主要的深度铣操作子类型。

2）（ZLEVEL_CORNER）。定制此操作子类型以精加工前一刀具由于直径或拐角半径原因无法触及的拐角区域。

6.1.4 创建深度铣操作

下面的示例描述了创建深度铣操作的基本步骤，本操作之前已应用型腔铣完成粗加工。

1）在“插入”工具栏中，单击“创建操作”图标，或选择“插入”→“操作”命令。

2）在操作子类型组中，单击图标。

3）在位置组中选择以下选项。程序：NC_PROGRAM；刀具；Insert Cutter 16-R3 mm；几何体；WORKPIECE；方法；MILL_ROUGH。

4）单击“确定”按钮，显示深度加工轮廓对话框，按图 6-3 所示设置刀轨参数。

5）单击“生成”图标，生成并显示刀轨，如图 6-4 所示。

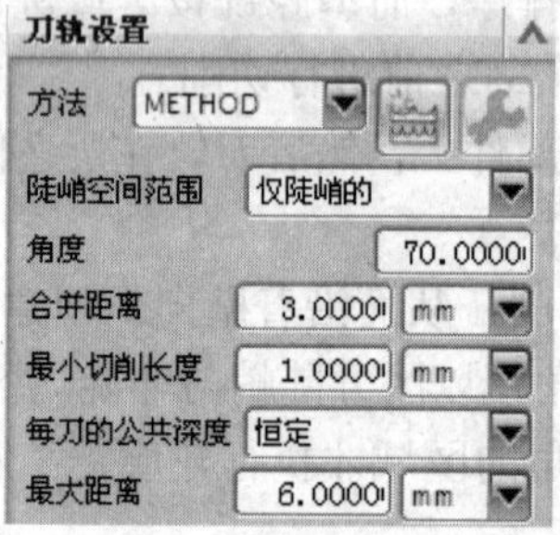

图 6-3　设置刀轨参数

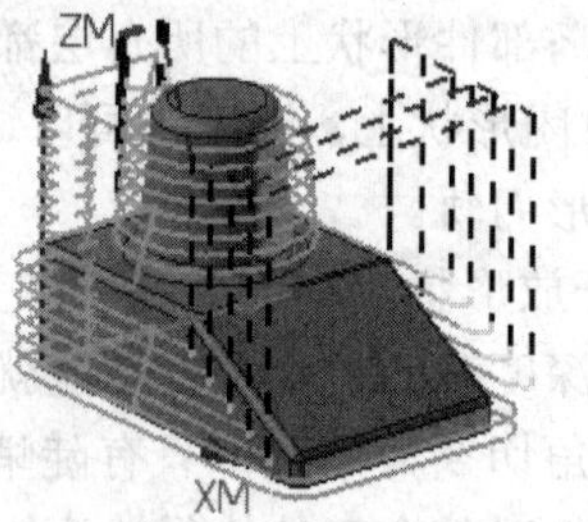

图 6-4　生成刀轨

6）单击“确定”按钮，完成操作。

6.2 深度铣加工的操作参数

6.2.1 陡角的设置

在“刀轨设置”对话框中可以设置陡角参数，主要包括陡峭空间范围、合并距离和最小切削长度 3 项，如图 6-4 所示，下面分别说明。

1. **陡峭空间范围**

根据部件的陡峭度限制切削区域。使用陡峭空间范围可以控制残余高度并避免将刀具插入到陡峭表面上的材料中。

1）无（默认）：切削陡峭和非陡峭区域。

2）仅陡峭的：只切削陡峭度大于和等于指定陡峭角的部件区域，此时打开“角度”文本框。

2. **合并距离**

合并距离能够通过连接不连贯的切削运动来消除刀轨中小的不连续性或不希望出现的缝隙，即将小于指定分隔距离的切削移动的结束点连接起来以消除不必要的刀具退刀动作。因为当部件表面陡峭度非常接近指定的陡峭角度时，此时由表面间的间隙或陡峭度的微小变化就会引起退刀运动。

3. **最小切削长度**

最小切削长度消除小于指定值的刀轨段。

4. **陡峭角**

通过指定陡峭角将切削区域进一步限制到陡角，如图 6-3 所示。如果指定了陡角角度，则系统将仅切削由指定的陡角角度所包含的壁之间的陡角区域，如图 6-5 所示。

图 6-5　陡峭角应用示例

6.2.2　切削顺序

与按切削区域排列切削跟踪的型腔铣不同，深度铣是按形状排列切削跟踪。

在“切削参数”对话框的“策略”选项卡中可以选择深度优先选项对形状执行轮廓铣，如图 6-6 所示；也可以按层优先选项对形状执行轮廓铣，如图 6-7 所示。在前者中，每个形状（如岛）是在开始对下一个形状执行轮廓铣之前完成轮廓铣的；在后者中，所有形状都是在特定层中执行轮廓铣的，之后切削下一层中的各个形状。

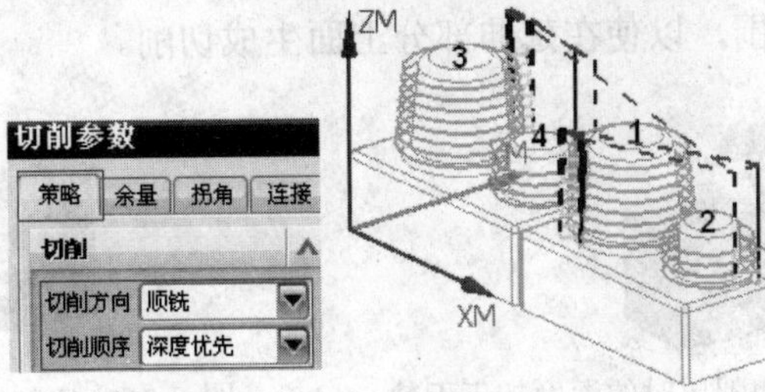

图 6-6　深度优先深度铣示例

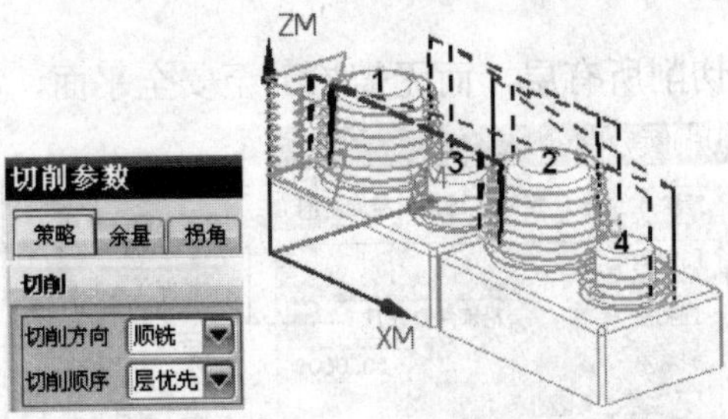

图 6-7　层优先深度铣示例

6.3　深度铣加工的切削参数

6.3.1　延伸刀轨

当选中“切削参数”对话框的“延伸刀轨”选项组中的“在边上延伸”复选框时，刀具会超出切削区域外部边缘以加工部件周围的多余材料；还可以使用此选项在刀轨刀路的起点和终点添加切削移动，以确保刀具平滑地进入和退出部件。使用此选项应注意如下事项：

1）如果深度铣中的切削层位于所示的层以外，则它们不会反映出相切的延伸曲面。在这种情况下必须手工调整切削层的范围。

2）将第一个部件几何体的部件偏置或余量用于所有延伸部分。

3）如果延伸曲面的延伸超出了指定切削层的边界，则不会在这些切削层的外部生成切削操作，如图 6-8 所示。

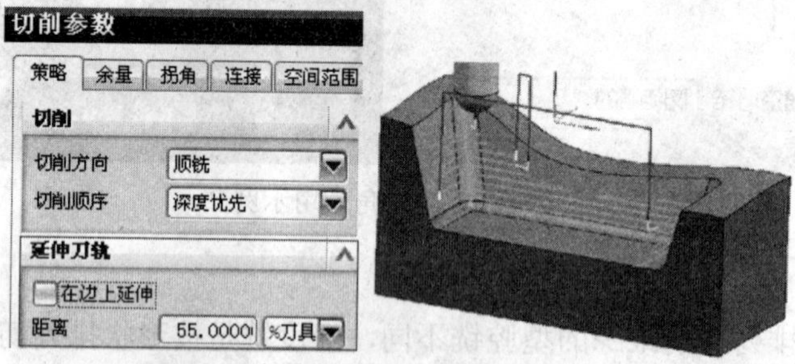

图 6-8　不延伸时的原始深度加工刀轨

图 6-9 为选用了在边上延伸的刀轨。然而，此时部件顶部没有切削，因为这会超出切削层范围。这表示必须进一步增大切削层范围。

要切削部件之上的延伸部分，必须通过手工提高顶层切削层范围。在图 6-10 中，已提高了部件顶部的切削层范围，以使在延伸部分上面生成切削。

图 6-9　延伸但没有调整切削层时的深度加工刀轨

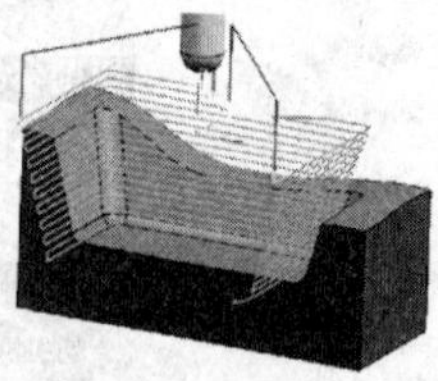

图 6-10　切削层范围已扩大时的延伸

6.3.2　层之间

层之间选项的作用是切削所有层，而无需抬刀至安全平面，如图 6-11 所示。

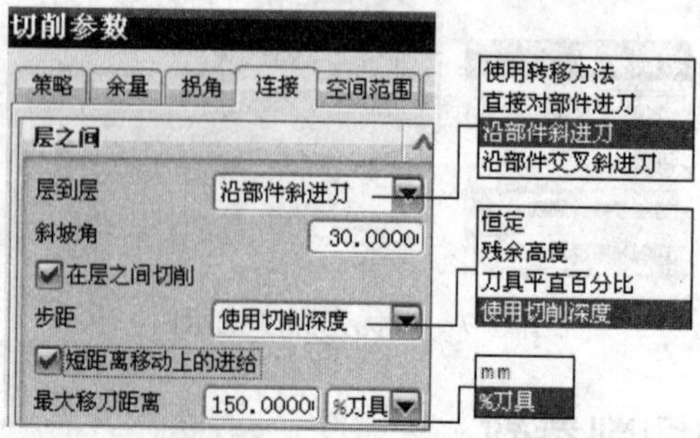

图 6-11　层之间选项

1. ***层到层***

使用层到层里的直削和斜削选项可确定刀具从一层到下一层的放置方式。层到层专用于深度铣，它可切削所有的层而无需抬刀至安全平面。

注意，如果加工的是开放区域，则在层到层下拉菜单中的最后两个选项（沿部件斜进刀和沿部件交叉斜进刀）都将灰色显示而不可用。

层到层各选项的作用如表 6-1 所示。

表 6-1　层到层各选项的作用

使用转移方法	直接对部件进刀
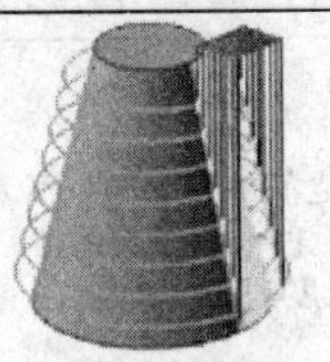 刀具在各刀路之后抬刀至安全平面。使用“非切削移动”对话框中指定的安全设置信息	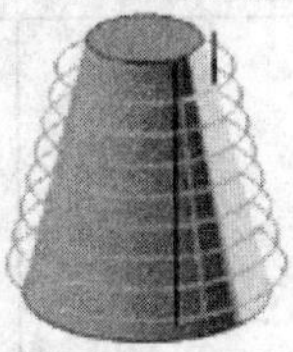 跟随部件，类似步距移动 提示：使用切削区域的起点来定位这些移动
沿部件斜进刀（不可用于加工开放区域）	沿部件交叉斜进刀（不可用于加工开放区域）
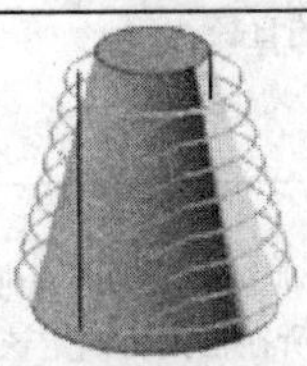 跟随部件，从一个切削层到下一个切削层，斜削角度为进刀和退刀参数中指定的倾斜角度	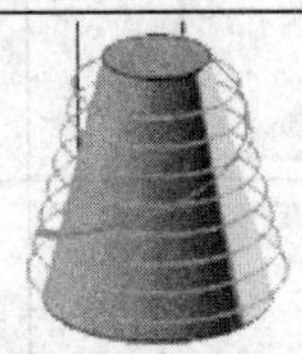 此选项类似于沿部件斜进刀选项，只是它在斜进刀到下一层之前完成每个刀路

2. ***在层之间切削***

在层之间切削选项指定切削层之间存在缝隙时如何加工。

使用此选项可在深度铣加工中的切削层之间存在间隙时创建额外的切削。在层之间切削可消除在标准层到层加工操作中留在浅区域中的大刀痕。因此，应用此选项可以避免为非陡峭区域创建单独的区域铣削操作，也不必使用非常小的切削深度来控制非陡峭区域中的刀痕。当用于半精加工时，该操作可生成更多的均匀余量。

当用于精加工时，退刀和进刀的次数更少，并且表面精加工更连贯，具体的作用如表 6-2 所示。

表 6-2　在层之间切削示例

☐在层之间切削	☑在层之间切削
 切削层之间存在缝隙时不创建额外切削	 在深度加工中，切削层之间存在缝隙时创建额外切削以消除浅区域中的大残余高度

3. ***步距***

指定加工缝隙区域时的步距，具体的应用如表 6-3 所示。

表 6-3　步距示例

图　　例	说　　明
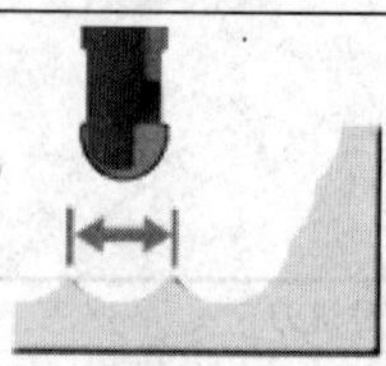	恒定：指定连续刀路之间的最大距离。如果指定的刀路间距不能平均分割所在区域，UG NX 将减小这一刀路间距以保持恒定步距 对于曲面轮廓铣，步距是从驱动轨迹的刀路之间测量的。对于径向模式，步距是沿离中心最远的边界点处的圆弧长测量的
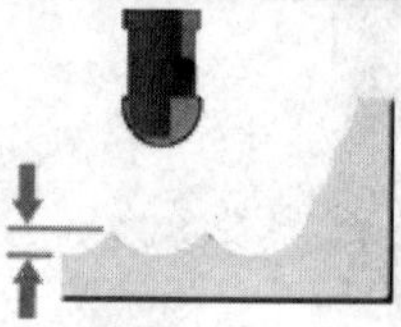	残余高度：指定刀路之间遗留的最大材料高度 UG NX 将计算所需的步距，从而使刀路之间的残余高度不大于指定的高度。由于边界形状不同，所计算出的每次切削的步距也不同。为保护刀具在移除材料时负载不至于过重，最大步距被限制在刀具直径长度的 2/3 以内
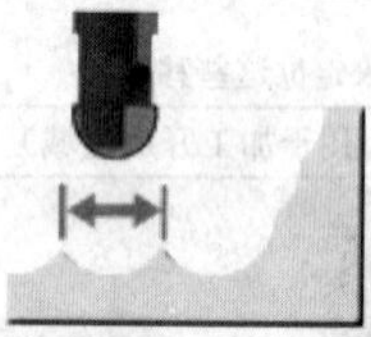	刀具平直百分比：指定连续刀路之间的固定距离作为有效刀具直径的百分比。有效刀具直径指实际上接触到腔体底部的刀具的直径
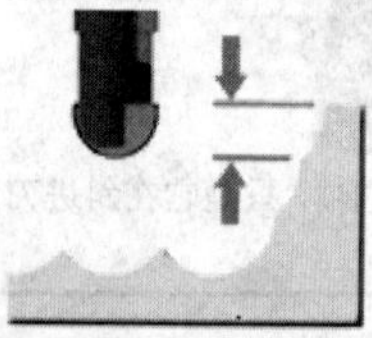	使用切削深度（默认值）：将步距匹配为当前切削范围的切削深度 由于各切削层范围的切削深度不同，缝隙所在范围将确定该缝隙区域的步距。如果缝隙区域跨越一些没有定义切削层的范围，则缝隙区域将使用跨越范围的最小切削深度

4. ***短距离移动上的进给***

短距离移动上的进给选项指定如何连接同一区域内的不同切削区域，具体的应用如表 6-4 所示。

表 6-4　短距离移动上的进给示例

图　　例	说　　明
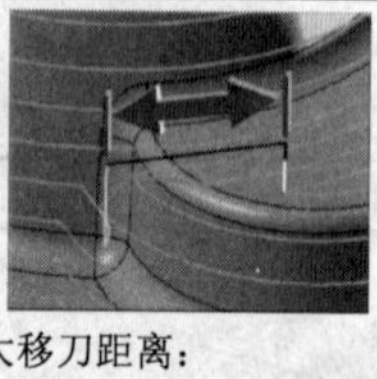 最大移刀距离： 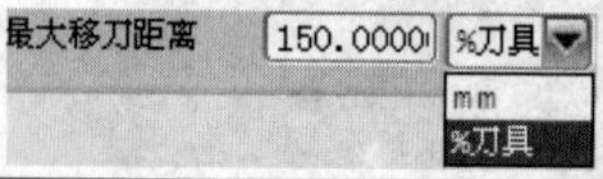	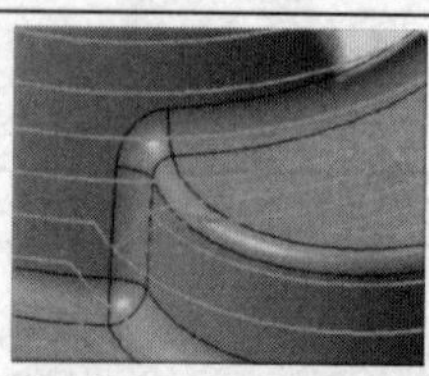 ☑短距离移动上的进给：如果距离小于最大移刀距离值，则沿部件表面以步距进给率移动刀具。如果距离大于最大移刀距离值，则刀具使用当前传递方法退刀，然后移刀至下一位置并进刀

6.3.3　毛坯

毛坯选项用于移除不接触材料的切削运动，精加工操作不考虑毛坯，毛坯设置对话框如图 6-12 所示。

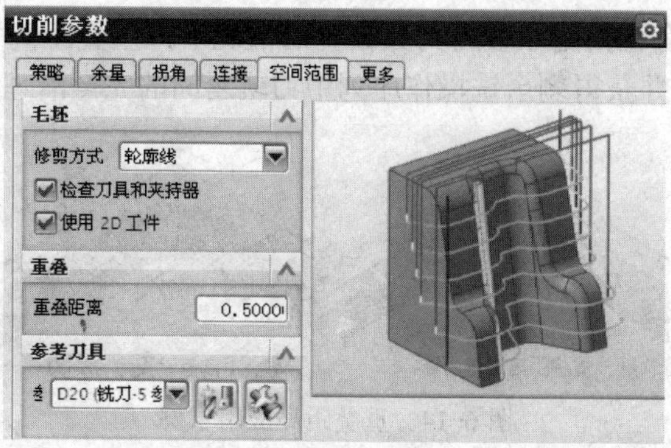

图 6-12　毛坯设置对话框

1. 修剪方式

使用修剪方式定义并生成可加工的切削区域，可用于型腔铣和深度铣，具体的应用如表 6-5 所示。

表 6-5　修剪方式示例

无	轮　廓　线
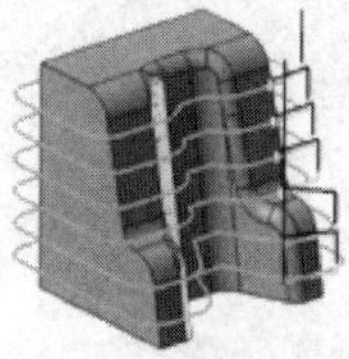 保持切削部件的现有形状	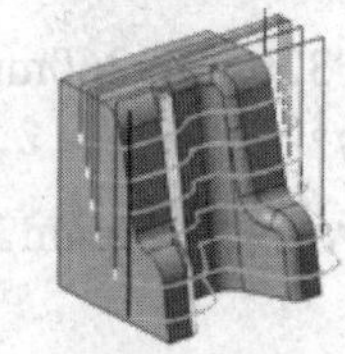 根据所选部件几何体的外边缘（轮廓线）创建毛坯几何体
 ☑检查刀具和夹持器：在碰撞检查中包括刀具和夹持器	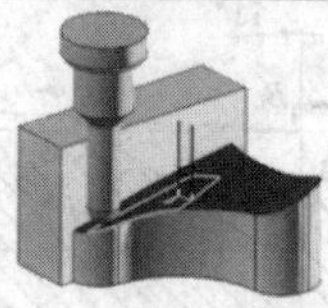 ☑使用 2D 工件：使用先前操作中从刀具夹持器碰撞检测保存的 2D 工件作为要包含当前操作中切削运动的修剪几何体

2. 使用参考刀具

1）参考刀具通常是用来先对区域进行粗加工的刀具。UG NX 计算指定的参考刀具剩下的材料，然后为当前操作定义切削区域。通常采用参考刀具来完成等高轮廓切削精铣拐角。

必须选择一个直径大于当前使用中的刀具直径的刀具，如图 6-13 所示。

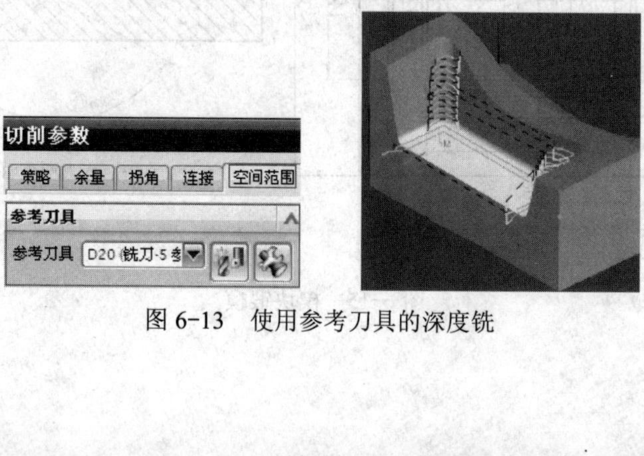

图 6-13　使用参考刀具的深度铣

2）重叠距离。只有在指定了参考刀具偏置的情况下，重叠距离才是可用的。使用重叠距离帮助消除残余高度并获得剩余铣操作序列中刀轨之间的完全清理，示例如图 6-14 所示。

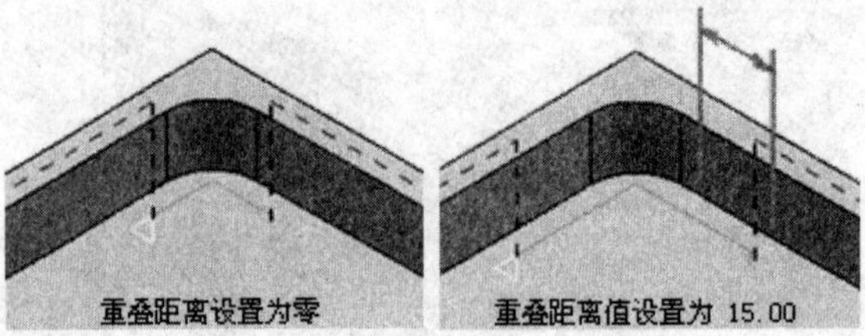

图 6-14　重叠距离应用示例

6.4　深度铣加工范例

1. **工作任务**

完成图 6-15 所示的楔块锻模 CAM 软件的自动编程，学习 UG NX 8 CAM 模块的基本编程知识，掌握 UG NX 8 的型腔铣、深度铣、3D 轮廓铣以及清根铣削的编程加工方法。

2. **图样分析**

1）长方体毛坯尺寸：320mm×260mm×120mm。

2）内槽最小倾角：37°。

3）内槽底宽为 13mm，深为 56mm。

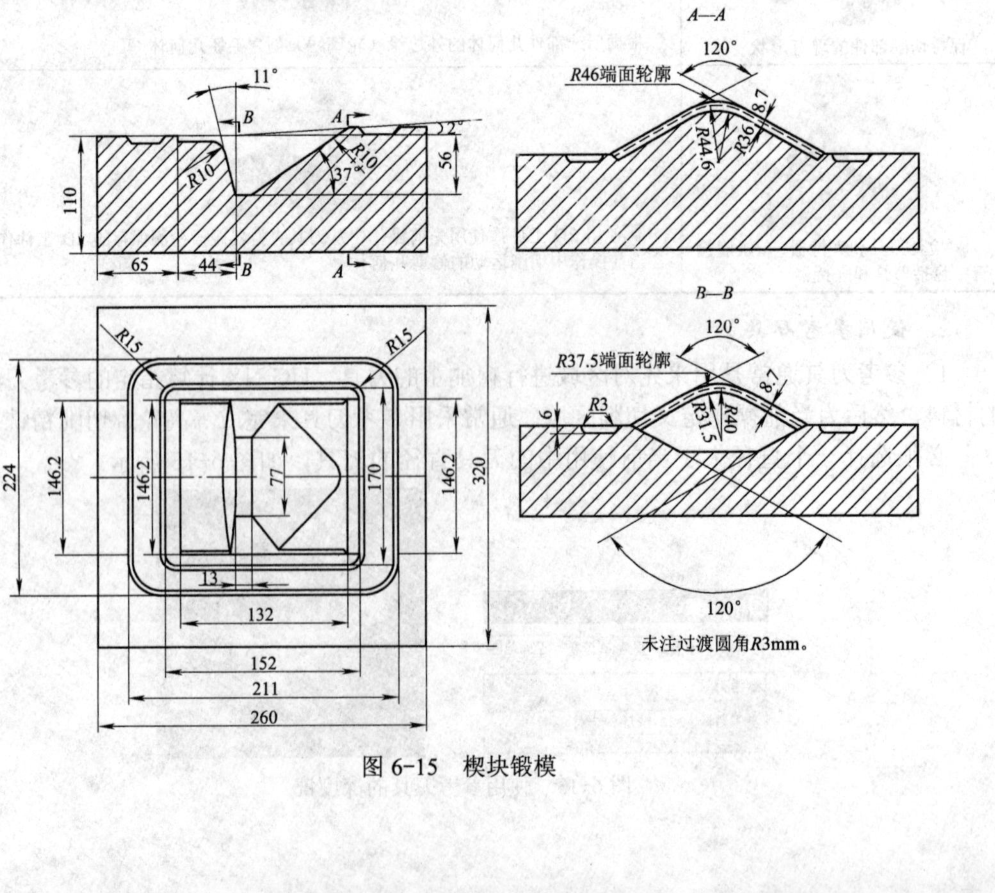

图 6-15　楔块锻模

3. **工艺规划**

（1）工件安装　以底面固定安装在机床上。

（2）加工原点　X：工件中心点；Y：工件中心点；Z：工件顶面（Z115.273）。

（3）工步安排，如表 6-6 所示。

表 6-6　工步安排表

序　号	加 工 内 容	加 工 方 式	刀　具	主轴速度/（r/min）	进给率/（mm/min）
1	工件表面所有面粗加工	型腔铣粗加工	ϕ20r3 圆鼻刀	1000	300
2	工件上部曲面半精加工	型腔铣半精加工	ϕ12 球头铣刀	1000	300
3	工件上部曲面精加工	深度铣精加工	ϕ12 球头铣刀	1000	300
4	*R*3 圆角带状槽精加工	3D 轮廓铣加工	ϕ6 球头铣刀	1000	300
5	其他 *R*3 圆角面加工	单刀轨清根加工	ϕ6 球头铣刀	1000	300

4. **编程步骤**

（1）打开模型文件，如图 6-16 所示。

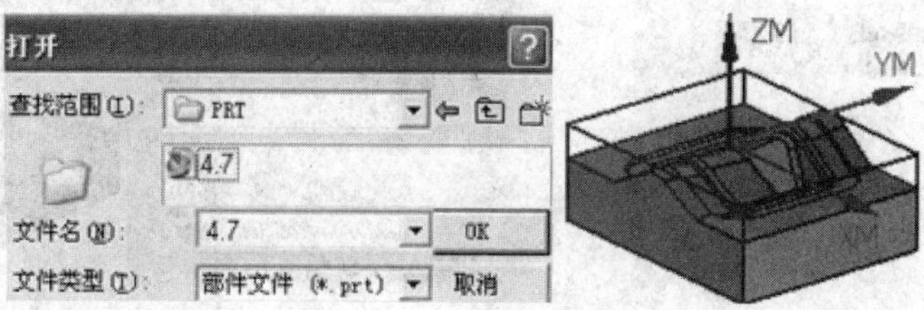

图 6-16　打开模型文件

（2）创建几何体

1）创建机床坐标系及加工（编程）原点（0，0，115.273）。在操作导航器中双击 MCS_MILL 图标，打开设置坐标系对话框，完成设置，如图 6-17 所示。

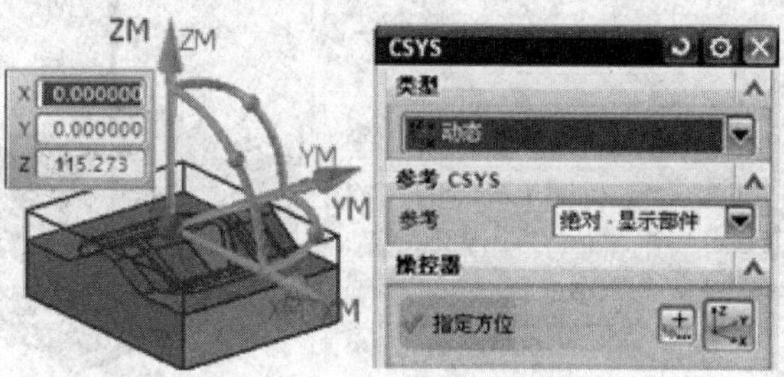

图 6-17　创建机床坐标系

2）创建铣削几何体。在操作导航器中双击 WORKPIECE 图标，打开部件几何体设置对话框，完成设置，如图 6-18 所示。

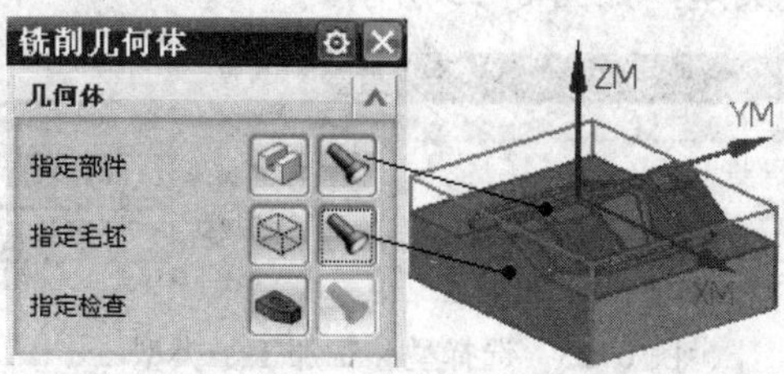

图 6-18　创建铣削几何体

（3）创建刀具，如图 6-19 所示。

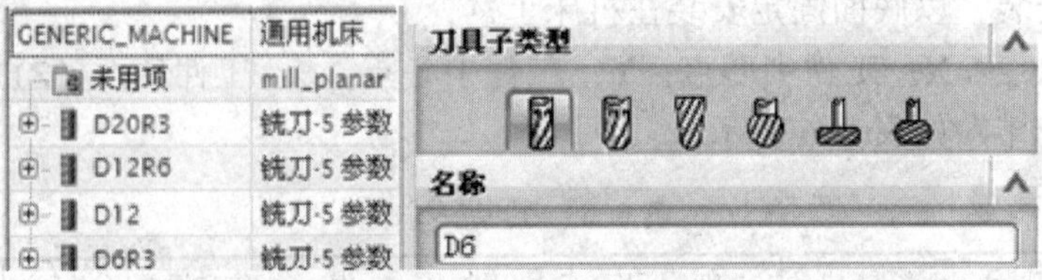

图 6-19　创建刀具

（4）工件表面所有面粗加工

1）选择型腔铣加工子类型，如图 6-20 所示。

2）选择切削区域，如图 6-21 所示。

图 6-20　选择型腔铣加工子类型

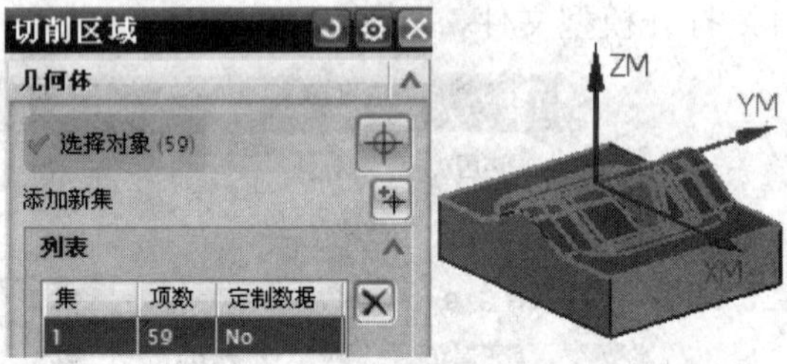

图 6-21　选择切削区域

3）刀轨参数设置。刀具选择$\phi 20R3$ 圆鼻刀；参数设置如图 6-22 所示，并将切削参数里的处理中的工件设置为使用 3D 选项，其他参数为系统默认值。

图 6-22　刀轨参数设置

（5）工件上部曲面半精加工

1）选择型腔铣加工子类型，如图 6-23 所示。

图 6-23　选择型腔铣加工子类型

2）选择切削区域，如图 6-24 所示。

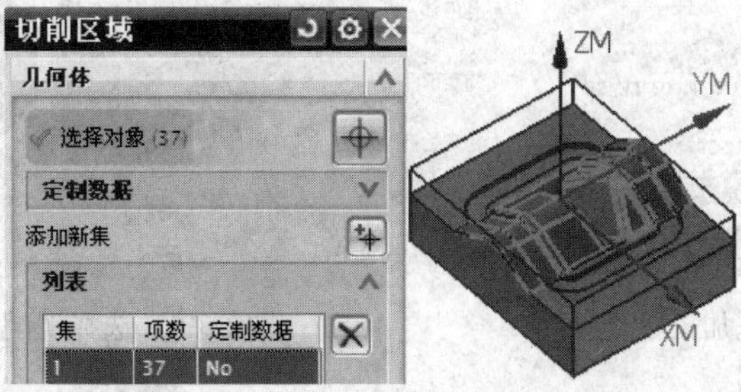

图 6-24　选择切削区域

3）设置加工参数。刀具选择ϕ12 球头铣刀，参数设置如图 6-25 所示，其他参数为系统默认值。

（6）工件上部曲面精加工

1）选择固定轴深度铣加工子类型，刀具选择ϕ12 球头铣刀，如图 6-26 所示。

2）选择切削区域，如图 6-27 所示。

3）设置刀轨参数，生成刀路，如图 6-28 所示。

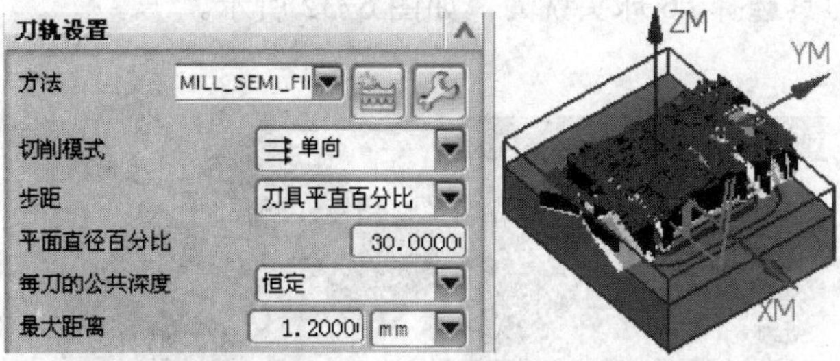

图 6-25　加工参数设置

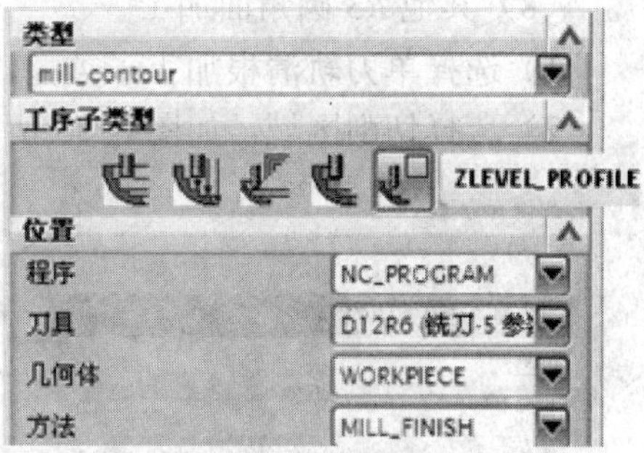

图 6-26　选择固定轴深度铣加工子类型

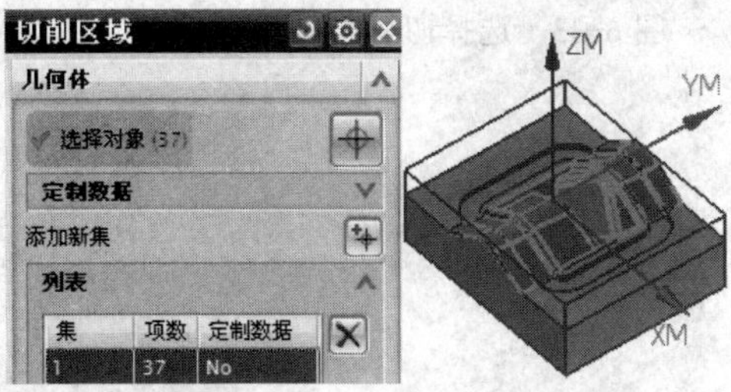

图 6-27　选择切削区域

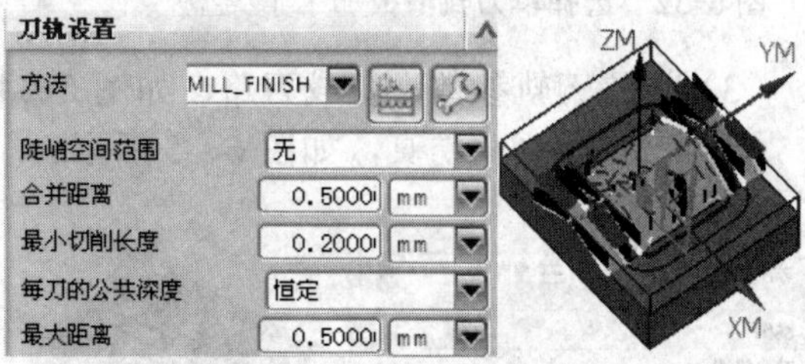

图 6-28　设置刀轨参数

（7）*R*3 圆角带状槽精加工

1）选择 3D 轮廓铣加工子类型，刀具选择ϕ6 球头铣刀，如图 6-29 所示。

2）选择切削区域，如图 6-30 所示。

3）设置刀轨参数，生成刀路，如图 6-31 所示。

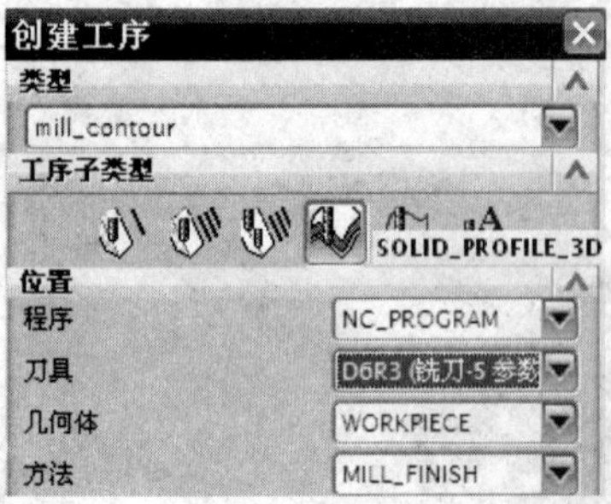

图 6-29　选择 3D 轮廓铣加工子类型

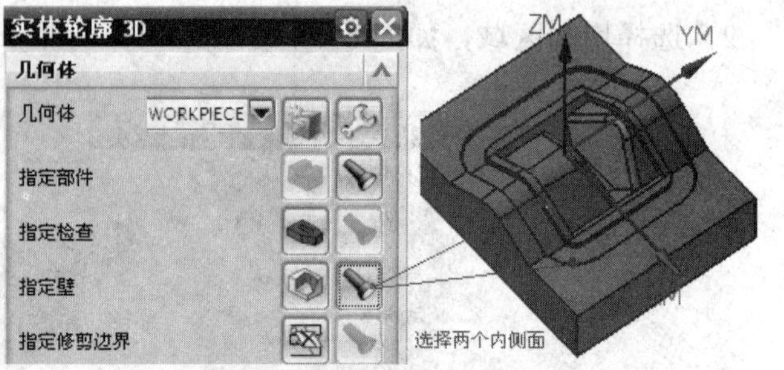

图 6-30　选择切削区域

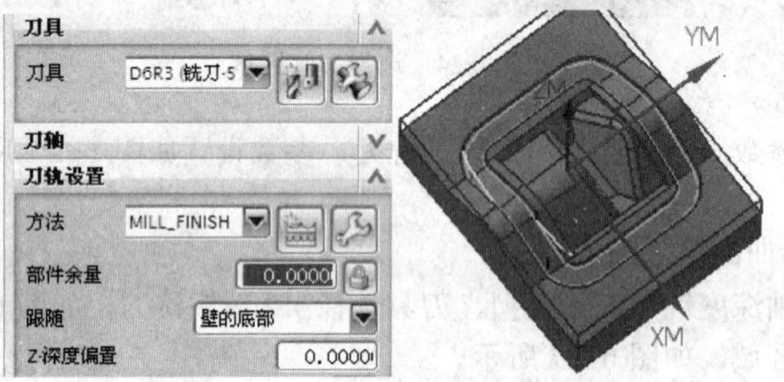

图 6-31　设置刀轨参数

（8）其他 $R3$ 圆角面加工

1）选择单刀轨清根加工子类型，刀具选择 $\phi6$ 球头铣刀，如图 6-32 所示。

2）选择切削区域，如图 6-33 所示。

图 6-32　选择单刀轨清根加工子类型

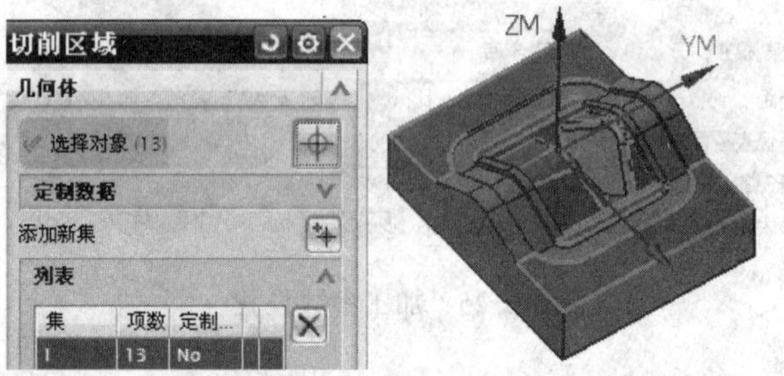

图 6-33　选择切削区域

3）设置刀轨参数，生成刀路，如图 6-34 所示。

（9）3D 可视化仿真，如图 6-35 所示。

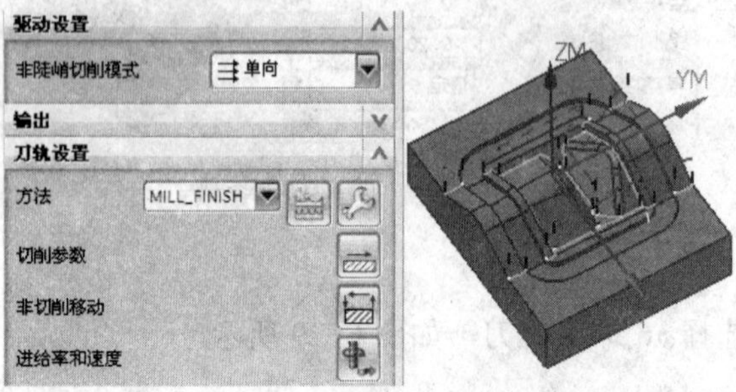

图 6-34　设置刀轨参数

图 6-35　3D 可视化仿真

第 7 章 UG NX 8 插铣加工

学习目标

了解 UG NX 8 插铣加工的编程步骤，掌握插削有效几何体的选择方法，学习使用插铣刀具，学会设置插铣粗加工和精加工操作以及掌握插铣控制点和进退刀，进而提高应用数控机床完成零件插铣加工的操作技能。

学习内容

- 插铣加工概述
- 加工几何体
- 插铣加工刀具
- 插铣切削层
- 插铣控制点
- 插铣进刀/退刀
- 插削进行粗/精加工

7.1 插铣加工概述

7.1.1 插铣加工简介

插铣加工（Plunge Milling）是一种独特的铣操作，插削使用狭长刀具装备，适合在需要长刀具的较深区域中使用，可以在粗加工中高效地切削掉大量的毛坯，也非常适合对难以到达的较深的壁进行精加工。

插铣加工可减少工件变形，降低机床的径向切削力。插铣的粗加工可以用高承载刀具像钻加工一样进行切削，此时刀具只是轴向受力，这种加工策略也可以用于对垂直或接近垂直的区域进行精加工。

由于插铣加工保持了高的材料切削速度，所以它是金属切削最有效的方法之一，对于难加工材料的曲面加工、切槽加工以及刀具悬伸长度较大的加工，它的加工效率远高于常规的层切削方法。

使用插铣粗加工轮廓化的外形通常会留下较大的刀痕和台阶，所以在实际编程操作中常使用处理中的工件（IPW）功能，以便获得更一致的剩余余量。

插铣的明显特性包括：

1）毛坯材料的粗加工。

2）沿刀轴向下钻削。

3）当存在多个区域时，插铣在最深的插削深度处开始。

7.1.2 插铣刀具

UG NX 8 没有为插铣操作定义专用刀具，可以使用铣刀定义大多数插削，也可以使用 Hole_making（特征孔）模板中的沉头孔刀具定义；对于有倾斜的刀片的插削，可以使用埋头孔刀具定义它们。

在图 7-1 中，刀具定义类型为钻，子类型为埋头孔，直径=50.0000mm，夹角=168.0000，刀尖直径=25.0000。

图 7-1　定义插铣刀具

7.1.3 插削区域

插铣加工通常在最深的插削深度处开始，此时每个连续的区域都将忽略先前的区域。当型腔有多个区域时，可将其分组，然后按顺序切削（自底向上）。图 7-2 说明多个区域的切削顺序样本。

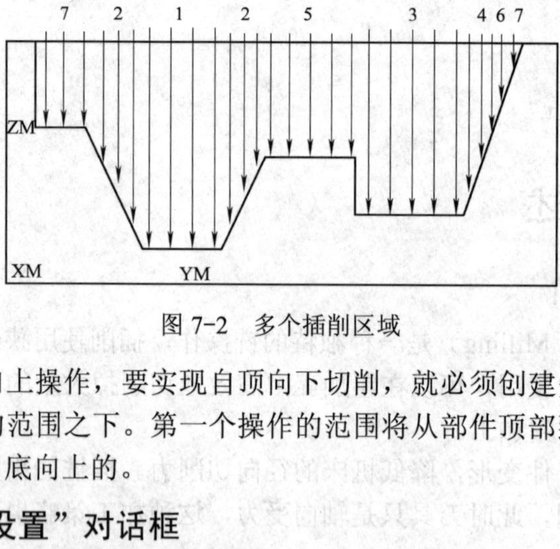

图 7-2　多个插削区域

由于插削是自底向上操作，要实现自顶向下切削，就必须创建多个操作，每个操作的范围都在上一个操作的范围之下。第一个操作的范围将从部件顶部到某些中间层，但在每个操作中，切削仍是自底向上的。

7.1.4 插铣“刀轨设置”对话框

在插铣“刀轨设置”对话框中可以设置切削方法、切削模式、步距、最大切削宽度、插削层、切削参数以及进给率和速度等参数，如图 7-3 所示。

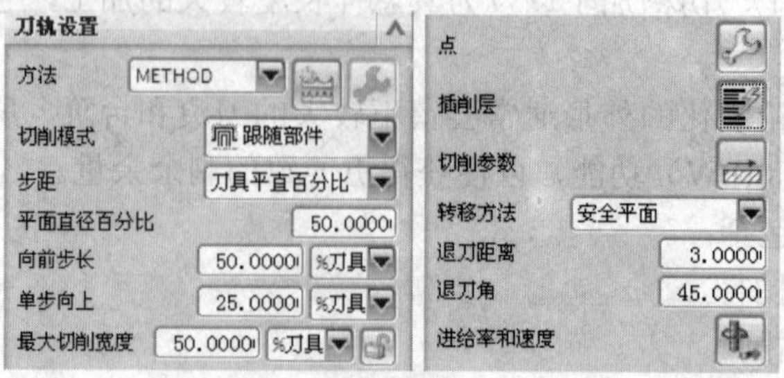

图 7-3　“刀轨设置”对话框

7.2　插铣切削层

7.2.1　插削层简介

使用插削层命令指定切削范围以及各范围中的切削深度。

在插铣中每个操作都有基于部件、切削区域和毛坯几何体的单个插削范围，图 7-4 所示为插削层设置的基本概况。

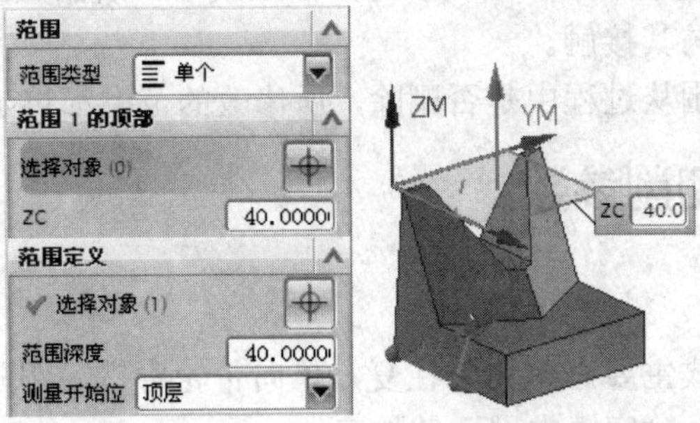

图 7-4　插削层设置

7.2.2　插削层应用

在“插削层”对话框里可以设置范围类型、范围 1 的顶部、范围深度和测量开始位置，如图 7-5 所示。

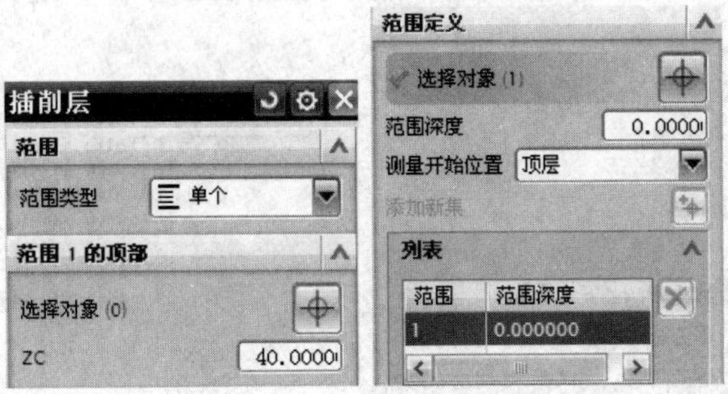

图 7-5　“插削层”对话框

1. *范围类型*

使用“插削层”对话框可以定义范围的顶层和底层。在范围类型里只有一个“单个”选项，通过它可以根据工件、切削区域和毛坯几何体设置一个范围。默认深度是到工件底部。

2. *范围 1 的顶部*

通过选择点或面的方式选择范围 1 的顶部，同时在 ZC 文本框中自动出现该点到 Z 轴原点的距离。

3. *范围定义*

通过选择点或面来添加或修改范围，定义测量范围深度值的方式。“测量开始位置”下拉列表框主要包括如下。

1）顶层：从第一刀切削范围顶部引用范围深度。

2）范围顶部：从当前高亮显示的范围的顶部引用范围深度。

3）范围底部：从当前高亮显示的范围的底部引用范围深度。

4）WCS 原点：从 WCS 原点引用范围深度。

4. *范围深度*

输入范围深度值来定义新范围的底部或编辑现有范围的底部。这一距离是从指定的参考平面（顶层、范围顶部、范围底部、WCS 原点）开始测量的。

可以使用正值或负值来定义范围在参考平面上或下。所添加的范围将从指定的深度延伸到范围的底部，但不与其接触。

不管先前定义的范围从过程中是否删除，所修改的范围都将延伸到指定的深度。

7.3 插铣加工的切削参数

7.3.1 切削方式

插铣加工的切削方式主要有单向、往复、单向带轮廓铣、跟随周边和跟随工件，这些方式一般用于粗加工，而轮廓铣常用于精加工。

跟随工件具有用于粗加工的专用增强功能；轮廓铣具有用于精加工的专用增强功能。

7.3.2 退刀

退刀指定退刀距离和退刀角度。指定这些值后，刀具依据与水平轴指定角度和退刀距离指定的退刀长度进行退刀运动。图 7-6 所示为退刀距离 10、退刀角度 45° 度时的退刀轨迹。

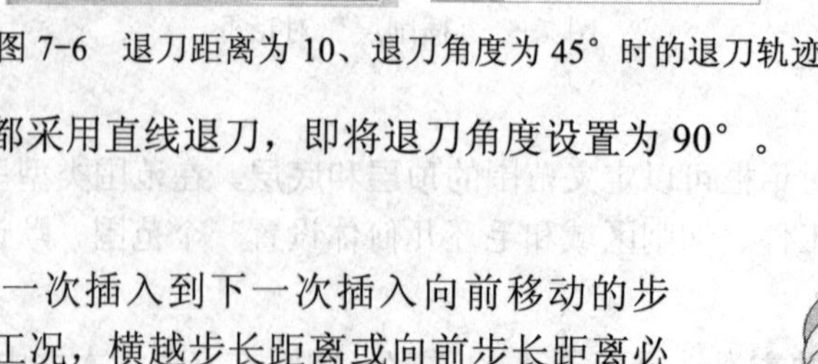

图 7-6　退刀距离为 10、退刀角度为 45° 时的退刀轨迹

一般实际加工时都采用直线退刀，即将退刀角度设置为 90°。

7.3.3 向前步长

向前步长指定从一次插入到下一次插入向前移动的步长。对于非对中切削工况，横越步长距离或向前步长距离必须小于指定的最大切削宽度值，否则 UG NX 会减小应用的向前步长，以使其在最大切削宽度值内，如图 7-7 所示。

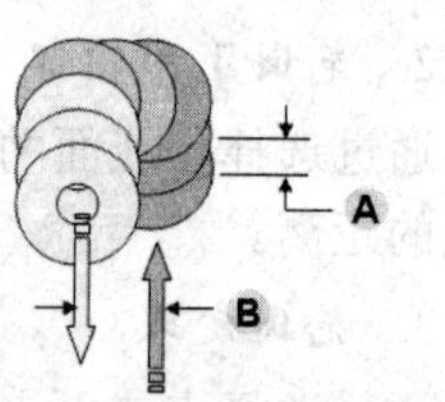

图 7-7　向前步长（A）和横越步长（B）

7.3.4 单步向上

通过单步向上可以指定控制切削层数的值。图 7-8 所示为不同单步向上值时的切削层控制情况。

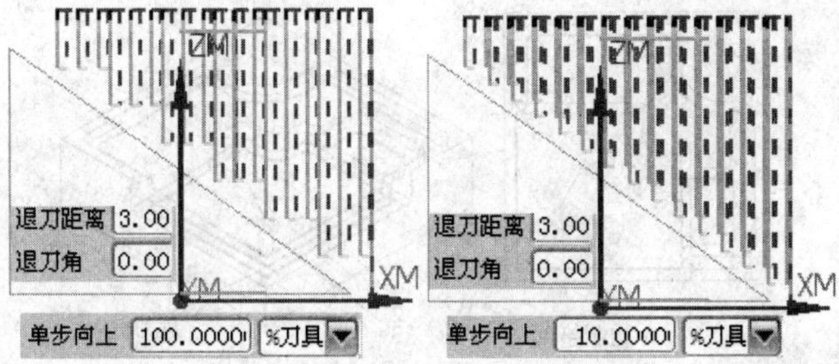

图 7-8　单步向上示例

此值被视为切削层之间的最小距离，以便防止浅壁上有过多的层数。在较陡峭的壁上，可能会超过此值。

7.3.5　控制点与避让

单击“插铣”对话框上的“点”图标，打开“控制几何体”对话框，可以设置预钻孔进刀点和切削区域起点，如图 7-9 所示。

预钻孔进刀点允许刀具沿着刀轴下降到一个空腔中，刀具可以从此处开始进行腔体切削。切削区域起点决定了进刀的近似位置和步进方向。这两种方法都允许指定点来确定哪些切削层使用这些点的深度值。

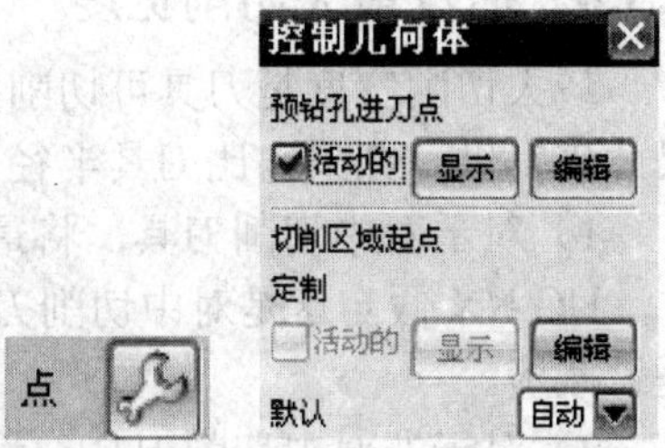

图 7-9　“控制几何体”对话框

1. 预钻孔进刀点（仅在腔体加工中）

预钻孔进刀点允许指定毛坯材料中先前钻好的孔内或其他空腔内的进刀位置。所定义的点沿着刀轴投影到用来定位刀具的“安全平面”上，然后刀具沿刀轴向下移动至空腔中，并直接移动到每个切削层上由处理器确定的起点，如图 7-10 所示。

预钻孔进刀点不会应用到轮廓驱动切削类型和标准驱动切削类型。

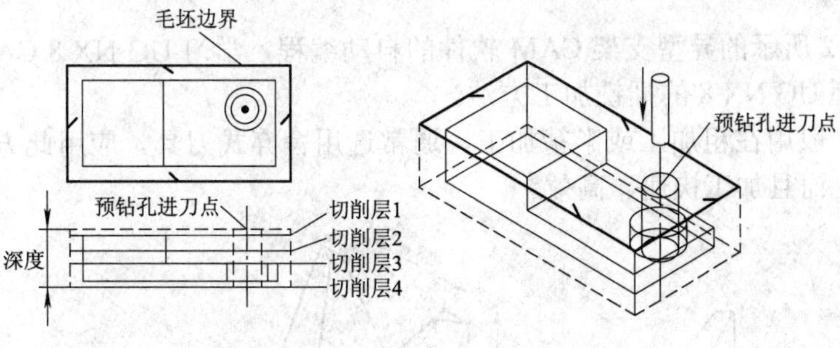

图 7-10　预钻孔进刀点

2. 切削区域起点

切削区域起点通过指定点定制起点或默认区域起点来定义刀具进刀位置和步进方向。“定制”选项允许系统决定刀具逼近每个切削区域壁的近似位置，而“默认”选项（标准或自动）允许系统自动决定起点。切削区域起点适用于所有模式（往复、跟随部件、轮廓铣等），如图 7-11 所示。

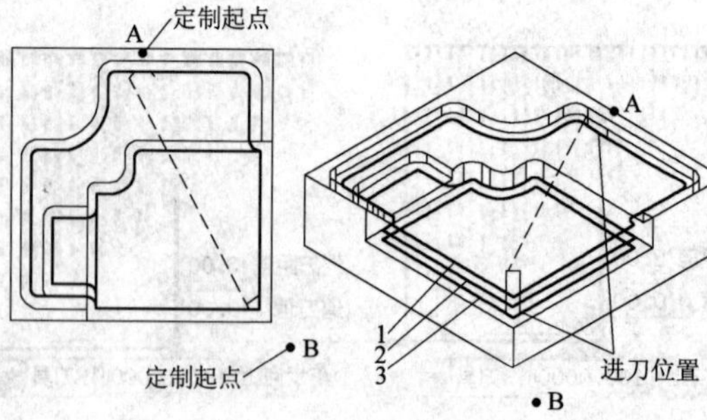

图 7-11　切削区域起点和轮廓切削模式

在图 7-11 中，系统使用定制起点 A 来定义切削层 1 的进刀位置，使用定制起点 B 来定义切削层 2 和 3 的进刀位置。因为刀具不能精确定位到点 A 和 B，所以系统将每个区域的进刀位置定义为与最近的区域起点尽可能接近。

7.3.6　插铣最大切削宽度

最大切削宽度是刀具可切削的最大宽度（俯视刀轴时）。通常由刀具制造商根据刀片的尺寸来提供。如果它比刀具半径小，则刀具的底部中央位置有一个未切削部分。

1）对于对中切削刀具，将最大切削宽度设置为 50%或更高，以使切削量达到最大。

UG NX 假定这是对中切削刀具并且不检查，以确定刀具的非切削部分与处理中的工件是否碰撞。

2）对于非对中切削刀具，将最大切削宽度设置为 50%以下。

UG NX 假定这是非对中切削刀具，并且使用最大切削宽度确定刀具的非切削部分是否与处理中的工件碰撞。如果无法在满足最大切削宽度的情况下切削封闭的型腔，则操作将输出预钻点和一条警告，提示添加所需的钻孔操作。

7.4　插铣加工范例

1. **工作任务**

完成图 7-12 所示的异型支架 CAM 软件的自动编程，学习 UG NX 8 CAM 模块的基本编程知识，掌握 UG NX 8 的插铣加工方法。

插铣加工一般用在粗加工或半精加工，通常选用舍弃式刀具。应用此方法对零件的加工编程较方便，而且加工快速、高效。

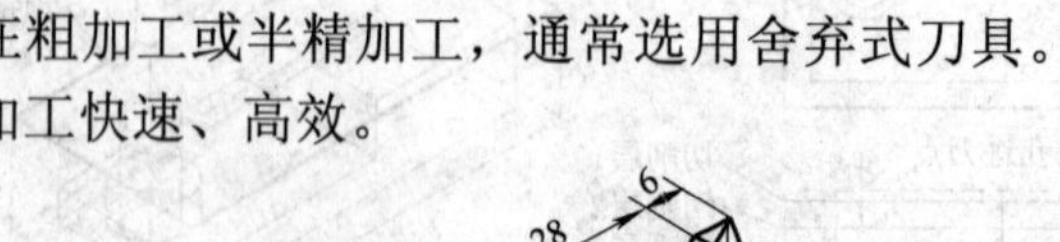

图 7-12　异型支架

2. 图样分析

1）毛坯尺寸：40mm×40mm×40.5mm。

2）最大加工深度：28.5mm。

3）最小间隔为 7mm。

3. 工艺规划

（1）工件安装　以底面固定安装在机床上。

（2）加工原点　X：工件左上角点；Y：工件左上角点；Z：工件顶面（Z40）。

（3）工步安排，如表 7-1 所示

表 7-1　工步安排表

序　　号	加 工 内 容	加 工 方 式	刀　　具	主轴速度/（r/min）	进给率/（mm/min）
1	支架整体余量加工	插铣粗加工	ϕ12 插铣刀	1000	300
2	支架整体二次余量加工	型腔铣粗加工	ϕ8 平底铣刀	1000	300
3	支架侧壁加工	型腔铣加工侧壁	ϕ6r3 平底铣刀	1000	300
4	平面底角加工	型腔铣清根加工	ϕ6 平底铣刀	1000	300

4. 编程步骤

（1）打开模型文件，如图 7-13 所示

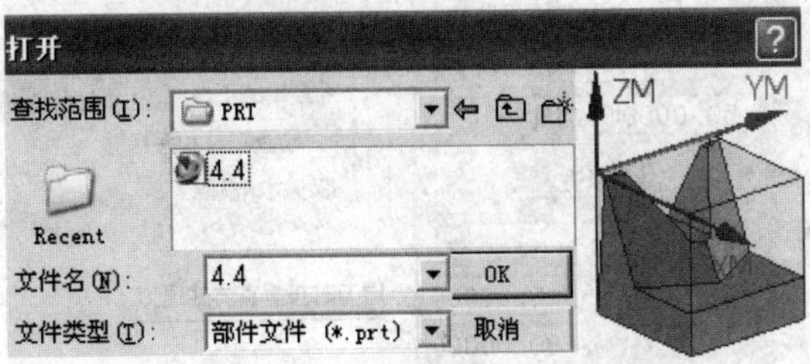

图 7-13　打开模型文件

（2）选择插铣子类型，创建插铣刀具，如图 7-14 和图 7-15 所示

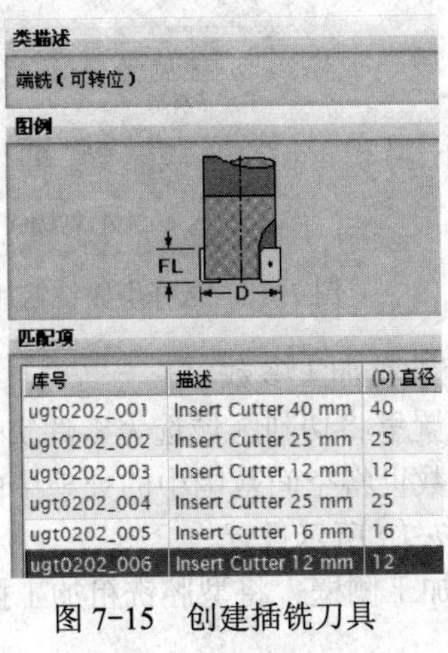

图 7-14　选择插铣子类型　　　图 7-15　创建插铣刀具

1）创建几何体，如图 7-16 所示。

① 创建机床坐标系及加工（编程）原点（0，0，40）。

② 创建部件几何体。

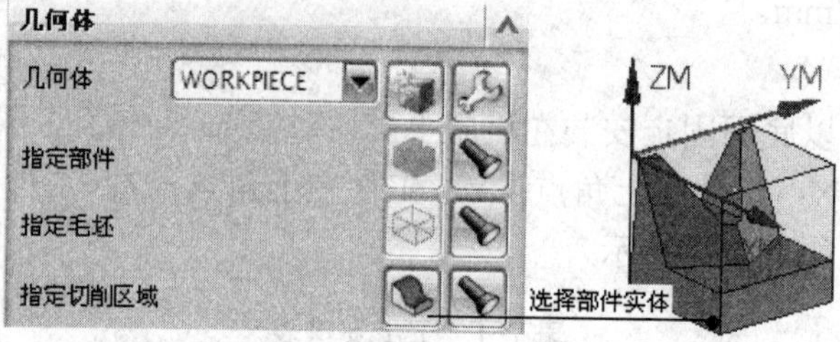

图 7-16　创建几何体

2）设置插铣粗加工参数，如图 7-17 所示。

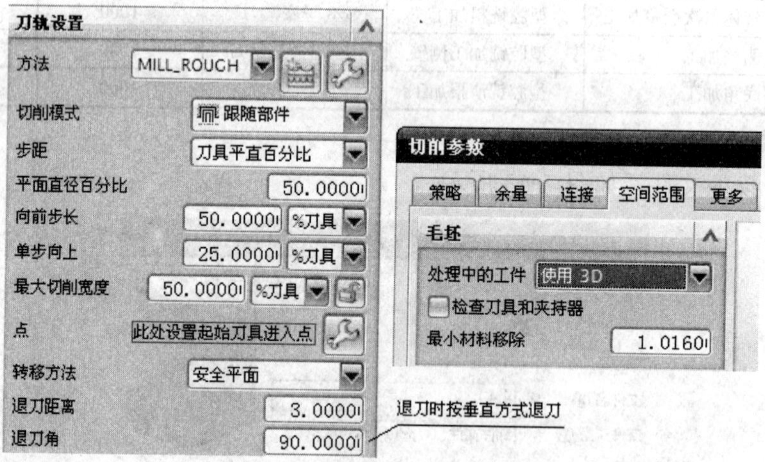

图 7-17　设置插铣粗加工参数

（3）型腔铣粗加工

1）选择型腔铣粗加工子类型，创建直径为 8 的平底铣刀，如图 7-18 所示。

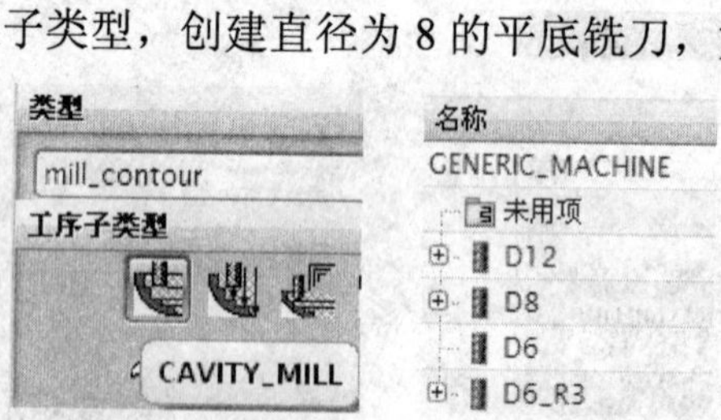

图 7-18　选择型腔铣粗加工子类型和创建平底铣刀

2）设置型腔铣粗加工参数。

① 在几何设置里将切削区域选为零件实体。

② 在切削参数里将空间范围中的处理中的工件设置为“使用 3D”。

其余参照图 7-19 所示设置。

（4）型腔铣加工侧壁　将型腔铣粗加工操作复制并粘贴生成新程序，然后将刀具改为

D6 球刀，将加工方式改为精加工。其余参照图 7-20 所示设置并生成 3D 余量。

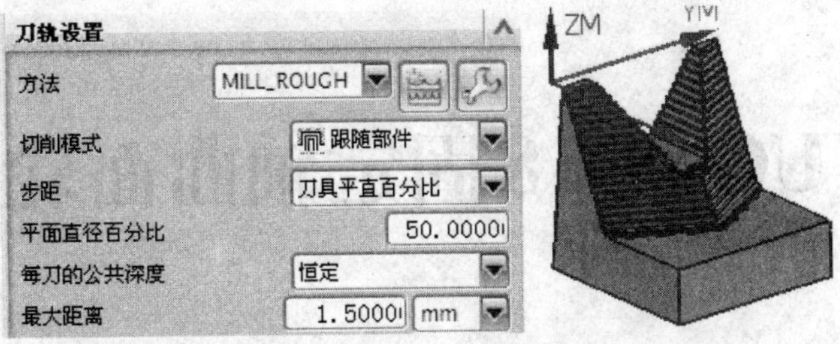

图 7-19　型腔铣粗加工参数设置及生成的 3D 余量

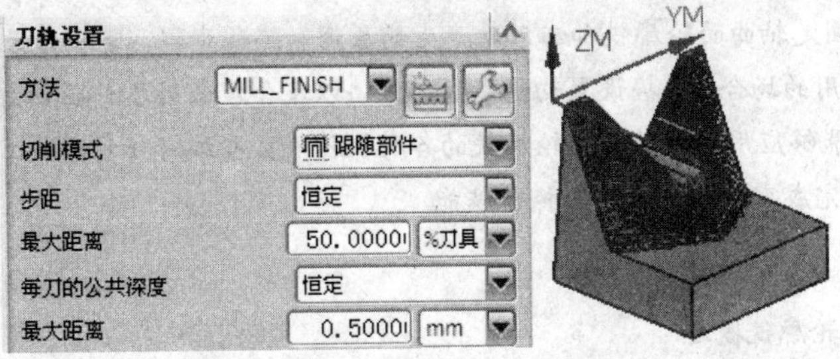

图 7-20　型腔铣加工侧壁参数设置及生成的 3D 余量

（5）型腔铣清根加工

1）将型腔铣加工侧壁操作复制并粘贴生成新程序。

2）将刀具改为 D6 平底铣刀。

3）将切削模式改为轮廓加工，其余不变。

4）确定后生成程序，如图 7-21 所示。

（6）3D 可视化仿真，如图 7-22 所示。

图 7-21　参数设置及生成的程序

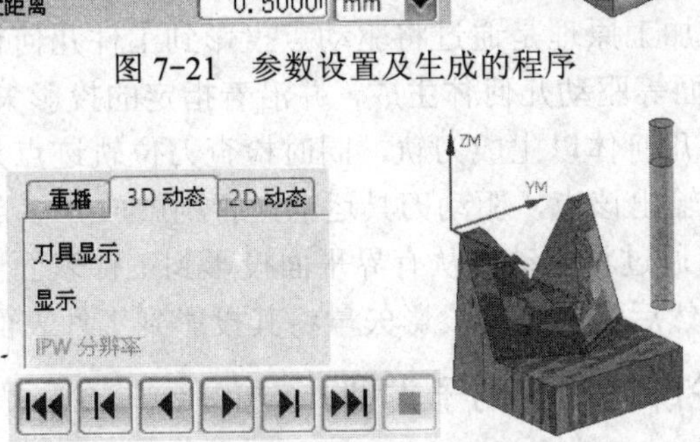

图 7-22　3D 可视化仿真

第8章　UG NX 8固定轴曲面轮廓铣加工

学习目标

了解UG NX 8固定轴曲面轮廓铣加工刀轨产生的原理和编程步骤，掌握定义加工几何体的方法，了解各种操作子类型适用的场合，掌握设置切削参数的方法以及合理选用各种驱动方法和投影矢量。通过本章内容的学习，读者能够应用固定轴曲面轮廓铣的各种操作子类型编写任意形状工件的精加工刀轨，进一步提高应用数控机床完成零件加工的实际操作技能。

学习内容

- 固定轴曲面轮廓铣概述
- 创建固定轴曲面轮廓铣操作
- 区域铣削驱动方法
- 清根驱动方法
- 轮廓文本驱动方法
- 固定轴曲面轮廓铣投影矢量
- 固定轴曲面轮廓铣切削参数
- 固定轴曲面轮廓铣非切削参数
- 固定轴曲面轮廓铣操作实例

8.1　固定轴曲面轮廓铣概述

8.1.1　固定轴曲面轮廓铣简介

固定轴曲面轮廓铣加工一般用于精加工由轮廓曲面形成的区域，可以通过精确控制刀轴和投影矢量以使刀具沿着非常复杂的曲面轮廓运动。

固定轴曲面轮廓铣加工原理是通过将驱动点投影到工件几何体上来创建刀轨。驱动点从曲线、边界、面或曲面等驱动几何体生成，并沿着指定的投影矢量投影到工件几何体上。然后，刀具定位到工件几何体以生成刀轨，同时检查刀位轨迹点是否过切或超差。如果刀位轨迹点满足要求，就输出该点，驱动刀具运动，否则就放弃该点。

图 8-1 所示为如何通过将驱动点从有界平面投影到工件表面上来创建操作。首先在边界内创建驱动点阵列，然后沿指定的投影矢量将其投影到工件表面上。

8.1.2　固定轴曲面轮廓铣加工的子类型

根据固定轴曲面轮廓铣加工的用途，UG NX 系统提供了用于不同加工对象的操作子类型，如图 8-2 所示。这些操作子类型使用固定轴曲面轮廓铣处理器，来精加工部件上轮廓已完成粗加工的区域。

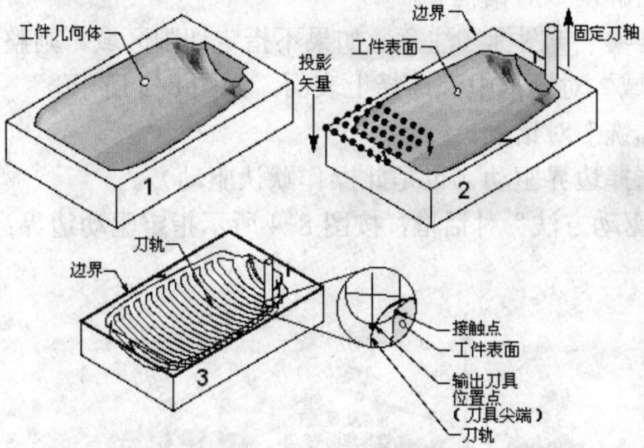

图 8-1　固定轴曲面轮廓铣加工边界驱动示例

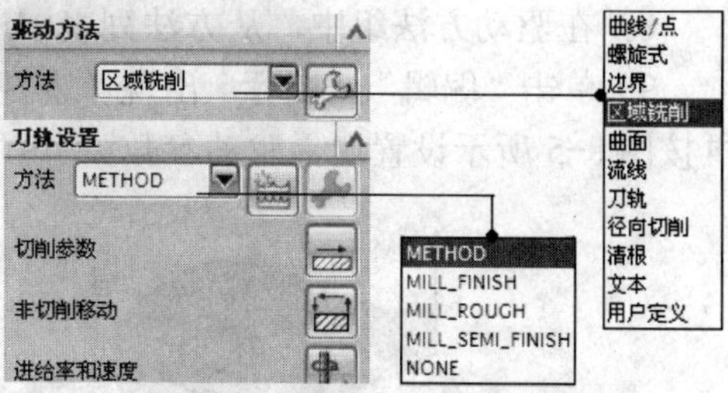

图 8-2　固定轴曲面轮廓铣加工子类型

表 8-1 描述了固定轴曲面轮廓铣各操作子类型的含义和用途。

表 8-1　固定轴曲面轮廓铣各操作子类型的含义和用途

子类型	含义和用途
FIXED_CONTOUR	边界驱动：主要的固定轴曲面轮廓铣操作子类型
CONTOUR_AREA	区域驱动：使用区域铣削驱动方法定制此操作子类型以切削选定的面或切削区域。此操作子类型常用于半精加工和精加工
CONTOUR_SURFACE_AREA	曲面驱动：使用曲面区域驱动方法定制此操作子类型以切削单个驱动曲面或驱动曲面的排列有序的矩形栅格
STREAMLINE	流线驱动：使用流线驱动方法定制此操作子类型以切削曲线集定义的驱动曲面，可从部件几何体自动生成曲线集或选择点、曲线、边或曲面以定义曲线集
CONTOUR_AREA_DIR_STEEP	陡峭区域：此操作子类型仅切削陡峭区域。将此操作子类型与型腔往复或固定轴区域操作子类型一起使用，可通过对前一往复切削进行十字交叉切削来降低残余高度
CONTOUR_AREA_NON_STEEP	非陡峭区域：此操作子类型仅切削非陡峭区域。在精加工切削区域时，通常在使用陡峭空间范围控制残余高度的深度铣操作之后使用此操作子类型
FLOWCUT_SINGLE	单向清根：使用清根驱动方法定制此操作子类型以精加工或去除拐角和凹部
FLOWCUT_MULTIPLE	多向清根：使用清根驱动方法定制此操作子类型以切削多条刀路
FLOWCUT_REF_TOOL	清根（参考刀具）：使用清根驱动方法，根据先前参考刀具直径定制此操作子类型以切削多条刀路。此操作子类型用于移除拐角和凹部中的剩余材料
PROFILE_3D	轮廓 3D：该子类型为特殊的 3D 轮廓加工操作，适用于由指定边界边或曲线偏置一定距离确定轮廓深度的场合，常用于修边模
SOLID_PROFILE_3D	实体轮廓 3D：从选定竖直壁确定轮廓深度的定制 3D 轮廓操作子类型
CONTOUR_TEXT	文字雕刻：定制此操作子类型以切削注释中的文本。此操作子类型用于 3D 雕刻

8.1.3　创建固定轴曲面轮廓铣操作

1）在“插入”工具栏中，单击“创建操作”图标，或选择“插入”→“操作”命令。

2）在“创建”对话框中，从类型列表中选择 mill_contour。

3）在操作子类型组中，单击图标。

4）在位置组中，指定几何体、刀具以及加工方法。

5）单击“确定”按钮，出现“固定轮廓铣”对话框。

6）在几何体组中，单击“指定切削区域”图标（注意，如果不指定切削区域，则整个零件作为切削主体）。在“显示切削区域”对话框中，选择上表面，如图 8-3 所示。

7）单击“确定”按钮出现“固定轮廓铣”对话框。

8）在驱动方法组中，从方法列表中选择边界驱动（也是此操作默认驱动）。

9）单击“编辑”图标。出现“边界驱动方法”对话框，按图 8-4 所示指定驱动边界；再按图 8-5 所示设置边界驱动参数。

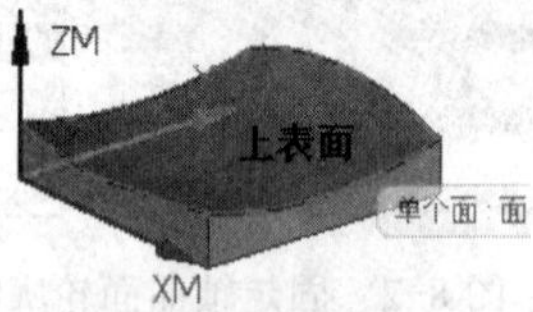

图 8-3　指定切削区域

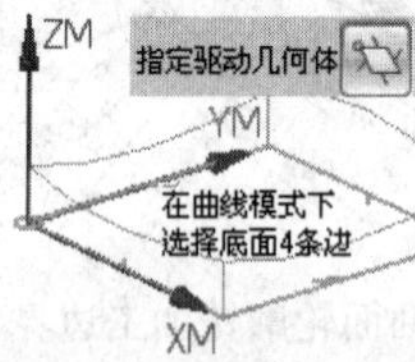

图 8-4　指定驱动边界

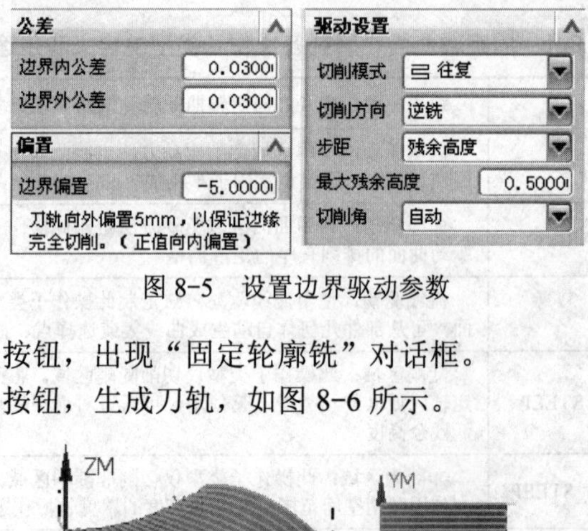

图 8-5　设置边界驱动参数

10）单击“确定”按钮，出现“固定轮廓铣”对话框。

11）单击“确定”按钮，生成刀轨，如图 8-6 所示。

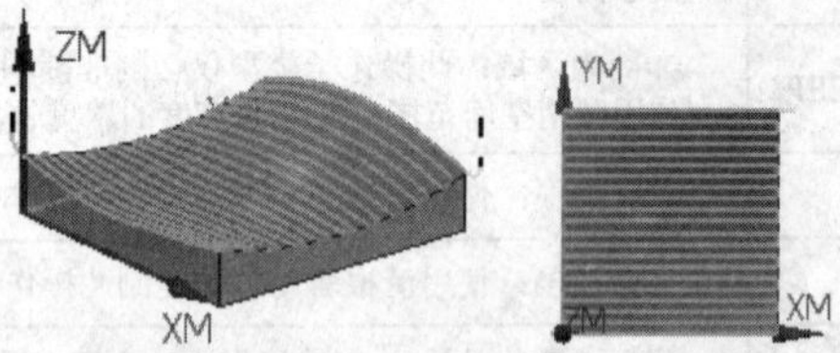

图 8-6　生成刀轨

12）单击“确定”按钮，接受此刀轨并关闭对话框。

8.2　固定轴曲面轮廓铣驱动方式

固定轴曲面轮廓铣的驱动方式用于定义创建刀轨所需的驱动点。根据驱动方式的不同，创建驱动点的方法也不完全一样。有些驱动方式允许沿着一条曲线创建一串驱动点，而另一些驱动方式允许在边界内或在所选曲面上创建驱动点阵列。

不管使用哪种驱动方式创建的驱动点，一旦定义完成就可用于创建刀轨。如果没有选择工件几何体，则刀轨直接从驱动点创建；否则，刀轨由投影到工件表面的驱动点来创建。

选择合适的驱动方式是从部件欲加工的表面形状和复杂性以及刀轴和投影矢量的综合因素考虑的，所选的驱动方式决定了可以选择的驱动几何体的类型以及可用的投影矢量、刀轴和切削模式。

8.2.1　区域铣削驱动

区域铣削驱动是指定切削区域创建驱动点的加工方法。这种驱动方式不需要驱动几何体，而是使用一个稳固的自动免碰撞的计算功能。因此，在加工条件许可的情况下，应尽可能使用区域铣削驱动方式来代替其他的驱动方式。

如果不指定切削区域，UG NX 将使用完整定义的工件几何体（刀具无法接近的区域除外）作为切削区域。“区域铣削驱动方法”对话框如图 8-7 所示。

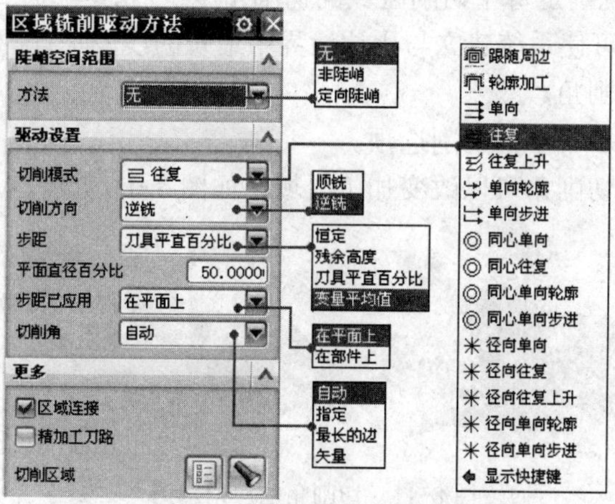

图 8-7　“区域铣削驱动方法”对话框

1. 陡峭空间范围

陡峭包含允许根据刀轨的陡峭度限制切削区域，可用于控制残余高度和避免将刀具插入到陡峭曲面上的材料中。陡角决定何时将工件表面定义为陡峭，此时 UG NX 会在每个接触点处计算工件表面角，然后将它与用户定义的陡峭角进行比较。当实际表面角超出用户定义的陡峭角时，系统认为表面是陡峭的；平缓曲面的陡峭角为 0°，而竖直壁的陡峭角为 90°。在生成刀轨时，以超出用户指定的“陡峭”的曲面组成封闭的“接触”条件边界清理实体，如图 8-8 所示。选用此方法最好不要激活切削参数里的“在边缘滚动刀具”选项，以防止刀具在切削区域的边缘上滚动，示例如图 8-9 所示。

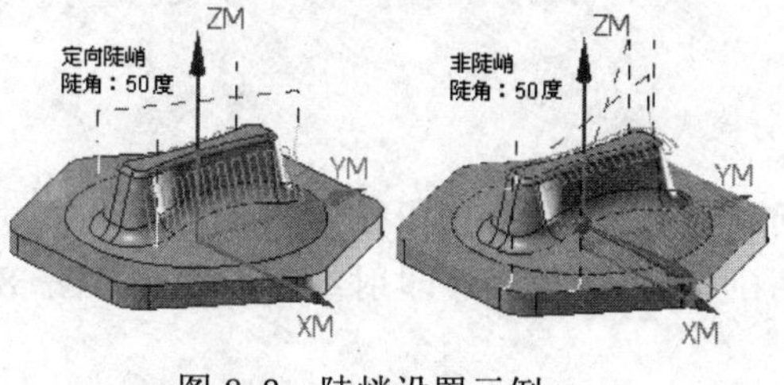

图 8-8　陡峭设置示例

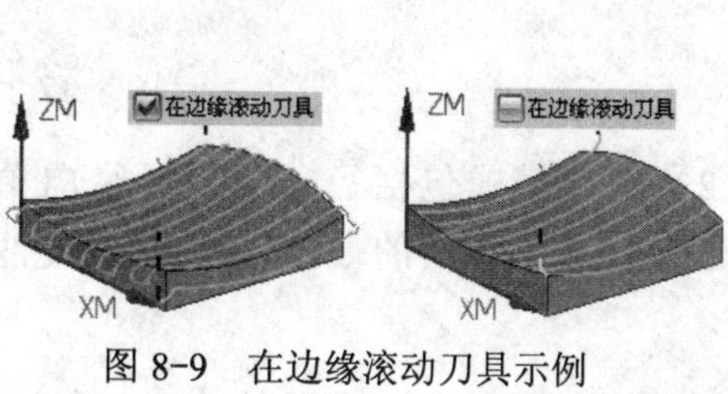

图 8-9　在边缘滚动刀具示例

如果指定方法为“无”，则 UG NX 将会生成由部件几何体或切削区域所定义的整个范围的切削刀轨，如图 8-10 所示。

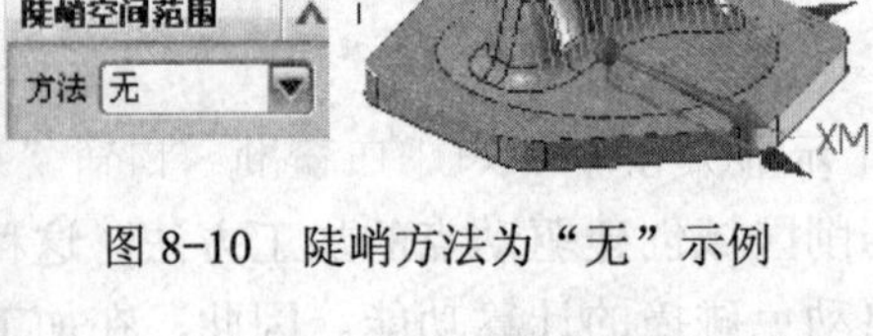

图 8-10 陡峭方法为“无”示例

2. **切削角**

对于单向、往复等平行线切削模式，可用切削角定义切削路径线相对于 WCS 的 XC 轴之间的夹角（度数）。有 4 种方式可以指定切削角，即自动、指定、最长的边和矢量。

“自动”方式使系统确定每个切削区域的切削角度；“指定”方式可输入一个角度值；选择“最长的边”方式可使系统建立与周边边界中最长的线段平行的切削角；“矢量”方式通过选取矢量来定义切削角。

相关内容请参阅第 2 章中的切削选项。

更重要的是，应用切削角可以改变加工区域，如图 8-11 所示。

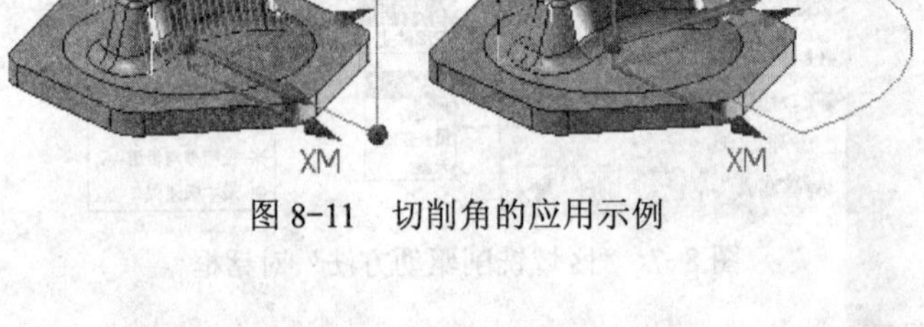

图 8-11 切削角的应用示例

3. **切削模式**

通过切削模式定义刀轨的形状。由此而生成的切削范围可以是整个区域或区域的周边，可以遵循切削区域的形状，也可能与切削区域的形状无关。

（1）平行模式包括往复、单向、单向轮廓、单向步进等，目的是创建由一系列平行刀路定义的切削模式，如图 8-12 所示。

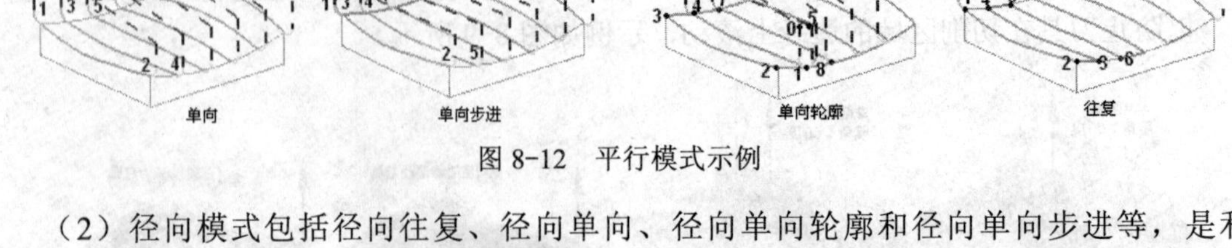

图 8-12 平行模式示例

（2）径向模式包括径向往复、径向单向、径向单向轮廓和径向单向步进等，是利用指定或系统计算出的最佳中点创建线性切削模式的方法（即射线阵列），如图 8-13 所示。

径向模式允许指定阵列中心，也允许将刀路方向指定为向内或向外，此外还允许指定切削方向和步距。径向模式更适合于加工中间为空的规则圆形工件。

径向模式的步距是在距中心最远的边界点处沿着圆弧测量的。

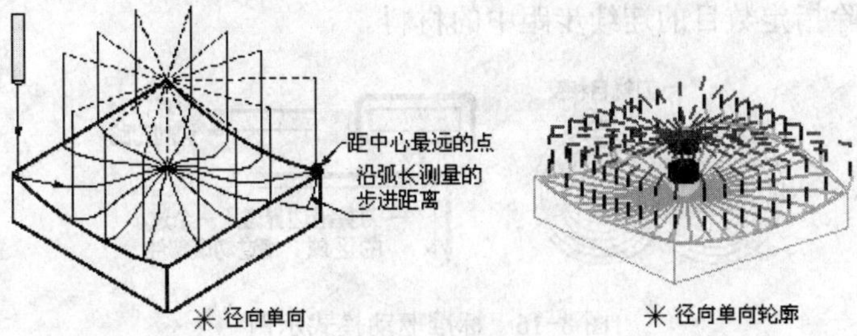

图 8-13　径向模式示例

径向模式与平行模式相比除刀路方向不同外，下刀与切削方式基本相同，可参考平行模式。

（3）同心模式包括同心往复、同心单向、同心单向轮廓和同心单向步进，刀路从指定或 UG NX 计算出的最佳中点创建逐渐变大或逐渐变小的圆形切削模式，如图 8-14 所示。

在完整的圆形模式无法延伸到的区域，如拐角处，UG NX 在刀具运动至下一个拐角以继续切削之前会创建并连接同心圆弧。

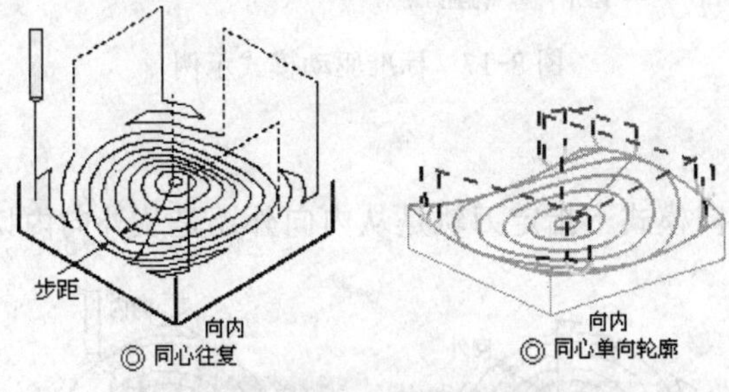

图 8-14　同心模式示例

（4）轮廓加工　轮廓加工可创建跟随切削区域周边的切削模式。与可抽空整个区域的跟随周边不同，轮廓加工仅用于沿着边界进行切削，如图 8-15 所示。

轮廓加工可激活“附加刀路”选项，它可以用来移除指定数目的连续步距中的材料。可以通过在“附加刀路”文本框指定一个值来在连续的同心切削中创建附加刀路，这些刀路允许刀具朝边界步进以沿着壁面移除材料。

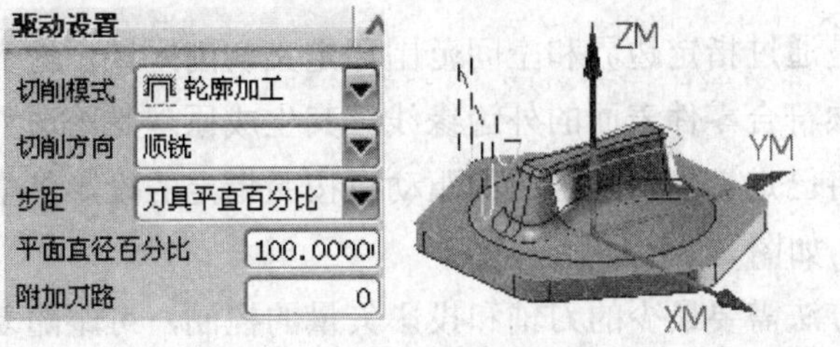

图 8-15　轮廓加工模式示例

（5）标准驱动　标准驱动可创建类似于轮廓加工的切削模式。但与轮廓加工不同的是，标准驱动不会修改刀轨以防止自相交或过切部件，如图 8-16 所示。因此标准驱动可使刀路精确跟随指定的边界。与轮廓加工相同的是，标准驱动也可以激活“附加刀路”选项，此选项可以用来移除指定数目的连续步距中的材料。

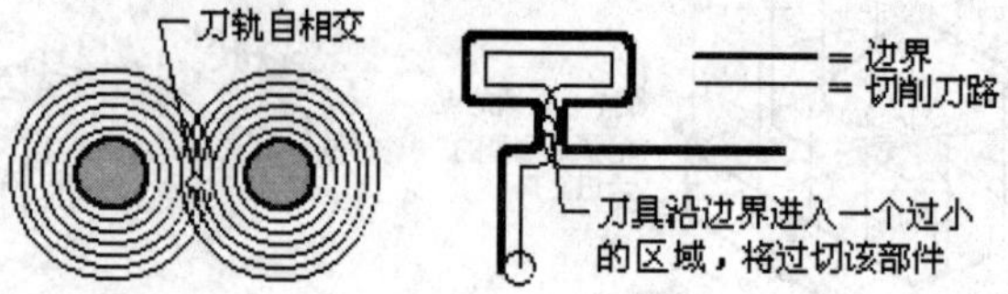

图 8-16　标准驱动模式示例

轮廓加工可修改刀轨使其不会自相交，这样就使得刀具不会在太大的区域过切部件，如图 8-17 所示。

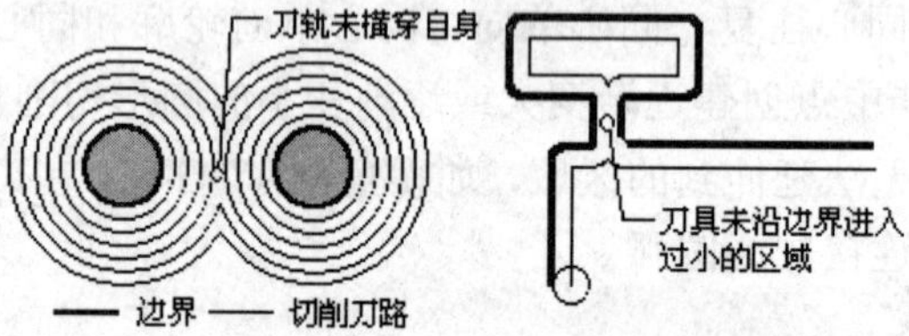

图 8-17　标准驱动模式示例

4. ***刀路方向***

可以在同心或是径向模式下指定刀轨是从内向外还是从外向内切削，如图 8-18 所示。

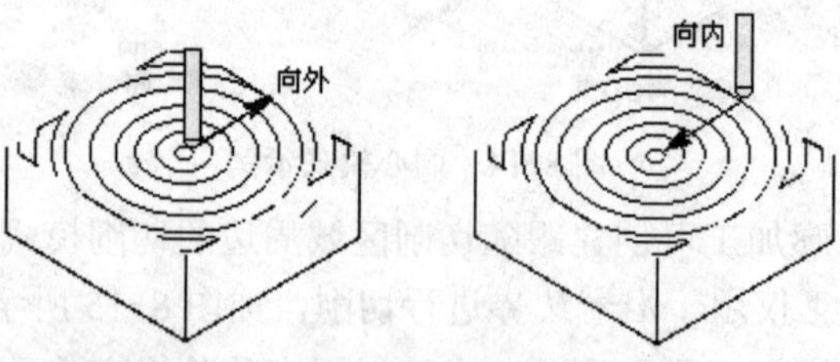

图 8-18　同心或是径向模式的向外与向内

8.2.2　边界驱动

边界驱动方法是通过指定边界和空间范围环定义切削区域，边界与部件表面的形状和大小无关，而环必须符合零件表面的外边缘线。其生成原理是由边界、环或二者的组合定义切削区域，然后将已定义的切削区域的驱动点按照指定的投影矢量的方向投影到部件表面，即可创建刀轨，如图 8-19 所示。

由于边界驱动方法需要最少的刀轴和投影矢量的控制，可跟随复杂的零件表面轮廓，所以常用于精加工部件表面。“边界驱动方法”对话框如图 8-20 所示。

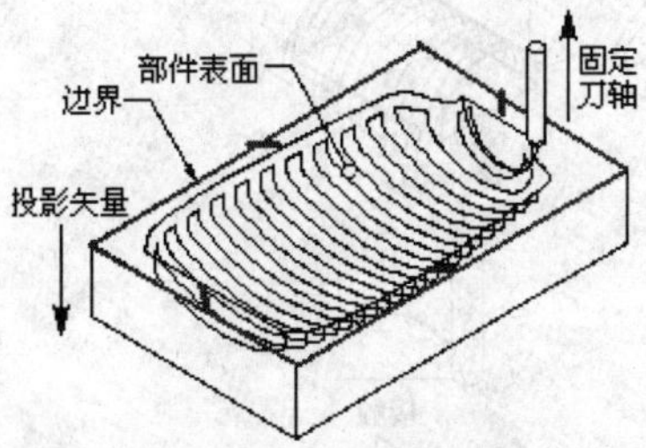

图 8-19　边界驱动方法生成的刀轨

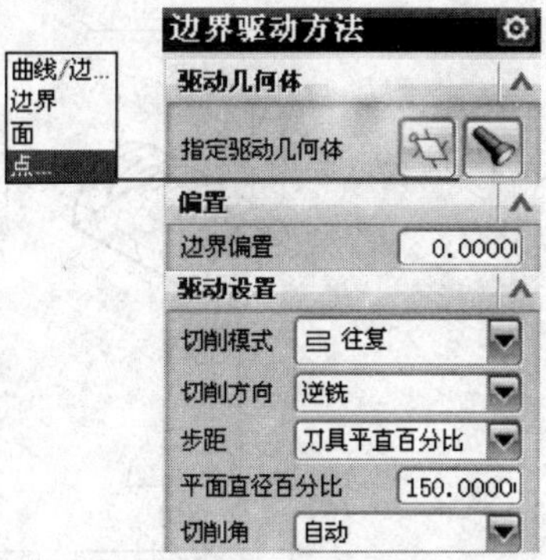

图 8-20　“边界驱动方法”对话框

1. 驱动几何体

驱动几何体可以由一系列曲线/边、现有的永久边界、点或面创建。

边界可以超出部件表面的大小范围，也可以在部件表面内限制一个更小的区域，如图 8-21 所示，还可以与部件表面的边重合。

当边界超出部件表面的大小范围且超出的距离大于刀具直径，则会发生边缘追踪。刀具在部件表面的边缘上滚过时，通常会发生不期望的情况，应引起注意。

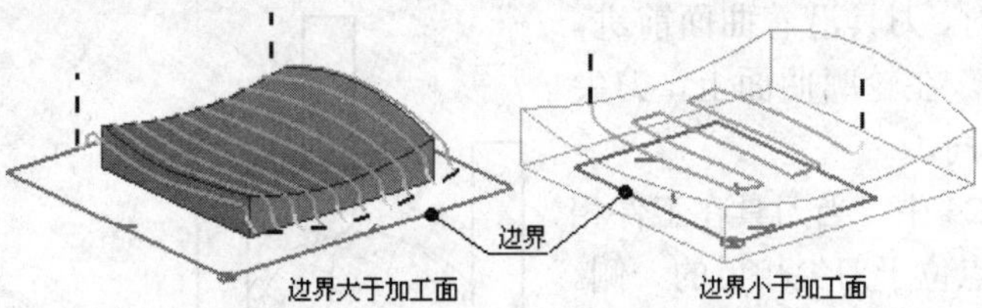

图 8-21　边界的大小范围

2. 边界创建与刀具位置

通常由曲线或实体边创建边界，“创建边界”对话框如图 8-22 所示。

选择“指定驱动几何体”对话框，可以初始定义边界。一旦定义边界后，可以使用“编辑”命令修改边界。当边界限制了部件表面的区域时，必须使用对中、相切或接触方式，将刀具定位到边界上，只有在使用“曲线/边缘”或“点”指定边界的情况下才可用。

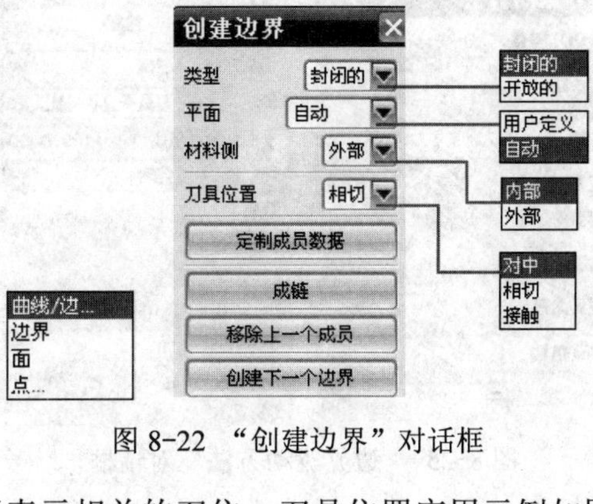

图 8-22　“创建边界”对话框

边界成员可以用图形表示相关的刀位，刀具位置应用示例如图 8-23 所示。

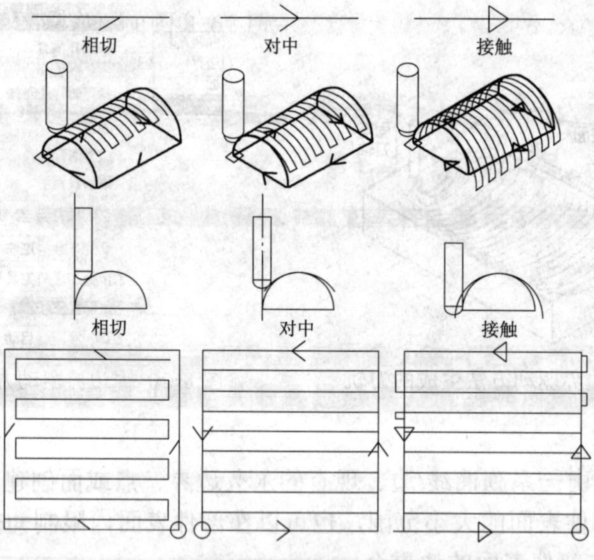

图 8-23　刀具位置应用示例

与对中或相切不同，在应用接触方式时，接触点位置是根据刀尖沿着轮廓曲面运动时的位置而改变。此时，刀具沿着曲面前进，直到它接触到边界。在轮廓曲面上，刀尖处的接触点位置不同。

注意，在图 8-24 中，当刀具在工件相反的一侧时，接触点位于刀尖相反的一侧。

对于固定轴轮廓铣操作，要将加工限制到选定面，建议使用切削区域几何体的区域铣削驱动方式，只要可能就应该使用这种方式代替借助接触方法的边界驱动。

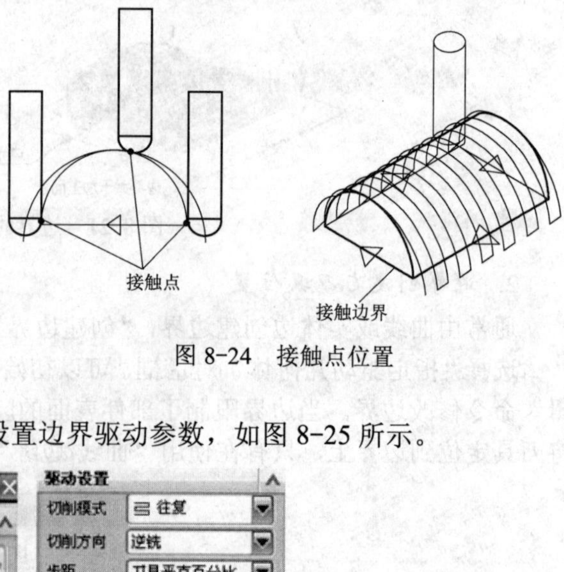

图 8-24　接触点位置

3. ***边界驱动方法选项***

通过“边界驱动方法”对话框，可以设置边界驱动参数，如图 8-25 所示。

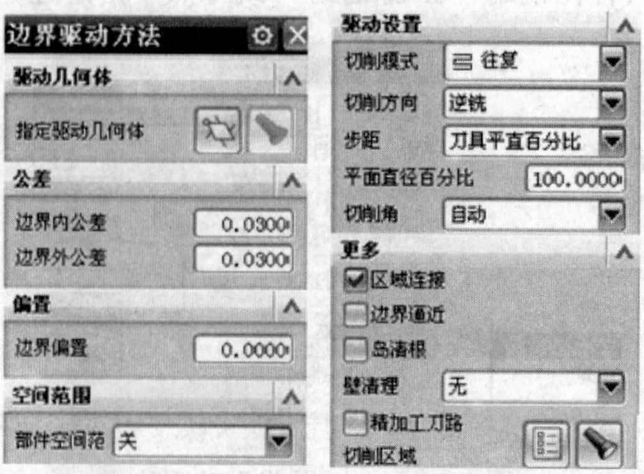

图 8-25　“边界驱动方法”对话框

“边界驱动方法”对话框中各选项的含义如表 8-2 所示。

表 8-2 “边界驱动方法”对话框中各选项的含义

驱动几何体组	
指定驱动几何体	可以指定边界以定义驱动几何体
公差组	
边界内公差 边界外公差	指定边界的内公差值和外公差值
偏置组	
边界偏置	可以指定沿边界遗留的材料量。当刀具位置设为对中时，不会应用边界偏置
空间范围组	
部件空间范围	通过沿着所选部件表面和表面区域的外部边缘创建环来定义切削区域
驱动设置组	
切削模式	指定刀轨的形状以及刀具从一个刀路移动到另一个刀路的方式
切削方向	指定“驱动轨迹”相对主轴旋转进行切削的方向 
刀路方向	用于跟随周边、同心和径向模式 指定腔体加工方法，用于确定从内向外还是从外向内切削
步距	控制连续切削刀路间的距离。步距选项因所用的切削模式不同而有所不同
平面直径百分比	刀具直径百分比、恒定、残余高度、变量平均值
切削角	自动或用户定义，确定平行模式的旋转角度
更多组	
区域连接	最小化发生在一个部件的不同切削区域之间的进刀、退刀和移刀运动数 系统针对以下情况建立了不同的切削区域：只有超出边界或余量值，刀具才能到达部件的每个位置
边界逼近	通过转换、弯曲和切削将刀路变为更长的线段以减少处理时间
岛清理	沿着岛插入一个附加刀路以移除可能遗留下来的所有多余材料 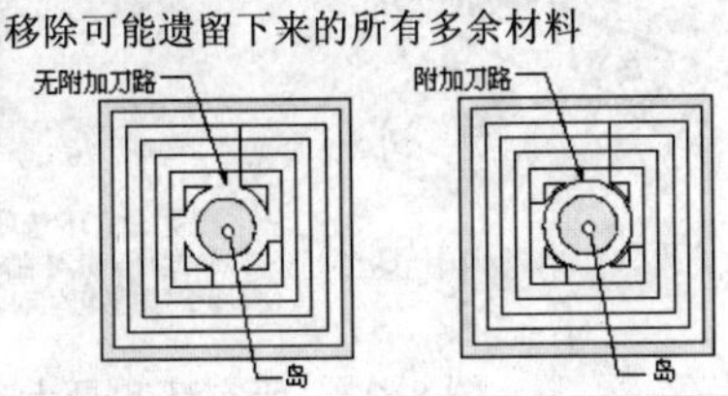
壁清理	移除沿部件壁出现的凸部
精加工刀路	对标准驱动和轮廓切削模式不可用 在正常切削操作结束处添加精加工切削刀路，以便沿着边界进行追踪。精加工刀路激活允许输入此刀路余量值的精加工余量字段
精加工余量	精加工刀路的余量值
切削区域	定义起点并指定切削区域的图形显示方式，以供视觉参考
预览组	
显示	在将刀轨投影到部件上之前，预览带指定切削模式和步距的刀轨 显示驱动轨迹显示用于生成刀轨的驱动轨迹 路径被创建为沿着刀轴投影到 WCS 的临时元素，并仅供视觉参考

4. 部件空间范围

空间范围组里的部件空间范围的作用是通过沿着待加工件的曲面的外部边缘，创建环来定义切削区域。环类似于边界，因为它们都可定义切削区域，但环与边界不同的是，环是在部件表面上直接生成的而且无需投影。

这里要特别说明的是，只有指定部件几何体里面包含加工区域曲面，才能创建环。加工区域曲面可以由实体面通过在建模模块里的曲面偏置指令（偏置值为 0）得到，如图 8-26 所示。也就是说，指定的部件为实体模型，而加工范围是曲面区域。

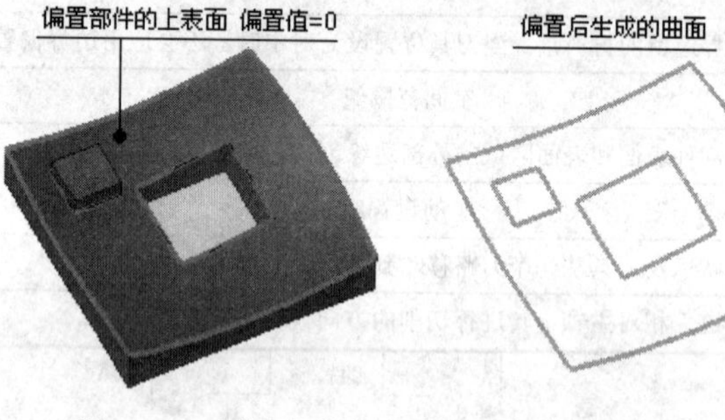

图 8-26 利用实体的表面偏置生成待加工曲面

在含有曲面的指定部件几何体里创建环，包括所有环和最大环，如图 8-27 所示。

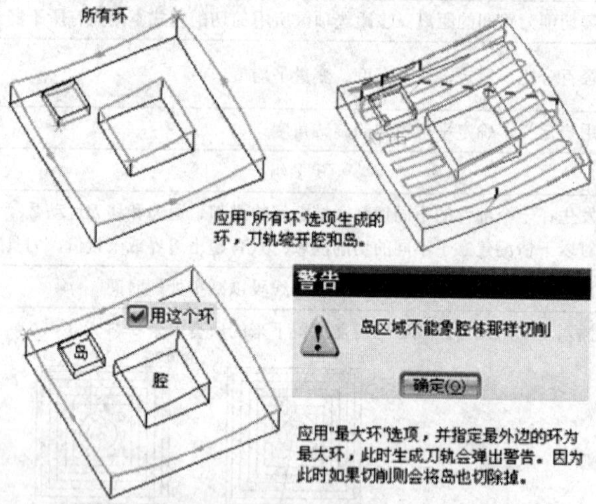

图 8-27 所有环和最大环

在建立环时应注意以下几点：

1）在从实体创建部件空间范围时，必须含有要加工的曲面区域。如果只有实体将导致无法创建环。因为实体包含多个可能的外部边缘，这个不确定性将会阻止创建环，而曲面可清楚地定义外部边缘，并允许创建所需的环。

2）系统创建环后，可以指定在操作中要使用的环，然后单击“用这个环”按钮，使其为开或关，再用左、右方向箭头在每个环之间切换。与边界一样，在操作中利用到的每个环都要指定对中、相切或接触的刀具位置属性，如图 8-28 所示。

3）环可以是平面的，也可以是非平面的，并且总是封闭的。它们沿着所有的外部件表面边缘生成。

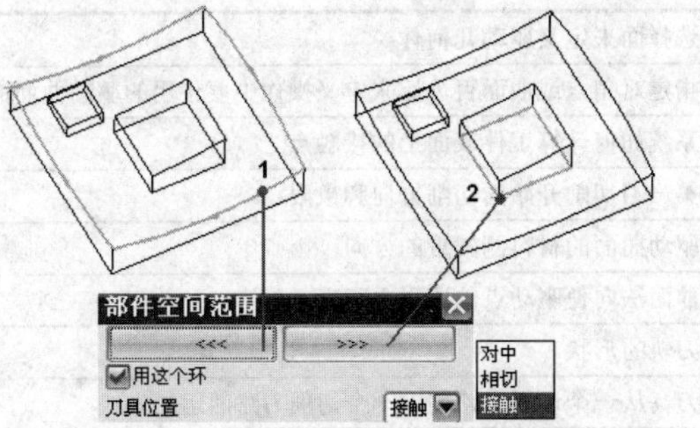

图 8-28 “部件空间范围”对话框

4）可以将环和边界结合起来使用，以便定义切削区域。在沿着刀轴向平面投影时，边界和环的公用区域可定义切削区域，如图 8-29 所示。

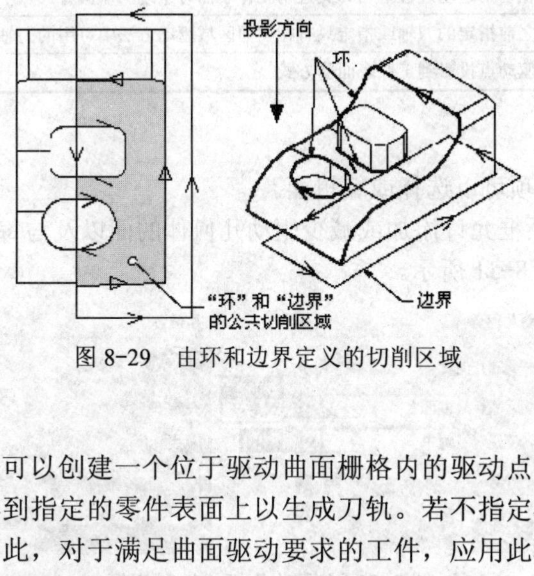

图 8-29 由环和边界定义的切削区域

8.2.3 曲面驱动

曲面区域驱动方法可以创建一个位于驱动曲面栅格内的驱动点阵列，利用这些驱动点沿指定的投影方向投影到指定的零件表面上以生成刀轨。若不指定零件表面，则刀轨直接建立在驱动曲面上。因此，对于满足曲面驱动要求的工件，应用此驱动方法，将得到更理想的切削刀轨。“曲面区域驱动方法”对话框如图 8-30 所示。

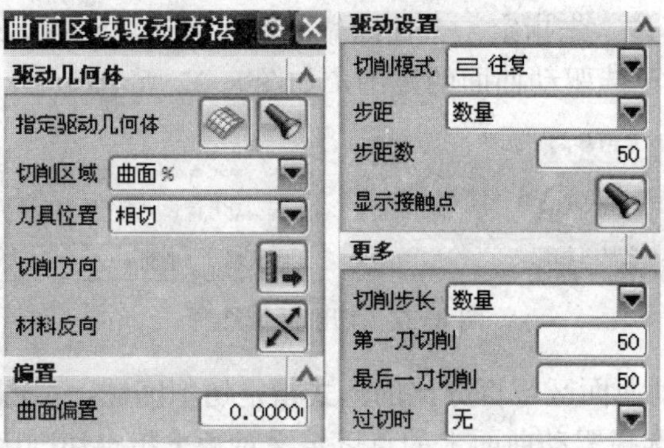

图 8-30 “曲面区域驱动方法”对话框

“曲面区域驱动方法”对话框中各选项的含义如表 8-3 所示。

表 8-3 “曲面区域驱动方法”对话框中各选项的含义

驱动几何体	通过选择面来定义驱动几何体
切削区域	通过指定对角点或曲面百分比来定义操作中要使用的驱动曲面的区域量
刀具位置	决定系统如何计算工件表面上的接触点
切削方向	指定第一刀切削开始的切削方向和象限
材料反向	反转驱动曲面的材料侧矢量的方向
曲面偏置	沿着曲面法向使驱动点偏置指定距离
切削模式	定义刀轨的形状
切削模式	定义刀具从一个切削刀路到下一个切削刀路的运动方式
步距	控制连续切削刀路之间的距离
显示接触点	在每个已生成的驱动点处显示曲面法向矢量
切削步长	控制切削方向上驱动点之间的距离
过切时	指定在切削运动过程中当刀具过切工件表面时系统的响应方式
刀轴	更改之前指定的刀轴或指定只有在曲面区域驱动方法中可用的刀轴
投影矢量	决定驱动点投影到工件表面的方式

1. **驱动几何体**

利用驱动几何体选项可以选择或编辑面。

“驱动几何体”对话框允许添加或减少驱动几何体的面以及与每个面相关的参数。“驱动几何体”对话框如图 8-31 所示。

图 8-31 “驱动几何体”对话框

（1）指定驱动几何体　先指定一个曲面做驱动几何体，然后出现“切削区域”下拉列表框，在里面选择使用已选驱动曲面的范围，如图 8-32 所示。

图 8-32　切削区域选择

- 曲面%。以驱动曲面区域百分比的形式指定切削区域，如图 8-33 所示。
- 对角点。通过选择驱动曲面上的点以定义对角来指定切削区域，如图 8-34 所示。

（2）刀具位置　刀具位置决定 UG NX 如何计算工件表面上的接触点，刀具通过从驱动点处沿着投影矢量移动来定位到工件表面，包括相切和对中。

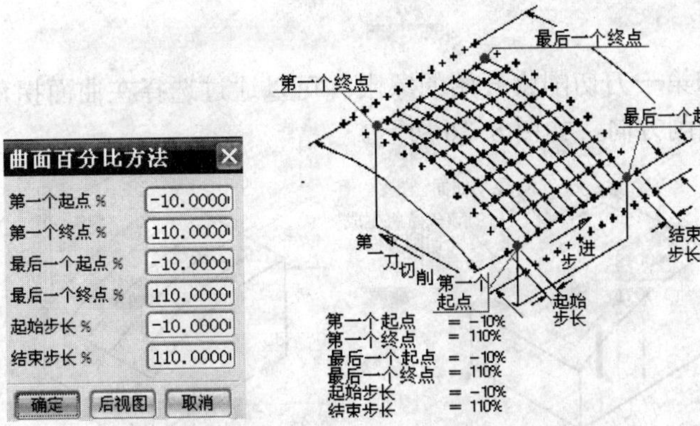

图 8-33　曲面%限制切削区域对话框与示例

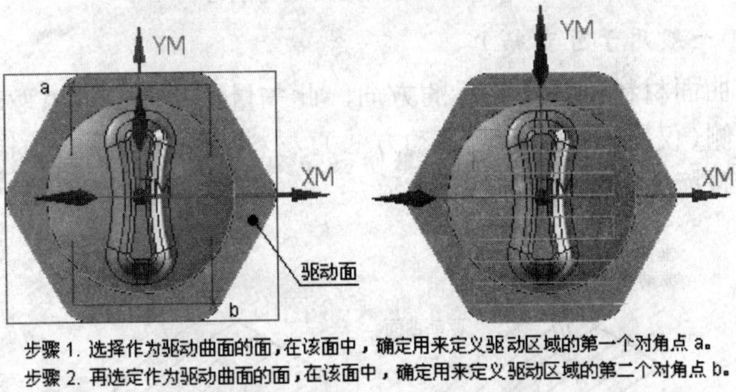

图 8-34　对角点限制切削区域

“相切”刀位创建工件表面接触点的过程是首先将刀具放置到与驱动曲面相切的位置，然后沿着投影矢量将其投影到工件表面上，在该表面中，UG NX 将计算工件表面接触点，“相切”刀位通常用于最大化工件表面清理，在陡峭曲面上将获得更大范围。

“对中”刀位创建工件表面接触点的过程是首先将刀尖直接定位到驱动点，然后沿着投影矢量将其投影到工件表面上，在该表面中，UG NX 将计算工件表面接触点。

在使用“相切”方式时，刀轨从刀具上与切削表面相接触的点处开始计算。在刀具沿着曲面运动时，刀具上的接触点将随曲面形状的改变而改变。屏幕显示刀具末端的路径，而不必显示刀具的切削点。

具体示例如图 8-35 所示。

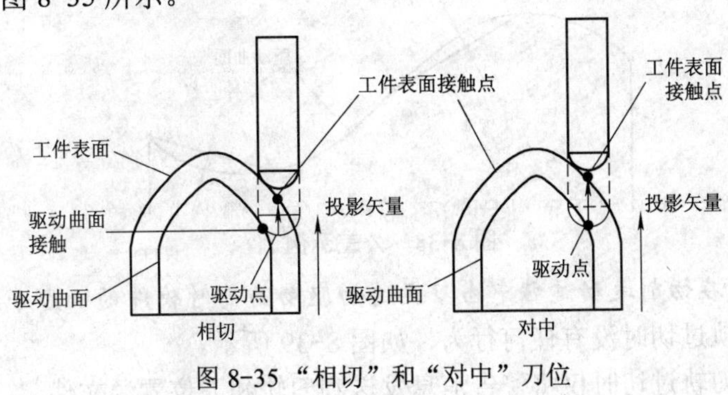

图 8-35 “相切”和“对中”刀位

2. **切削方向**

指定切削方向和第一刀切削将开始的象限。可以通过选择在曲面拐角处成对出现的矢量箭头之一来指定切削方向，如图 8-36 所示。

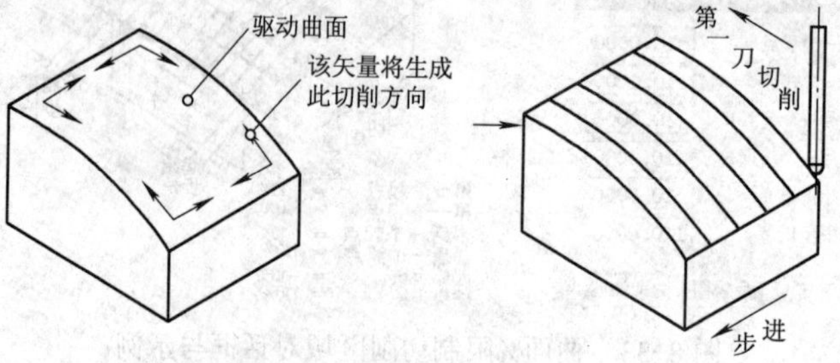

图 8-36　所选矢量指定切削方向

3. **材料反向（一般用于可变轴）**

允许反向驱动曲面材料侧法向矢量的方向。此矢量决定刀具沿着驱动路径移动时接触的驱动曲面的哪一侧(仅用于曲面区域驱动方法)。材料侧法向矢量必须指向要移除的材料，并且远离刀具不能碰撞的侧，如图 8-37 所示。

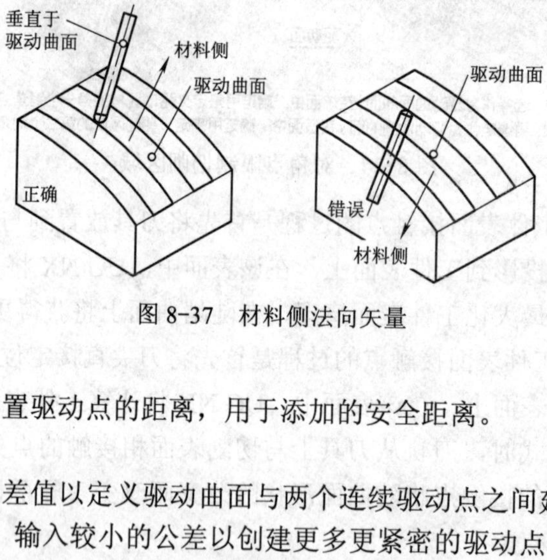

图 8-37　材料侧法向矢量

4. **曲面偏置**

指定沿曲面法向偏置驱动点的距离，用于添加的安全距离。

5. **公差**

指定内公差和外公差值以定义驱动曲面与两个连续驱动点之间延伸线的最大许用法向距离，如图 8-38 所示。输入较小的公差以创建更多更紧密的驱动点。

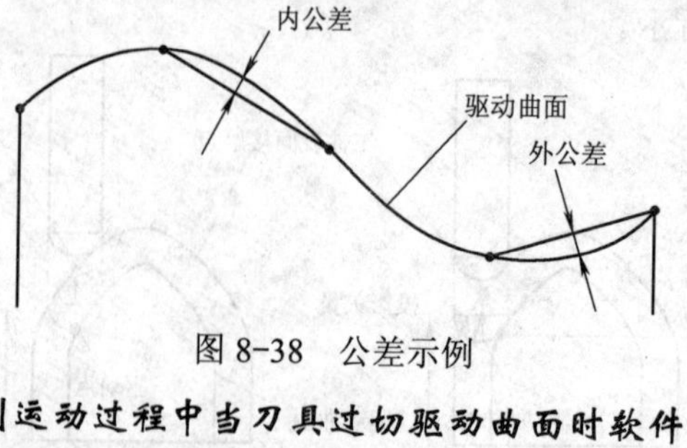

图 8-38　公差示例

6. **过切时指定在切削运动过程中当刀具过切驱动曲面时软件的响应方式**

（1）无　当刀轨过切时没有任何行为，如图 8-39 所示。

（2）警告　当刀轨过切时仅将警告消息发送到刀轨和刀位置源文件。

（3）跳过　当刀轨过切时仅移除引起过切的刀具位置，更改刀轨，即从过切前的最后位置以直线刀具运动形式跳到不再过切时的第一个位置。

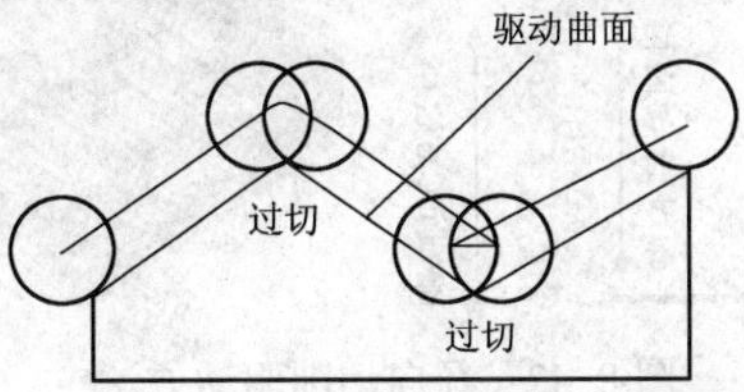

图 8-39　使用“无”方式在驱动曲面上生成刀轨

当从驱动曲面直接生成刀轨时，刀具不会触碰凸角处的驱动曲面，并且不会过切凹区域，如图 8-40 所示。

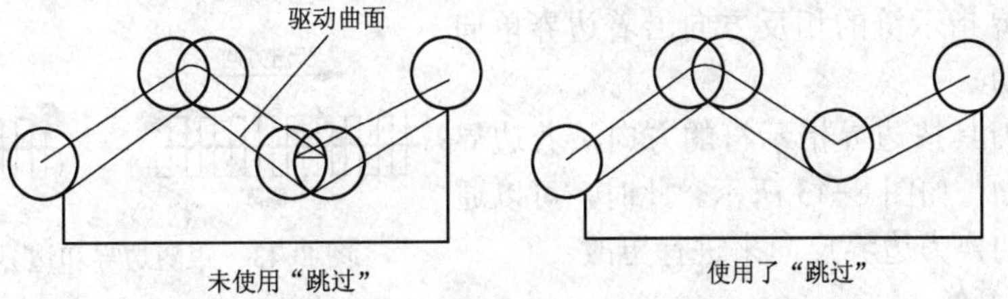

图 8-40 “跳过”方式在驱动曲面上生成刀轨

（4）退刀　当刀轨欲过切时，通过使用“非切削移动”对话框中定义的进刀和退刀参数退刀，避免过切。

7. ***切削模式指定刀轨的形状***

（1）“螺旋线”图标在驱动曲面形成封闭圆柱形区域（如叶片或引擎歧管）的情况下，对没有步距运动的光顺模式使用螺旋线选项。

（2）往复上升创建沿相反方向切削的刀路，步进是非切削运动。在各刀路结束处，刀具将退刀、移刀并沿相反方向切削，如图 8-41 所示。

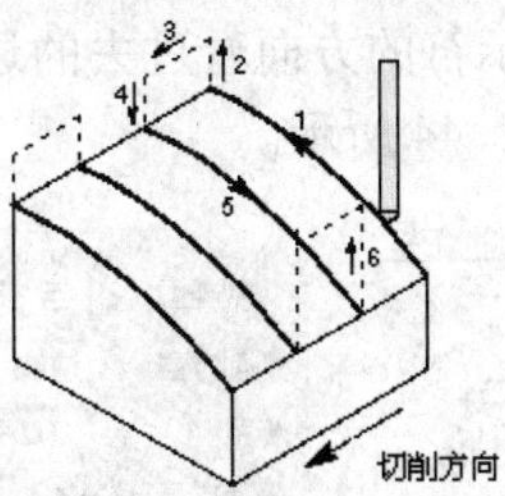

图 8-41　平行模式时的往复上升

8.2.4　径向切削驱动

1. ***径向切削驱动方法实现的原理***

径向切削驱动方法是使用指定的步距、条带的宽度和切削类型等参数，生成沿着并垂直于给定边界的驱动轨迹，此驱动方法常用于创建清理操作，且多用在圆球形状的工件加工中，如图 8-42 所示。

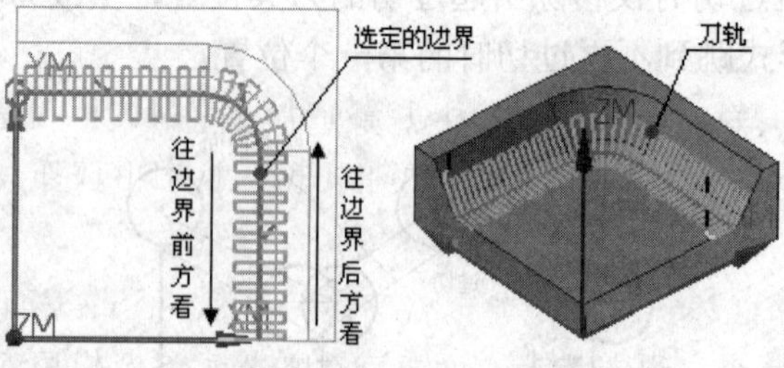

图 8-42　径向切削驱动方法

2. **刀轨**

用于确定刀具沿着边界移动的方向。

跟随边界允许刀具按照边界指示符的方向沿着边界单向或往复向下移动；边界反向允许刀具按照边界指示符的相反方向沿着边界单向或往复向下移动。

初始时，刀具按边界指示符的方向沿着边界单向或往复移动，如图 8-43 所示。此时，可以通过将跟随边界切换为边界反向来进行更改。

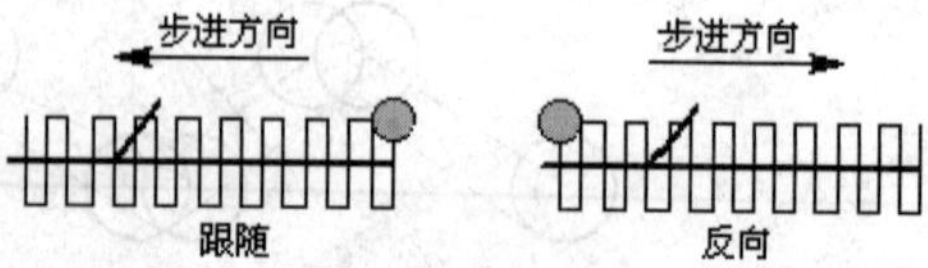

图 8-43　跟随边界和边界反向方向

3. **驱动几何体**

通过编辑“径向边界”对话框，可以修改单个的边界成员，也可以添加或减少现有边界集内的边界。

当第一次指定驱动几何时，UG NX 会弹出临时边界对话框，在这里可以定义要切削的区域。一旦定义了边界，则选择选项会切换为重新选择选项，可以完全重新定义边界。也可以通过附加选项，重新开始选择新边界，附加到原边界上。

高亮显示当前的边界。

4. **条带的宽度**

条带的宽度是定义在边界平面上测量的加工区域的总宽度。带宽是材料侧的条带和另一侧的条带偏置值的总和。

材料侧的条带是从按照边界指示符的方向看过去的边界右手侧，另一侧的条带是左手侧。两侧的总和不能等于零，如图 8-44 所示。

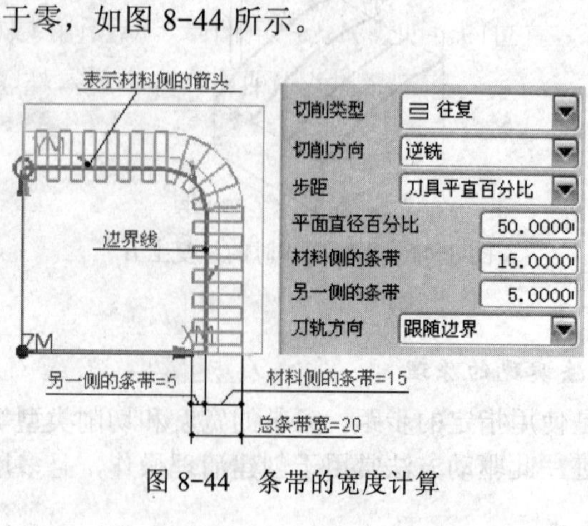

图 8-44　条带的宽度计算

5. 切削模式

切削模式用于定义刀具从一个切削刀路运动到下一个切削刀路的方式，包括往复和单向两个选项，示例如图 8-45 所示。

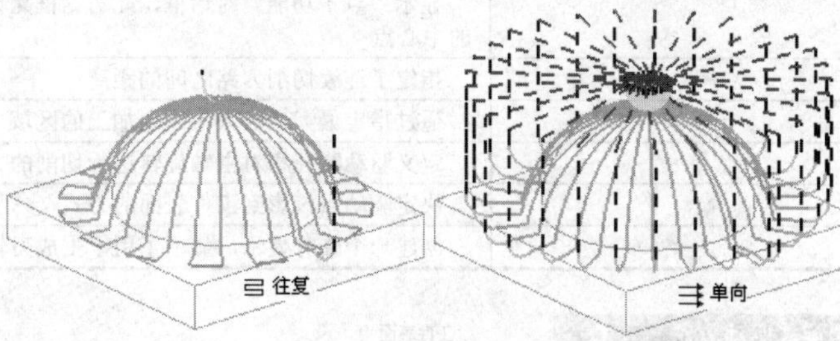

图 8-45　径向切削驱动方法的往复和单向

6. 步距

步距用于指定连续的驱动路径之间的距离。步距是直线距离，每个步距方式都要求输入一个相应的距离值，如图 8-46 所示。步距包括以下 4 个选项：

（1）恒定“恒定”方式用于指定连续的切削刀路间的固定的直线距离。

（2）残余高度　残余高度是 UG NX 计算将残余高度限制为输入值的步距的方式。

无论将残余高度指定为多少，系统将步距的大小限制为略小于 2/3 的刀具直径。

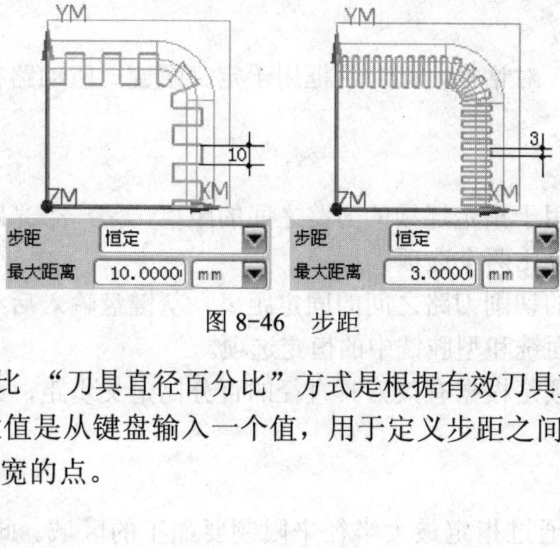

图 8-46　步距

（3）刀具直径百分比　“刀具直径百分比”方式是根据有效刀具直径的百分比定义步距。

（4）最大值　最大值是从键盘输入一个值，用于定义步距之间的最大允许距离，此值可应用到切削刀路上最宽的点。

8.2.5　螺旋式驱动

螺旋式驱动方法用于定义从指定的中心点向外螺旋的驱动点。驱动点在垂直于投影矢量并包含中心点的平面上生成，然后驱动点沿投影矢量投影到所选择的工件表面上。

与其他需要在方向上具有突变以步进至下一个切削刀路的其他驱动方法不同，螺旋式驱动方法的步距是一种光顺且恒定的向外转移，所以此驱动方法保持一个恒定的切削速度和光顺移动，它适用于高速加工。

螺旋中心点选项定义螺旋的中心，它是刀具开始切削的位置。如果不指定中心点，则系统使用绝对坐标系的（0，0，0）。如果中心点不在工件表面上，它将沿着已定义的投影矢量移动到工件表面上，螺旋的方向（顺时针与逆时针）由顺铣或逆铣切削方向控制。

“螺旋式驱动方法”对话框及刀轨形状如图 8-47 所示，“螺旋式驱动方法”对话框中各选项的含义如表 8-4 所示。

表 8-4 “螺旋式驱动方法”对话框中各选项的含义

螺旋中心点	显示“点子功能”对话框，此对话框允许定义螺旋式驱动路径的中心点
步距	指定了连续切削刀路之间的距离
最大螺旋半径	通过指定最大半径来限制要加工的区域
顺铣切削/逆铣切削	定义驱动路径相对主轴旋转进行切削的方向
投影矢量	决定驱动点投影到工件表面的方式
显示驱动路径	创建一个临时显示，显示了用于生成刀轨的驱动路径

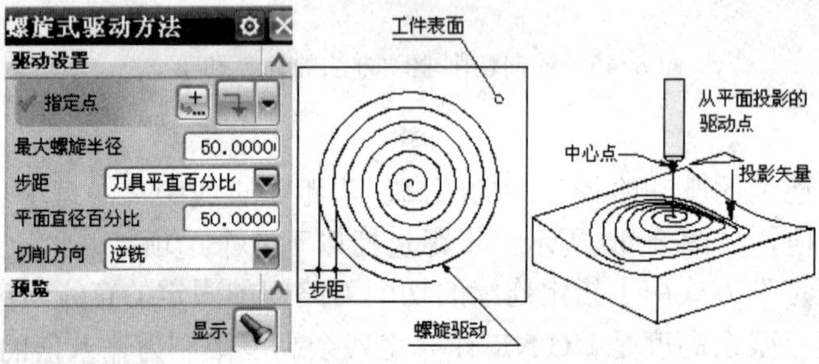

图 8-47 “螺旋式驱动方法”对话框及刀轨形状

1. 螺旋中心点

选择显示“指定点”对话框，此对话框用于定义螺旋式驱动路径的中心点，或高亮显示先前指定的中心点。

2. 步距

螺旋切削方式步距用于指定连续的刀路之间的距离，是一个光顺且恒定的向外转移，包括恒定和刀具平直百分比两个选项。

恒定选项指定连续的切削刀路之间的固定距离。从键盘输入后续切削刀路之间所需的距离，此选项类似于平面铣和型腔铣中的恒定选项。

刀具平直百分比选项是根据有效刀具直径的百分比定义步距，此选项类似于平面铣中的刀具直径选项。

3. 最大螺旋半径

最大螺旋半径可以通过指定最大半径来限制要加工的区域。此约束通过限制生成的驱动点数目来减少处理时间。半径在垂直于投影矢量的平面上测量，如图 8-48 所示。

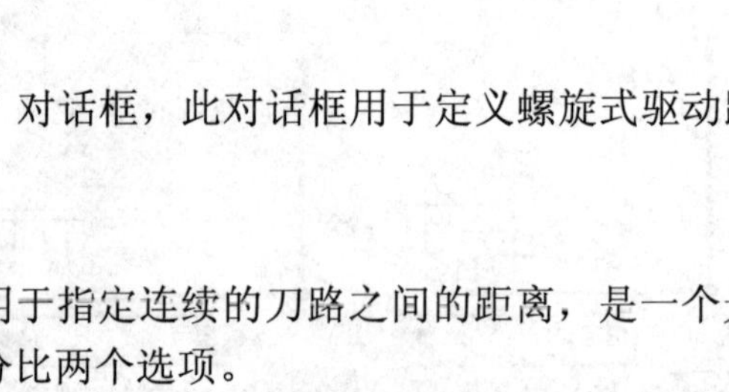

图 8-48 未超出和超出工件表面的最大半径

如果指定的半径包含在工件表面内，则退刀之前刀具的中心按此半径定位。如果指定的半径超出了工件表面，则刀具继续切削直到它不能再放置在工件表面上。然后刀具退出工件，当它可以再次放置到工件表面上时再进入工件，如图 8-49 所示。

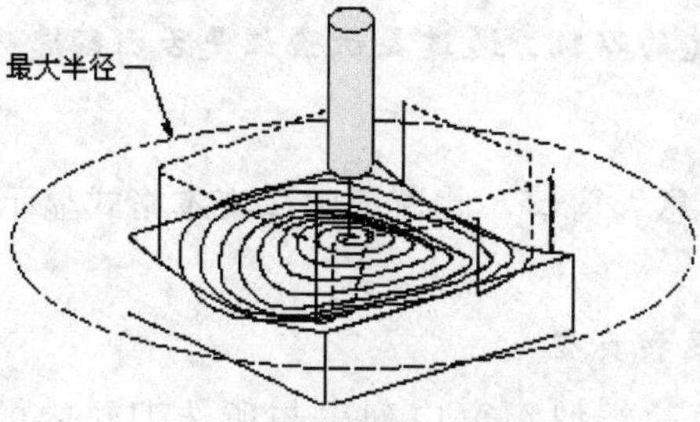

图 8-49　退刀和进刀

4. *顺铣切削/逆铣切削*

顺铣切削和逆铣切削允许根据主轴旋转定义驱动路径切削的方向，如图 8-50 所示。

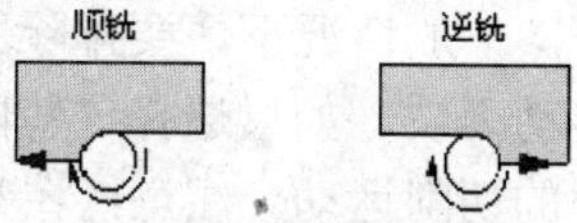

图 8-50　顺铣切削和逆铣切削

5. *投影矢量*

投影矢量是大多数驱动方式共用的选项。它允许决定驱动点投影到工件表面的方式。

6. *显示驱动路径*

显示驱动路径创建一个临时显示，它显示用于生成刀轨的驱动路径。驱动路径在垂直于投影矢量并包含中心点的平面上生成并显示出来。

8.2.6　刀轨驱动

刀轨驱动方法是创建沿着刀位置源文件（CLSF）的刀轨定义的驱动点，然后在当前操作中创建一个与原 CLSF 类似的曲面轮廓铣刀轨，示例如图 8-51 所示。

驱动点沿着现有的刀轨生成，然后投影到所选的部件表面上以创建新的刀轨，新的刀轨是沿着曲面轮廓形成的。

驱动点投影到部件表面上时所遵循的方向由投影矢量确定。

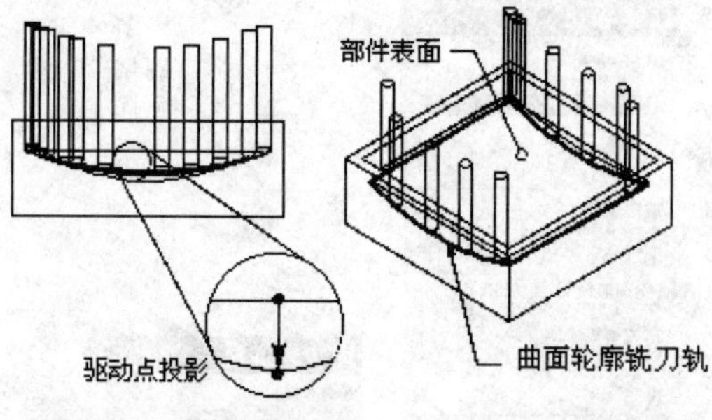

图 8-51　使用刀轨驱动方法生成的曲面轮廓铣

下面分别介绍“刀轨驱动方法”对话框中各选项含义。

1. **刀轨**

“刀轨”窗口列出与所选的 CLSF 相关联的刀轨。只允许选择一个用于投影的刀轨，按住<Shift>键再次单击可以取消选择。

2. **重播用于查看所选的刀轨，通过显示验证是否已经选择了正确的刀轨**

3. **列表**

列表显示了一个“信息”窗口，此窗口中以文本格式显示了所选的刀轨，和它将出现在 CLSF 中一样。

4. **按进给率划分的运动类型**

“按进给率划分的运动类型”窗口列出与所选刀轨中的各种切削和非切削移动相关联的进给率。根据此列表可以指定关联的进给率刀轨的哪一段将投影到“驱动几何体”上。

一般情况下，要排除关联进给率为“快速”的所有刀轨段，因为它们一般都是非切削移动刀轨。如果选择这些段，则它们将被投影到驱动几何体上，且成为刀轨驱动方法操作中的切削运动。注意：在某些情况下，系统将零进给率视为“快速”运动。

通过直接在列表中选择进给率指定刀轨的哪一段将投影到驱动几何体上并将用做切削运动，按<Shift>键取消选择。

5. **全选**

全选选项用于选择在“按进给率划分的运动类型”窗口中列出的所有进给率。

6. **显示用于生成刀轨的当前驱动轨迹**

示例：

下面以实例描述应用刀轨驱动方法如何把面铣操作创建的刀轨按照投影矢量的方向投影到部件表面上，并创建曲面轮廓铣刀轨。

首先创建面铣刀轨，并输出为刀位置源文件，过程如图 8-52 所示。

然后，进入固定曲面轮廓铣操作并选择刀轨作为驱动方法，此时系统将显示“指定 CLSF”对话框，其中列出了当前文件夹中的刀位置源文件，选择包含所需刀轨的 CLSF，并单击“OK”按钮接受它，如图 8-53 所示。

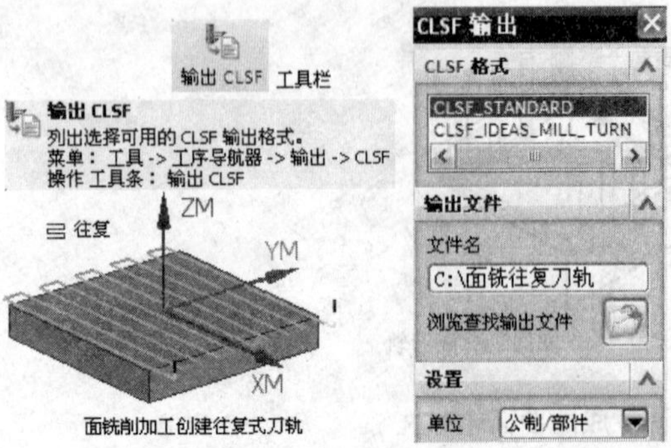

图 8-52　创建并输出 CLSF

图 8-53　选择包含所需刀轨的 CLSF

最后，在弹出的“刀轨驱动方法”对话框中，确定进给率后生成刀轨，如图 8-54 所示。

图 8-54　创建曲面轮廓铣刀轨

8.2.7　流线驱动

流线驱动方法是根据选中的几何体来构建隐式驱动曲面，此曲面的构建与建模模块里的“网格曲面”命令相似。由于流线驱动方法使用“点同步”方法计算刀轨点，并且可以更灵活地创建刀轨，而规则面栅格无需进行整齐排列，所以流线驱动方法会以更均匀的模式对齐点以提供更光顺的精加工，特别适用于流线型的凸起或凹槽。

1. ***手工创建驱动曲面***

如果指定切削区域，它将起到空间范围的作用；也可以仅根据线框加工，不必选择部件几何体，如图 8-55 所示。

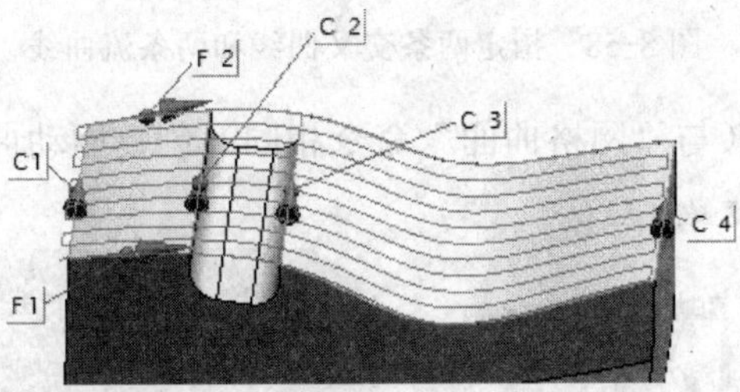

图 8-55　手工创建驱动曲面

下面介绍流曲线的定义与选项的工作方式（交叉曲线定义和选项的工作方式与流曲线组中的方式相同），注意选择曲线时点的位置，这决定了曲线的起始点。

（1）选择“曲线”图标 “曲线”图标用于通过选择现有曲线、边或点来指定曲线。“点构造器”图标允许用点创建或选择为独立的流动、交叉实体或用于桥接间隙。

通常是在不能使用“捕捉点”工具栏从现有几何体来推断点并且希望创建一个新点时，才需要使用点构造器。单击“曲线”图标可以从图形窗口中选择曲线。

（2）“反向”图标　用于反转活动流曲线集的方向。

（3）指定“原始曲线”图标　当选择多条形成闭环的曲线时，可以指定原始曲线。

（4）添加“新集”图标　在列表中创建新的（空）集并激活选择曲线，新集放在列表中活动曲线集的后面，列表显示指定的曲线集，并允许删除不需要的集。

通过使用“上移”图标和“下移”图标箭头，可以在列表中更改曲线集的次序。

2. 手工创建驱动曲面示例

1）用单独指定两条流曲线创建驱动曲面，如图 8-56 所示。

2）用单独指定两条交叉曲线创建驱动曲面，如图 8-57 所示。

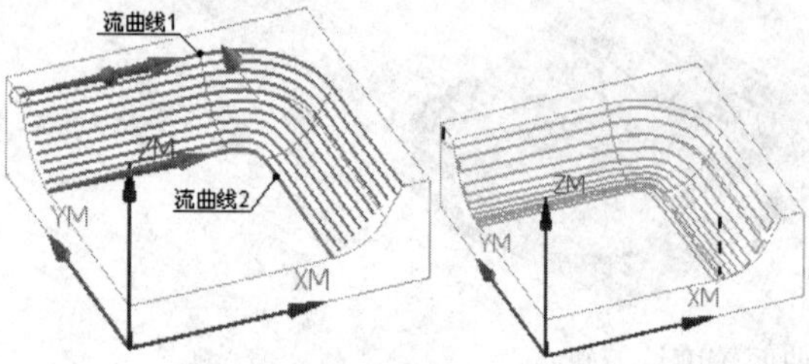

图 8-56　单独指定两条流曲线

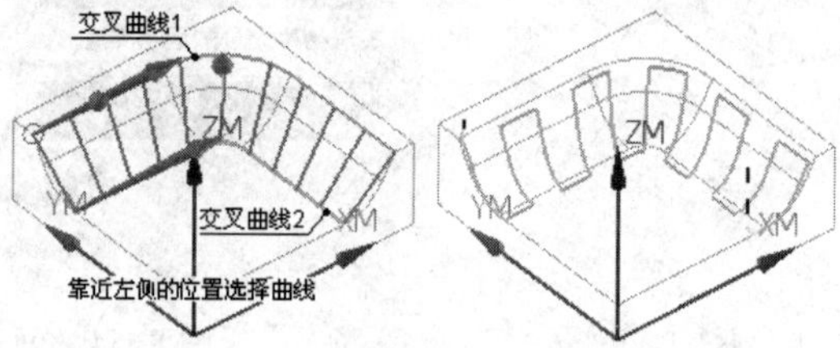

图 8-57　单独指定两条交叉曲线

3）用两条交叉曲线和两条流曲线创建驱动曲面，如图 8-58 所示。

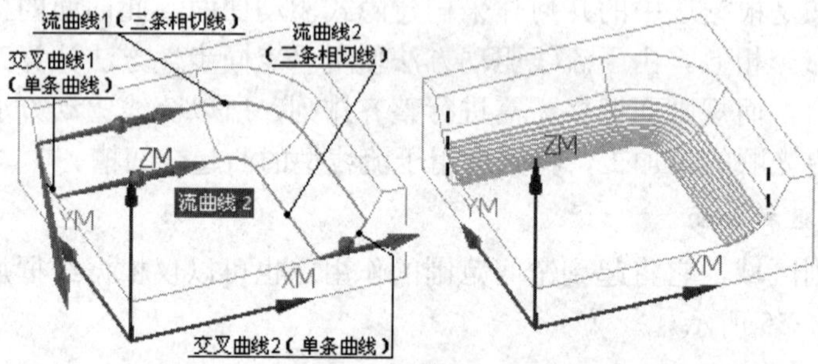

图 8-58　指定两条交叉曲线和两条流曲线

4）选择点作为曲线（与“网格曲面”命令相同）创建驱动曲面，如图 8-59 所示。

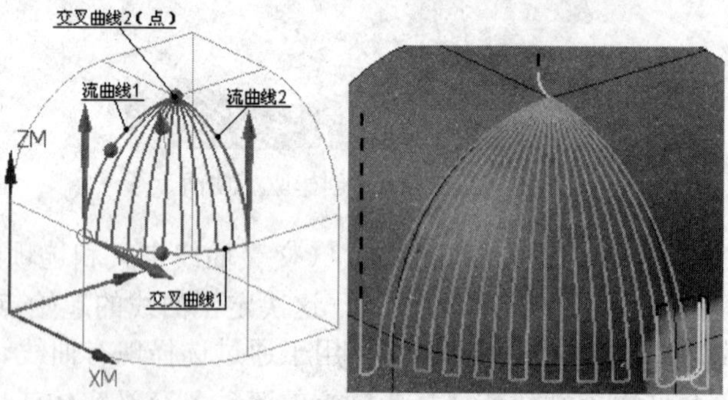

图 8-59　在圆角处生成流线刀轨此时交叉曲线 1 为点

3. 自动创建驱动曲面

对于更简单的加工，选择切削区域并将选择方法设置为自动，如图 8-60 所示。此时，UG NX 操作如下：

1）根据切削区域边界边缘生成流曲线集和交叉曲线集。

2）消除孔和小的内部修剪区域。

3）填充流曲线集和交叉曲线集内的小缝隙并光顺其中的小纽结。

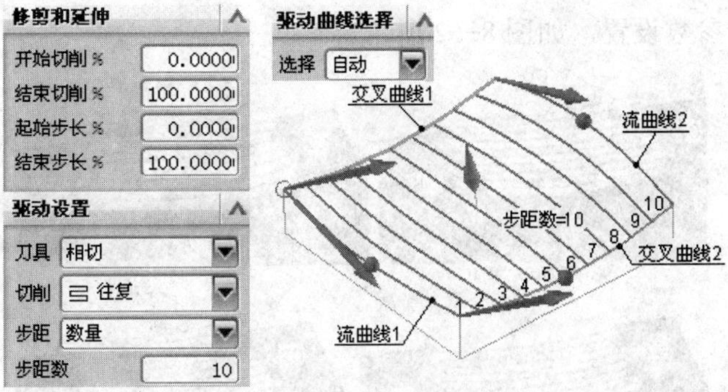

图 8-60 “自动”方式生成流曲线和交叉曲线

4. 步距

控制连续切削刀路之间的距离，包括 3 个选项。

（1）数量 指定要添加多少个步距。

（2）恒定 指定步距之间的最大距离。

（3）残余高度 指定步距的最大残余高度。

在输入残余高度值后，UG NX 将计算沿与刀轴成 45° 的平面的步距，其他驱动方法使用与刀轴垂直的平面来计算步距值。

当选择相等的残余高度值时，对球形端刀具，流线将会计算相同的步距值，而对其他刀具形状将会计算更小的步距值，如图 8-61 所示。

无论输入的残余高度值如何，UG NX 均将步距大小限制在小于约 2/3 刀具直径内。

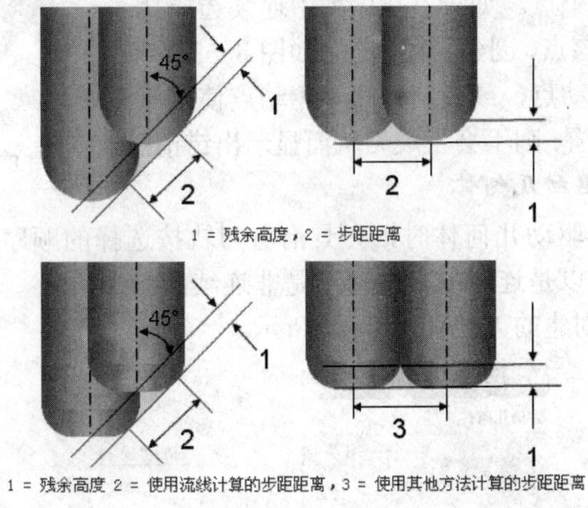

图 8-61 步距示例

5. 修剪和延伸

用于延伸或修剪刀轨。默认值如下：

1）起始切削 0%和结束切削 100%（C1 起始切削、C2 结束切削）。

2）起始步长 0%和结束步长 100%（F1 起始步长、F2 结束步长）。

恰好覆盖了指定的驱动曲面。

要延伸起始点，输入负值；要延伸结束点，输入大于 100 的正值。

修剪和延伸的参数设置，如图 8-62 所示。

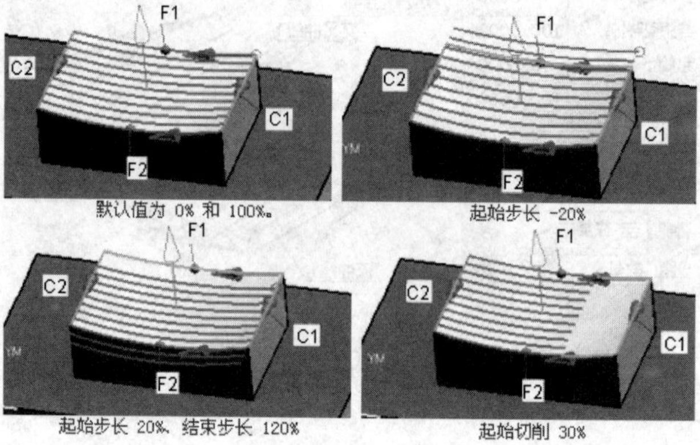

图 8-62 修剪和延伸的参数设置示例

8.2.8 曲线/点驱动

使用曲线/点驱动方法是通过指定点和选择曲线或面的边缘定义驱动几何体。选定的驱动几何体投影到与选择的曲线/点相邻的部件曲面上，然后在投影表面上生成刀轨。

曲线可以是开放的或封闭的、连续的或非连续的以及平面的或非平面的，在实际中常用来加工筋、槽或字体的加工。

1. 使用点驱动几何体

当由点定义驱动几何体时，刀具沿着刀轨按选择点的顺序从一个点运动至下一个点。如果不在序列中连续选择某一个点，就可以多次通过该点，创建封闭刀轨，如图 8-63 所示。

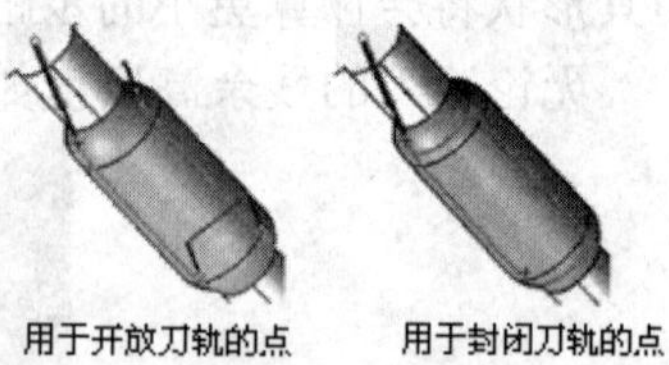

图 8-63 使用点驱动几何体

如果只指定一个驱动点，或者指定几个驱动点使得部件几何体上只定义一个位置，则不会生成刀轨而显示出错消息。

2. 使用曲线和边驱动几何体

当由曲线或边定义驱动几何体时，刀具沿着刀轨按选择的顺序从一条曲线或边运动至下一条。所选的曲线可以是连续的，也可以是非连续的。

1）由连续的曲线创建的刀轨如图 8-64 所示。

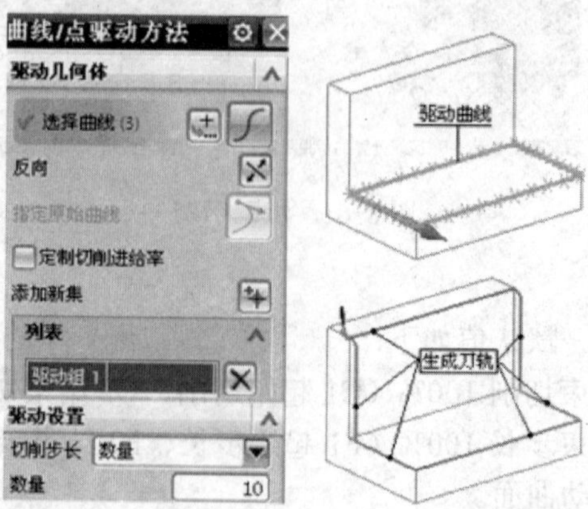

图 8-64 由连续的曲线定义的驱动几何体

2）由非连续的曲线创建的刀轨如图 8-65 所示。

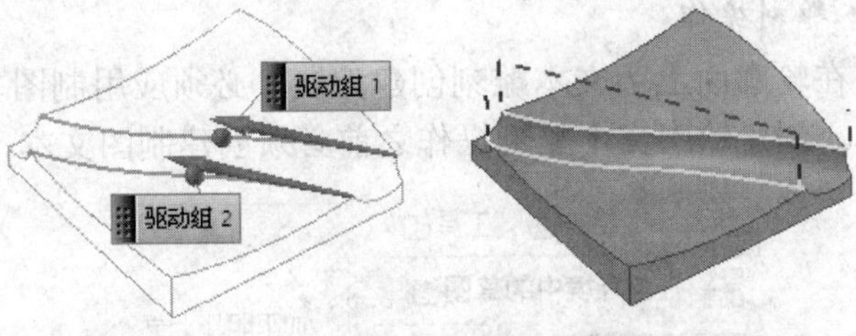

图 8-65　由非连续的曲线定义的驱动几何体

对于开放曲线和边，选定的端点决定起点；对于封闭曲线或边，起点和切削方向由选择线段的顺序决定。原点和切削方向由选择顺序决定，可以用指定原点曲线命令修改原点。

3. **使用负余量值**

使用负余量值可以使曲线/点驱动方法允许刀具只在低于选定部件表面切削，从而创建如图 8-66 所示的槽。但在使用负余量加工时，会弹出操作警告，单击“否”按钮，以继续操作。

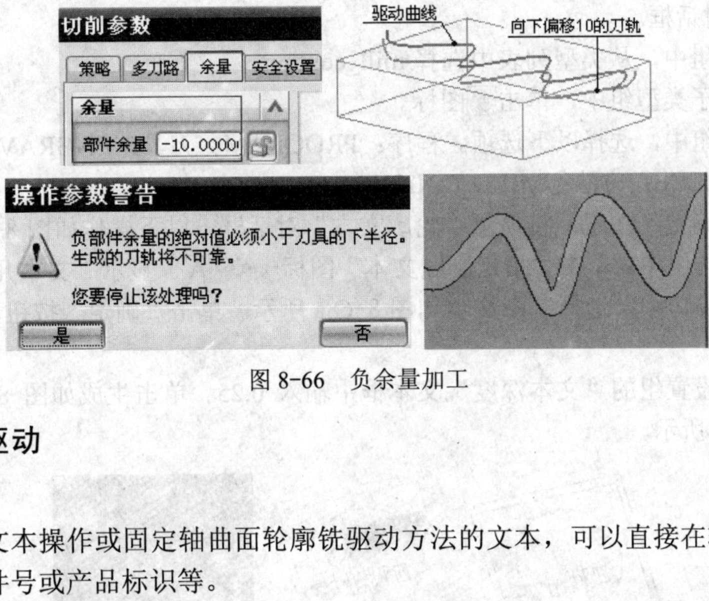

图 8-66　负余量加工

8.2.9　文本驱动

1. **简介**

使用轮廓文本操作或固定轴曲面轮廓铣驱动方法的文本，可以直接在轮廓表面雕刻制图文本，如零件号或产品标识等。

此操作与制图文本完全关联，当文本内容或形式改变后，只需重新生成此操作即可更新刀轨。

轮廓文字雕刻注意事项：

1）在顶层对话框的主要页面或更多页面中可获得所有相关的驱动参数。

2）可在主对话框以及切削对话框中找到文字深度。此处的正值与负值的工件余量具有相同的效果。工件余量默认设置为 0，并可为文字深度输入值。

3）要在工件表面下切削，可输入负的工件余量值。

4）对于 contour_text，应使用球头铣刀，并且不要输入大于球头铣刀半径的文字深度。

5）在曲面轮廓铣中，如果负的刀轨底部面余量（即工件余量-文字深度）超过刀具的下半径，则刀轨是不可靠的。当出现这种情形时，系统会发出警告。

2. ***创建轮廓文本雕刻操作***

轮廓文本操作用在轮廓面上为文本雕刻创建刀轨。必须应用制图文本创建文字才可以作为要雕刻的几何体，创建轮廓文本雕刻操作之前必须创建制图文本，如图 8-67 所示。

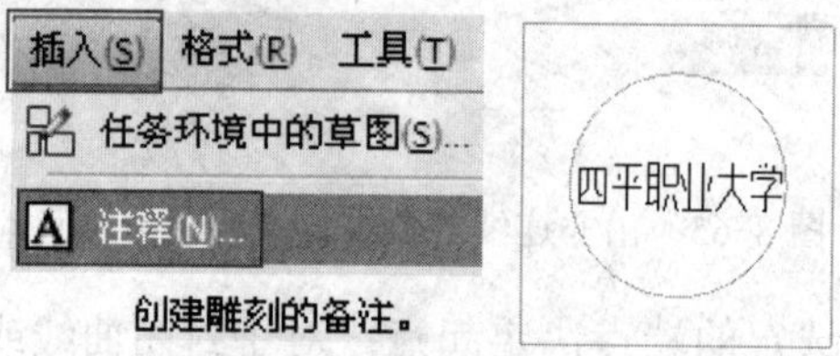

图 8-67　利用“注释”命令创建制图文本

可以通过文字“样式”，调整文字的字体及大小。文字的位置要在投影面的合适位置（不必考虑 Z 向的高度），以利于按照标准矢量投影（Z 轴）。下面开始创建文本雕刻刀轨。

1）在“插入”工具栏中，单击“创建操作”图标，或选择“插入”→“操作”命令，显示创建操作对话框。

2）在类型组中，从类型列表中选择 mill_contour。

3）在操作子类型组中，单击图标。

4）在位置组中，选择以下选项。程序：PROGRAM；刀具：ENGRAVE_TOOL_2；几何体：WORKPIECE；方法：MILL_FINISH。

5）单击“确定”按钮，将显示“轮廓文本”对话框。以下操作如图 8-68 所示。

6）在几何体组中，单击“指定制图文本”图标 指定制图文本 A。显示“文本几何体”对话框。

7）在图形窗口中，选择制图文本如图 8-68a 所示。单击“确定”按钮，显示“轮廓文本”对话框。

8）在刀轨设置组的“文本深度”文本框中输入 0.25。单击生成如图 8-68b 所示，2D 仿真如图 8-68c 所示。

a）　b）　c）

图 8-68　创建文本雕刻刀轨

a）制图文本　b）生成文本　c）2D 仿真文本

9）单击“确认”按钮，完成轮廓文本雕刻操作。

8.2.10　清根驱动

1. ***清根驱动方法简介***

清根驱动方法主要用于切除之前的操作在拐角中遗留下的多余材料以及移除之前较大

的球刀遗留下来的未切削的材料，其刀轨如图 8-69 所示。

清根驱动方法执行以下操作：沿部件表面形成的凹角和凹部一次生成一层刀轨；当它从一侧移至另一侧时可避免嵌入刀具；计算切削的方向和顺序以优化刀具与部件的接触，并将非切削运动降至最少。

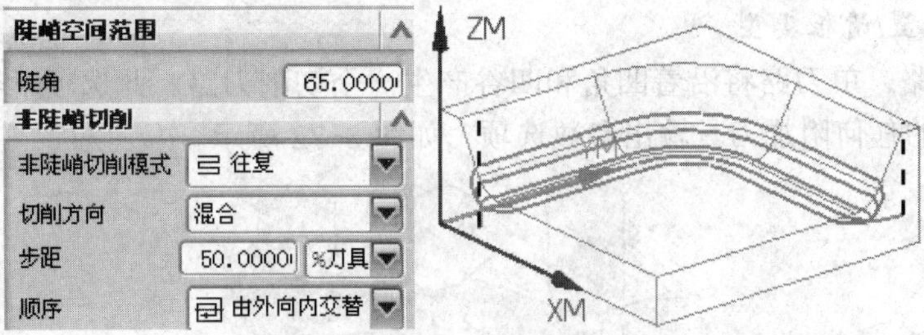

图 8-69　创建清根刀轨

清根驱动方法提供单刀路、多刀路和参考刀具偏置 3 种加工操作，对于特定的刀路还提供每侧步距数、陡峭角度等选项，这些选项帮助生成更恒定的切削载荷和更短的非切削移动。清根驱动方法常用于高速加工和精加工。

2. “清根驱动方法”对话框

“清根驱动方法”对话框如图 8-70 所示。

主要包括驱动几何、驱动设置、陡峭空间范围、陡峭切削、非陡峭切削、参考刀具等选项。

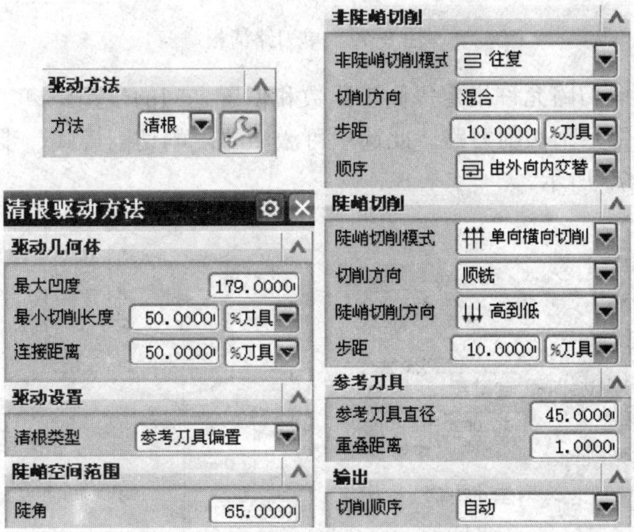

图 8-70　“清根驱动方法”对话框

3. 驱动几何体

（1）最大凹度　指定当前操作中包含的凹部的最大角度。

使用最大凹度可帮助确定要切削的那些尖角和陡峭谷。

例如，如果将最大凹度设置为 160°，加工图 8-71 所示的部件，则第一批操作后 160° 凹部内可能没有剩余材料，这是因为此凹部比较浅且比较平坦。但是，不能完全加工 110° 和

70° 两个凹部中的所有材料；如果将最大凹度设置为 120° ，则将加工 110° 和 70° 的凹部，而不会加工 160° 的凹部。

（2）最小切削长度　移除小于指定深度的刀轨切削移动。

（3）连接距离　合并由小于指定距离分隔的铣削段。

4. **驱动设置/清根类型**

（1）单刀路　单刀路将沿着凹角和凹谷产生一个切削刀路。此选项不会激活“自动清根”对话框中的任何附加刀具输出参数选项，如图 8-72 所示。

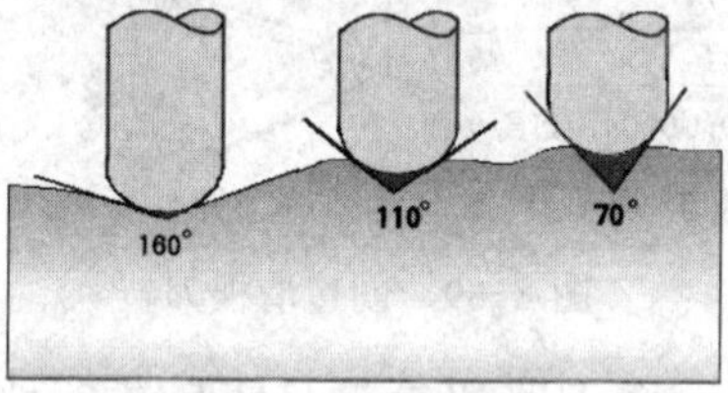

图 8-71　最大凹度切削示例

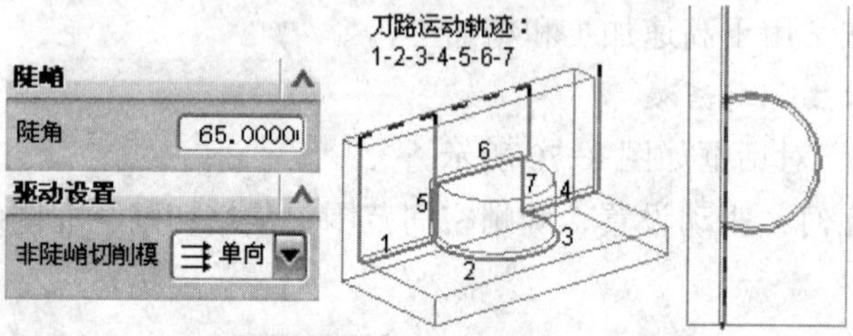

图 8-72　单刀路清根

（2）多刀路　多刀路允许指定每侧步距数和偏置之间的步距距离，这样便可在中心自动清根的任意侧产生多个切削刀路。此选项可激活非陡峭切削模式、步距、顺序和每侧步距数选项，如图 8-73 所示。

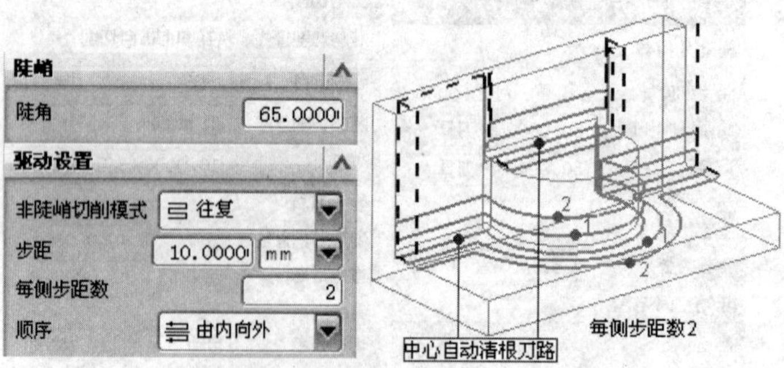

图 8-73　多刀路清根

（3）参考刀具偏置　参考刀具偏置是指定一个参考刀具直径从而定义要加工的区域的整个宽度，从而定义内部刀路，这样便可在中心自动清根的任意侧产生多个切削刀路。

此选项有助于在使用大（参考）刀具对区域进行粗加工后清理加工，还可激活对话框中的切削模式、步距、顺序、参考刀具直径以及重叠距离选项，设置对话框及刀轨如图 8-74 所示。

图 8-74　参考刀具偏置清根操作

5. **非陡峭切削模式指定非陡峭区域的切削模式，包括以下选项**

“无”　表示不切削非陡峭区域。

其他各选项如图 8-75 所示。

以下选项可用于参考刀具偏置，如图 8-76 所示。

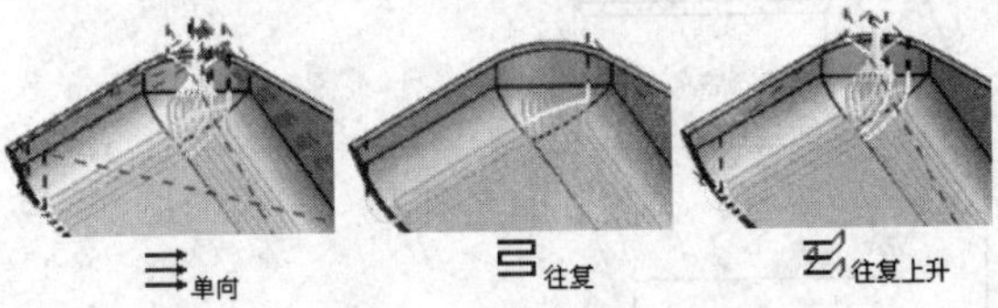

图 8-75　非陡峭切削模式各选项示例

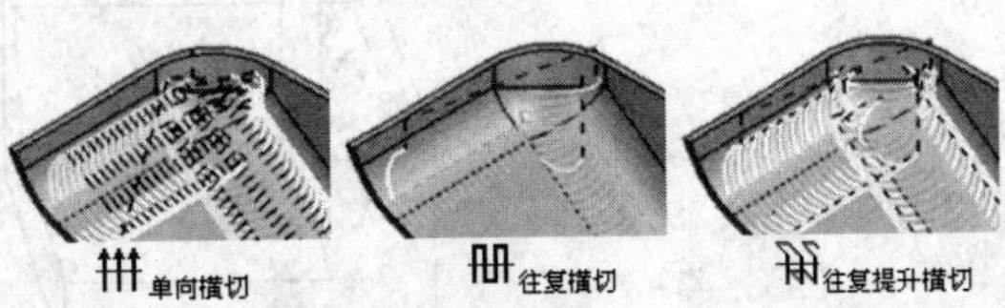

图 8-76　非陡峭切削模式（专用于参考刀具偏置）

6. **切削方向**

（1）混合　根据需要沿顺铣或逆铣方向切削。混合切削方向不支持顺铣或逆铣切削方向。

（2）顺铣　指定顺时针主轴旋转时，材料在刀具右侧。

（3）逆铣　指定顺时针主轴旋转时，材料在刀具左侧。

如果没有决定材料侧，则 UG NX 在内部决定一个切削方向。

7. **步距**

可用于多条刀路和参考刀具偏置选项。

指定连续切削刀路之间的距离，步距沿部件表面测量。

在实际加工中对于切削区域来说，清根刀路能够最大限度减少提升，并维持相同数量的刀路。当切削区域宽度变化时，实际步距可能因此而不同于指定的步距值，但它仍然会保持在最大步距值范围内，如图 8-77 所示。

8. **陡峭空间范围——陡角**

指定将区域视为陡峭所需的角度。

陡角是在水平面与中心清根的切向矢量之间测得的夹角，陡角允许的范围是 0°～90°，如图 8-78 所示。

9. 陡峭切削方向

陡峭切削方向允许指定由高到低、由低到高或混合切削方向，如图 8-79 所示。

1）由高到低使刀具由高的一端向低的一端加工刀轨的陡峭部分。

2）由低到高使刀具由低的一端向高的一端加工刀轨的陡峭部分。

3）混合导致系统在刀轨的陡峭部分应用指定的非陡峭切削方向。

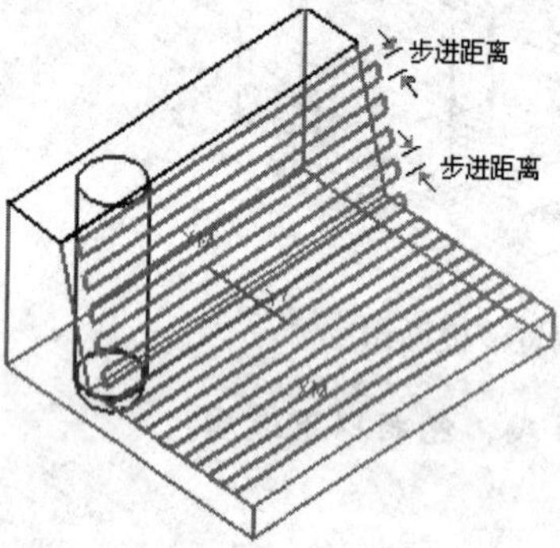

图 8-77　步距

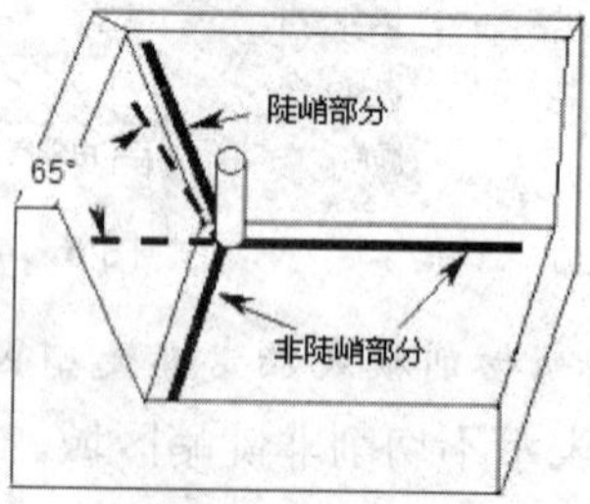

图 8-78　陡角

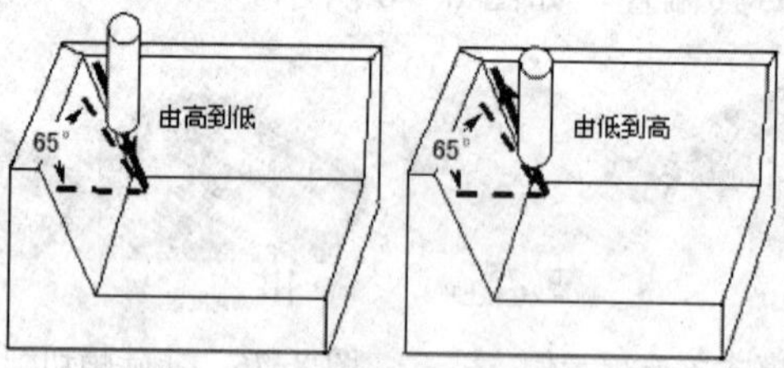

图 8-79　陡峭切削方向

10. 切削方向

顺铣和逆铣导致系统对操作中的所有切削刀路一直以顺铣或逆铣方式进行切削，混合允许系统在内部决定切削方向，如图 8-80 所示。

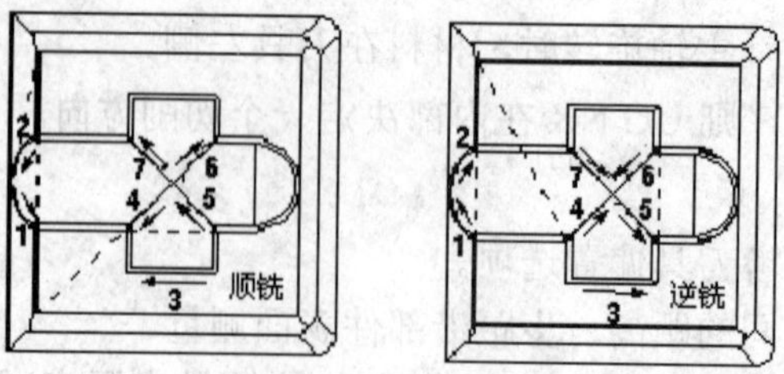

图 8-80　切削方向

11. 每侧步距数

指定要在中心自动清根每一侧生成的刀路的数目。如图 8-81 所示，默认值是零，该值导致系统只能计算并输出中心自动清根。

只有在指定了多刀路的情况下，每侧步距数才是可用的。

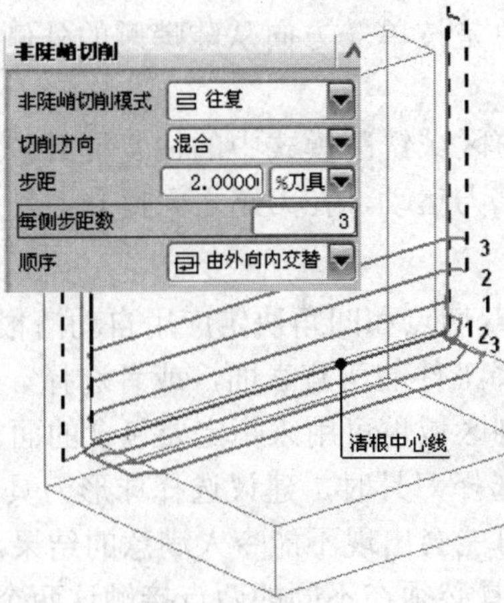

图 8-81　每侧步距数

12. ***参考刀具直径***

参考刀具直径是根据粗加工球刀的直径来指定精加工切削区域的宽度，如图 8-82 所示。参考刀具通常是用来先对区域进行粗加工的刀具，然后用这些点来定义精加工操作的切削区域。

从键盘输入一个大于当前使用的刀具直径的直径值。

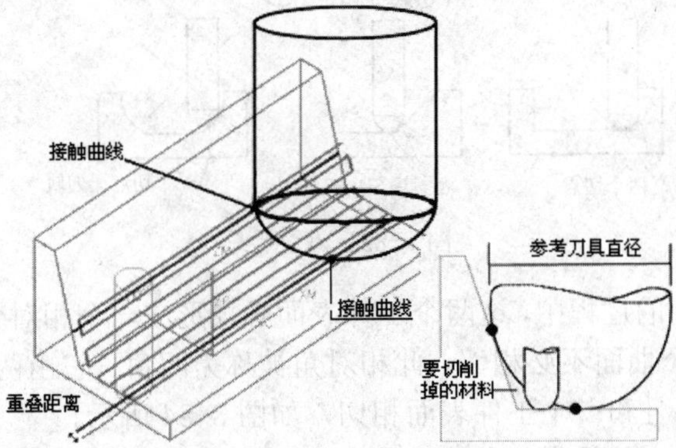

图 8-82　参考刀具直径

只有在指定了参考刀具偏置的情况下，参考刀具直径才是可用的。此选项将与重叠距离和步距结合使用，以定义清理操作的区域和刀路数。

13. ***非陡峭切削顺序***

- 由内向外。由内向外从中心自动清根开始向某个外部刀路运动。然后刀具移回中心切削，接着再向另一侧运动。
- 由外向内。由外向内从某个外侧刀路开始向中心自动清根运动。然后刀具选取另一侧的外部切削，接着再向中心切削移动。
- 由外向内交替。此选项也可以用来控制要交替加工两侧之间的刀路，先完成一侧后再切换至另外一侧，允许在凹谷的一侧到另一侧的刀路间交替地完成加工。
- 后陡。后陡允许从非陡峭侧向陡峭侧加工自动清根凹谷。

● 先陡。先陡允许系统总是按单一方向从陡峭侧的外侧刀路向非陡峭侧的外侧刀路进行加工。

● 往复提升切削模式。与区域铣削模式中的往复提升一样，自动清根中的此模式将根据指定的局部进刀、退刀和移刀运动，在刀路之间提升刀具。

14. **选择几何体**

UG NX 根据工件表面之间的双切点和凹角决定应用自动清根的位置，能够以任意顺序选择工件表面。需要时，可以选择工件的所有表面，或者选择一个允许系统决定要利用其表面的实体，铣削区域组中的切削区域也可用来指定要包含的面。

注意，为自动清根驱动方法选择刀具时，建议选择球形刀具以获得最佳效果。如果选择外圆刀具或平头刀具，则刀轨可能会出现不能令人满意的结果。

1）要生成一个切削运动，刀具必须在不同的两点接触这两个工件表面，如图 8-83 所示。在曲面的曲率大于刀具拐角半径的区域，不会进行自动清根。但是，在曲面的曲率等于或小于刀具拐角半径的区域，将会进行自动清根，同时生成双切点。

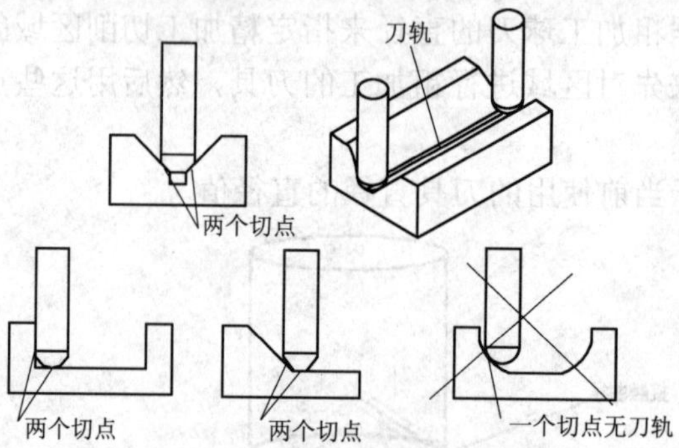

图 8-83 双切点

2）在生成切削运动的过程中，这两个工件表面必须形成一个相对角，此角度介于 0° ～ 180° 之间，但是这两个曲面不必相邻。此相对角被称为凹角，它由两个矢量定义，每个矢量均通过一个接触点并且和一个工件表面相切，如图 8-84 所示。

只有在凹角小于指定的最大凹角位置才可以生成刀轨。如果凹角太宽或者超出指定的最大凹角，那么不会生成切削运动。当凹角超出最大凹角的位置，刀具会退出；在小于或等于最大凹角的位置，刀具会再次进入，如图 8-85 所示。

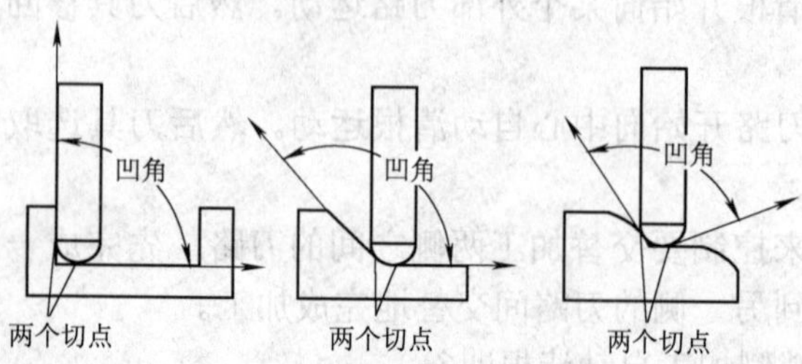

图 8-84 凹角

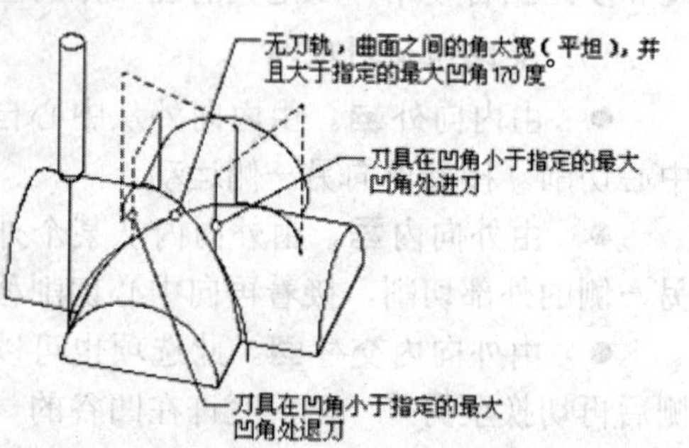

图 8-85 170° 最大凹角

8.3　固定轴曲面轮廓铣投影矢量

投影矢量是大多数驱动方式共用的选项，它确定驱动点投影到工件表面的方式以及刀具接触工件表面的哪一侧，可用的投影矢量选项将根据使用的驱动方式的不同而有所不同。

驱动点沿着投影矢量投影到工件表面上，即迎着箭头的方向向起始方向投影。投影矢量的方向决定刀具要接触的工件表面侧。刀具总是从投影矢量逼近的一侧定位到工件表面上。在图 8-86 中，驱动点 p1 以投影矢量的相反方向投影到工件表面上以创建 p2。

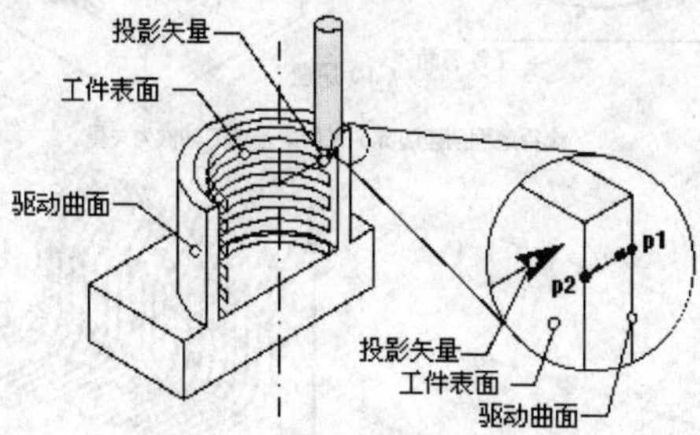

图 8-86　投影矢量工作原理

注意，选择投影矢量时要避免出现投影矢量平行于刀轴矢量或投影矢量垂直于工件表面法向的情况，这些情况可能引起刀轨的竖直波动。

8.3.1　指定矢量

1. 简介

“指定矢量”对话框如图 8-87 所示。例如，可以通过输入指定出发点和指定终止点来定义两点矢量，也可以直接选择 X、Y、Z 轴作为矢量。

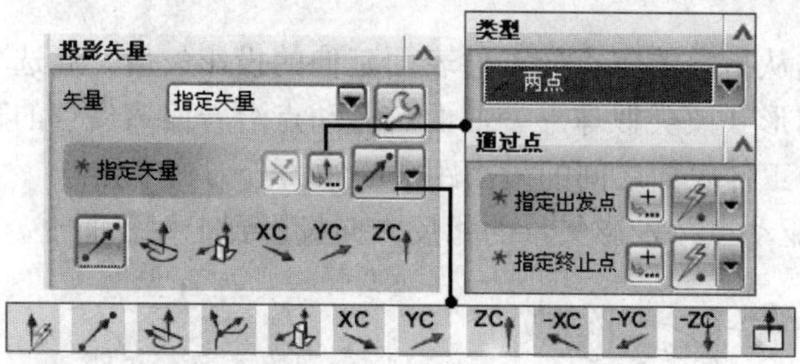

图 8-87　指定矢量对话框

2. 以 X 轴作为投影矢量，示例如图 8-88 所示

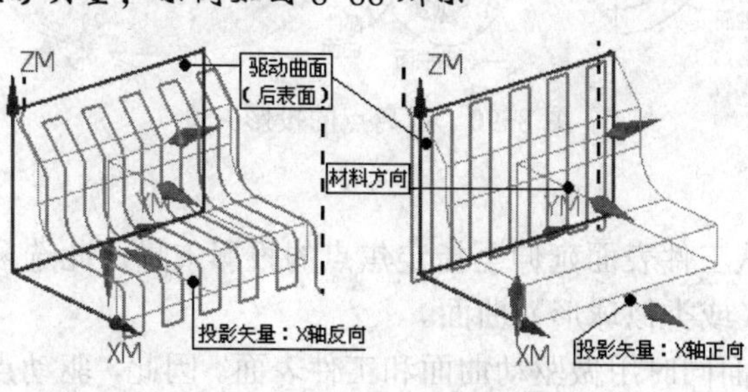

图 8-88　指定 X 轴作为矢量

8.3.2 刀轴

刀轴矢量是根据现有的刀轴定义一个投影矢量。在使用刀轴时，投影矢量总是指向刀轴矢量的相反方向，如图 8-89 所示。

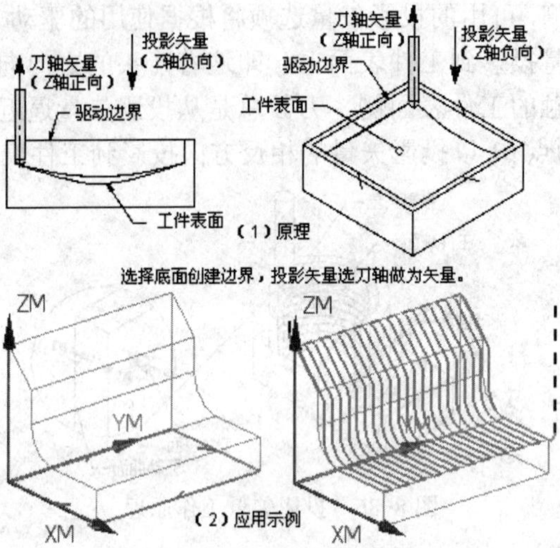

图 8-89 刀轴投影矢量

在图 8-89 中，投影矢量向下使得刀具与工件表面从顶部开始接触。驱动点从边界平面投影到工件表面上。

如果刀轴在接触点处与工件表面法向相关，则不能沿着刀轴进行投影。

8.3.3 远离点、朝向点

1. **远离点**

远离点可以创建从指定的焦点向工件表面延伸的投影矢量。此选项可用于加工焦点在球面中心处的内侧球形（或类似球形）曲面。驱动点沿着偏离焦点的直线从驱动曲面投影到工件表面，焦点与工件表面之间的最小距离必须大于刀具半径。

在图 8-90 中，驱动点按投影矢量的相反方向投影到工件表面上。

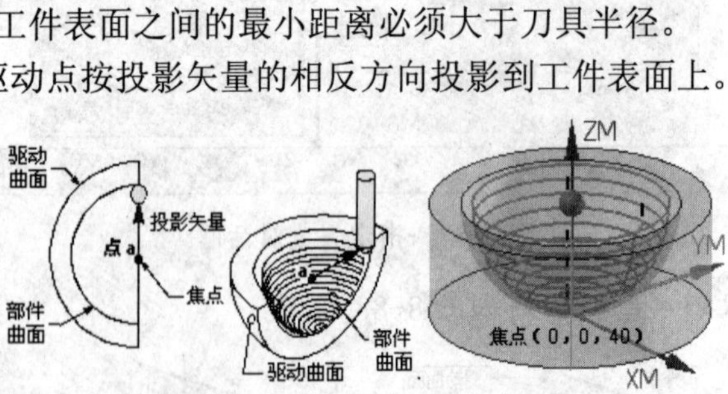

图 8-90 远离点的投影矢量

2. **朝向点**

朝向点可以创建从工件表面延伸至指定焦点的投影矢量。此选项可用于加工焦点在球面中心处的外侧球形（或类似球形）曲面。

在图 8-91 中的球面同时用做驱动曲面和工件表面。因此，驱动点以零距离从驱动曲面投影到工件表面。投影矢量的方向决定工件表面的刀具侧，使刀具从外侧向焦点定位。

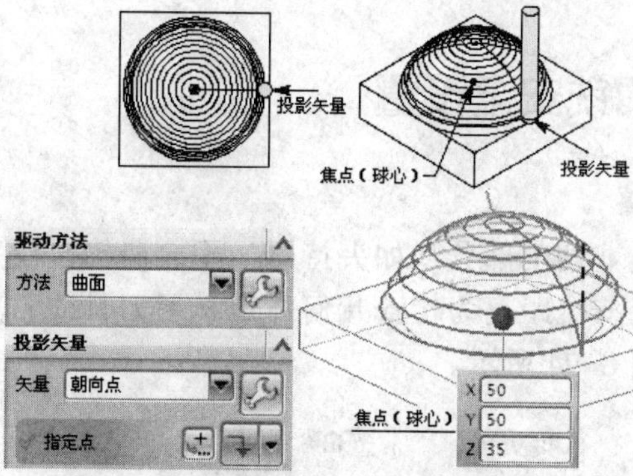

图 8-91　朝向点的投影矢量

8.3.4　远离直线、朝向直线

1. 远离直线

远离直线可以创建从指定的直线延伸至工件表面的投影矢量。投影矢量作为从中心线延伸至工件表面的垂直矢量进行计算，此选项有助于加工内部圆柱面，其中指定的直线作为圆柱中心线，刀具的位置将从中心线移到工件表面的内侧。

驱动点沿着偏离所选聚焦线的直线从驱动曲面投影到工件表面，聚焦线与工件表面之间的最小距离必须大于刀具半径，如图 8-92 所示。

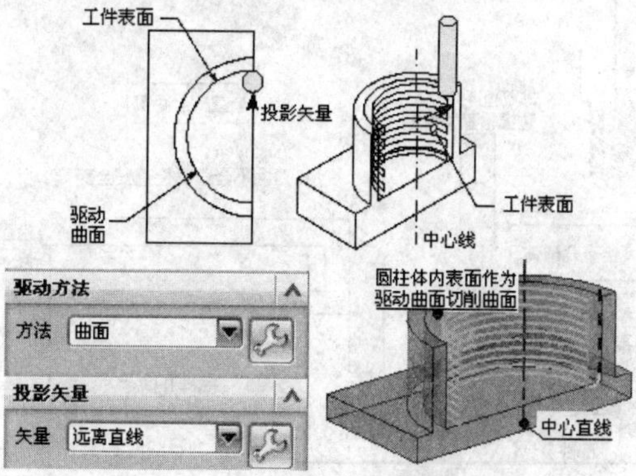

图 8-92　远离直线的投影矢量

2. 朝向直线

朝向直线可以创建从工件表面延伸至指定直线的投影矢量。投影矢量有助于加工外部圆柱面，其中指定的直线作为圆柱中心线，刀具的位置将从工件表面的外侧移到中心线，如图 8-93 所示。

驱动点沿着朝向所选聚焦线收敛的直线从驱动曲面投影到工件表面。

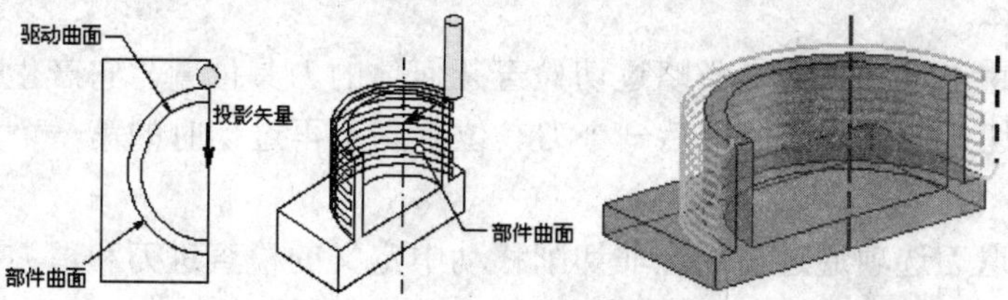

图 8-93　朝向直线的投影矢量

8.4 固定轴曲面轮廓铣安全设置

1. 部件和检查安全距离

部件安全距离定义刀具非切削部分（如夹持器）不会碰撞以及刀具在快进模式下不会碰撞的额外安全距离。检查安全距离为检查几何体定义了刀具或刀具夹持器不能触碰的扩展安全区域。更多说明如图 8-94 所示。

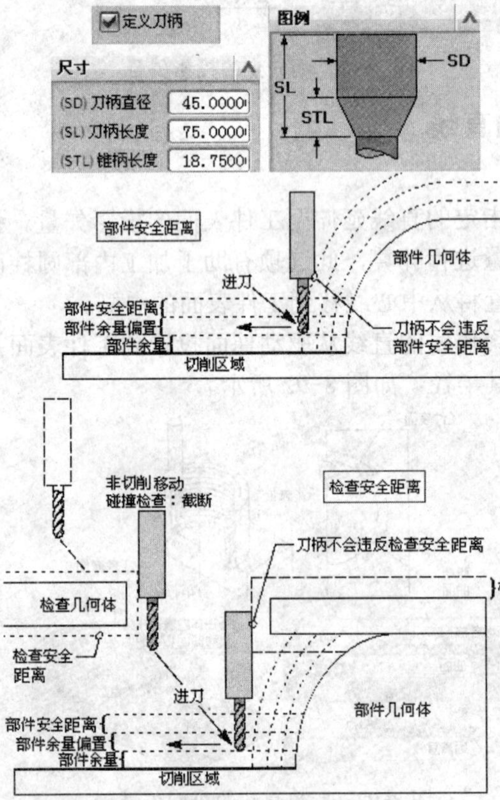

图 8-94 安全距离设置

2. 检查参数——过切时

专用于轮廓铣的切削参数，过切时选项允许指定在切削移动过程中刀具过切检查几何体时系统将如何响应。

（1）警告 警告选项使系统向刀轨和 CLSF 发出警告消息，但不会通过改变刀轨来避免过切检查几何体。

（2）跳过 跳过选项使刀具省略过切检查几何体的刀具位置。它产生一个直线刀具移动，该移动从过切几何体之前的最后一个刀具位置到不再过切时的第一个刀具位置，如图 8-95 所示。

（3）退刀 退刀选项通过使用在非切削移动中定义的检查进刀和退刀参数使刀具避免过切检查几何体。

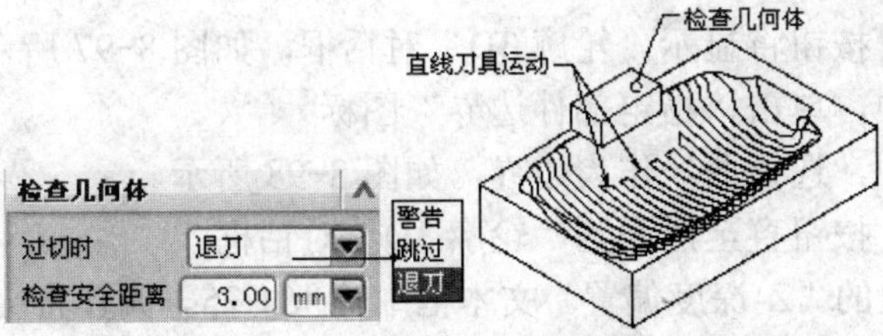

图 8-95 省略过切检查几何体的刀具位置

3. 使用 2D 工件

使用 2D 工件选项可以与使用刀具夹持器选项结合使用，也可以单独使用。将此选项切换至“开”后，系统将在同一几何体组的先前操作中搜索具有在刀具夹持器碰撞检测中保存的 2D 工件的操作。如果找到该操作，则来自其他操作的 2D 工件将用做当前操作中的修剪几何体，以包含刀具的切削运动。

4. 最大拐角角度

最大拐角角度是专用于固定轴曲面轮廓铣的切削参数。

为了在跨过内凸边进行切削时对刀轨进行额外的控制，可指定下面的最大拐角角度，以免出现抬起动作，此抬起动作将输出为切削运动，如图 8-96 所示。

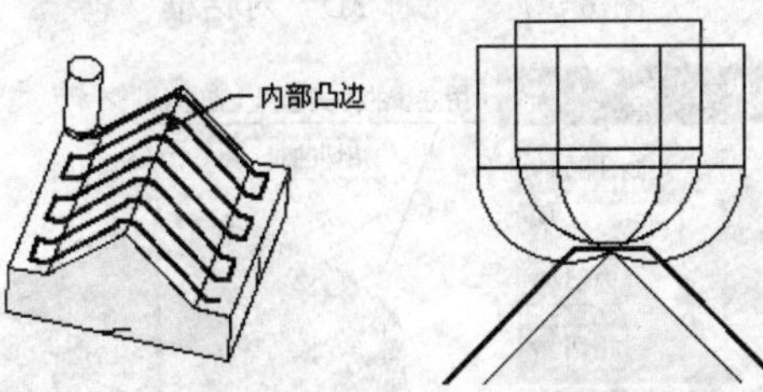

图 8-96 在凸角上延伸

8.5 固定轴曲面 3D 轮廓铣

8.5.1 轮廓 3D

1. 简介

当要在 3D 中对边缘进行轮廓铣时，可以使用 3D 轮廓铣。此时刀具向上或向下移动以沿边界来跟随边缘，刀尖不由工件表面控制的。该加工方式通常用于修边模和冲头。

要创建 3D 轮廓铣，只需要指定工件边界。

2. 创建轮廓 3D 操作

此示例显示如何创建轮廓 3D 操作，并生成 3D 刀轨。

1）在“插入”工具栏中，单击“创建操作”图标，或选择“插入”→“操作”命令。

2）在创建对话框中，从类型列表中选择 mill_contour。

3）在操作子类型组中，单击图标。

4）在位置组中，选择以下选项。程序：PROGRAM；刀具：MILL；几何体：WORKPIECE；方法：MILL_ROUGH。

5）单击“确定”按钮将显示“轮廓 3D”对话框，如图 8-97 所示。

6）在几何体组中，单击“指定部件边界”图标。

7）在图形窗口中，选择曲线作为边界，如图 8-98 所示。

8）单击“确定”按钮直至返回到“轮廓 3D”对话框。

9）在刀轨设置组的“Z-深度偏置”文本框中输入 1.25。偏置将应用于边界选择所用的边中。

10）单击“生成”图标，创建并显示刀轨，如图 8-99 所示。

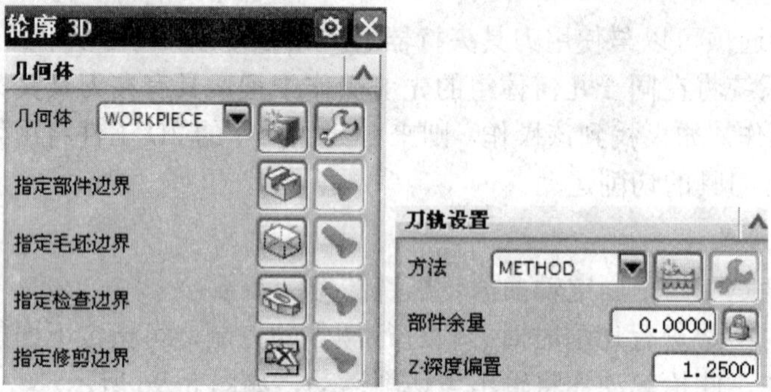

图 8-97 “轮廓 3D”对话框

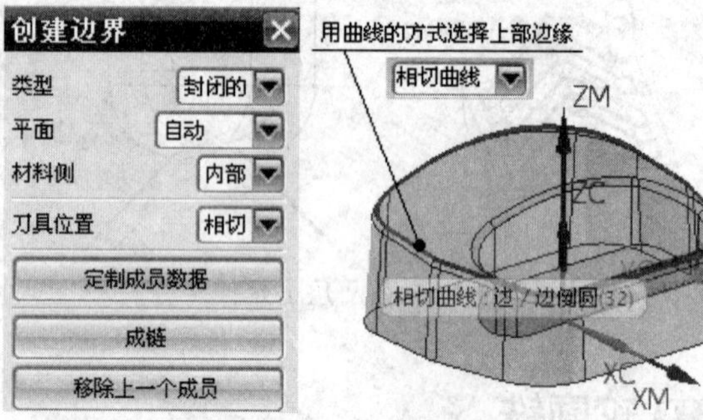

图 8-98 选择曲线作为边界

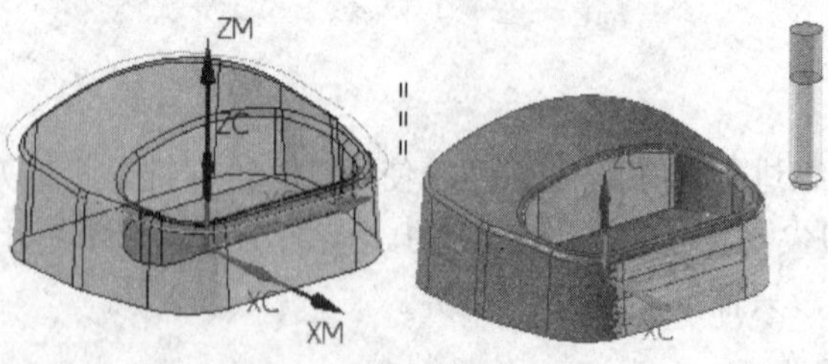

图 8-99 创建并显示刀轨

8.5.2 实体轮廓 3D

1. 简介

使用实体轮廓 3D 操作无需选择单个边链即可加工竖直壁的顶部或底部边缘。在切削参数里可以指定多个侧面或深度切削刀路、双向（混合）切削、碰撞检查。实体轮廓 3D 操作生成刀轨类型，如表 8-5 所示。

表 8-5　实体轮廓 3D 刀轨类型

选定的面	轮廓加工的底部边缘	轮廓加工的顶部边缘
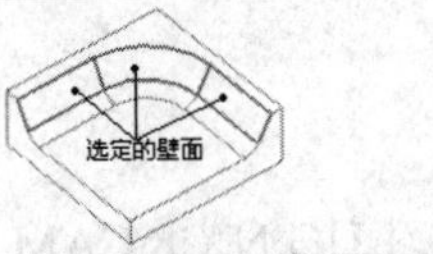	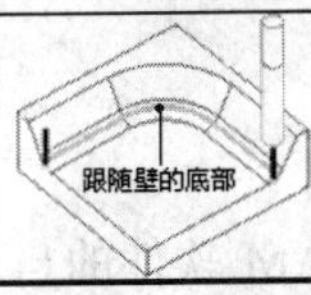	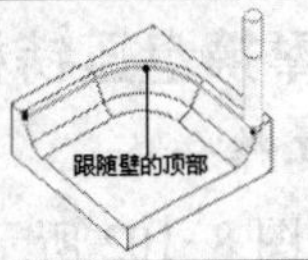

2. **创建实体轮廓 3D 操作**

此示例显示如何创建实体轮廓 3D 操作并将刀轨从选定壁底部更改为选定壁顶部。

1）在“插入”工具栏中，单击“创建操作”图标，或选择“插入”→“操作”命令。

2）在“创建”对话框中，从类型列表中选择 mill_contour。

3）在操作子类型组中，单击图标。

4）在位置组中，选择以下选项。程序：PROGRAM；刀具：MILL；几何体：WORKPIECE；方法：MILL_ROUGH。

5）单击“确定”按钮，将显示“实体轮廓 3D”对话框，如图 8-100 所示。

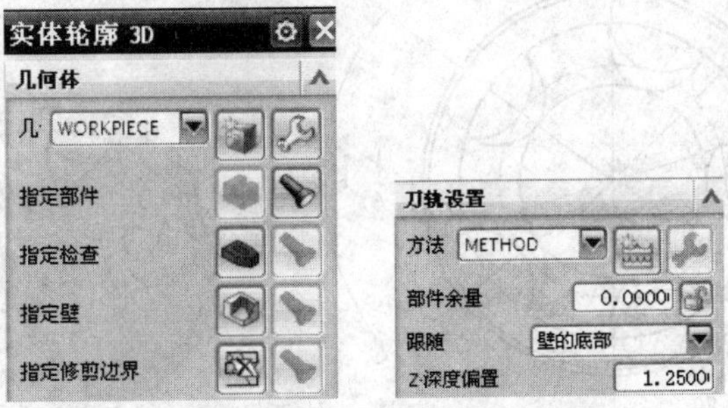

图 8-100　“实体轮廓 3D”对话框

6）在几何体组中，单击“指定壁”图标。

7）在图形窗口中，选择壁，如图 8-101a 所示。.

8）单击“确定”按钮直至返回到“实体轮廓 3D”对话框。

9）在刀轨设置组的“Z-深度偏置”文本框中输入 1.25。偏置将应用于边界选择所用的边中。

10）单击“生成”图标，创建并显示刀轨，如图 8-101b 所示。使用默认壁的底部设置生成刀轨，刀轨跟随选定壁的底部。

11）在刀轨设置组中，从跟随列表中选择壁的顶部。

12）单击“生成”图标，创建并显示刀轨，如图 8-101c 所示。使用新的壁的顶部设置生成刀轨，刀轨跟随选定壁的顶部。

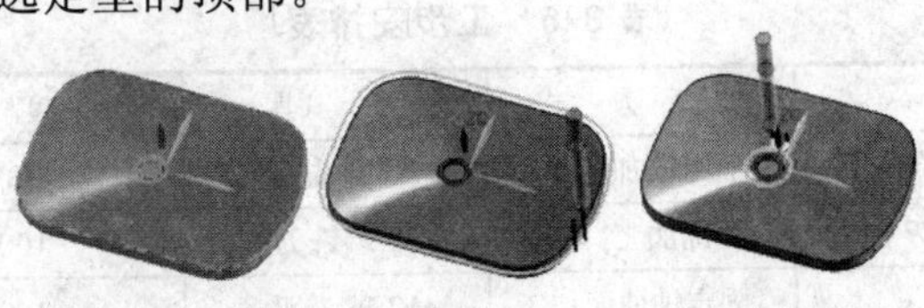

a）　　b）　　c）

图 8-101　创建并显示生成刀轨

a）选择壁　b）使用默认壁的底部生成刀轨　c）使用新壁的顶部生成刀轨

8.6 固定轴曲面轮廓铣加工范例

8.6.1 摩擦盘压铸模

1. **工作任务**

完成图 8-102 所示的摩擦盘压铸模 CAM 软件的自动编程，学习 UG NX 8 CAM 模块的基本编程知识，掌握 UG NX 8 的平面铣以及固定轴曲面铣的加工方法。

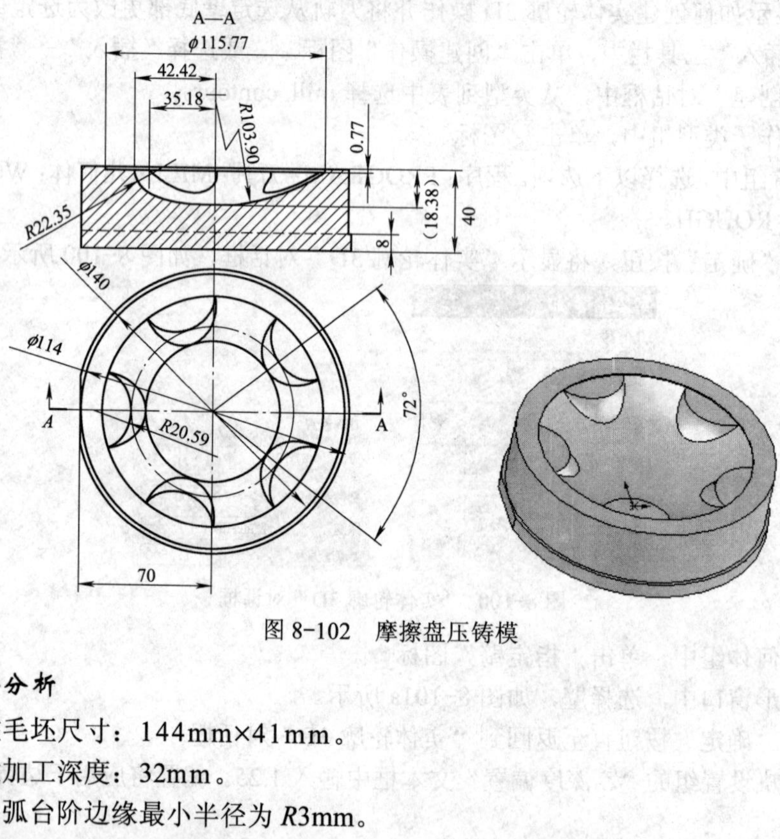

图 8-102 摩擦盘压铸模

2. **图样分析**

1）圆柱毛坯尺寸：144mm×41mm。

2）最大加工深度：32mm。

3）内圆弧台阶边缘最小半径为 R3mm。

3. **工艺规划**

（1）工件安装 以底面固定安装在机床上。

（2）加工原点 X：工件中心点；Y：工件中心点；Z：工件顶面（Z40）。

（3）工步安排，如表 8-6 所示

表 8-6 工步安排表

序号	加工内容	加工方式	刀具	主轴速度/（r/min）	进给率/（mm/min）
1	ϕ140 圆柱面及上表面加工	平面铣加工	ϕ30 端铣刀	1000	300
2	上表面加工深度 0.77	面铣加工	ϕ30 端铣刀	1000	300
3	内腔曲面粗加工	固定轴曲面加工	ϕ12 球头刀	1000	300
4	内腔曲面半精加工	固定轴曲面加工	ϕ6 平底铣刀	1000	300
5	内腔曲面精加工	固定轴曲面加工	ϕ6 平底铣刀	1000	300

4. 编程步骤

（1）打开模型文件，如图 8-103 所示

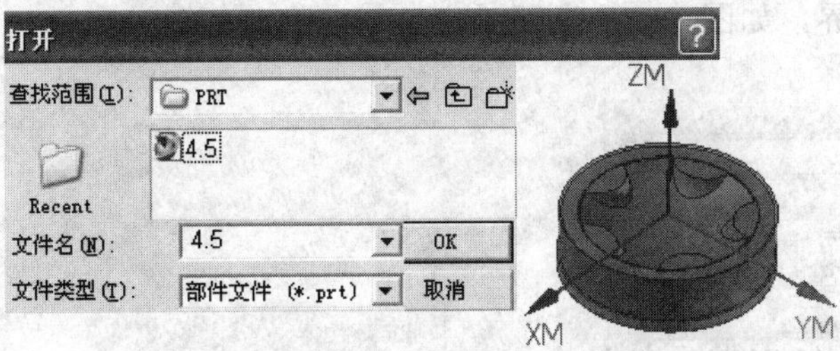

图 8-103 打开模型文件

（2）创建几何体 创建机床坐标系及加工（编程）原点（0，0，40）。

1）在操作导航器里双击 MCS_MILL 图标，打开坐标系设置对话框，完成设置，如图 8-104 所示。

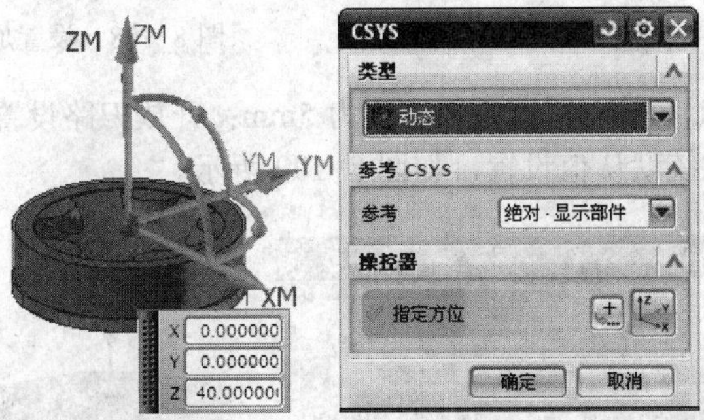

图 8-104 创建机床坐标系

2）创建部件几何体。在操作导航器里双击 WORKPIECE 图标，打开部件几何体设置对话框，完成设置，如图 8-105 所示。

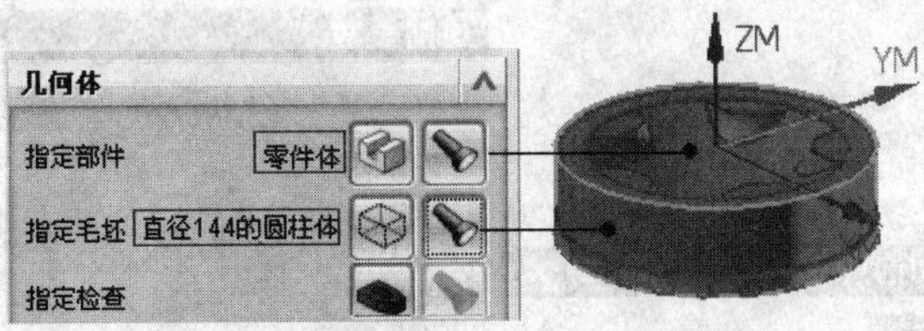

图 8-105 创建部件几何体

（3）创建刀具，如图 8-106 所示

图 8-106 创建刀具

（4）ϕ140 圆柱面及上表面加工

1）选择平面铣加工子类型，如图 8-107 所示。

2）设置加工边界，如图 8-108 所示。

图 8-107　选择平面铣加工子类型

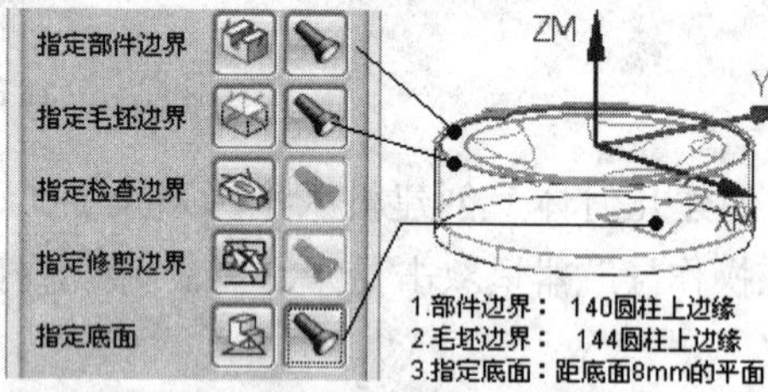

图 8-108　设置加工边界

3）设置平面铣加工参数。每刀切削深度为 5mm；开放刀路设置为切削；刀具选择ϕ30 端铣刀；其他参数按系统默认值设置，如图 8-109 所示。

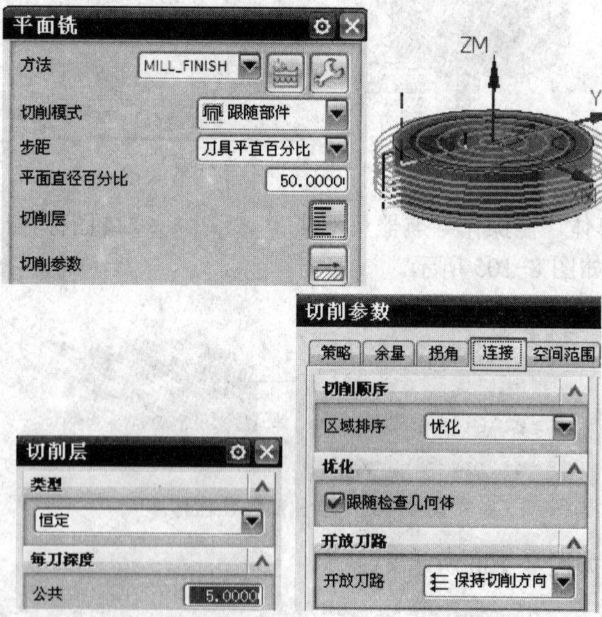

图 8-109　平面铣加工参数设置

（5）上表面加工深度为 0.77mm

1）选择面铣加工子类型，刀具选择ϕ30 端铣刀，如图 8-110 所示。

2）选择切削区域，如图 8-111 所示。

3）设置面铣加工参数。开放刀路设置为切削；刀具选择ϕ30 端铣刀；其他参数按系统默认值设置，如图 8-112 所示。

图 8-110　选择面铣加工子类型

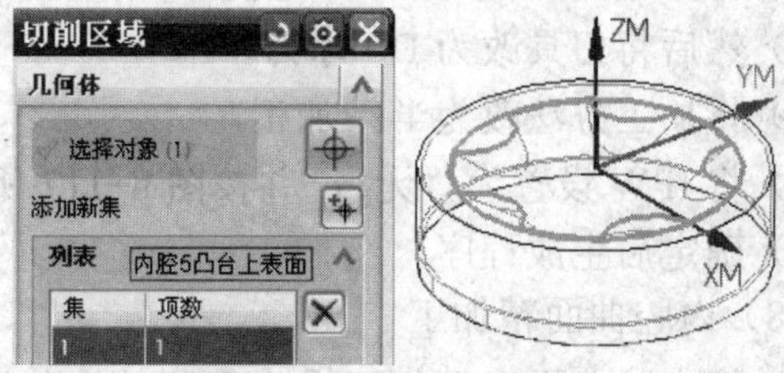

图 8-111　选择切削区域

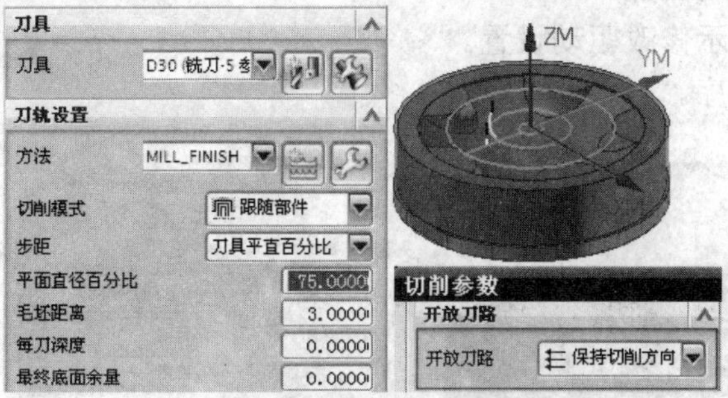

图 8-112　面铣加工参数设置

(6) 内腔曲面粗加工

1）选择固定轴铣加工子类型，刀具选择ϕ12 球刀，如图 8-113 所示。

2）选择切削区域，即选择内腔所有曲面，如图 8-114 所示。

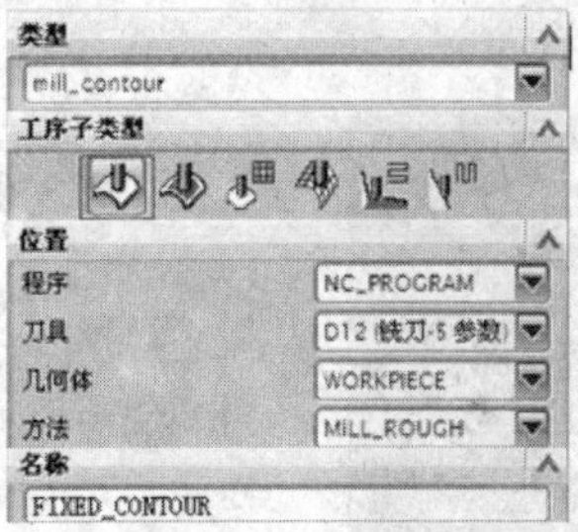

图 8-113　选择固定轴铣加工子类型

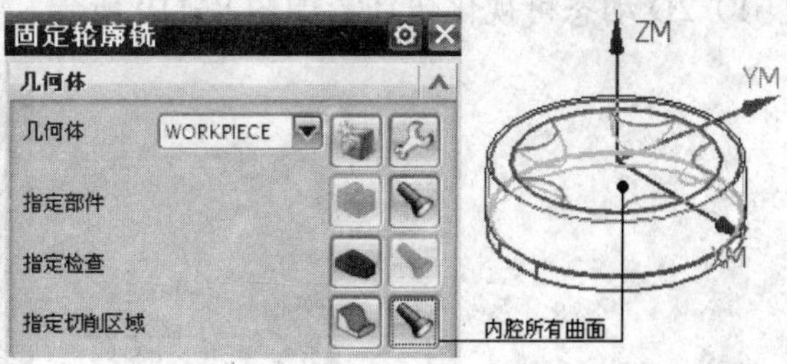

图 8-114　选择切削区域

3）设置驱动边界，如图 8-115 所示。

4）设置切削参数，生成刀轨，如图 8-116 所示。

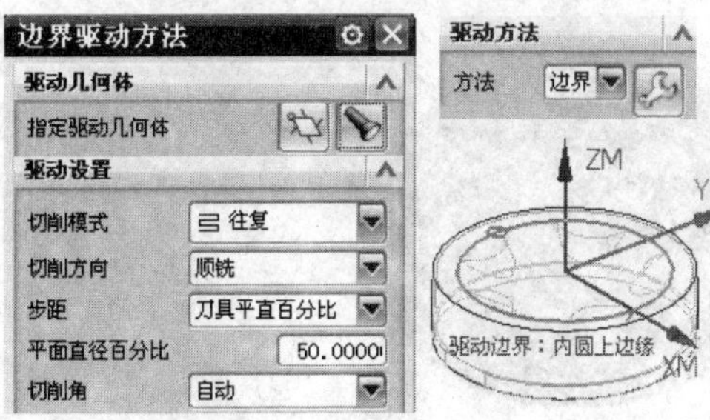

图 8-115　设置驱动边界

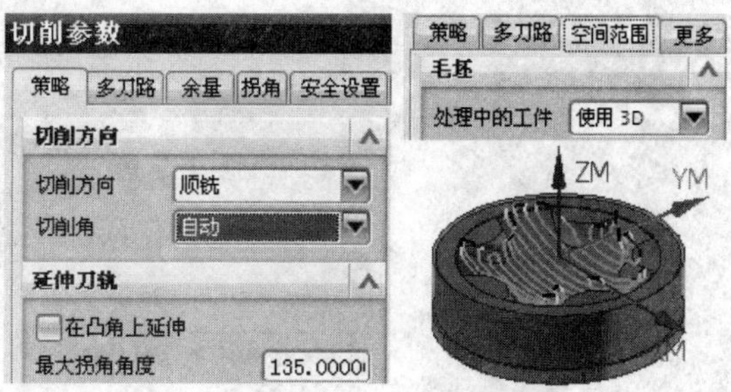

图 8-116　设置切削参数

（7）内腔曲面半精加工

1）将内腔曲面粗加工操作复制并粘贴生成新程序。

2）然后将刀具改为 D6 球刀。

3）将加工方法改为半精加工。

4）将 IPW 设置为“无”，并按图 8-117 所示修改驱动设置。

5）确定后生成程序。

（8）内腔曲面精加工

1）将内腔曲面半精加工操作复制并粘贴生成新程序。

2）将加工方法改为精加工。

3）按图 8-118 所示修改驱动设置。

4）确定后生成程序。

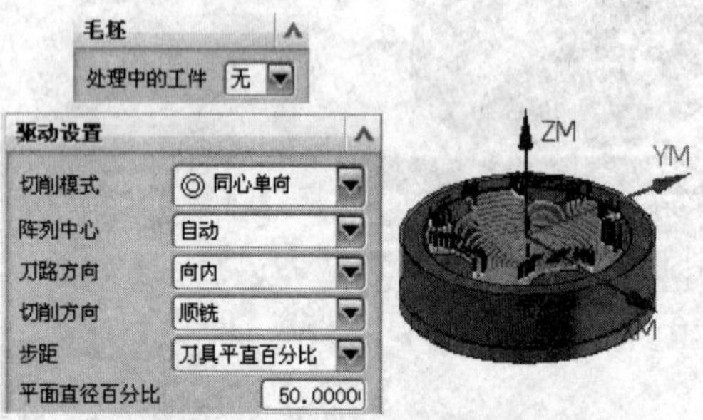

图 8-117　参数设置及生成的程序

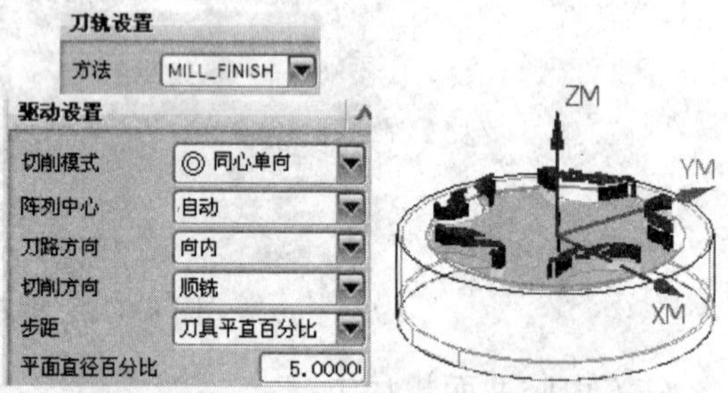

图 8-118　参数设置及生成的程序

（9）可视化仿真

1）2D 动态可视化仿真，如图 8-119 所示。

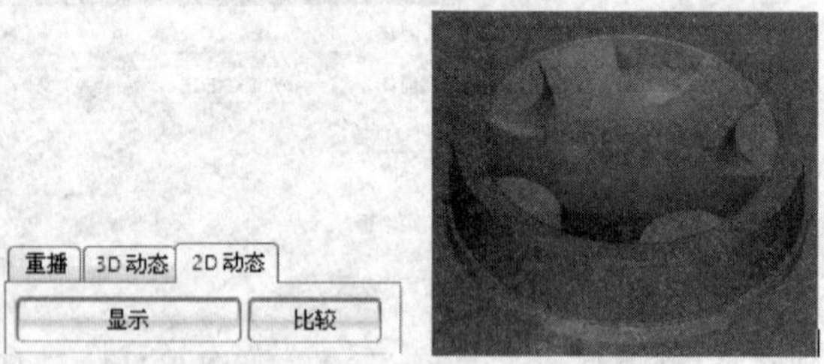

图 8-119　2D 动态可视化仿真

2）3D 动态可视化仿真，如图 8-120 所示。

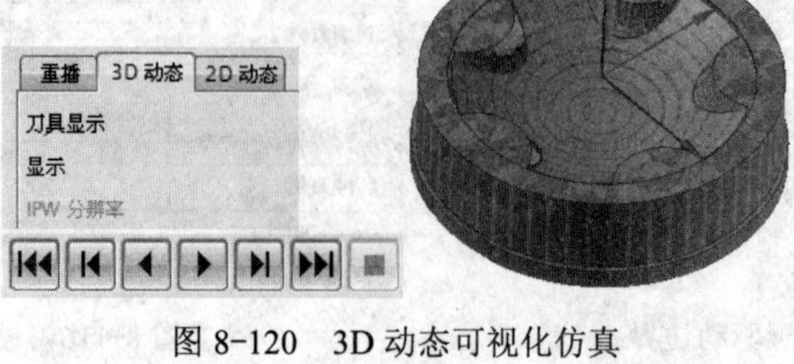

图 8-120　3D 动态可视化仿真

8.6.2　限位支座

1. **工作任务**

完成图 8-121 所示的限位支座 CAM 软件的自动编程，学习 UG NX 8 CAM 模块的基本编程知识，掌握 UG NX 8 的固定轴曲面区域铣削的编程加工方法。

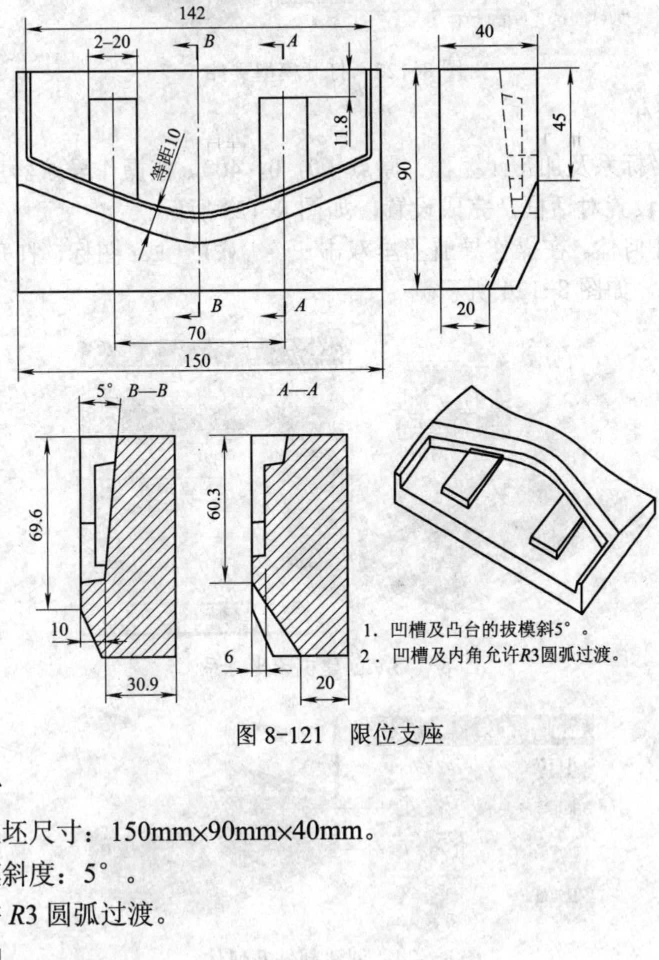

图 8-121　限位支座

2. **图样分析**

1）长方体毛坯尺寸：150mm×90mm×40mm。

2）内槽拔模斜度：5°。

3）内槽允许 *R*3 圆弧过渡。

3. **工艺规划**

（1）工件安装　以底面固定安装在机床上。

（2）加工原点　X：工件左上角点；Y：工件左上角点；Z：工件顶面（Z40）。

（3）工步安排，如表 8-7 所示

表 8-7　工步安排表

序　号	加 工 内 容	加 工 方 式	刀　具	主轴速度/（r/min）	进给率/（mm/min）
1	工件上表面圆弧曲面加工	曲面区域加工	ϕ20 球头刀	1000	300
2	工件内槽粗铣加工	型腔铣加工	ϕ20 平底铣刀	1000	300
3	内槽 5° 斜面粗加工	曲面区域加工	ϕ12 平底铣刀	1000	300
4	内槽曲面精加工	曲面区域加工	ϕ6 平底铣刀	1000	300

4. **编程步骤**

（1）打开模型文件，如图 8-122 所示

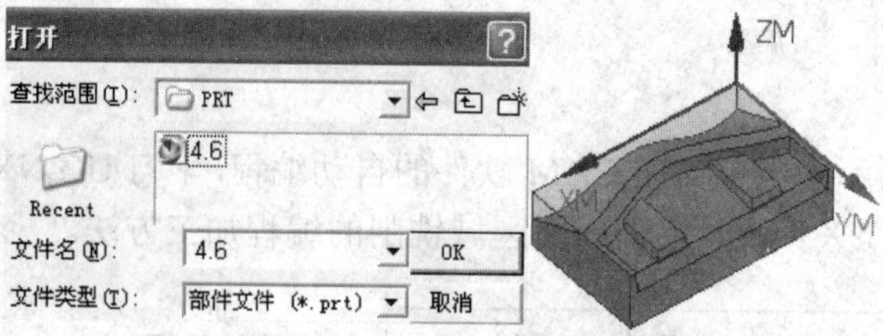

图 8-122　打开模型文件

（2）创建几何体

1）创建机床坐标系及加工（编程）原点（0，0，40）。在操作导航器里双击 MCS_MILL 图标，打开坐标系设置对话框，完成设置，如图 8-123 所示。

2）创建部件几何体。在操作导航器里双击 WORKPIECE 图标，打开部件几何体设置对话框，完成设置，如图 8-124 所示。

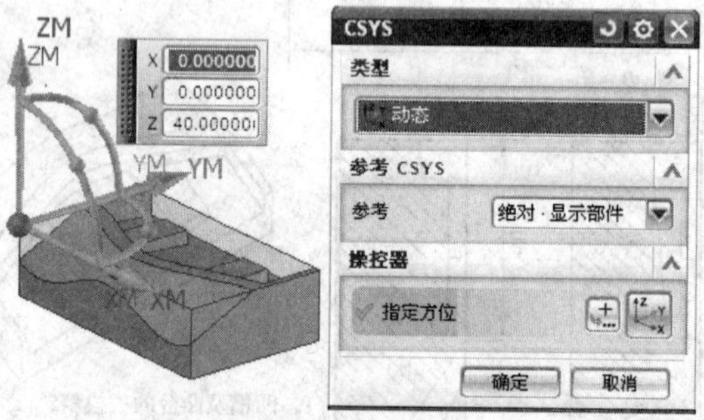

图 8-123　创建机床坐标系

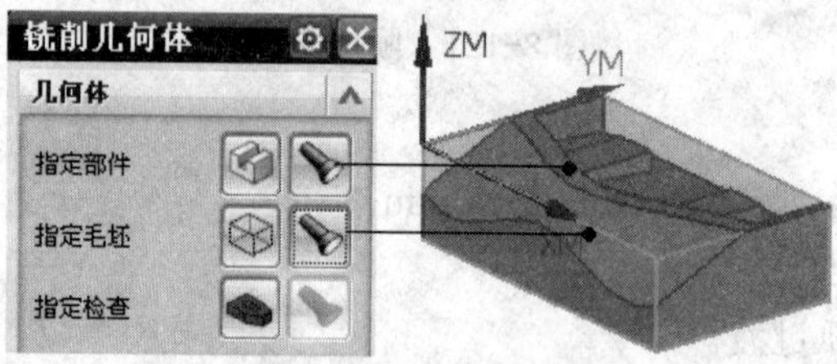

图 8-124　创建部件几何体

（3）创建刀具，如图 8-125 所示

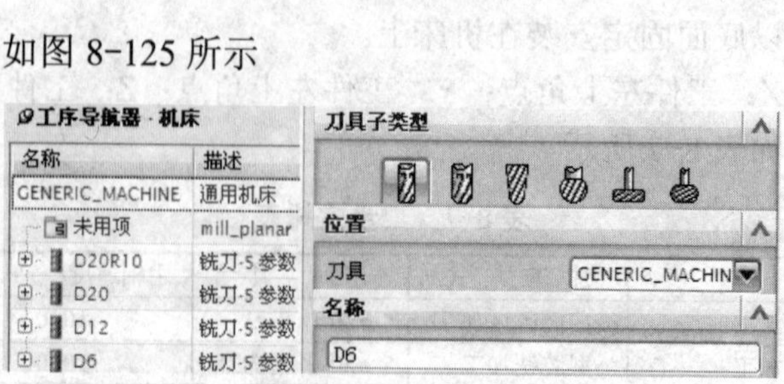

图 8-125　创建刀具

（4）工件上表面圆弧曲面加工

1）选择固定轴曲面区域铣加工子类型，如图 8-126 所示。

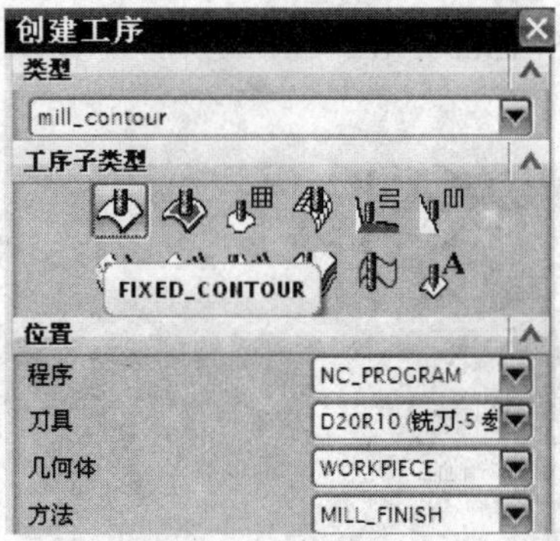

图 8-126　选择固定轴曲面区域铣加工子类型

2）选择切削区域，如图 8-127 所示。

3）区域铣削驱动方法参数设置。刀具选择ϕ20 球头铣刀；参数如图 8-128 所示设置，其他参数为系统默认值。

（5）工件内槽粗加工

1）选择型腔铣加工子类型，如图 8-129 所示。

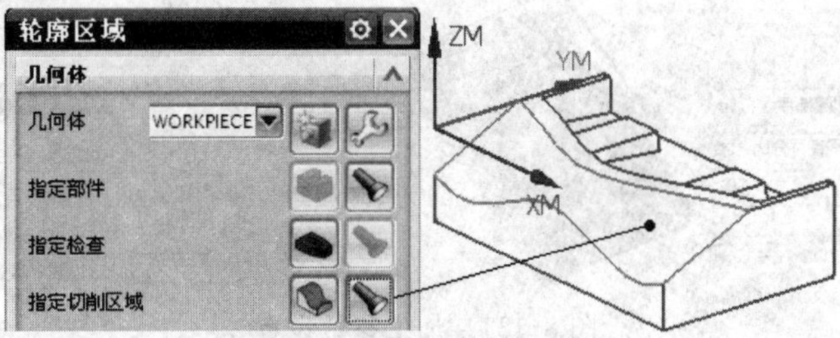

图 8-127　选择切削区域

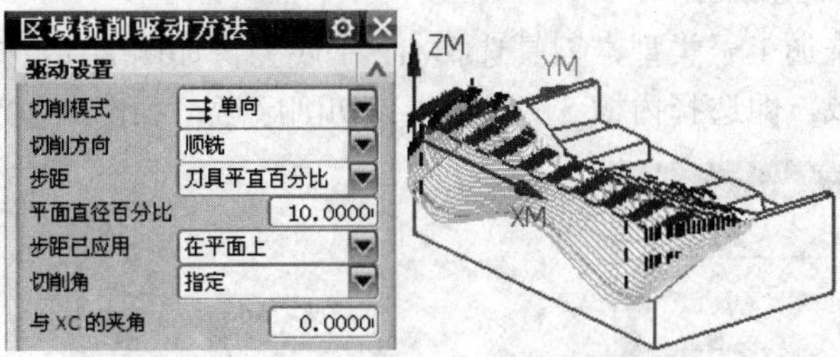

图 8-128　区域铣削驱动方法参数设置

图 8-129　选择型腔铣加工子类型

2）选择切削区域，如图 8-130 所示。

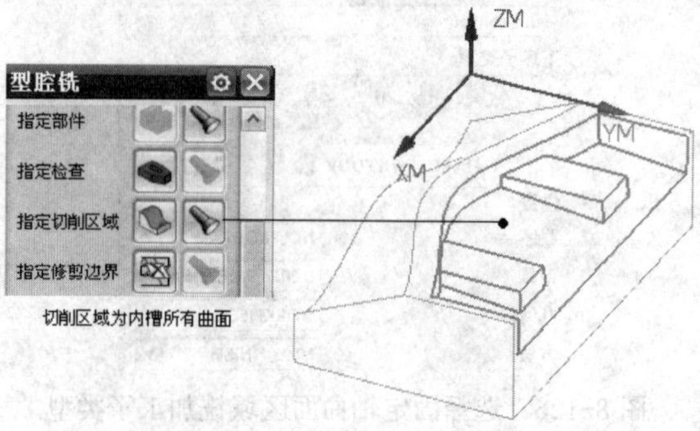

图 8-130　选择切削区域

3）设置加工参数。刀具选择ϕ20 平底端铣刀；参数按图 8-131 所示设置，其他参数按系统默认值设置。

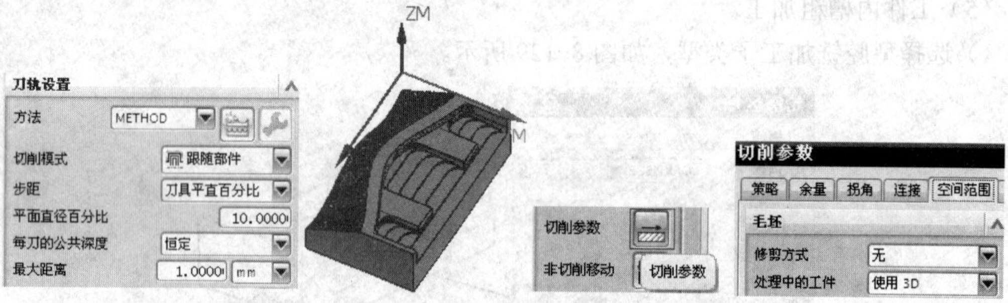

图 8-131　加工参数设置

（6）内槽 5° 斜面粗加工

1）选择固定轴铣加工子类型，刀具选择ϕ12 平底刀，如图 8-132 所示。

2）选择切削区域，即选择内槽 5° 斜面作为切削区域，如图 8-133 所示。

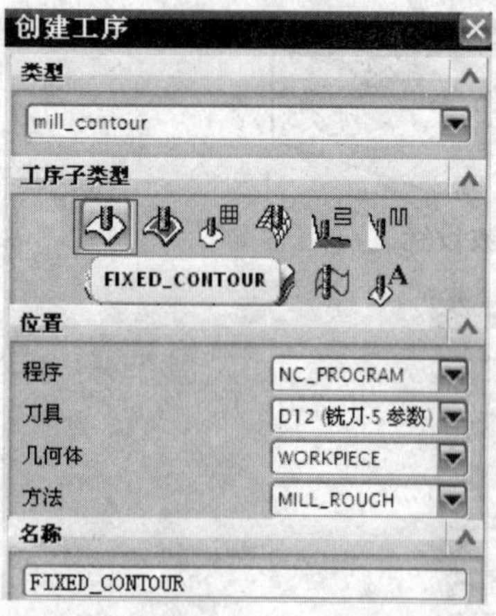

图 8-132　选择固定轴铣加工子类型

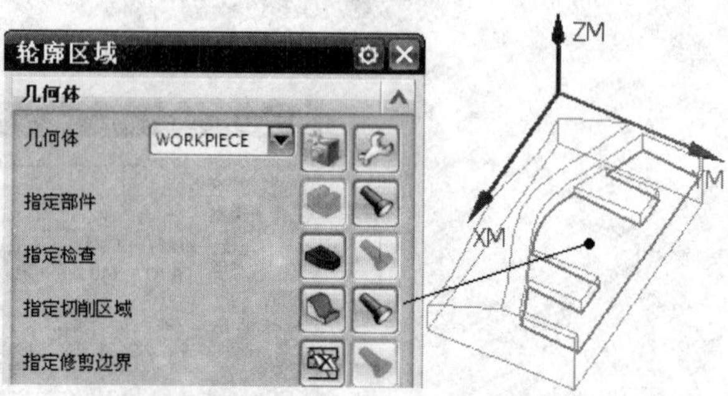

图 8-133　选择切削区域

3）设置区域铣削驱动方法，生成刀路，如图 8-134 所示。

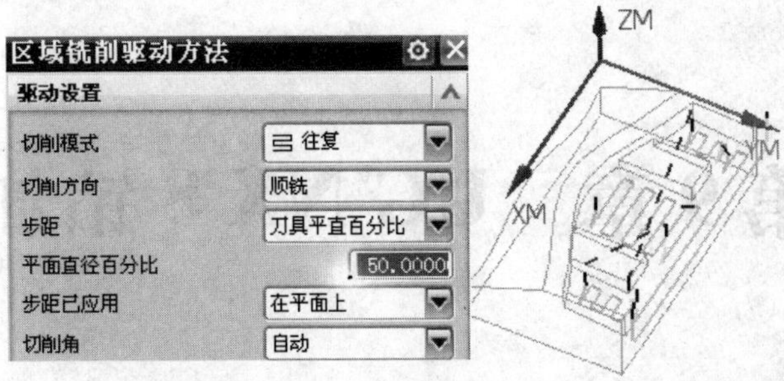

图 8-134　设置区域铣削驱动方法

（7）内槽曲面精加工　将内槽 5°斜面粗加工操作复制并粘贴生成新程序；然后将刀具改为 D6 平底铣刀；将加工方法改为精加工，其他参数按图 8-135 所示设置。

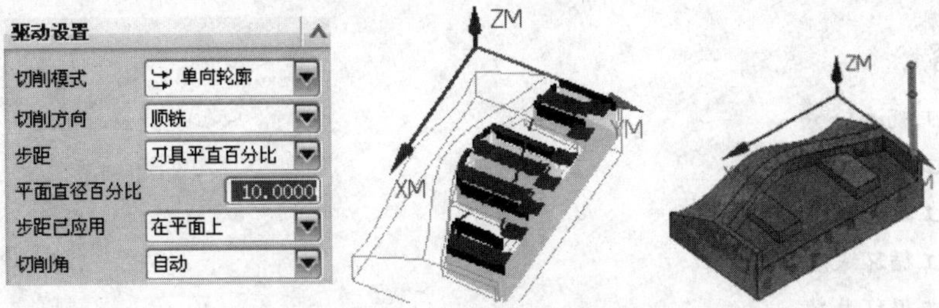

图 8-135　参数设置及生成程序并仿真

第 9 章　UG NX 8 钻加工

➘ 学习目标

了解钻加工的实现原理以及 UG NX 8 钻加工的编程步骤，掌握定义钻加工几何体的方法，学会各种钻加工循环指令的应用和切削参数的正确设置，进而提高应用数控铣床/加工中心完成零件钻加工的实际操作技能。

➘ 学习内容

- 钻加工概述
- 钻加工循环类型
- 钻加工几何体
- 钻加工循环深度
- 钻加工循环参数
- 钻加工避让设置

9.1 钻加工概述

9.1.1 钻加工简介

钻加工（Drilling Milling）是一种专门用于孔加工的模板，一般用来创建钻孔、扩孔、镗孔、铰孔和攻丝等刀具路径。

钻加工操作包括 11 种子类型，表 9-1 简要介绍了钻加工模板选项功能。

表 9-1　钻加工模板选项功能说明

模 板 选 项	功 能 说 明
SPOT_FACING	铣刀扩孔。允许刀具在指定切削深度暂停指定的秒数或转数
SPOT_DRILLING	点钻。允许刀具在指定的刀尖或刀肩深度暂停指定的秒数或转数
DRILLING	普通钻孔。用于进行基本的点到点钻孔
PECK_DRILLING	啄式钻孔。用于创建一系列的钻孔运动，按照级进的中间递增距离钻入孔内并退到孔外，每次啄钻后，刀具退出孔外排屑
REAKCHIP_DRILLING	断屑钻孔。允许钻刀进给一个递增深度后稍微退刀以断屑
BORING	镗孔。允许镗刀连续进给进入和退出部件
REAMING	铰孔。允许铰刀连续进给进入和退出部件
COUNTERBORING	锪平孔。允许刀具在指定切削深度暂停指定的秒数或转数，可用于沉头孔循环加工
COUNTERSINKING	锪锥孔。允许刀具在指定切削深度暂停指定的秒数或转数，可用于埋头孔循环加工
TAPPING	攻丝。攻丝循环，即进给到孔内，主轴反转，然后进给退到孔外
THREAD_MILLING	铣螺纹孔。此操作子类型使用螺旋切削来铣削螺纹孔

9.1.2　孔加工固定循环

在对工件孔加工时，根据刀具的运动位置，平面可以分为初始平面、R 平面、工件平面和孔底平面 4 个平面；而刀具的运动基本由 6 个过程构成，如图 9-1 所示。

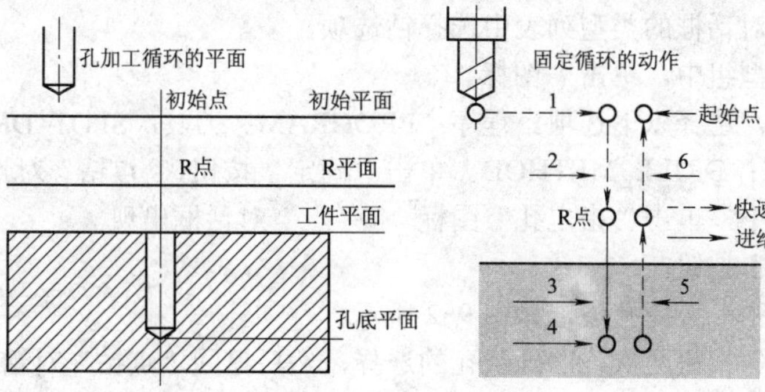

图 9-1　孔加工示意图

孔加工时的平面选择：

（1）初始平面　初始平面是为安全操作而设定的定位刀具的平面。当使用同一把刀具加工多个孔时，刀具在初始平面内的任意移动将不会与夹具、工件凸台等发生干涉。

（2）R 平面　R 平面又称为 R 参考平面。这个平面表示刀具从快进转为工进的转折位置，R 平面距工件表面的距离主要考虑工件表面形状的变化，一般可取 2～5mm。

（3）孔底平面　表示孔底平面的位置。加工盲孔时为 Z 轴高度，钻削盲孔时应考虑钻头钻尖对孔深的影响；加工通孔时刀具伸出工件孔底平面一段距离，即刀具要有一定的超越量，保证通孔全部加工到位。

在孔加工过程中，刀具的运动由一般由 6 个动作组成，即快速定位至初始点；快速定位至 R 点；孔加工；在孔底的暂停动作；返回到 R 点；快速返回到初始点。

在 FANUC 系统中，孔加工固定循环指令由 G80～G89 等 G 指令组成。

表 9-2 给出了孔加工 G 指令的常用功能，并且在 UG NX 钻加工类型里都可以找到相对应的指令，了解这些指令之后可以加强对 UG NX 钻加工操作类型的了解。

表 9-2　FANUC 系统固定循环功能表

G 代码	孔加工动作（－Z 方向）	孔底动作	返回方式（+Z 方向）	用　　途
G80				取消固定循环
G81	切削进给		快速进给	浅孔钻孔
G82	切削进给	暂停	快速进给	浅孔锪孔、镗阶梯孔
G73	间歇进给		快速进给	深孔往复断屑钻
G83	间歇进给		快速进给	深孔往复排屑钻
G74	切削进给	暂停→主轴正转	切削进给	攻左旋螺纹
G84	切削进给	暂停→主轴反转	切削进给	攻右旋螺纹
G85	切削进给		切削进给	精镗孔
G89	切削进给	暂停	切削进给	精镗阶梯孔
G76	切削进给	主轴定向停止→刀具移位	快速进给	超精镗孔
G87	快速进给	主轴停止	切削进给	背镗孔（拉刀方式）
G86	切削进给	主轴停止	快速进给	粗镗孔
G88	切削进给	暂停→主轴停止	手动操作	手动退刀镗孔

9.1.3 钻加工基本操作过程（点钻）

下面的示例说明如何使用操作中指定的钻孔几何体来创建“点钻”操作。

1）在“插入”工具栏中，单击“创建操作”图标，或选择“插入”→“操作”命令。

2）在创建操作对话框的类型列表中选择钻选项。

3）在工序子类型组中，单击图标。

4）在位置组中，选择以下选项。程序：PROGRAM；刀具：SPOT_DRILL；几何体：WORKPIECE；方法：DRILL_METHOD。单击“确定”按钮，“点钻”对话框出现。

5）在几何体组中，单击“指定孔”图标，“点”对话框出现。

6）单击“选择”按钮。

7）在图形窗口中，选择孔边，如图 9-2 所示。

8）单击“确定”按钮两次，以确认孔的选择，然后返回“点钻”对话框。

9）在循环类型组的循环列表中选择标准钻选项。

10）在循环行中，单击“编辑”图标，“指定数量”对话框出现。提示行显示此操作中可使用的循环参数组数。

11）单击“确定”按钮以接受默认值（一个循环参数集），“循环参数”对话框出现。

12）单击“深度”按钮“循环深度”对话框出现。单击“刀尖深度”图标 刀尖深度 。

13）在“深度”文本框中输入值，表示想通过点钻切削的深度，此示例使用的值为 1。

14）单击“确定”按钮，“循环参数”对话框出现。

15）单击“驻留（DWELL）”按钮，“循环驻留”对话框出现。单击“秒”图标，在文本框中输入值。此示例使用的值为 2，即刀具到达指定深度时将驻留指定的秒数。

16）单击“确定”按钮两次，以返回到“点钻”对话框。

17）在循环类型组中，输入最小安全距离值。此示例使用的值为 3。

最小安全距离值决定刀具进入孔之前所在的定位点高出材料的距离。

- 在操作组中，单击“生成”图标，生成刀轨，如图 9-3 所示。
- 单击“确定”按钮接受此刀轨并关闭对话框。

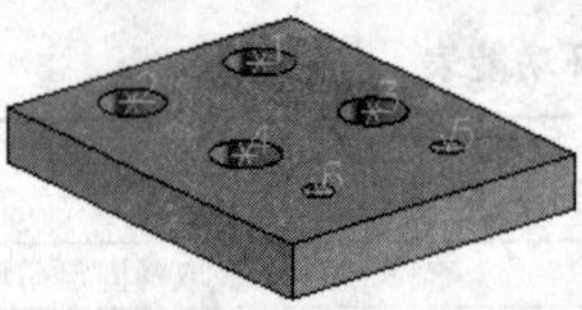

图 9-2　指定孔

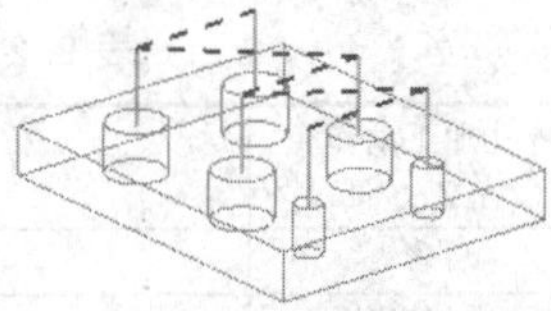

图 9-3　生成刀轨

9.2 钻加工几何体

9.2.1 钻孔几何体父组

用钻孔几何体父组管理钻孔几何体。如果将钻孔操作与钻孔几何体父组关联，则不需要为使用相同几何体的每个操作选择几何体。钻孔几何体父组包括 MCS（机床坐标系设置）、WORKPIECE（工件几何体）、DRILL_GEOM（钻加工工件几何）、HOLE_BOSS_GEOM

（特征几何体），对话框如图 9-4 所示。

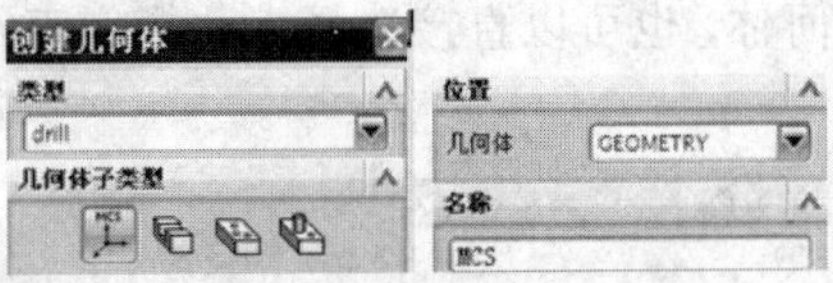

图 9-4　钻孔几何体对话框

1．MCS

通过 MCS 设置机床坐标系原点，该父组将根据机床坐标系定义后续刀轨数据的原点。MCS 具体设置如图 9-5 所示。

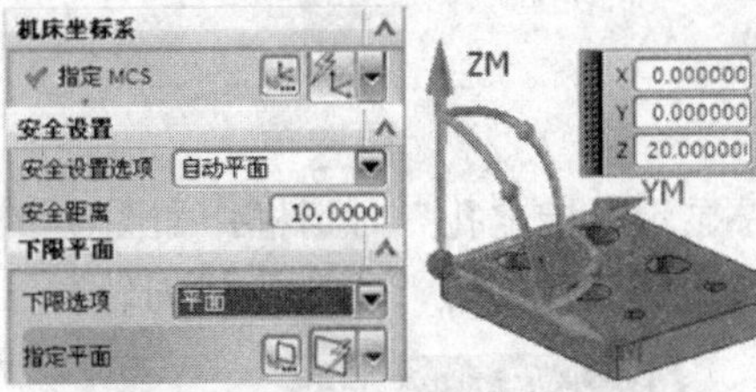

图 9-5　设置机床坐标系原点

为钻加工创建机床坐标系时应注意以下两点：

1）当三轴加工时，创建的坐标系 ZM 轴一般应与待加工孔的轴线平行。

2）当工件待加工孔的轴线方向不一致时，如果是三轴机床，则应在各个不同的方位上创建相应的 MCS 及其操作，相应地在现场加工时，必须多次重新装夹工件。

2．WORKPIECE

此父组可以从 MCS 父组继承 MCS，然后可以指派部件和毛坯材料，但钻操作的刀轨没有影响，只在验证刀轨时需要用到此父组，如图 9-6 所示。

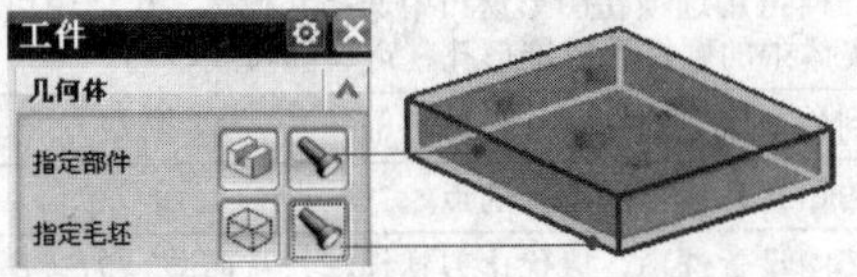

图 9-6　设置工件几何体

3．DRILL_GEOM

该父组定义钻孔操作使用的孔几何体。它可以从 WORKPIECE 父组继承工件，如图 9-7 所示。

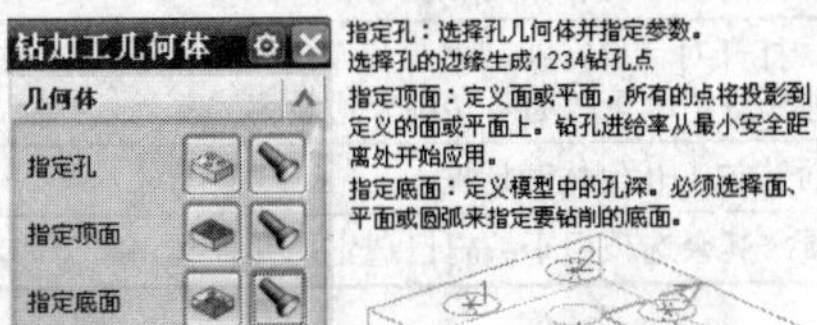

图 9-7　设置工件几何体

4. HOLE_BOSS_GEOM

通过已有的特征生成几何体，也可以直接选择点并指定直径和深度从而生成孔几何体，如图 9-8 所示。

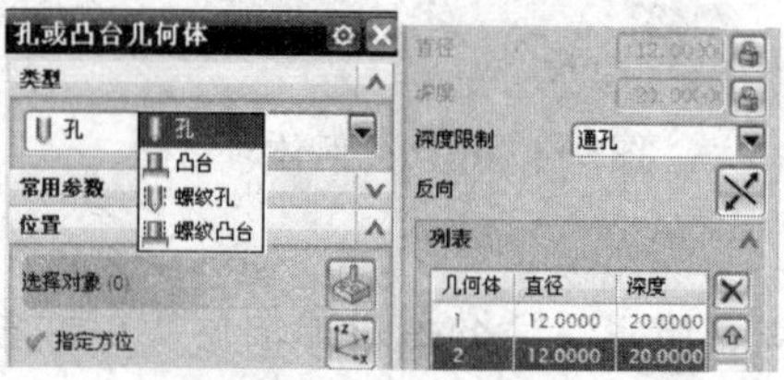

图 9-8　设置特征几何体

9.2.2　钻孔几何体子类型

1. **指定孔**

单击“指定孔”图标，显示“指定孔”对话框，如图 9-9 所示。“指定孔”对话框包含多个选项，可使用这些选项选择和操控点，用于生成刀轨。

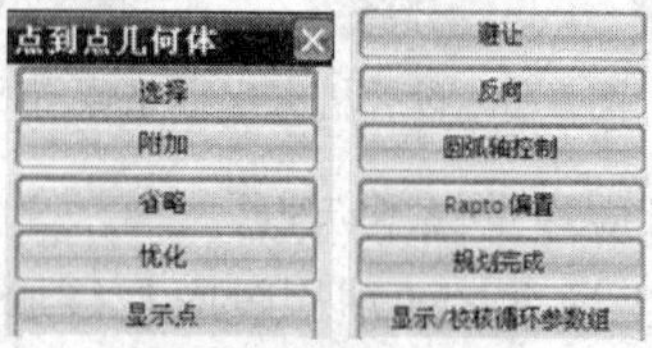

图 9-9　“指定孔”对话框

下面简要介绍“指定孔”对话框中各选项的含义，如表 9-3 所示。

表 9-3　“指定孔”对话框中各选项的含义

选　项	描　述
选择	根据名称或使用任何可用选项在图形窗口中选择几何体。可使用以下不同类型的几何体来代表点到点操作中的孔：片体或实体中的圆柱孔或锥形孔、点、圆弧或整圆
附加	将选择的点添加到先前选定的钻孔几何体
省略	忽略在先前定义的钻孔几何体上选择的点
优化	打开对话框，在其中设置选项，以优化刀具行程，从而减少刀轨长度
显示点	使用包含、省略、避让或优化选项后，显示多个点的新顺序
避让	指定装夹或部件内障碍上方的刀具安全距离。必须定义起点、终点和避让距离。距离表示部件表面与刀尖之间的距离
反向	将先前选定的 GoTo 点的顺序设为相反方向。可使用该选项在相同的点集上执行背靠背操作，如钻孔和攻丝
圆弧轴控制	将片体中选定圆弧和孔的刀轴方位设为相反方向
Rapto 偏置	设置快进偏置距离。打开对话框，在其中为每个选定的点、圆弧或孔指定 RAPTO 值。在 Rapto 偏置位置处，进给率从“快进”进给率更改为“切削”进给率
规划完成	关闭点对话框，返回钻加工几何体对话框
注释：指定几何体时仅使用选择选项。其余选项用于编辑已选定的几何体	

2. **指定顶面**

工件顶面是刀具进入材料的位置。工件顶面可以是一个已有的面，也可以是一个一般平面。如果没有定义工件顶面，或已将其取消，那么每个点处隐含的工件顶面将是垂直于刀轴且通过该点的平面。

（1）选择类型　使用以下选项之一指定工件顶面：。

（2）面　选择面选项后，可以通过在图形显示区域中选择一个面来指定一个实体面。当使用一个平面来定义工件表面时，操作将保持与该平面的关联性。

（3）平面　平面选项可以通过平面子功能方式之一来定义顶面。

（4）ZC 常数　在文本框中输入相对于 WCS 的 XC/YC 平面的所需距离，可以快速指定垂直于 WCS 的 ZC 轴的工件顶面平面的方法

（5）无　任何一个都不允许移除先前指定的工件顶面平面。

3．**指定底面**

指定底面定义刀轨的切削下限。底面可以是一个已有的面，也可以是一个一般平面，也可以使用深度偏置选项来指定相对于底面的通孔安全距离。

有关选择底面后可用选项的介绍，参考指定顶面。指定顶面与底面如图 9-10 所示。

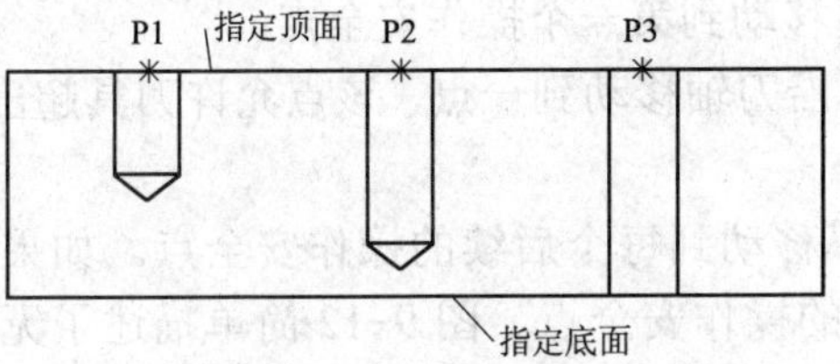

图 9-10　指定顶面与底面示意图

9.2.3　点参数对话框

当选择点位时，系统首先检查是否有已指定的点位。如果先前已指定点位，则会弹出一个对话框，在对话框中，YES 表示忽略已指定的点位；NO 表示不忽略原来的位置。表 9-4 给出了点参数对话框中各选项的含义。

表 9-4　点参数对话框中各选项的含义

选　项	描　述
循环参数集	定义哪一个循环参数集与下一个点集关联
一般点	使用点构造器对话框指定钻孔点
组	引用先前定义的点和圆弧组。必须输入组名
类选择	打开类选择对话框。可使用过滤选项选择想要的点和圆弧
面上所有孔	选择指定面上的所有孔
预钻点	引用先前在平面铣和型腔铣操作中指定的预钻孔
最小直径-无	指定直径值，将圆弧的选择对象限制为直径小于或等于指定值的圆弧
最大直径-无	指定直径值，将圆弧的选择对象限制为直径大于或等于指定值的圆弧
选择结束	关闭对话框，返回点对话框
可选的-全部	将想要选择的几何体类型过滤出来：仅点、仅圆弧、仅孔、点和圆弧、全部

9.3　钻加工操作参数

9.3.1　钻加工循环类型

钻孔循环描述执行点到点加工功能（如钻孔、攻丝或镗孔）所必需的机床运动。

经过后处理之后，循环语句通常输出为即将由机床执行的 CYCLE/操作中所有刀具运动的现成循环代码。如果没有现成循环代码，则机床将使用 GOTO/命令语句来定义对指定循环进行仿真的各个刀具运动和机床功能。UG NX 8 中钻加工循环类型共有 14 个选项，如图 9-11 所示。

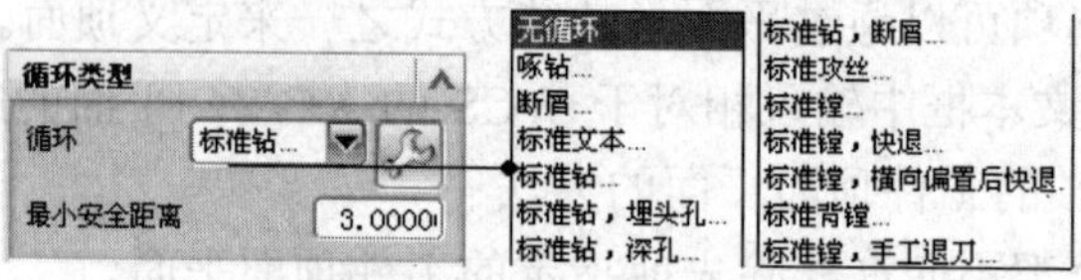

图 9-11　钻加工循环类型

下面简要介绍各循环类型的特性及用法。

1. ***无循环-以 G00 和 G01 指令完成操作，适用于加工相同要求的孔***

取消任何活动的循环。此时刀轨按照以下序列生成刀具运动：

1）刀具以进刀进给率移动到第一个操作安全点。

2）刀具以切削进给率沿刀轴移动到一点，该点允许刀具超出选定的底面，以退刀进给率退刀至操作安全点。

3）刀具以快速进给率移动到每个后续的操作安全点。如果没有选择底面，刀具以切削进给率进给到每个后续的操作安全点。图 9-12 简单描述了无循环刀轨及程序的状态。

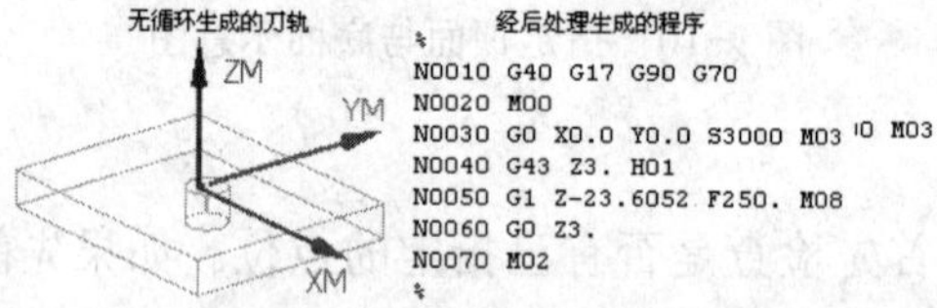

图 9-12　生成无循环刀轨

注释：不可使用无循环选项定义孔的通孔/盲孔状态，但可以使用啄钻或断屑循环选项，将深度设置为穿过底面、底面或模型深度，将增量参数设置为无，以获得所需的结果。

2. ***仿真啄钻循环-以 G00 和 G01 指令完成操作***

在每个选定的孔位点生成仿真啄钻循环。啄钻循环包含一系列以递增的中间增量钻入并退出孔的钻孔运动。通常按照以下顺序描述和生成所需的刀具运动：

1）刀具以循环进给率移动至第一个中间增量位置处（本例为 10.0）。

2）刀具以退刀进给率从孔中退到操作安全点处。

3）刀具以进刀进给率移动到前一次进刀深度上方的安全点（该深度由选择啄钻后的步进间隙提示定义）。距离（本例为 1.25）是相对于当前啄钻深度的退刀运动距离，刀具的这一运动可带出切屑并使冷却液进入孔中。

注意：距离仅适用于啄钻和断屑钻孔循环。

4）刀具以循环进给率移动到下一个使用增量选项设置的中间深度。这一系列的运动持续进行，直到到达指定的孔深度，在该点，软件以退刀进给率将刀具从孔中移出，退至操作安全点；然后刀具以快速进给率定位至下一个钻孔位置，然后开始下一个钻孔循环。图 9-13 描述了啄钻刀轨及程序的状态。

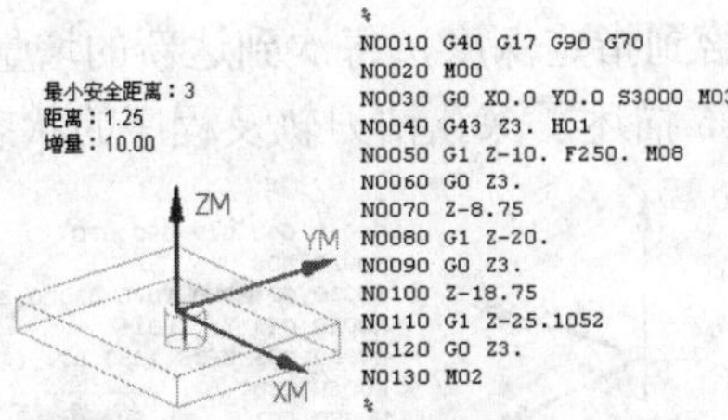

图 9-13　生成啄钻刀轨

3. 仿真断屑循环-以 G00 和 G01 指令完成操作

在每个选定的孔位点生成仿真断屑钻孔循环。断屑钻孔循环与啄钻循环基本相同，但有以下区别：到达每个钻孔增量位置后，软件生成退刀运动（运动到距离当前深度位置为距离值处），而不是生成移出孔外的完全退刀运动和返回运动（回到距离上一次深度位置为距离值处）。图 9-14 描述了断屑刀轨及程序的状态。

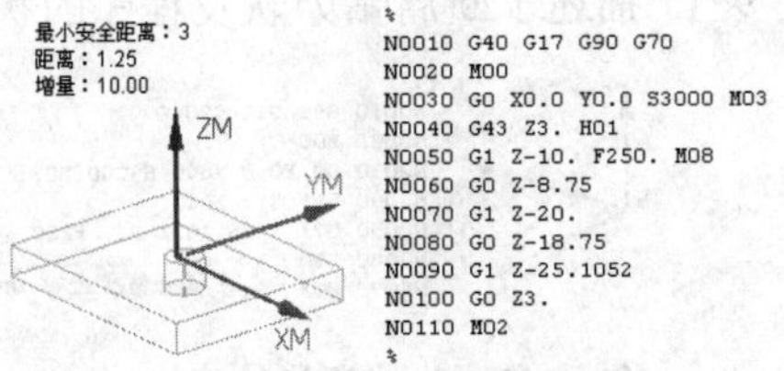

图 9-14　生成断屑刀轨

4. 标准文本

根据指定的 APT 命令语句，用定位运动激活 CYCLE/语句。该语句只能包含次要字和参数。严格按照程序员想要在斜杠符号后输出的形式来输入词或参数。通常只有在其他“标准循环”选项都不适用的情况下才能使用该选项。一般很少用到此功能。

5. 标准钻-（生成 G81/G82 语句）

此功能使 UG NX 在每个选定的钻孔点生成标准埋头孔循环，通常包含进给到指定深度（根据埋头孔直径和刀尖角计算）的运动和以快速进给率沿刀轴的退刀运动，通过关闭/设置暂停时间，可以在 G81 和 G82 语句之间切换，参考程序如图 9-15 所示。

Dwell-关

```
%
N0010 G40 G17 G90 G70
N0020 M00
N0030 G0 X0.0 Y0.0 S3000 M03
N0040 G43 Z3. H01
N0050 G81 Z-25.1052 R3. F250.
N0060 G80
N0070 M02
%
```

Dwell (秒) - 2.0000

```
%
N0010 G40 G17 G90 G70
N0020 M00
N0030 G0 X0.0 Y0.0 S3000 M03
N0040 G43 Z3. H01
N0050 G82 Z-25.1052 R3. F250. P2.
N0060 G80
N0070 M02
%
```

图 9-15　生成标准钻刀轨

6. 标准钻，埋头孔...-（生成 G82 语句）

标准钻，埋头孔...能够使系统在每个选定的钻孔点处生成一个标准埋头孔循环（需设置 DWELL 暂停时间）。钻埋头孔子时钻削深度是根据埋头孔直径和刀尖角计算得到的。一般包括进给运动和快速退刀运动，参考程序如图 9-15 所示。

7. 标准钻，深孔...-（生成 G83 语句）

该功能为每个选定的钻孔点生成深孔钻循环，一般用于排屑钻，通常包括以一系列的增量（本例为 2mm）运动进给到指定深度，每次到达新的增量深度后刀具退出孔外，再以快速进给率进行退刀。图 9-16 描述了深孔钻刀轨及程序的状态。

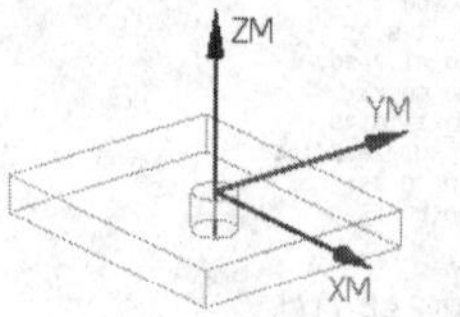


```
%
N0010 G40 G17 G90 G70
N0020 M00
N0030 G0 X0.0 Y0.0 S3000 M03
N0040 G43 Z3. H01
N0050 G83 Z-25.1052 R3. F250. Q2.
N0060 G80
N0070 M02
%
```

Step 值 - 已定义 2mm

图 9-16　生成深孔钻刀轨

8. **标准钻，断屑...-（生成 G73 语句）**

该功能为每个选定的钻孔点生成标准断屑钻孔循环。断屑钻孔序列通常包括以一系列的增量运动进给到指定深度，其中每进给到一个增量深度后退刀至安全间距距离处（退刀距离由数控系统内部设定），到达最后深度后刀具退出孔外。安全距离由控制器或机床定义，退刀以快速进给率进行。图 9-17 描述了断屑钻刀轨及程序的状态。

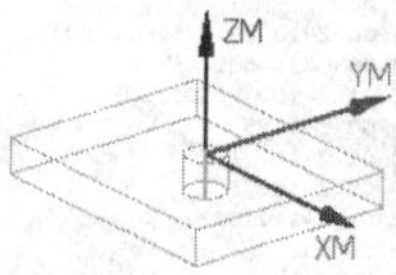


```
%
N0010 G40 G17 G90 G70
N0020 M00
N0030 G0 X0.0 Y0.0 S3000 M03
N0040 G43 Z3. H01
N0050 G73 Z-25.1052 R3. F250. Q2.
N0060 G80
N0070 M02
%
```

Step 值 - 已定义 2mm

图 9-17　生成断屑钻刀轨

9. **标准攻丝-（生成 G84 语句）**

该功能在每个选定的钻孔点处生成标准攻丝循环。攻丝序列通常包含将刀具进给到指定深度，主轴反转，然后刀具进给退出孔外。

在手工编程时，一般应用 G84 指令完成攻右牙，应用 G74 指令完成攻左牙。

在 G84 执行攻牙时，主轴正转。在到达孔底时，主轴反转退出。在攻牙时忽略进给调整，进给保持不起作用，直到完成退刀。

在 G74 执行攻牙时，主轴反转。在到达孔底时，主轴正转退出。这样做出反牙螺纹。因此，在 UG NX 标准攻丝编程时可以通过改变主轴旋转方向来执行攻左牙（反牙螺纹）的操作，参考程序如图 9-18 所示。

```
%   主轴正转攻右（正）牙              %   主轴反转攻左（反）牙
N0010 G40 G17 G90 G70                N0010 G40 G17 G90 G70
N0020 M00                            N0020 M00
N0030 G0 X0.0 Y0.0 S3000 M03         N0030 G0 X0.0 Y0.0 S3000 M04
N0040 G43 Z3. H01                    N0040 G43 Z3. H01
N0050 G84 Z-25.1052 R3. F250.        N0050 G84 Z-25.1052 R3. F800.
N0060 G80                            N0060 G80
N0070 M02                            N0070 M02
%                                    %
```

图 9-18　生成标准攻丝程序

10. **标准镗-半精镗（生成 G85/G89 语句）**

在每个选定钻孔点处生成标准镗孔循环。镗孔序列通常包含将刀具进给到指定深度，然后刀具进给退出孔外。在手工编程时，当执行 G85 时，刀具以切削进给方式加工到孔底，然后以切削进给方式返回到 R 平面，因此 G85 指令常用于铰孔和扩孔加工；当执行 G89 时，刀具以切削进给方式加工到孔底，在孔底暂停，然后以切削进给方式返回到 R 平面，因此 G89 指令常用于阶梯孔加工，参考程序如图 9-19 所示。

```
% DWELL(暂停)关                        % DWELL(暂停)2秒
N0010 G40 G17 G90 G70                 N0010 G40 G17 G90 G70
N0020 M00                             N0020 M00
N0030 G0 X0.0 Y0.0 S3000 M03          N0030 G0 X0.0 Y0.0 S3000 M03
N0040 G43 Z3. H01                     N0040 G43 Z3. H01
N0050 G85 Z-25.1052 R3. F800.         N0050 G89 Z-25.1052 R3. F800. P2.
N0060 G80                             N0060 G80
N0070 M02                             N0070 M02
%                                     %
```

图 9-19　生成标准镗程序

11. **标准镗，快退-粗镗（生成 G86 语句）**

此功能生成的运动取决于目标机床和后处理器。不过，镗孔快退序列通常包含将刀具进给到指定深度，主轴停止，刀具退出孔外，退刀以快速进给率进行，如图 9-20 所示。

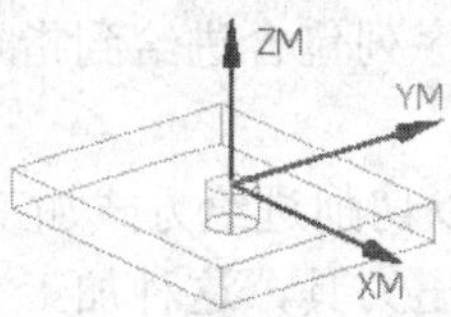


```
%
N0010 G40 G17 G90 G70
N0020 M00
N0030 G0 X0.0 Y0.0 S3000 M03
N0040 G43 Z3. H01
N0050 G86 Z-25.1052 R3. F800.
N0060 G80
N0070 M02
%
```

图 9-20　生成标准镗刀轨

12. **标准镗，横向偏置后快退-精密镗（生成 G76 语句）**

在使用此功能时，刀具以进给方式加工到孔底，然后主轴定位，刀具向刀尖相反方向移动，使刀具脱离工件表面，保证刀具不擦伤工件表面，然后快速退刀至 R 平面或初始平面，常用精密镗阶梯孔加工。

注释：在选择主轴方位选项时，UG NX 提示输入主轴方位值。如果选择：

1）无，将省略 CYCLE 语句中的主轴方位 q 值，并显示指定循环参数集数菜单。

2）指定，根据目标机床和后处理器输入值。通常应为主轴方位指定一个角度位置，或为偏置运动指定一个距离。方位对话框及程序如图 9-21 所示。

```
%
N0010 G40 G17 G90 G70
N0020 M00
N0030 G0 X0.0 Y0.0 S3000 M03
N0040 G43 Z3. H01
N0050 G76 Z-25.1052 R3. F800.
N0060 G80
N0070 M02
%
```

图 9-21　方位对话框及程序

13. **标准背镗-精密镗（生成 G87 语句）**

在执行标准背镗时，刀具在 G17 平面内快速定位后，主轴准停，刀具向刀尖相反方向移动 Q，然后快速移动到孔底（R 点），在这个位置刀具按原偏移量反向移动相同的 Q 值，主轴正转并以切削进给方式返回到 Z 平面，主轴再次准停，并沿刀尖相反方向移动 Q，快速提刀至初始平面并按原偏移量返回到 G17 平面的定位点。

注释：在选择主轴方位选项时，UG NX 提示输入主轴方位值。如果选择：

1）无，将省略 CYCLE 语句中的主轴方位 q 值，并显示指定循环参数集数菜单。

2）指定，根据目标机床和后处理器输入值。通常应为主轴方位指定一个角度位置，或为偏置运动指定一个距离。方位对话框及程序如图 9-22 所示。

由于标准背镗循环刀尖无需在孔中经工件表面退出，所以加工表面质量较好，该指令常用精密镗孔加工。

```
%
N0010 G40 G17 G90 G70
N0020 M00
N0030 G0 X0.0 Y0.0 S3000 M03
N0040 G43 Z3. H01
N0050 G87 Z-25.1052 R3. F800.
N0060 G80
N0070 M02
%
```

图 9-22　方位对话框及程序

14. **标准镗，手工退刀-精密镗（生成 G88/G89 语句）**

通常，一个典型的“标准镗，手工退刀”序列包含进给到指定深度、主轴停止和程序停止，以允许操作人员手工从孔中退出主轴等。

在手工编程中，当执行 G88 指令时，刀具以切削进给方式加工到孔底，在孔底暂停后，主轴停转，这时可通过手动方式从孔中安全退出刀具，这种加工方式虽然能提高孔的加工精度，但加工效率较低，因此该指令常用于单件加工，如图 9-23 所示。

```
%  无暂停时生成                        %  有暂停时生成
N0010 G40 G17 G90 G70                 N0010 G40 G17 G90 G70
N0020 M00                             N0020 M00
N0030 G0 X0.0 Y0.0 S3000 M03          N0030 G0 X0.0 Y0.0 S3000 M03
N0040 G43 Z3. H01                     N0040 G43 Z3. H01
N0050 G88 Z-25.1052 R3. F800.         N0050 G89 Z-25.1052 R3. F800. P2.
N0060 G80                             N0060 G80
N0070 M02                             N0070 M02
%                                     %
```

图 9-23　生成标准镗，手工退刀程序

15. **最小安全距离**

最小安全距离定义了每个操作安全点。通常，在该点处刀具运动从快速进给率或进刀进给率改变为切削进给率。如果没有指定安全平面，刀具将以快速进给率定位到下一个孔，然后直接到达指定的最小安全距离；如果指定了安全平面，刀具将以快速进给率从安全平面移动到指定的最小安全距离处，如图 9-24 所示。

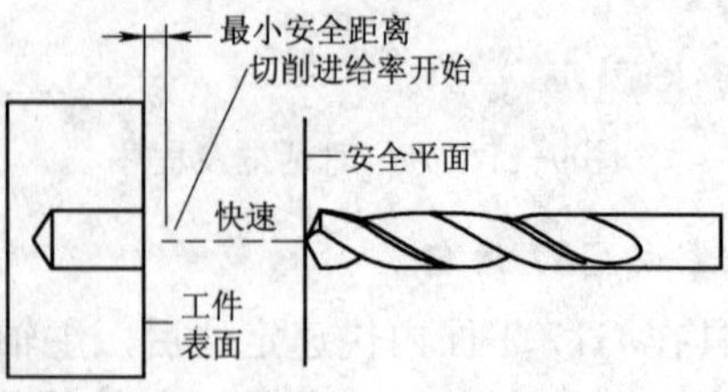

图 9-24　最小安全距离

9.3.2　钻加工循环深度

1. **循环深度**

通过在“循环参数”对话框中单击“模型深度”按钮，打开设置对话框，设置深度，如图 9-25 所示。

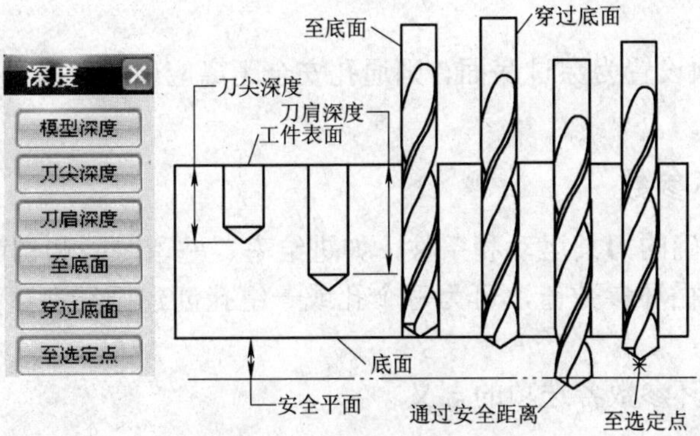

图 9-25 深度设置示意图

表 9-5 给出了“深度”对话框中各选项的含义。

表 9-5 “深度”对话框中各选项的含义

选 项	描 述
模型深度	计算实体模型中每个孔的深度。刀轴必须和孔轴一致
刀尖深度	设置从顶面到刀尖的深度。钻刀的刀尖进给至指定深度
刀肩深度	设置从顶面到刀肩的深度。钻刀的刀肩进给至指定深度
至底面	刀尖进给至底面
穿过底面	钻刀刀肩进给至底面。可在钻对话框中指定通孔安全距离，以使钻刀刀肩进给至底面并超过指定的安全距离
至选定点	钻刀刀尖进给至指定点的 Z 向深度

2. *深度偏置选项*

深度偏置用于指定盲孔底部以上的剩余材料量（如用于精加工操作），或指定多于通孔应切除材料的材料量（如确保打通该孔）。

深度偏置包含两个值：盲孔余量和通孔安全距离，具体解释如下：

1）盲孔余量。指定高出盲孔底面的距离，刀具将在此位置停止钻孔，应用于盲孔。

2）通孔安全距离。指定刀具移动超出通孔底面的距离，应用于通孔。可在钻对话框中使用深度偏置选项，如图 9-26 所示。

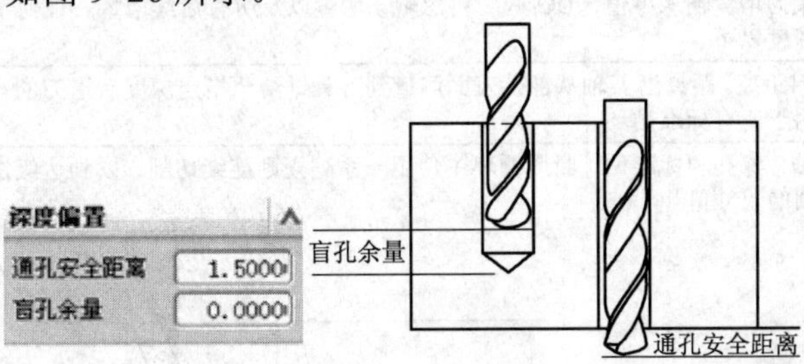

图 9-26 深度偏置

深度偏置选项与“循环参数”对话框中的深度选项以如下方式结合使用：

1）如果深度选项设置为模型深度，则深度偏置仅应用于实体孔。它不适用于点、圆弧或片体中的孔。

2）如果深度选项设置为至底面，则盲孔余量应用于所有选定对象。必须有一个底面处于活动状态。

3）如果深度选项设置为穿过底面，则通孔安全距离应用于所有选定对象。必须有一个底面处于活动状态。

9.3.3　钻加工循环参数

循环参数定义精确的刀具运动和条件，如进给率、驻留时间和切削增量。

如果要改变任何循环参数值，可为每个孔或一组孔创建循环参数集。每个循环最多可拥有 5 个参数集。

表 9-6 给出了循环参数各选项的含义。

表 9-6　循环参数各选项的含义

选　项	描　述
深度	打开循环深度对话框，具体设置参见 9.3.2 节
进给率	打开循环进给率对话框，在其中指定切削时的刀具过渡速度。显示当前的进给率单位和值。可将进给率设置为 IPM 或 IPR（对于非公制部件），或者设置为 MMPM 或 MMPR（对于公制部件）
驻留	打开循环驻留对话框，其中以秒数或转数形式设置刀具在指定切削深度的延迟时间 关：表示刀具送到指定深度后不发生驻留 秒：输入以秒表示的驻留值 转数：输入所需的驻留值，以主轴转数为单位
选项	打开或关闭特定机床独有的加工特性。此选项与后处理器相关
CAM	为没有可编程 Z 轴的机床指定刀具深度的预设 CAM 停止位置 尽管 CAM 参数能够控制 Z 轴不可编程的机床的刀具深度，但一般应用深度参数，设置显示进给至指定深度的运动
埋头孔直径	设定埋头孔的直径，UG NX 系统用此直径和钻刀角度来计算钻削深度 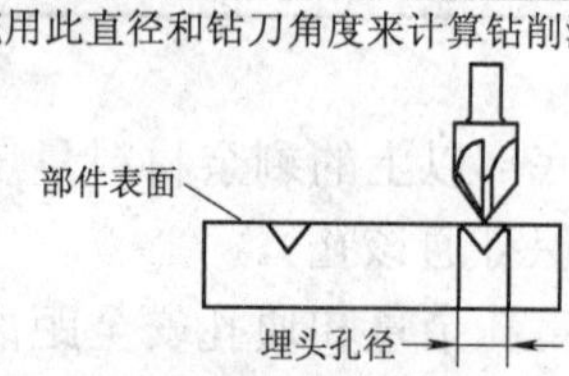
入口直径	指定现有孔（将通过埋头孔操作扩大该孔）的外径 入口直径表示进行埋头孔加工之前现有孔的直径。此选项仅可用于标准钻，埋头孔循环
增量	在啄钻和断屑钻孔操作中使用一系列规则连续切削，以到达级进深度，增量用于指定其中一次切削的尺寸值。如果为增量输入零值，UG NX 将忽略该增量以及所有后续增量。任何情况下软件都不会将刀具进给至指定深度以下
退刀	指定退刀距离。距离沿刀轴从部件表面测量到刀具进给至指定深度后退刀的点。除标准镗，手工退刀外，此选项可用于所有标准循环
步进值	在标准钻，深孔和标准钻，断屑循环中使用一系列规则连续切削，以到达级进深度，步进值用于指定其中一次切削的尺寸值 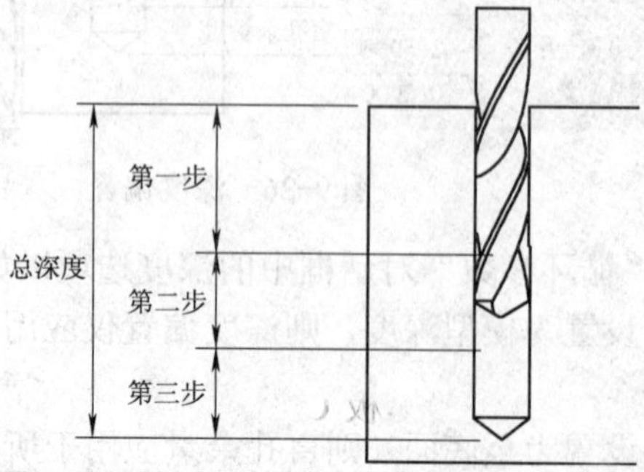

9.3.4　钻加工其他参数设置

1. **“优化”对话框**

在“循环参数”对话框中选择优化时，打开“优化”对话框，表 9-7 简要说明了各选项的含义。

表 9-7　“优化”对话框中各选项的含义

选　项	描　述
最短刀轨	以尽可能减少总加工时间为原则，按照相应顺序安排点 层：表示确定最短刀轨时想要使用的分析流程 基于：是固定轴刀轨的唯一选项；在决定加工效率时，可变轴刀轨可考虑该刀轴 起点：控制刀轨的起点 终点：控制刀轨的终点 起始刀轴：控制切削运动开始时的刀轴。此选项仅可用于可变轴刀轨 结束刀轴：控制切削运动结束时的刀轴。此选项仅可用于可变轴刀轨 优化：初始化优化过程
水平带竖直带	限制刀轨；常用于其他加工约束，如夹具位置、机床行程限制、工作台大小等
重新绘制点	如果设置为是，则在每次优化后重新绘制所有点

2. **允许大号刀具**

允许大号刀具选项允许使用一个直径大于要钻的孔的直径的刀具，这在攻丝时非常有用。允许大号刀具选项只在将深度循环参数设置为模型深度时才可用，并且仅当孔为实体建模时才有效。

1）当切换为“开”时，百分比直径公差选项可用，允许以孔径百分比的形式指定超大型刀具的公差。系统允许使用任何直径小于孔径与指定公差之和的刀具。

2）刀具直径<孔径*（1+直径百分比公差/100）。

在图 9-27 中，系统允许操作在直径为 0.250in 的孔中使用直径为 0.281in 的刀具，因为刀具直径小于计算值 0.2875in。

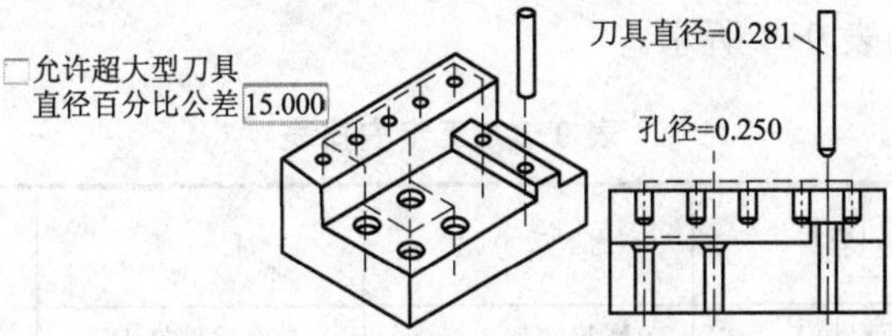

图 9-27　允许大号刀具选项打开

9.4　钻加工范例

9.4.1　曲面孔上模板

1. **工作任务**

完成图 9-28 所示的曲面孔上模板 CAM 软件的自动编程，学习 UG NX 8 CAM 模块的基本编程知识，掌握 UG NX 8 的面铣、固定轴曲面区域铣削、孔位加工的编程加工方法。

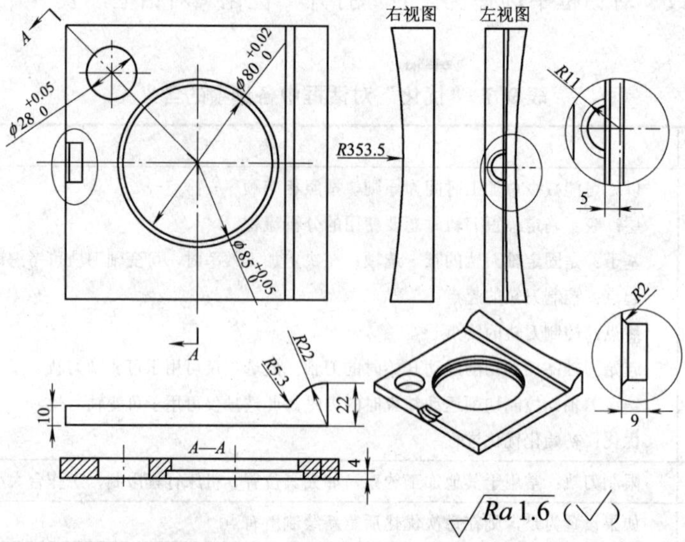

图 9-28　曲面孔上模板

2. **图样分析**

1）长方体毛坯尺寸：140mm×140mm×22mm。

2）最小圆弧半径为 *R*5.3mm。

3）内孔加工需要二次装夹。

3. **工艺规划**

（1）工件安装　用机用虎钳侧面固定安装在机床上（侧面孔与曲面孔下模板零件一起完成）。

（2）加工原点　X：工件中心点；Y：工件中心点；Z：工件顶面（Z22）。

（3）工步安排，如表 9-8 所示。

表 9-8　工步安排表

序　号	加工内容	加工方式	刀　具	主轴速度/(r/min)	进给率/(mm/min)
1	工件上部曲面粗加工	型腔铣加工	ϕ20 平底铣刀	1000	300
2	工件上部平面精加工	面铣加工	ϕ20 平底铣刀	1000	300
3	曲面半精加工	区域铣削加工	ϕ20 球刀	1000	300
4	曲面精加工	区域铣削加工	ϕ10 球刀	1000	300
5	（换面装夹）钻底孔	钻加工	ϕ23.5 钻头	400	100
6	精铣孔加工	型腔铣加工	ϕ20 平底铣刀	1000	300

4. **编程步骤**

（1）打开模型文件，如图 9-29 所示。

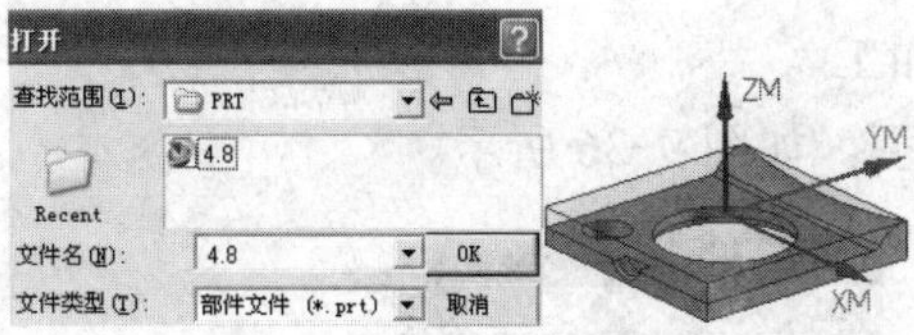

图 9-29　打开模型文件

（2）创建几何体

1）创建机床坐标系及加工（编程）原点（0，0，22）。在操作导航器里双击 MCS_MILL 图标，打开设置坐标系对话框，完成设置，如图 9-30 所示。

2）创建部件几何体。在操作导航器里双击 WORKPIECE 图标，打开部件几何体设置对话框，完成设置，如图 9-31 所示。

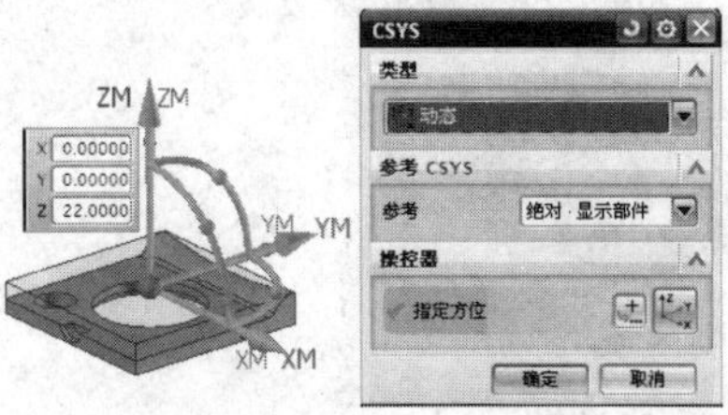

图 9-30　创建机床坐标系

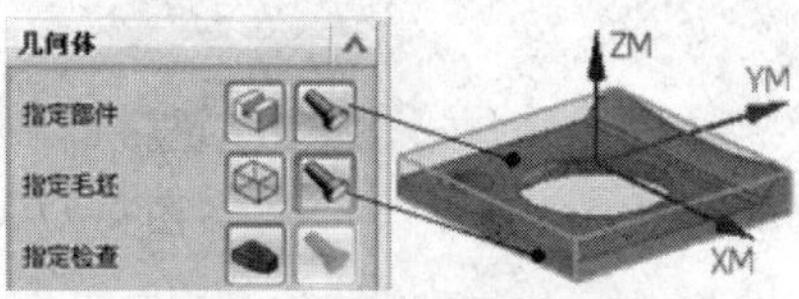

图 9-31　创建部件几何体

（3）创建刀具，如图 9-32 所示

（4）工件上部曲面粗加工

1）选择型腔铣加工子类型，如图 9-33 所示。

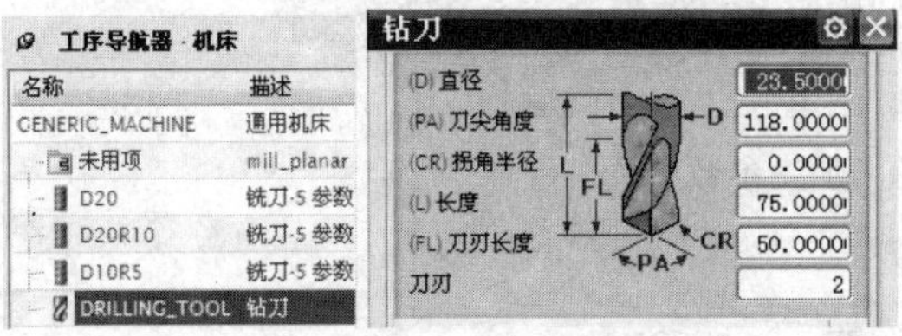

图 9-32　创建刀具

图 9-33　选择型腔铣加工子类型

2）选择切削区域，如图 9-34 所示。

3）加工参数设置，如图 9-35 所示。

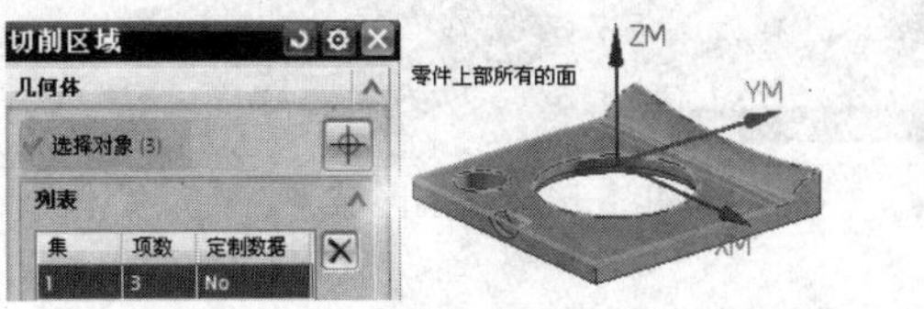

图 9-34　选择切削区域

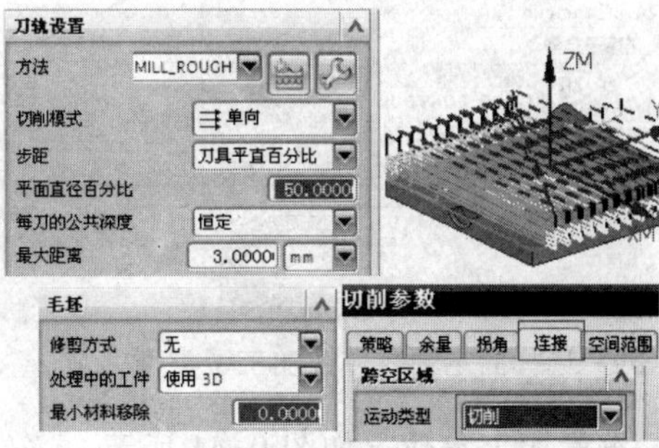

图 9-35　加工参数设置

（5）工件上部平面精加工

1）选择面铣加工子类型，如图 9-36 所示。

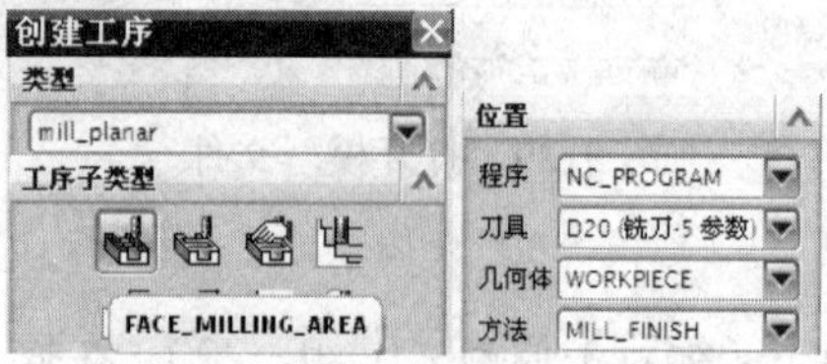

图 9-36　选择面铣加工子类型

2）选择切削区域，如图 9-37 所示。

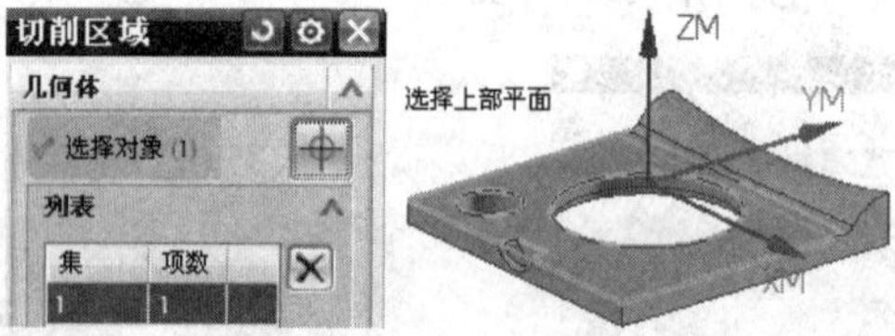

图 9-37　选择切削区域

3）设置加工参数。设置跨空区域为切削，如图 9-38 所示。

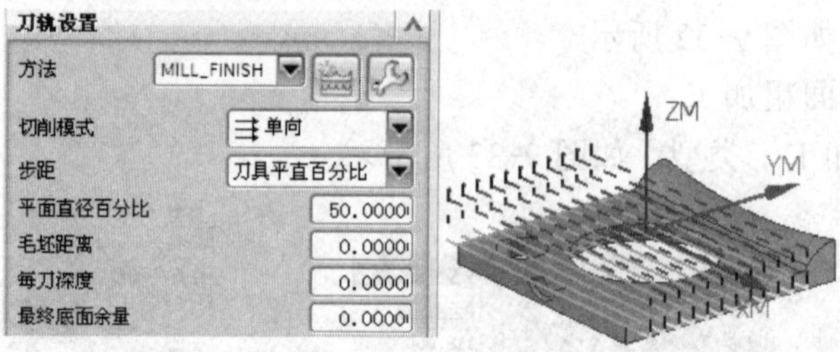

图 9-38　加工参数设置

（6）曲面半精加工

1）选择固定轴区域铣加工子类型，如图 9-39 所示。

2）选择切削区域，如图 9-40 所示。

图 9-39　选择固定轴区域铣加工子类型

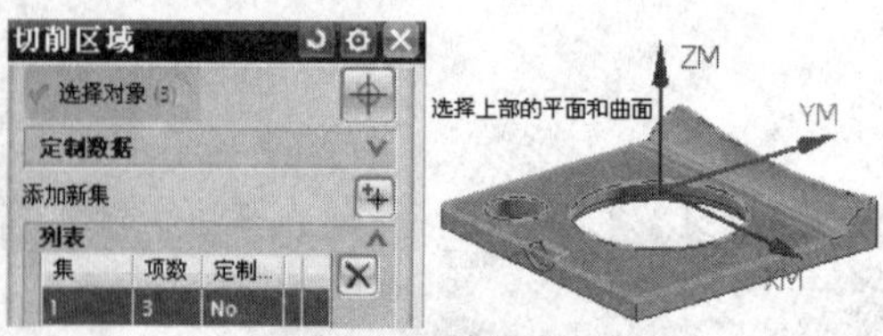

图 9-40　选择切削区域

3）设置加工参数，如图 9-41 所示。

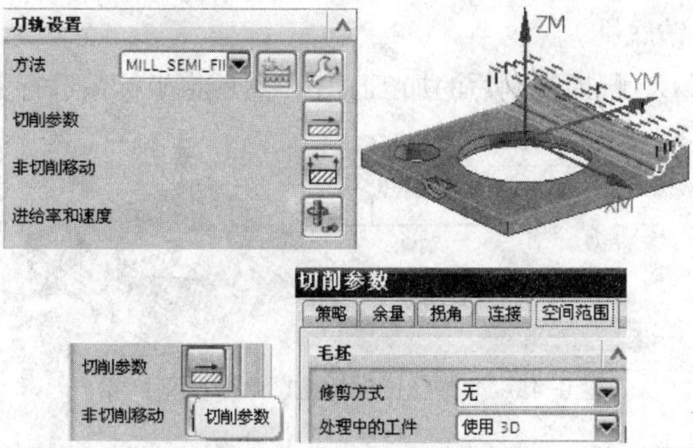

图 9-41　加工参数设置

（7）曲面精加工

1）选择固定轴区域铣加工子类型，如图 9-42 所示。

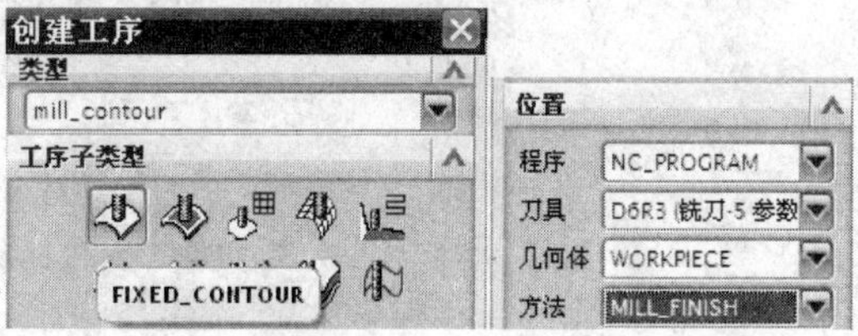

图 9-42　选择固定轴区域铣加工子类型

2）选择切削区域，如图 9-43 所示。

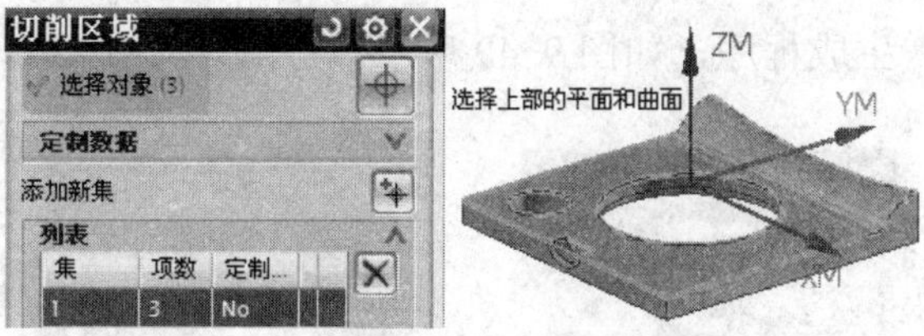

图 9-43　选择切削区域

3）设置加工参数，如图 9-44 所示。

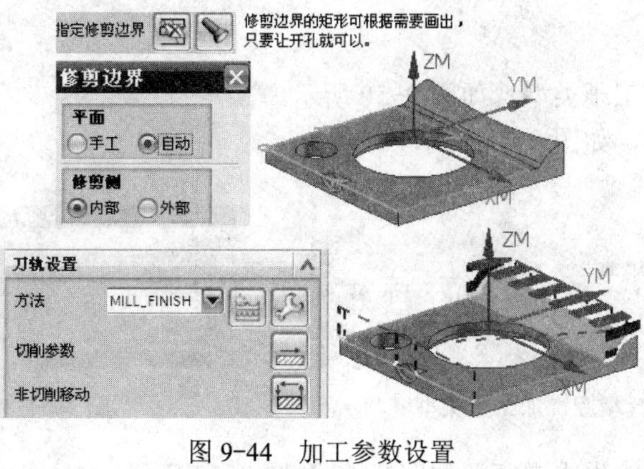

图 9-44　加工参数设置

（8）（换面装夹）钻底孔

1）复制 MCS_MILL，删掉复制后的加工工序，然后将坐标系进行变换，如图 9-45 所示。

图 9-45　复制 MCS_MILL 并变换坐标系

2）选择钻孔加工子类型，刀具选择ϕ23.5 钻刀，如图 9-46 所示。

3）设置钻加工几何体，如图 9-47 所示。

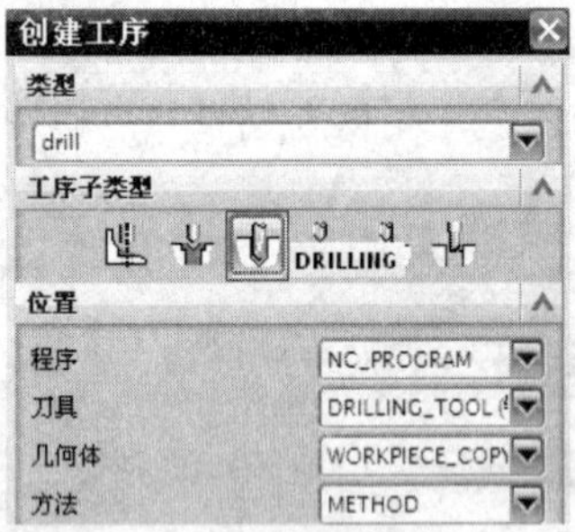

图 9-46　选择钻孔加工子类型

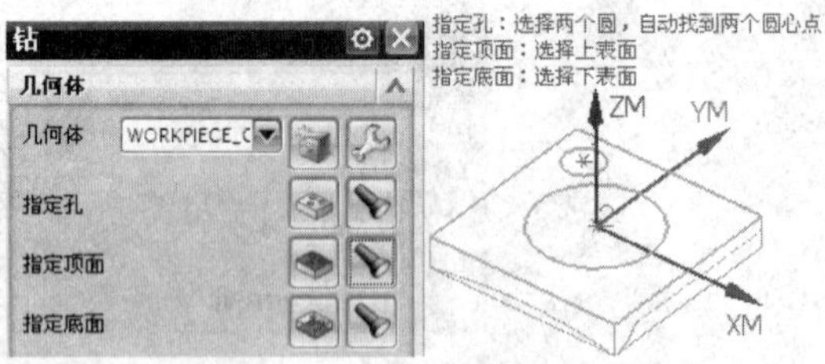

图 9-47　设置钻加工几何体

4）设置钻孔深度，如图 9-48 所示。

5）设置钻孔参数，生成程序，如图 9-49 所示。

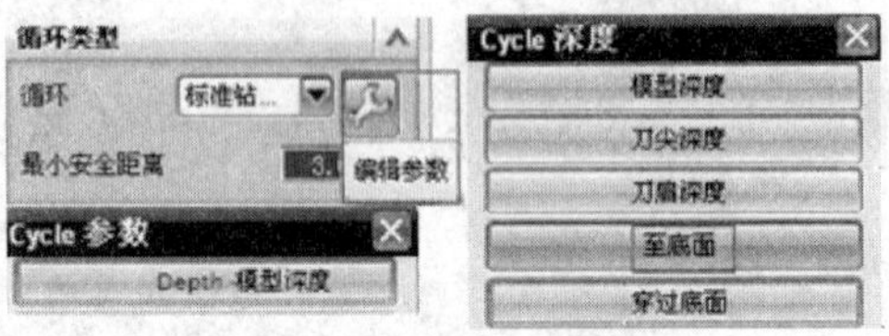

图 9-48　设置钻孔深度

图 9-49　设置钻孔参数

（9）精铣孔加工

1）选择型腔铣加工子类型，如图 9-50 所示。

2）选择切削区域，如图 9-51 所示。

图 9-50　选择型腔铣加工子类型

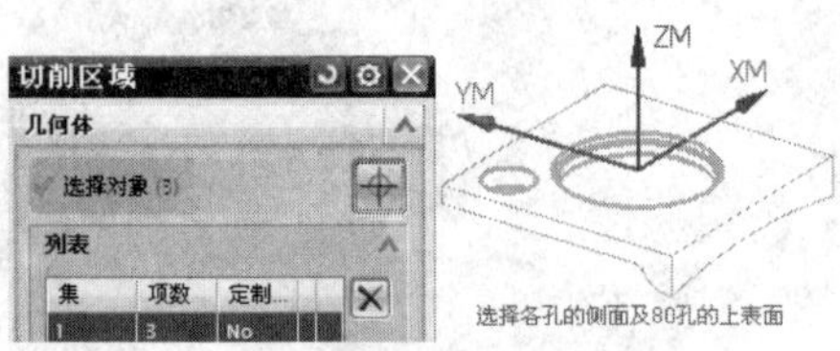

图 9-51　选择切削区域

3）设置加工参数，生成程序，如图 9-52 和图 9-53 所示。

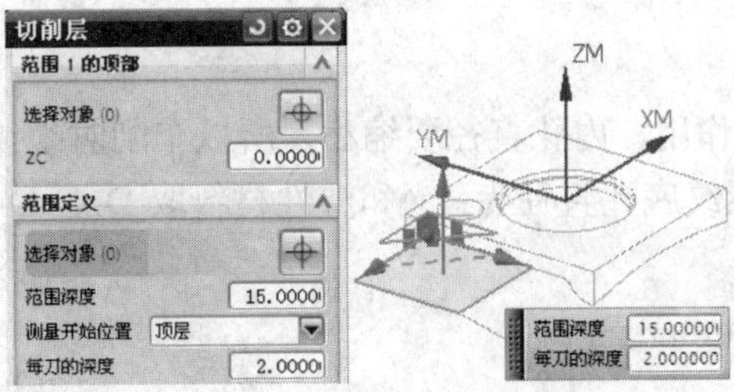

图 9-52　切削层设置

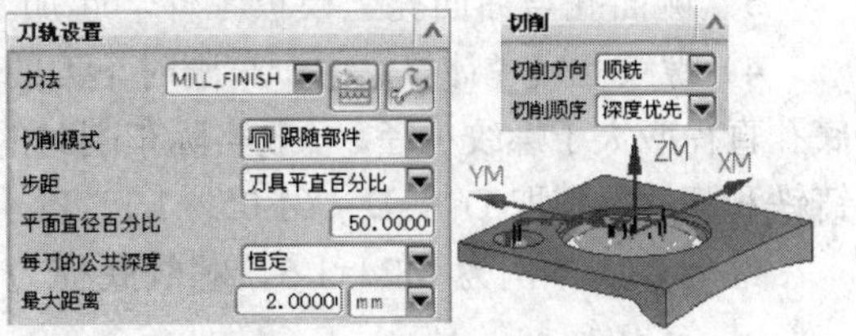

图 9-53　刀轨参数设置

（10）3D 可视化仿真，如图 9-54 所示

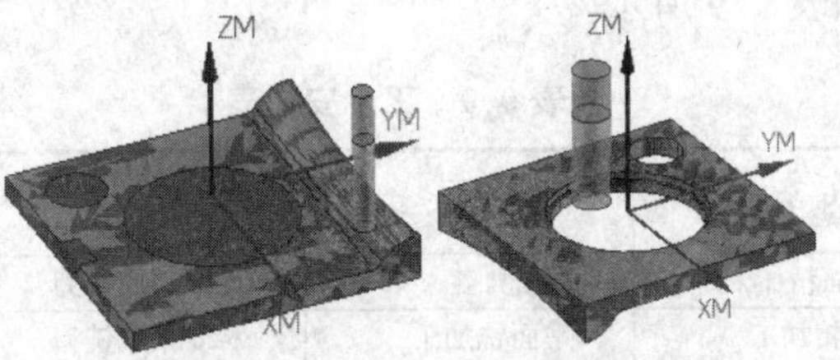

图 9-54　3D 可视化仿真

9.4.2　曲面孔下模板

1. 工作任务

完成图 9-55 所示的曲面孔下模板 CAM 软件的自动编程，学习 UG NX 8 CAM 模块的基本编程知识，掌握 UG NX 8 的面铣、固定轴曲面区域铣削、孔位加工的编程加工方法。

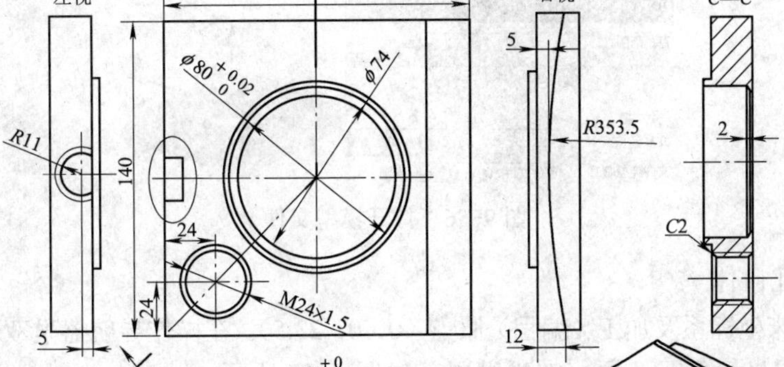

图 9-55　曲面孔下模板

2. 图样分析

1）长方体毛坯尺寸：140mm×140mm×24mm。

2）最小圆弧半径为 *R*5.3。

3）侧面孔与曲面孔上模板零件一起加工。

4）螺纹孔底径计算：由于车削时车刀的挤压作用，内孔直径要缩小，所以车削时螺纹的底孔直径应大于螺纹小径。一般实际车削时的内螺纹底孔直径为：钢和塑性材料取 $D_{1计}$=D–P；铸铁和脆性材料取 $D_{1计}$=D–（1.05～1.1）P。

经计算，本例为 M24x1.5，螺纹底径为 22.5mm。

3. **工艺规划**

（1）工件安装　用机用虎钳侧面固定安装在机床上。

（2）加工原点　X：工件中心点；Y：工件中心点；Z：工件顶面（Z23.5）。

（3）工步安排，如表 9-9 所示

表 9-9　工步安排表

序　号	加工内容	加工方式	刀　具	主轴速度/（r/min）	进给率/（mm/min）
1	工件 23.5 平面精加工	面铣加工	ϕ20 平底铣刀	1000	300
2	工件 20 平面精加工	平面铣加工	ϕ20 平底铣刀	1000	300
3	曲面半精加工	区域铣削加工	ϕ20 球刀	1000	300
4	曲面精加工	区域铣削加工	ϕ10 球刀	1000	300
5	钻底孔	钻加工	ϕ20 钻头	400	100
6	精铣孔加工	型腔铣加工	ϕ16 平底铣刀	1000	300
7	孔倒角加工	型腔铣加工	ϕ16 平底铣刀	1000	300

4. **编程步骤**

（1）打开模型文件，如图 9-56 所示

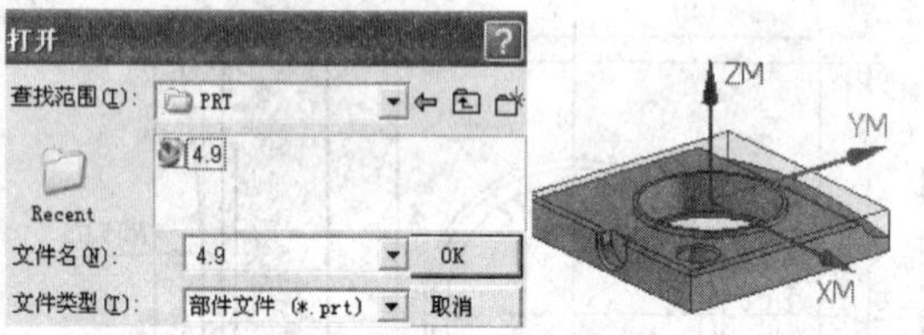

图 9-56　打开模型文件

（2）创建几何体

1）创建机床坐标系及加工（编程）原点（0，0，23.5）。在操作导航器里双击 MCS_MILL 图标，打开设置坐标系对话框，完成设置，如图 9-57 所示。

2）创建铣削几何体。在操作导航器里双击 WORKPIECE 图标，打开部件几何体设置对话框，完成设置，如图 9-58 所示。

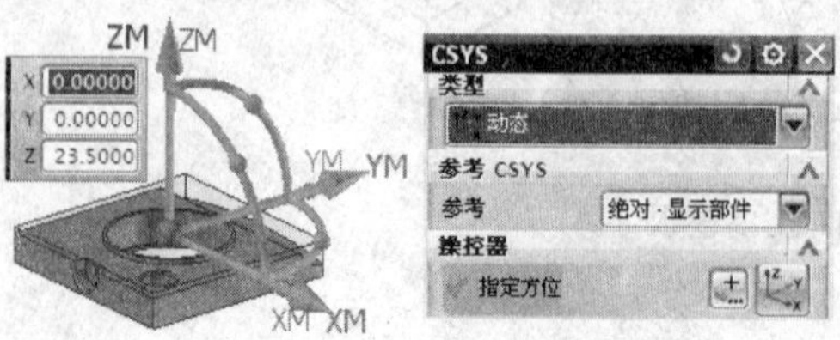

图 9-57　创建机床坐标系

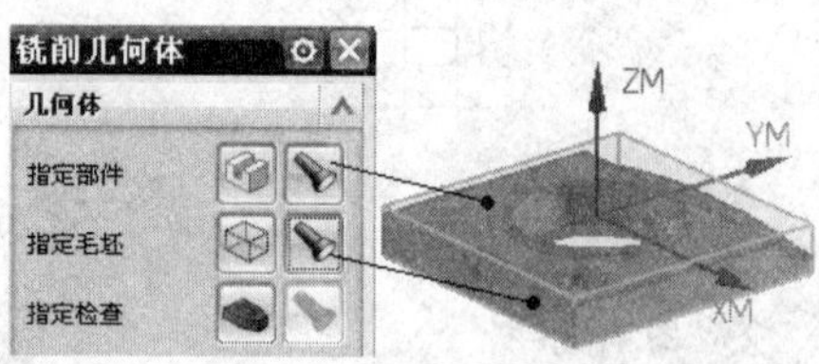

图 9-58　创建铣削几何体

（3）创建刀具，如图 9-59 所示

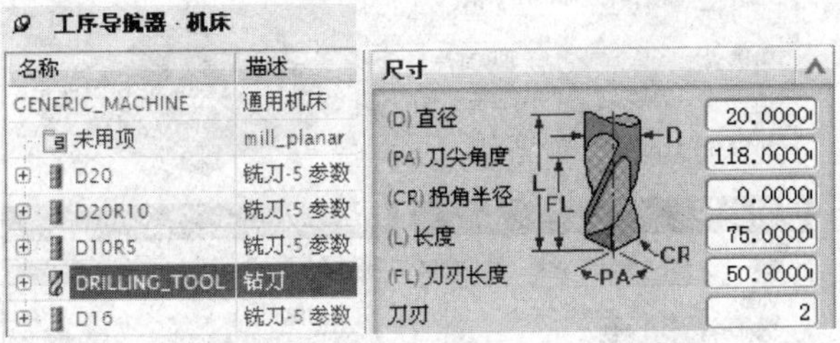

图 9-59　创建刀具

（4）工件 23-5 平面精加工

1）选择面铣加工子类型，如图 9-60 所示。

2）选择切削区域，如图 9-61 所示。

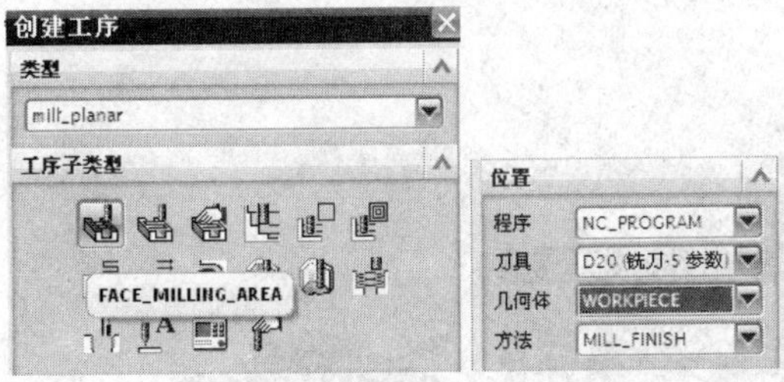

图 9-60　选择面铣加工子类型

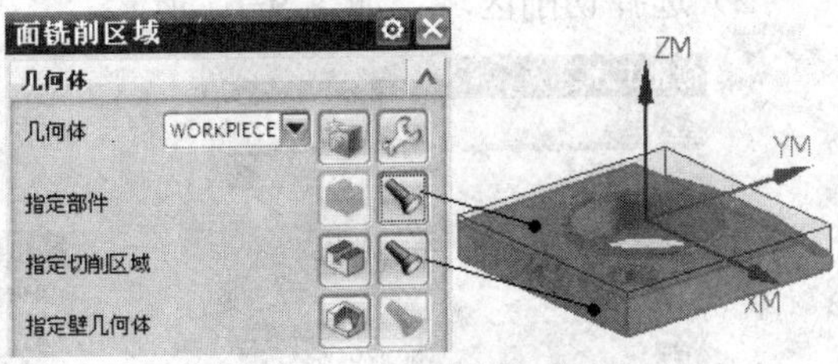

图 9-61　选择切削区域

3）设置加工参数，如图 9-62 所示。

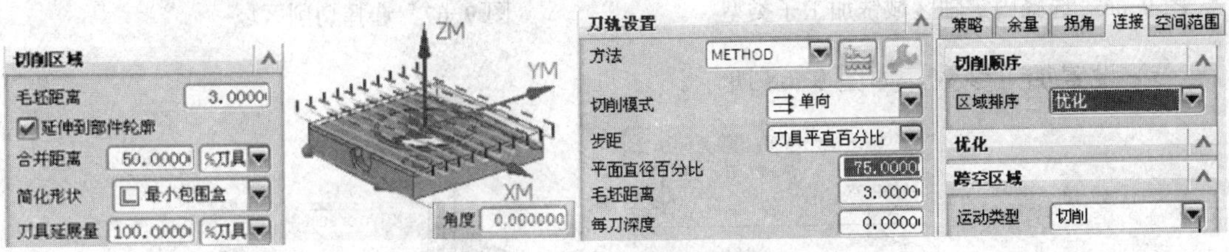

图 9-62　设置加工参数

（5）工件 20 平面精加工

1）选择平面铣加工子类型，如图 9-63 所示。

2）选择切削区域，如图 9-64 所示。

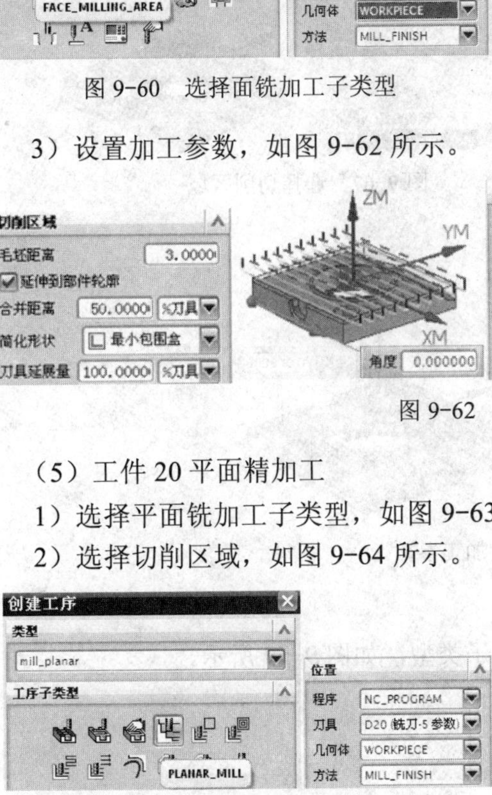

图 9-63　选择平面铣加工子类型

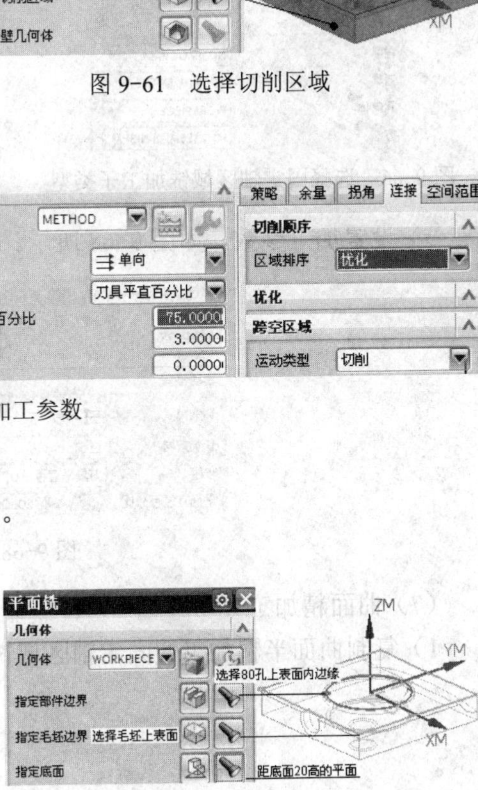

图 9-64　选择切削区域

3）设置加工参数，如图 9-65 所示。

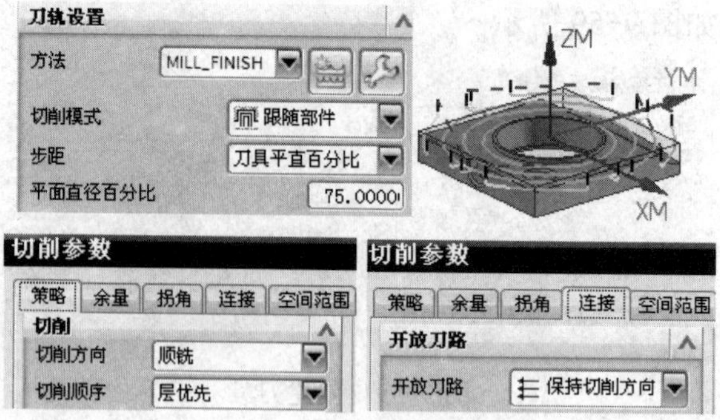

图 9-65 设置加工参数

（6）曲面半精加工

1）选择固定轴区域铣加工子类型，如图 9-66 所示。

2）选择切削区域，如图 9-67 所示。

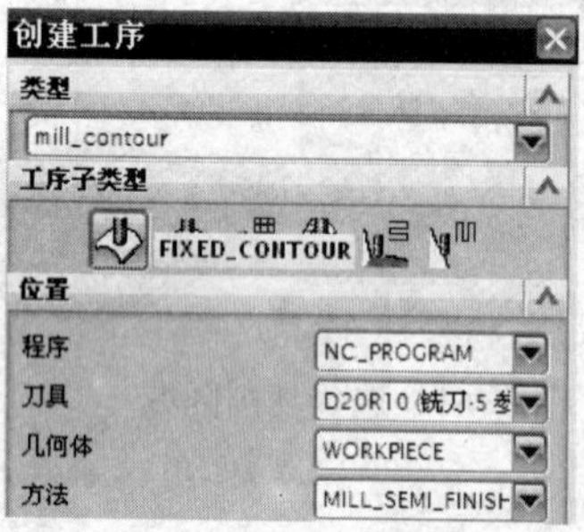

图 9-66 选择固定轴区域铣加工子类型

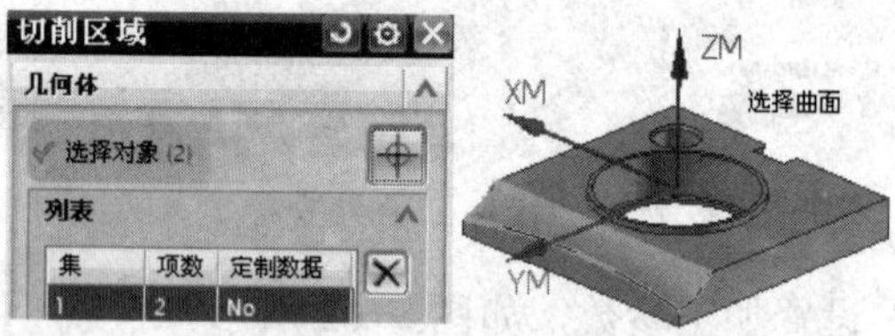

图 9-67 选择切削区域

3）设置加工参数，如图 9-68 所示。

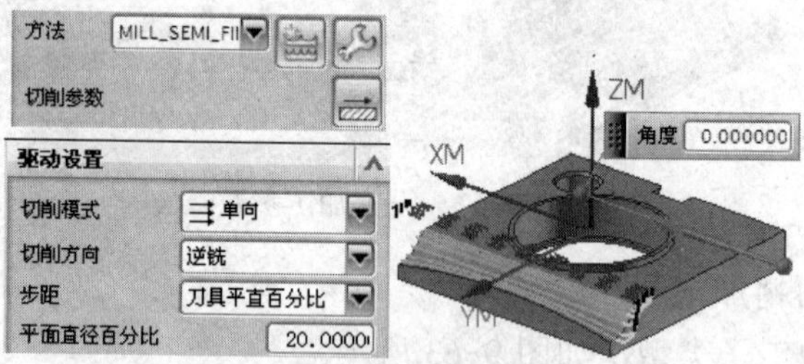

图 9-68 设置加工参数

（7）曲面精加工

1）复制曲面半精加工的固定轴区域铣加工子类型，如图 9-69 所示。

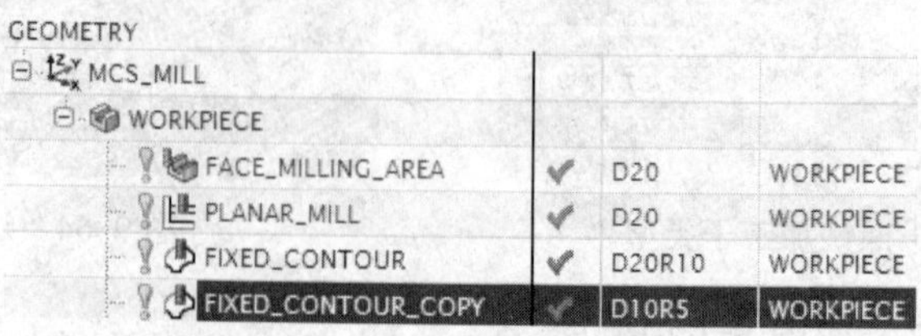

图 9-69 复制曲面半精加工的固定轴区域铣加工子类型

2）修改加工参数，如图 9-70 所示。

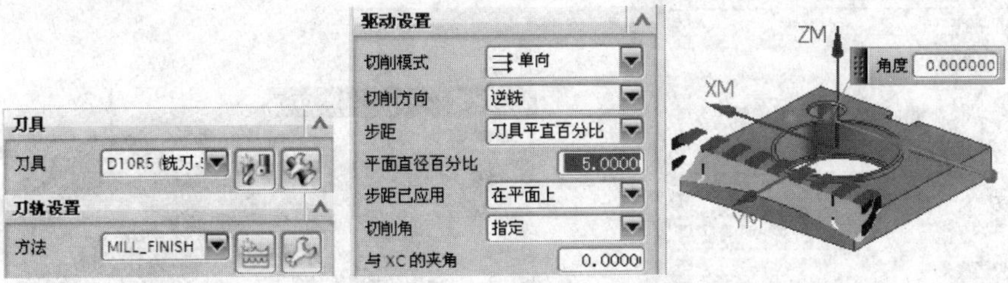

图 9-70　设置加工参数

（8）钻底孔

1）选择钻孔加工子类型，刀具选择ϕ20 钻刀，如图 9-71 所示。

2）设置钻加工几何体，如图 9-72 所示。

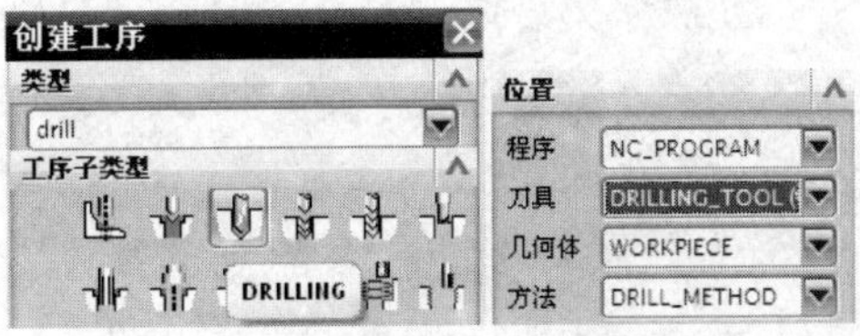

图 9-71　选择钻孔加工子类型

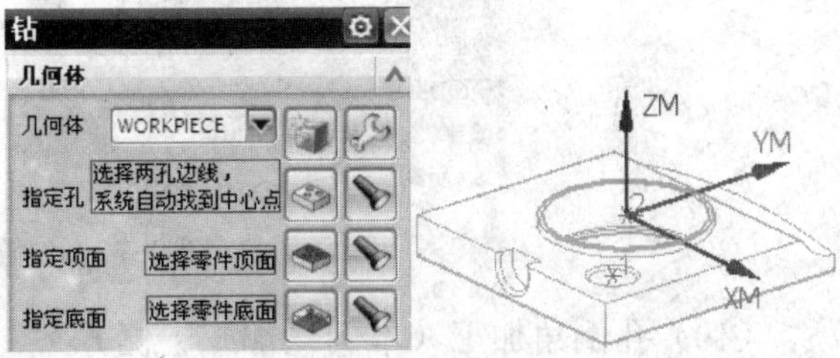

图 9-72　设置钻加工几何体

3）设置钻孔深度，如图 9-73 所示。

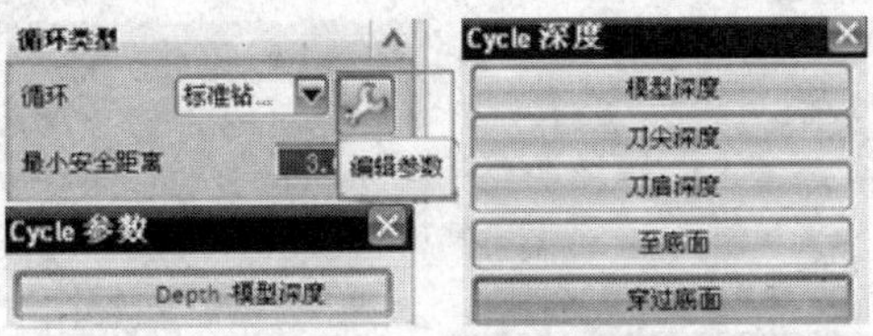

图 9-73　设置钻孔深度

4）设置钻孔参数，生成程序，如图 9-74 所示。

（9）精铣孔加工

1）选择型腔铣加工子类型，如图 9-75 所示。

2）选择切削区域，如图 9-76 所示。

3）设置加工参数，生成程序，如图 9-77 所示。

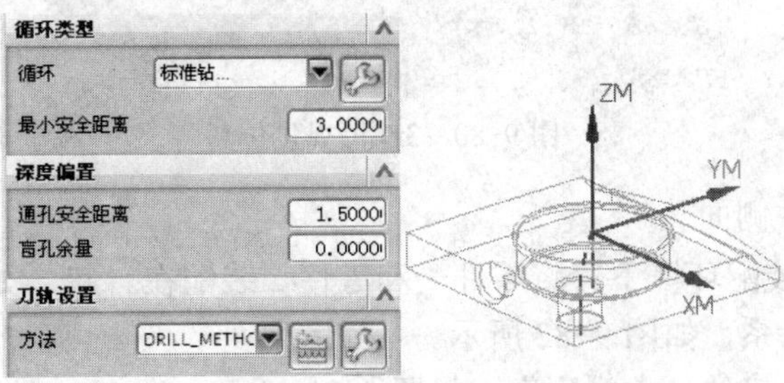

图 9-74　设置钻孔参数

图 9-75　选择型腔铣加工子类型

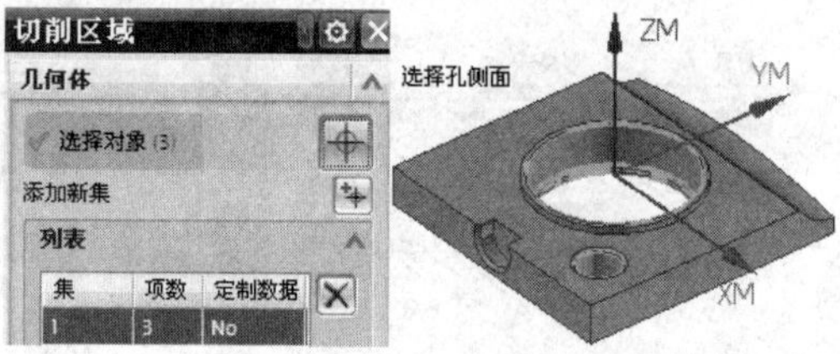

图 9-76　选择切削区域

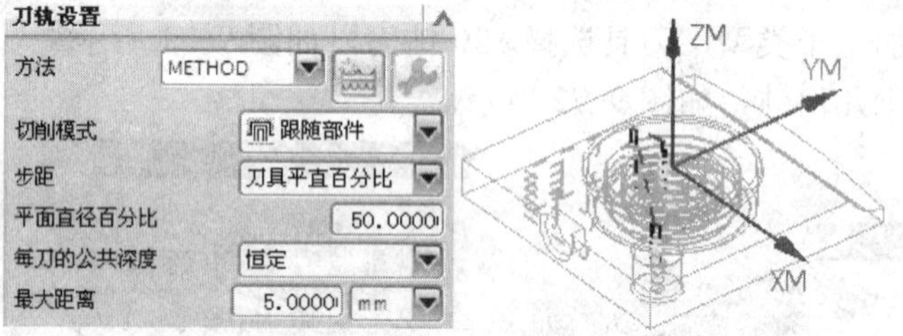

图 9-77　设置刀轨参数

（10）孔倒角加工（本例只加工一侧）

1）复制精铣孔加工型腔铣加工子类型，如图 9-78 所示。

2）修改加工参数，生成程序，如图 9-79 所示。

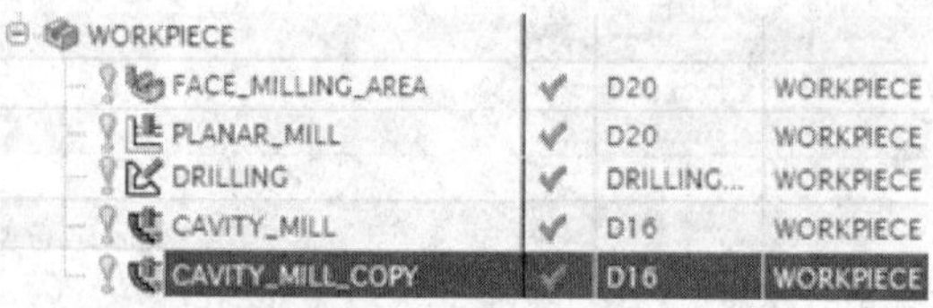

图 9-78　复制精铣孔加工型腔铣加工子类型

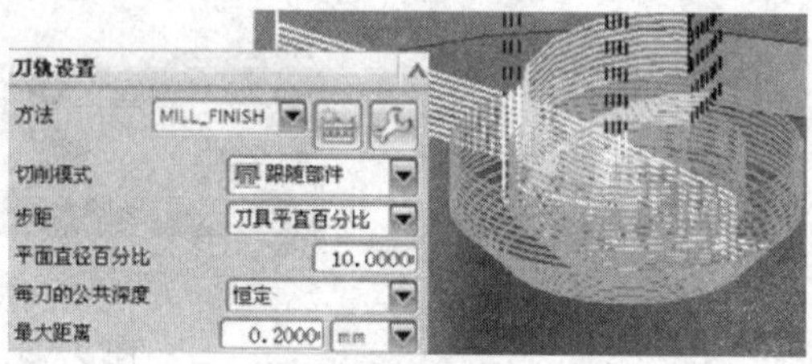

图 9-79　设置加工参数

（11）3D 可视化仿真，如图 9-80 所示。

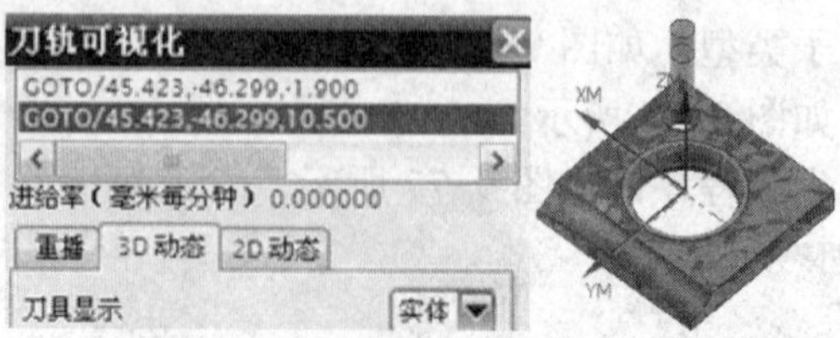

图 9-80　3D 可视化仿真

（12）加工装配件侧面孔

1）在 UG NX 8 装配环境下，将零件一和零件二装配在一起，如图 9-81 所示。

2）创建机床坐标系，如图 9-82 所示。

3）创建钻加工几何体，生成程序，如图 9-83 所示。

4）选择型腔铣加工子类型，精铣孔加工，如图 9-84 所示。

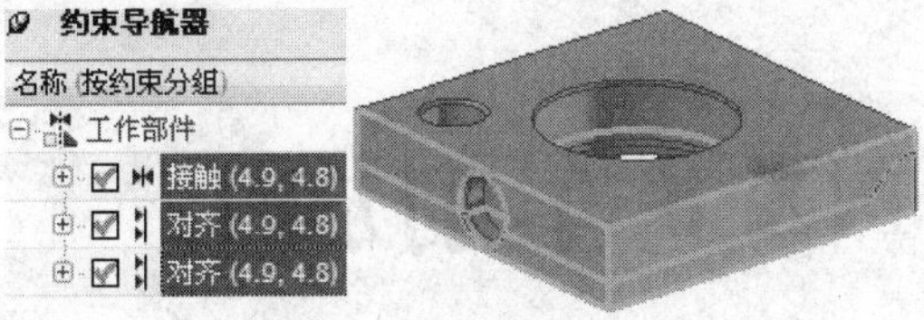

图 9-81　虚拟装配

图 9-82　创建机床坐标系

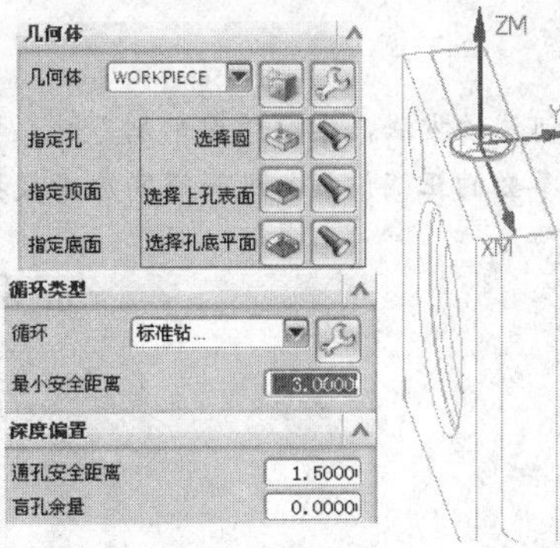

图 9-83　创建加工程序

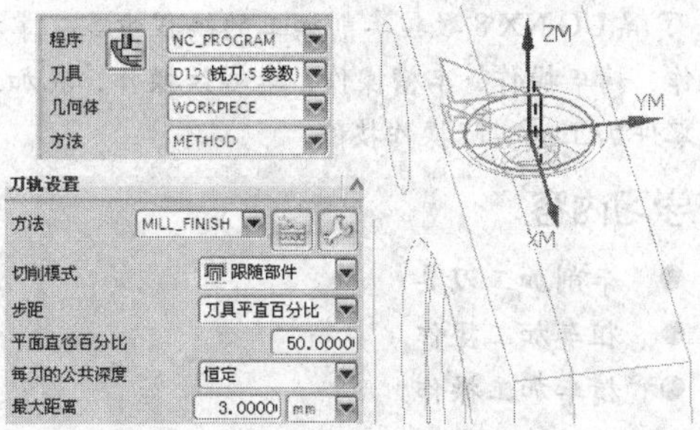

图 9-84　精铣孔加工

5）选择型腔铣加工子类型，精铣孔 R 圆角，如图 9-85 所示。

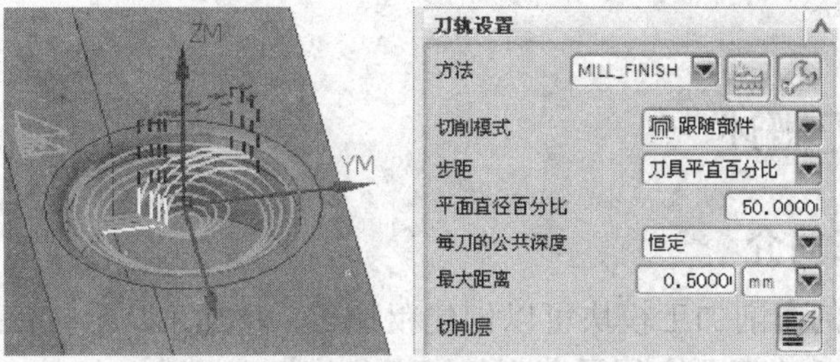

图 9-85　精铣孔 R 圆角

（13）3D 可视化仿真，如图 9-86 所示

图 9-86　3D 可视化仿真

第 10 章　UG NX 8 车削加工

学习目标

了解 UG NX 8 数控车削加工的编程步骤，掌握定义加工几何体的方法，学习使用车削刀具，学会粗车操作、精车操作、车槽操作、车螺纹操作、孔加工操作等切削参数的正确设置，进而提高应用数控车床完成零件加工的实际操作技能。

学习内容

- 车削加工刀具
- 粗车加工操作
- 精车加工操作
- 车槽加工操作
- 螺纹加工操作
- 钻孔加工操作
- 镗孔加工操作

10.1　车削加工概述

10.1.1　车削加工简介

利用 UG NX 8 的车削加工模块可以创建粗加工、精加工、示教模式、中心线钻孔和螺纹加工等操作，表 10-1 简要介绍了车削加工操作模板选项的功能。

表 10-1　模板选项功能说明

模板选项	功能说明
点钻	点钻加工，通常安排在钻孔加工前的预钻孔，以防止孔加工时钻偏
钻	普通浅孔钻加工
啄钻	深孔加工，在加工过程中，钻头周期性提刀，以便断屑和排屑
断屑	深孔加工，在加工过程中，钻头周期性退刀至所设置的安全距离，以便断屑和排屑
铰	铰孔加工，即小孔的精加工
攻丝加工	攻丝加工小孔螺纹
端面加工	外圆端面加工
粗车外圆	系统默认加工方向为沿 Z 轴负向走刀（正车）
粗车外圆	系统默认加工方向为沿 Z 轴正向走刀（背车）
粗车（镗）内孔	系统默认加工方向为沿 Z 轴负向走刀（正镗）

（续）

模板选项	功能说明
粗车（镗）内孔	系统默认加工方向为沿 Z 轴正向走刀（背镗）
精车外圆	外圆精车加工
精镗内孔	系统默认加工方向为沿 Z 轴负向走刀（正镗）
精镗内孔	系统默认加工方向为沿 Z 轴正向走刀（背镗）
示教模式	用来手工定义切削和非切削移动
外圆切槽	在回转体的外圆柱面径向加工槽
内孔切槽	在回转体的内孔面径向加工槽
端面切槽	在回转体的端面轴向加工槽
外螺纹	螺纹操作允许进行直螺纹或锥螺纹切削。它们可能是单个或多个内部、外部或面螺纹
内螺纹	
切断加工	切断工件

10.1.2　车削加工步骤

1. **设置**

把表示待加工部件和工件（毛坯）的实体模型进行装配。

1）设置程序零点-MCS。

2）标识部件和毛坯几何体到 CAM 系统。

3）选择和安装使用的刀具。

2. **编程**

1）创建面加工操作。

2）创建中心线钻孔操作。

3）创建粗加工操作。

4）创建精加工操作。

5）创建示教模式操作。

6）创建开槽操作。

7）创建螺纹加工操作。

8）对单个主轴车床内的旋转部件编程。

3. **最终活动**

1）检查程序（完整检验、可视化、机床仿真）。

2）后处理，创建车间文档。

10.2　车削加工几何体

10.2.1　创建车削加工几何体的方式

车削加工几何体包括机床坐标系、工件与毛坯、车削工件与毛坯、车削零件、约束切削区域和避让几何。可以通过下面 4 种方式创建加工几何体，进行相关操作。

方式一：使用“创建几何体”图标。

方式二：在主菜单上选择“插入”→“几何体”命令。

方式三：在操作导航器的几何视图中，左键定位在要插入几何体的位置，然后从右键菜单里选择“插入”→“几何体”命令。

方式四：双击①处可以创建机床坐标系；双击②处可以创建工件（用于实体选择）；双击③处可以创建车加工零件。

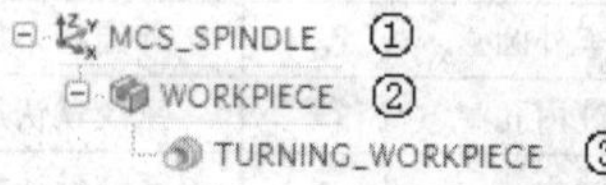

10.2.2 创建车削坐标系

在 UG NX 系统中定义车削中的机床坐标系（MCS），它可为刀轨的生成和后处理控制机床输出坐标。当前，主轴中心线和程序零点由 MCS 方位决定。MCS 也指示刀轨中刀位置的输出坐标。在编程会话的过程中，定义 MCS 时可以完成对主轴中心线、编程零点和主轴上车床工作平面的确定。

在导航器“几何视图”方式下双击 MCS_SPINDLE，打开创建机床坐标系对话框，如图 10-1 所示。

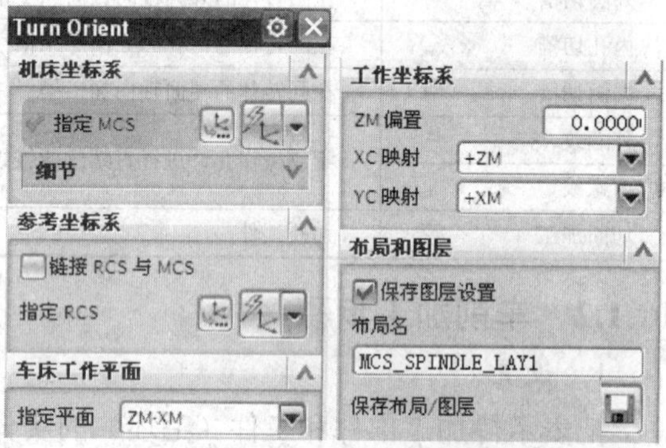

图 10-1 创建机床坐标系对话框

1. **机床坐标系**

用于指定 MCS 的位置和方位。单击“CSYS 对话框”图标，以打开 CSYS 对话框，指定 CSYS，如图 10-2 和图 10-3 所示，或者单击图标，从列表中选择选项。

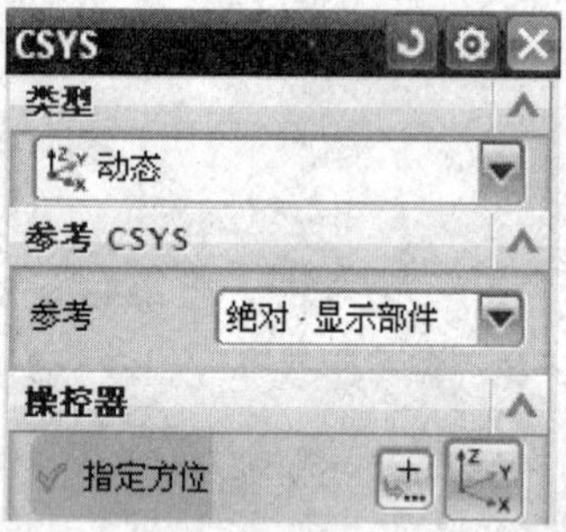

图 10-2 创建 CSYS 坐标系

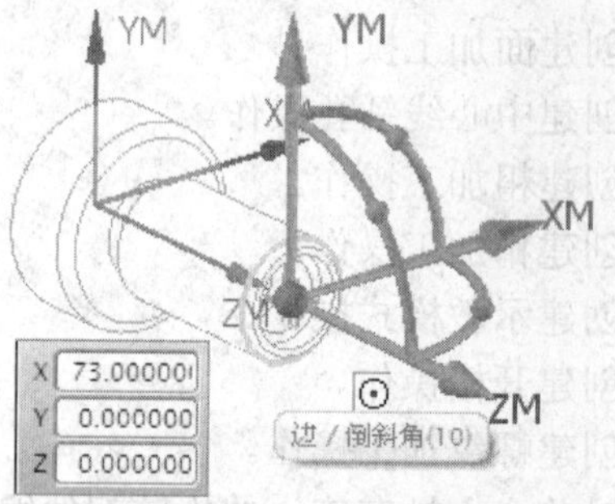

图 10-3 移动坐标系原点到端面圆中心处

2. **细节设置对话框，如图 10-4 所示**

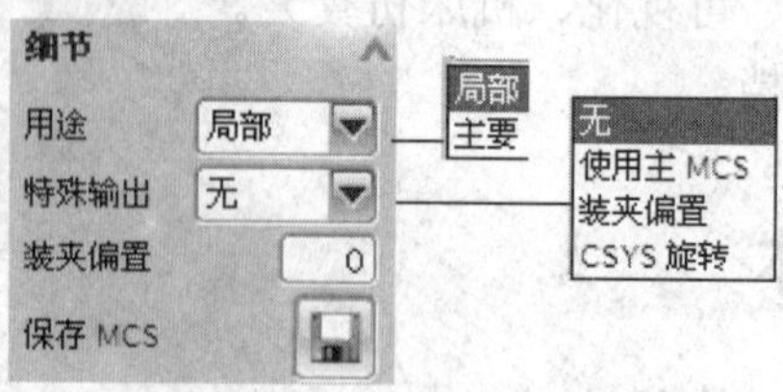

图 10-4 细节设置对话框

（1）特殊输出　当用途设置为局部时可用特殊输出，特殊输出仅影响后处理器输出，如表 10-2 所示。

表 10-2　特殊输出选项说明

无（默认）	基于局部 MCS 坐标输出
使用主 MCS	忽略局部 MCS 坐标，而基于主 MCS 输出。在几何视图中，主 MCS 位于本地 MCS 之上的几何体树中
装夹偏置	基于局部 MCS 坐标输出。后处理器可以将这些坐标与主坐标一起使用，以输出装夹偏置，如 G54
CSYS 旋转	基于局部 MCS 坐标输出。后处理器可以将这些坐标与主坐标一起使用，以便在本地坐标系中输出编程

（2）装夹偏置　为使用装夹偏置的机床指定装夹偏置值。每个部件在机床上的方向都与特定的 MCS 相对应，从而生成一个特定的装夹偏置值。在输出过程中，软件会将装夹偏置值加载到 MOM_post 中以创建相应的 G 代码。

（3）保存 MCS　可根据当前的 MCS 创建坐标系实体。

（4）参考坐标系　具体说明如表 10-3 所示。

表 10-3　参考坐标系选项说明

☐链接 RCS 与 MCS	可为 RCS 指定一个不同位置
☑链接 RCS 与 MCS	使 RCS 与 MCS 处于相同的位置和方向
指定 RCS	用于指定 RCS 的位置和方位。单击“CSYS 对话框”图标，以打开 CSYS 对话框，指定 RCS，或者单击，从列表中选择选项。当操作从部件的一个截面移动到另一个截面时，软件将使用 RCS 来重定位刀轴矢量、安全平面和避让点

（5）车床工作平面　指定平面设置 2D 平面，刀具在其中移动，具体设置如图 10-5 所示。

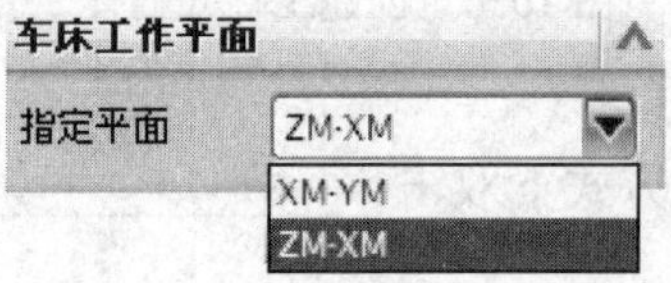

图 10-5　指定车床工作平面

（6）工作坐标系　具体说明如表 10-4 所示。

表 10-4　工作坐标系选项说明

XM 偏置或 ZM 偏置	指定 WCS 原点与 MCS 原点之间沿 ZM 轴或 XM 轴的距离 在从操作导航器编辑车削对象（操作、刀具或几何体）时，WCS 原点自动置于所定义的距离
XC 映射	根据用于定义 MCS 轴的车床工作平面的方位，设置 WCS 的 XC 轴方向
YC 映射	根据用于定义 MCS 轴的车床工作平面的方位，设置 WCS 的 YC 轴方向。可用的 YC 映射选项取决于对 XC 映射选项的选择

10.2.3　创建车削几何体

1. 创建工件几何体

此选项可以选择实体作为部件或毛坯几何体。软件会自动获取 2D 形状，用于车加工操作以及定义定制成员数据，并将 2D 形状投影到车床工作平面，用于 CAM 编程。

根据实体创建 2D 形状，可按以下步骤处理：

1）在建模中创建一个实体，或者在装配结构中引用一个。

2）进入加工应用模块。软件会自动创建以下的结构：

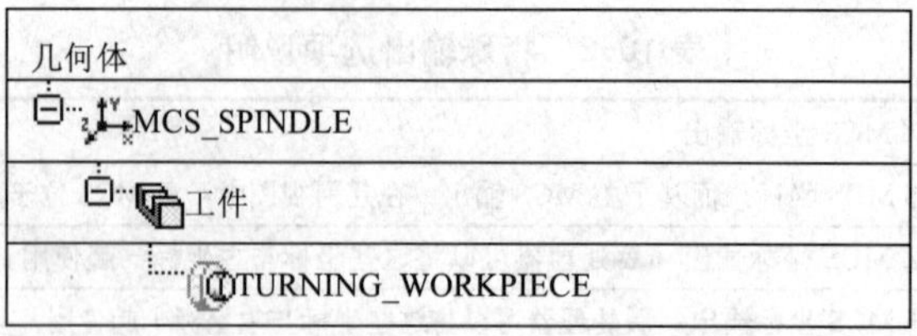

3）单击“部件”图标或“毛坯”图标图标，实体会根据加工几何体的类型有不同的表示方式。随后，系统会根据这个实体创建 2D 形状，用于相同类型（部件或毛坯）的车加工。

具体操作过程如下：

在操作导航器“几何视图”方式下双击 WORKPIECE打开创建工件几何体对话框，过程如图 10-6 所示。

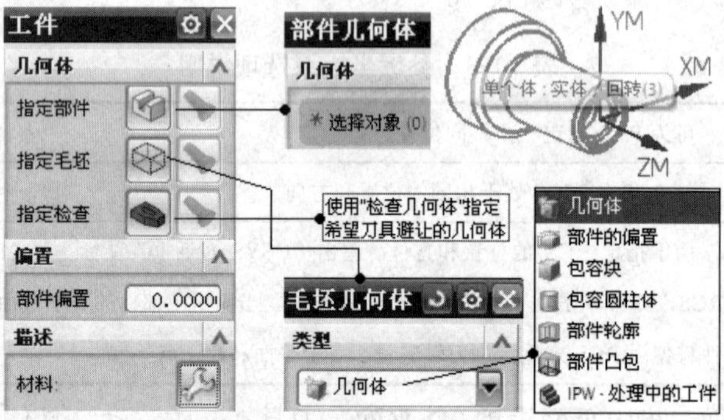

图 10-6　创建工件几何体

2. *创建车削工件几何体*

在操作导航器“几何视图”方式下双击 TURNING_WORKPIECE 打开创建车削工件几何体对话框，如图 10-7 所示。

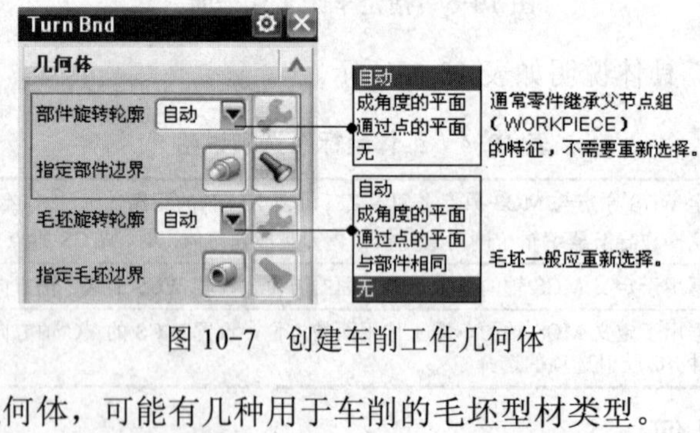

图 10-7　创建车削工件几何体

根据要加工的几何体，可能有几种用于车削的毛坯型材类型。

1）如果要加工的部件几何体是实心的，那么选择棒料。

2）如果工件带有中心线钻孔，那么选择管材。

3）曲线型材已被预先处理，可以提供初始几何体。如果毛坯在 UG NX 中作为已建模部件存在，则选择此类型。

4）从工作区中选择一个毛坯，以选择先前处理中的工件作为毛坯。

具体操作过程如下：

在车削工件几何体设置对话框中单击打开创建毛坯对话框，过程如图 10-8 所示。

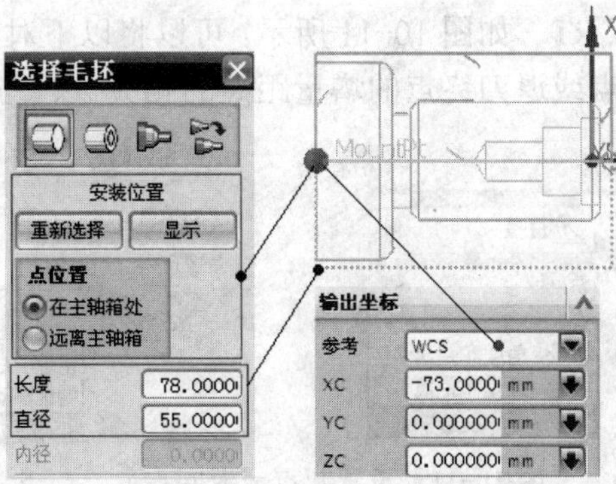

图 10-8　创建车削零件毛坯

3. **车削零件几何体**

通过设置零件边界定义车削零件几何体。在创建“几何视图”对话框中单击 TURNING_PART 打开创建车削零件边界对话框，如图 10-9 所示。

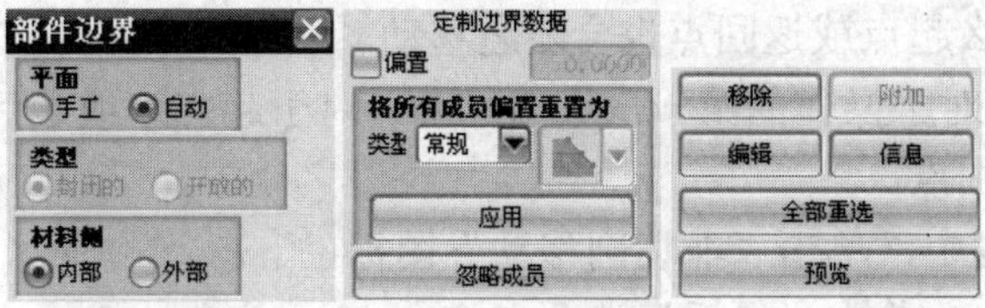

图 10-9　应用边界创建车削零件几何体对话框

4. **避让几何体**

避让几何体允许编程者指定、激活或取消用于在刀轨之前或之后进行非切削运动的几何体，以避免与部件或夹具相碰撞。如图 10-10 所示，可以设置以下避让点。

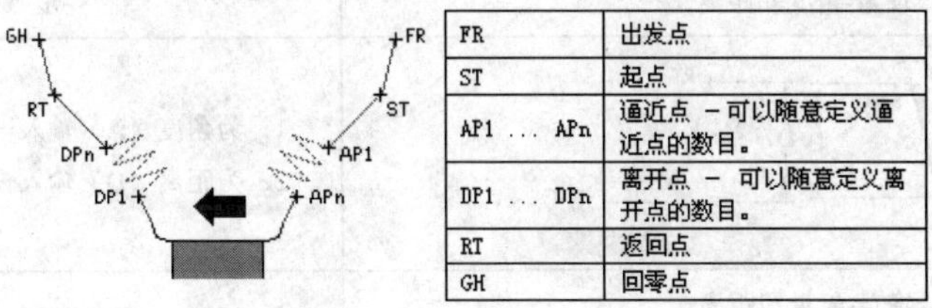

图 10-10　避让点说明

以上各点的含义说明，如表 10-5 所示。

表 10-5　避让点的含义

出发点（FR）	在一段新的刀轨起始处定义初始刀具位置，它不会导致刀具移动 出发点是所有后续刀具移动的参考点
运动到起点（ST）	起点（ST）定义了刀轨启动序列中用于避让几何体或装夹组件的刀具位置
逼近（AP）	指定在起始点和进刀运动开始之间的可选的系列运动
离开（DP）	指定移动到返回点或安全平面时刀具的运动类型 可以选择使刀具将逼近刀轨（反向）用做离开刀轨
返回点（RT）	定义完成离开移动后，刀具所移动到的点
回零点（GH）	定义最终的刀具位置 经常使用出发点作为这个位置

（1）设置起点 ST/返回点 RT　如图 10-11 所示，可以将以下对象定义为起点或返回点：窗口中的任意点、从进刀起点或退刀终点的增量距离的相关点、与起点相同的点。

图 10-11　设置起点或返回点

1）点。可以指定图形窗口中的任意点作为起点或返回点。可以关联这个点，如下所示：

- 单击“曲线”工具栏中的（点）。
- 选择图形窗口中想要的起点/返回点。
- 在避让对话框中，选择新创建的关联点作为起点或返回点。此时，如果在图形窗口中移动这个点，那么起点或返回点也会随之移动。

2）增量。指定相对于操作的第一次进刀运动（对于起点）或最后一次退刀运动（对于返回点）的起点或返回点：

- 在操作对话框中，单击“非切削移动”图标。
- 对于逼近刀轨，单击“逼近”选项卡。
- 在运动到起点（ST）组中，从点选项列表中选择一个选项。
- 指定表 10-6 中所示点的参数。

表 10-6　点参数选项

增量-角度和距离	步　骤
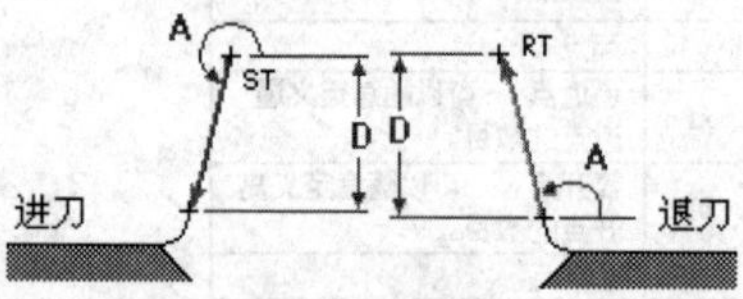	1. 为角度（A）输入一个值 2. 为距离（D）输入一个值
增量-矢量和距离	**步　骤**
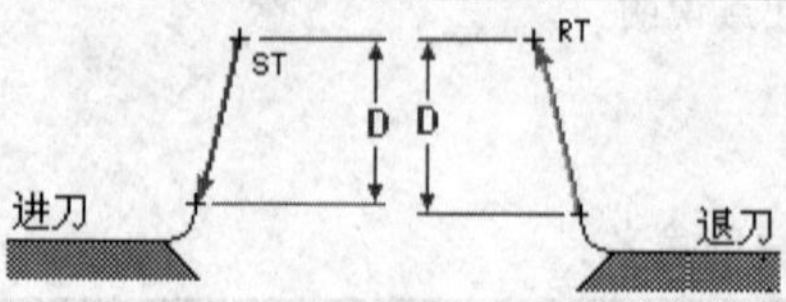	1. 指定矢量 2. 为距离（D）输入一个值
增量	**步　骤**
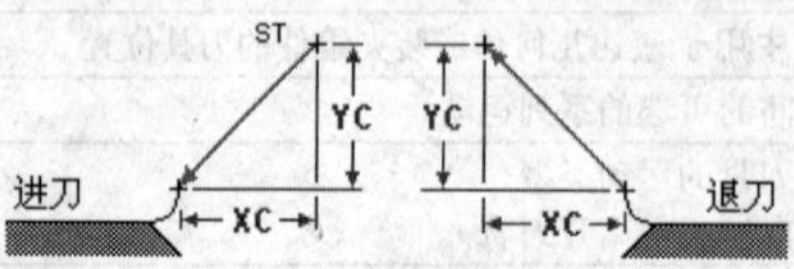	1. 为距离（XC）输入一个值 2. 为距离（YC）输入一个值

对返回点（RT）使用相同位置：在运动到返回点/安全平面（RT）组中，从点选项列表

中选择与起点相同。

（2）运动到避让点和从避让点运动　在下面几个选项里，需要指定避让点运动类型，如图 10-12 所示。

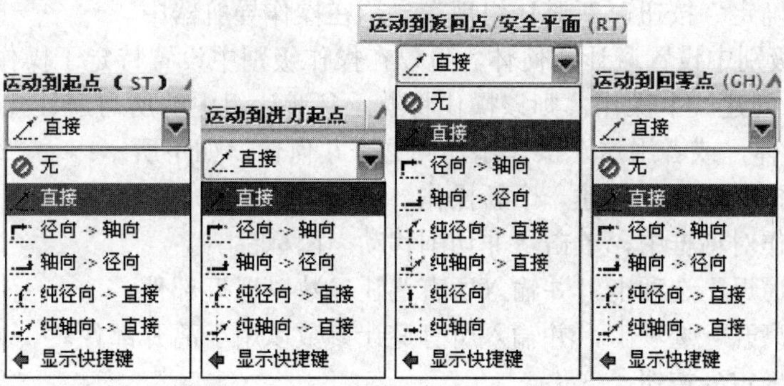

图 10-12　需要指定避让点运动的选项

避让点运动选项说明如表 10-7 所示。

表 10-7　避让点运动方式说明

自动	刀具自动移动到进刀运动的起点，或者移到退刀运动的第一点，移动时会用 IPW 检查碰撞自动运动仅可用于粗加工操作、精加工操作以及在示教模式下用于运动到进刀起点
直接	刀具直接移到起点、进刀起点、返回或回零点，而不进行碰撞检查
径向→轴向	刀具先垂直于主轴中心线进行移动，然后平行于主轴中心线移动
轴向→径向	刀具先平行于主轴中心线进行移动，然后垂直于主轴中心线移动
纯径向→直接	刀具沿径向移动到径向安全距离，然后直接移动到该点
纯轴向→直接	刀具沿平行于主轴中心线的轴向移动到轴向安全距离，然后直接移动到该点
纯径向	刀具直接移动到径向安全平面，然后停止。首先需要指定径向平面
纯轴向	刀具直接移动到轴向安全平面，然后停止。首先需要指定轴向平面
以下选项仅对内圆面工作显示	
径向→纯轴向→直接	刀具沿径向移向主轴中心线，沿着中心线移到轴向安全距离，最后直接移向返回点
径向→轴向→径向	刀具沿径向移向主轴中心线，沿着中心线移向返回点的轴值处，然后沿径向移向返回点
径向→纯轴向	刀具沿径向移向主轴中心线，然后沿着中心线移到主轴中心线的轴向安全距离。首先需要指定轴向平面

（3）创建避让几何体　可以在组和操作级别中创建避让几何体。所有在组级别创建的避让几何体都因这个操作而被继承。

1）在组级别中设置避让几何体。

- 打开创建几何体对话框。
- 单击“避让”图标。
- 在操作导航器中选择父组，在这个父组的下面，要创建避让组。

- （可选）输入避让组的新名称。
- 单击“确定”按钮，打开避让对话框。
- 输入避让组中的操作公共的全部避让参数。
- 单击“确定”按钮，新避让组现在显示在操作导航器中。

2）在操作级别中设置避让几何体。可以在操作级别中设置特定于操作的避让几何体。如果在避让组中创建一个操作，则该操作将继承父避让组中的所有避让几何体。但可以修改这个避让几何体，或者用这个操作添加到这个几何体，如下所示：

- 打开操作对话框或创建一个新操作。
- 在主操作对话框中，单击“非切削移动”图标。
- 单击“逼近”选项卡，并输入所有避让参数以逼近部件。
- 单击“离开”选项卡，并输入所有避让参数以用于离开部件。
- 单击“确定”按钮。

在生成这个操作时，刀轨会考虑避让几何体。如果修改的操作包含在避让组中，则刀轨会考虑继承的避让参数以及这个操作的避让参数。

注释：为特定操作设置避让参数，并不影响组级别的参数。

5. 几何空间范围（设置切削区域）

几何空间范围允许编程人员将加工操作限定在部件的一个特定区域内。空间范围设置可影响切削区域自动检测，以防止系统在指定的限制区域之外进行加工操作。

也可以通过在操作中对切削区域编辑，完成切削区域的设置，如图 10-13 所示。可以使用径向或轴向的修剪平面、修剪点和修剪角度来定义空间范围。

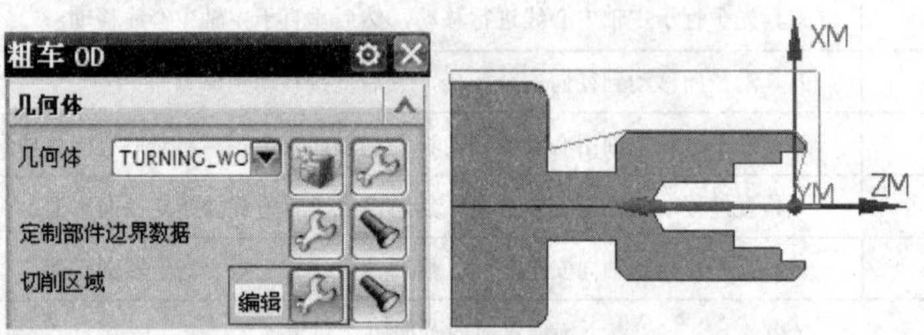

图 10-13　在粗车操作中对切削区域进行编辑

（1）设置修剪平面　修剪平面可以将加工操作限制在平面的一侧，如单个轴向修剪平面的右侧；单个径向修剪平面的上方；两个轴向修剪平面或两个径向修剪平面之间。

可以使用 3 种形式的修剪平面组合。

1）指定一个修剪平面（轴向或径向）。在该限制平面加工部件。

2）指定两个修剪平面。在这两个限制平面之间加工工件，如图 10-14 所示。

3）可以最多创建两个径向和/或轴向修剪平面。

下面给出应用点方式创建修剪平面的基本操作过程：

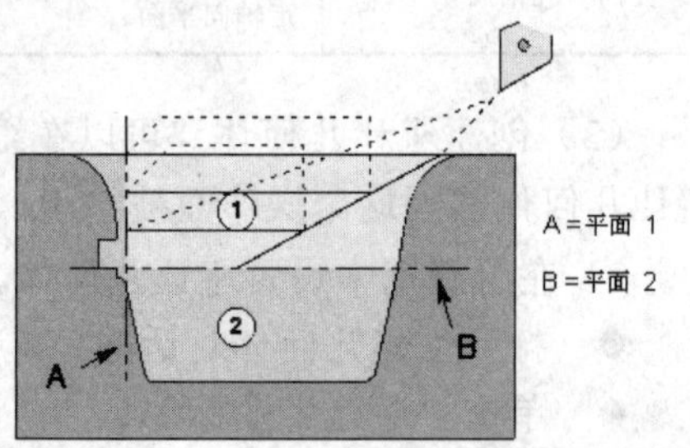

图 10-14　使用修剪平面的空间范围示例

- 径向修剪平面（点方式），如图 10-15 所示。
- 径向修剪平面（距离方式），如图 10-16 所示。

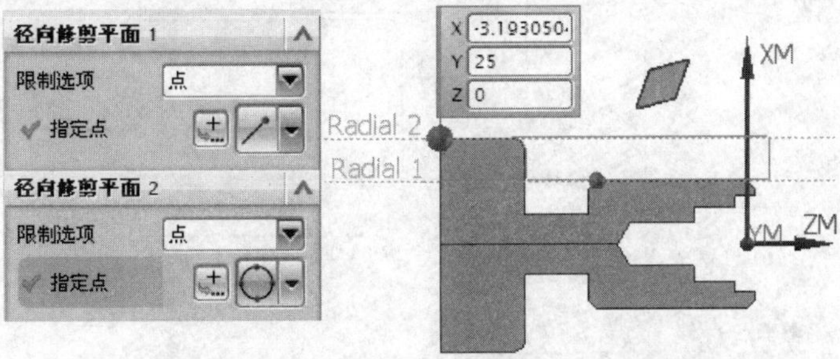

图 10-15 径向修剪平面（点方式）

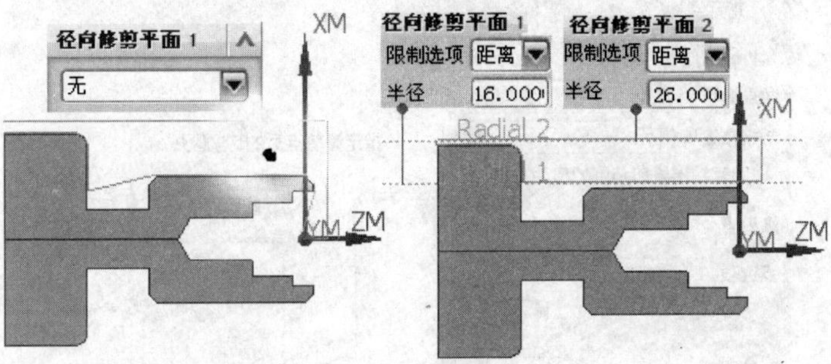

图 10-16 径向修剪平面（距离方式）

- 轴向修剪平面（点方式），如图 10-17 所示。

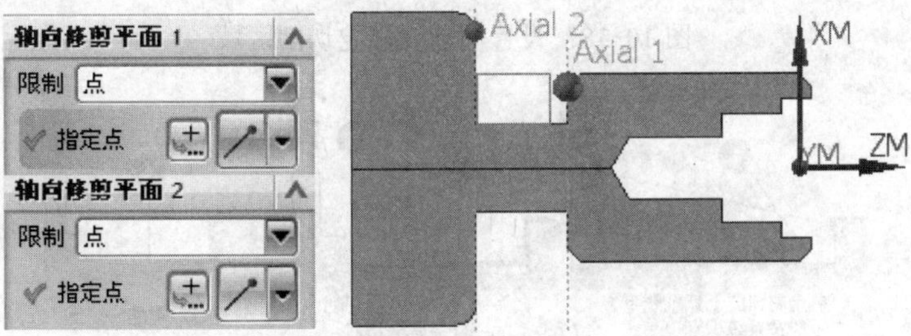

图 10-17 轴向修剪平面（点方式）

（2）设置修剪点 使用修剪点功能，可以相对整个成链的部件边界指定切削区域的起始和终止位置。最多可以选择两个修剪点，图 10-18 简要说明了修剪点设置的一般方法。

设置的修剪点的位置将会影响系统可识别的切削材料的种类。

在图 10-19 中，材料①是上一操作中留下来的。如果不设置修剪点，在使用选定刀具的情况下，系统仅能识别出该材料的一小部分（粗黑线以上的部分）；如果沿边界设置了一个修剪点②，但该点与剩余材料不够接近，则系统将仅能识别出部分需切削的材料。这将留下一部分刀具切削不到的材料，这部分材料位于槽的底部③。要使系统可以识别要切削的所有剩余材料，就应该使设置的修剪点必须尽可能地接近该材料。在图 10-19 中，修剪点④被设在槽的底部。系统可以识别出所有要切削的材料，并在槽的底部形成光滑的表面。

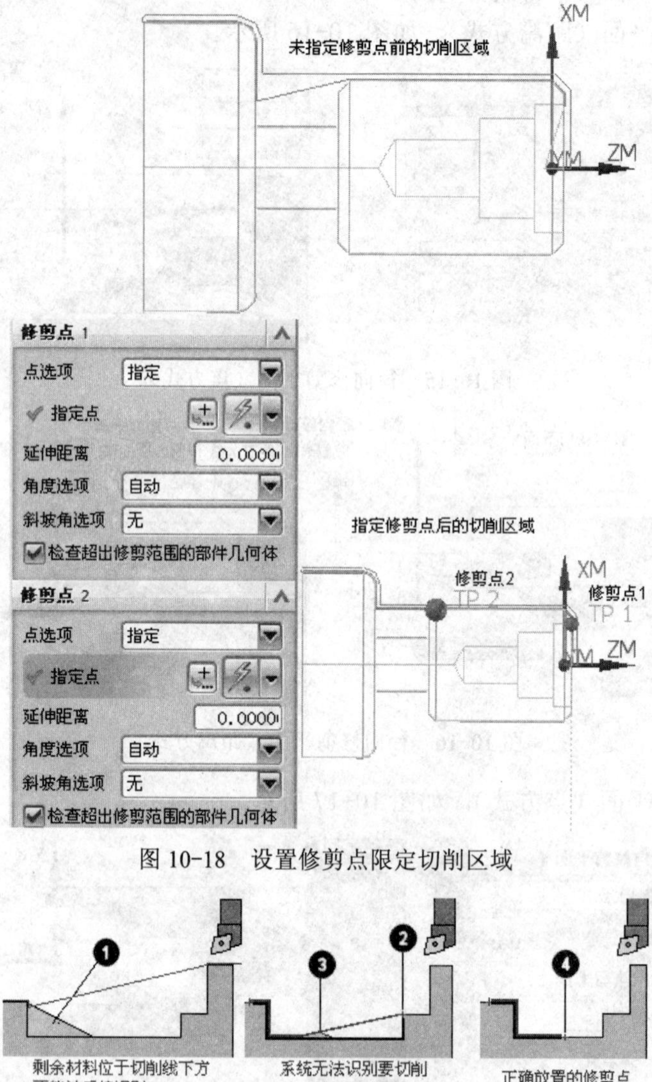

图 10-18　设置修剪点限定切削区域

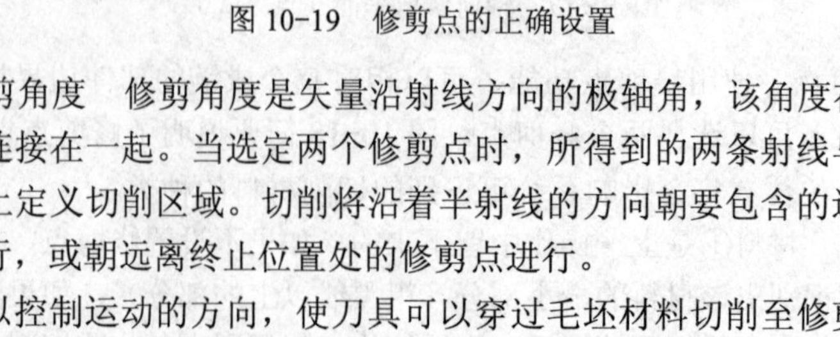

图 10-19　修剪点的正确设置

（3）设置修剪角度　修剪角度是矢量沿射线方向的极轴角，该角度在每个修剪点处将部件和毛坯边界连接在一起。当选定两个修剪点时，所得到的两条射线与毛坯边界的交点将可在数学意义上定义切削区域。切削将沿着半射线的方向朝要包含的边界部分的起始位置处的修剪点进行，或朝远离终止位置处的修剪点进行。

修剪角度可以控制运动的方向，使刀具可以穿过毛坯材料切削至修剪点处，也可以使刀具在修剪点处穿过毛坯而避开部件边界。系统将考虑可能为毛坯或部件指定的任何余量值。如果修剪角度与修剪点所在段的相切角度相对应，则刀具将平滑地切向或离开部件边界。图 10-20 中显示了这一运动过程。

要了解设置修剪角度的影响，可考虑图 10-21 所示移除槽底部的剩余材料的情形。

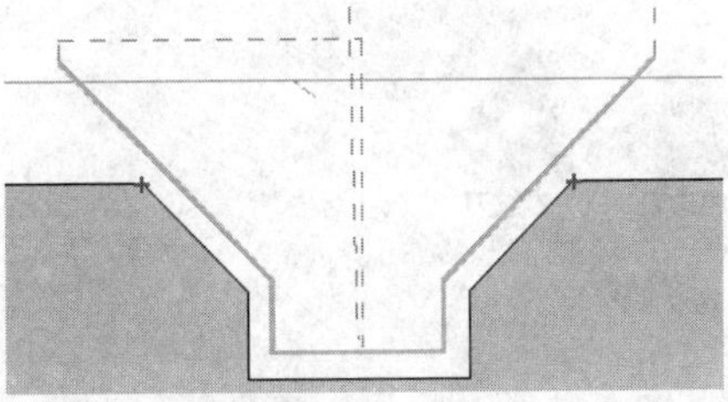

图 10-20　修剪角与槽的倒斜角对齐

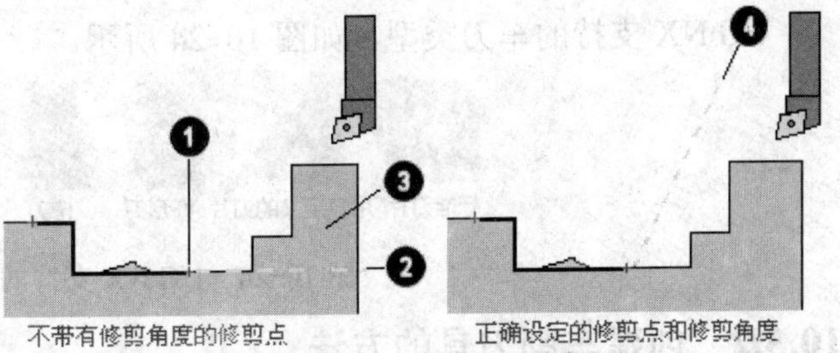

图 10-21　设置修剪点和修剪角度

为使系统识别出此材料，必须在槽底部设置一个修剪点①。由于修剪角度生成的射线将自动沿切线方向延伸至切削线②，所以若只选择一个修剪点，则会导致系统将射线③以上的所有材料均识别为需要切削的材料，这将会损坏部件，此时系统将在内部认可这一情形并忽略这些修剪点。因此这一方法并不适用，因为系统将不识别任何切削区域。

要切削掉这些剩余材料，需要设置修剪点和修剪角度。在此例中，将修剪角度设为 70°④，可确保系统将剩余材料作为切削区域进行检测，同时保证工件不会被切削。

（4）检查部件几何体 当图 10-18 中设置修剪点限定切削区域里的 ☑检查超出修剪范围的部件几何体 被选中时，系统将检查刀轨是否与部件边界相碰撞。此选项可以决定系统沿着引导线的切削行为，即根据切削的方向，控制刀具沿此引导线从部件边界的修剪点处切入或从修剪点处退出。

如果此选项不活动，则系统将严格沿着引导线继续切削，并且当刀具经过有问题的修剪点时将忽略部件的边界，将导致部件过切，如图 10-22 所示。

如果检查超出修剪范围的部件几何体选项为活动状态，则系统就会考虑引导线与之相交的部件边界。这样就可以控制切削区域在修剪点以外的形状，生成的刀轨如图 10-23 所示。

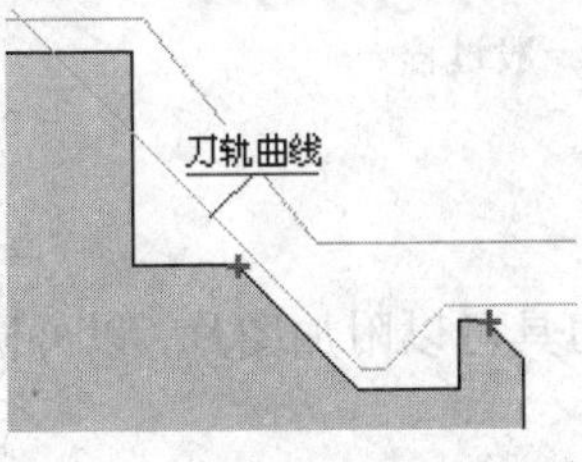

图 10-22　此选项不活动时的刀轨

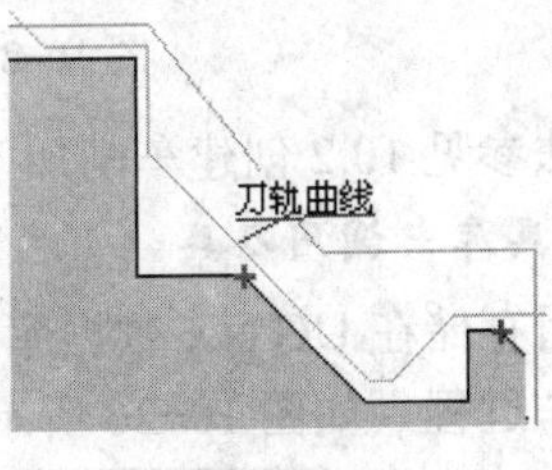

图 10-23　活动时的刀轨

注释：如果切削区域修剪射线与部件几何体表面重合，并且选择了检查超出修剪范围的部件几何体，则刀具将沿着修剪射线和部件表面移动。

如果要从修剪点进刀或退刀，则停用检查超出修剪范围的部件几何体选项。

10.3　车削加工刀具

10.3.1　车削刀具简介

在 NX/CAM 车削模块中，车削处理器使用刀具的刀信息计算刀轨。如果刀具包含多个刀刃，处理器仅考虑操作使用的活动刀刃的信息。刀刃的参数基于刀具装配的方向以及刀具装配安装在机床的转塔位置。

UG NX 支持的车刀类型，如图 10-24 所示。

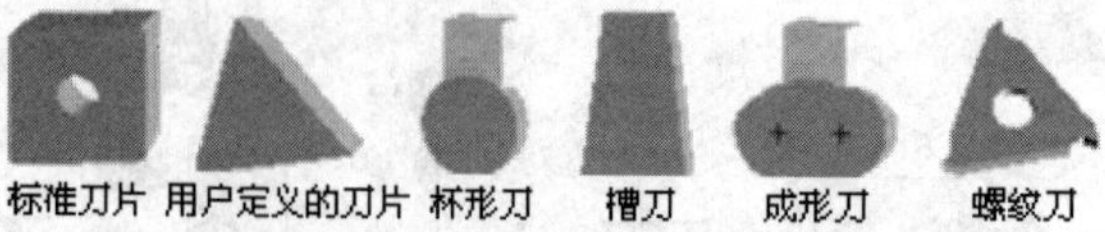

图 10-24 UG NX 支持的车刀类型

10.3.2 创建车削刀具的方法

1. ***通过“创建刀具”图标可以在任意点创建新刀具***

如图 10-25 所示，一般过程如下：

1）在“插入”工具栏中，单击“创建刀具”图标。

2）在创建刀具对话框的类型组中，从列表中选择车。

3）在刀具子类型组中，单击要创建的刀具子类型（如 OD_80_L）。

4）单击“确定”按钮后，刀具将显示在操作导航器的刀具视图中。

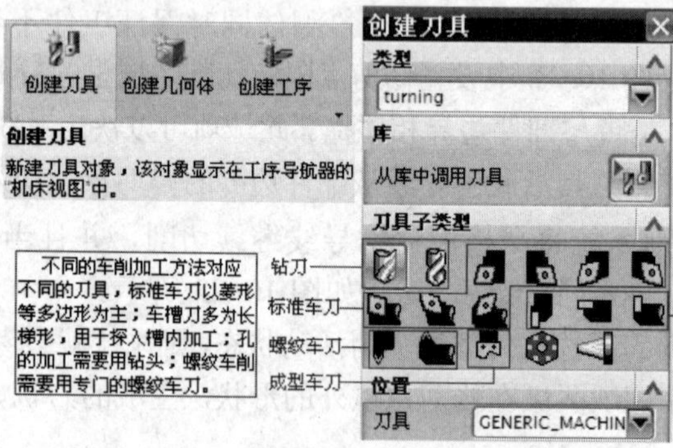

图 10-25 创建车削刀具的一般过程

其他方法参见 10.2 创建车削加工几何体的方式。

2. ***从刀具库中调用刀具***

可以调用存储在 UG NX 数据库中的刀具，这些刀具可以附加图片，以外圆车加工刀具为例说明操作过程，如图 10-26 所示。

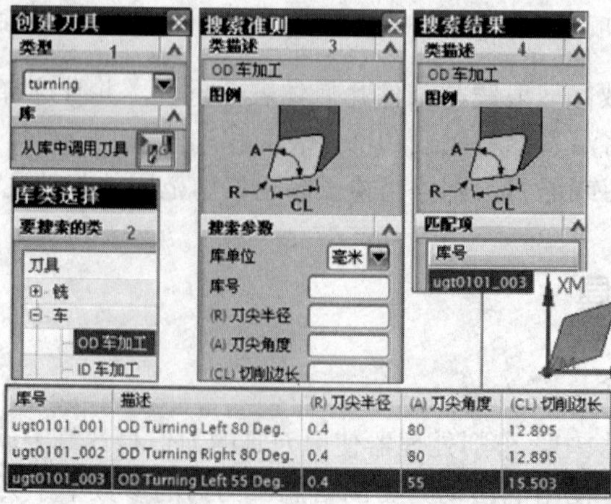

图 10-26 刀具库中调用刀具

通过这种方法，系统可以驱动复杂的用户定义刀具（如成形刀）。

● 在搜索准则对话框中，输入参数可以缩小搜索范围（此项可选），逻辑运算符如表10-8所示。

表 10-8 逻辑运算符

>x	搜索其值大于 x 的所有刀具
<x	搜索其值小于 x 的所有刀具
x	搜索其值等于 x 的所有刀具

● 在搜索结果对话框中，选择刀具并单击“确定”按钮。

要选择多个刀具，则按住＜Ctrl＞键进行选择。

10.3.3 车削刀具的定义

1. 标准车刀

图 10-25 中的各种菱形刀具即为不同的标准车削刀具。车削加工有正向车削（向 Z 轴负向车削）与逆向车削（向 Z 轴正向车削）；外部车削与内部镗削的区别。另外，由于车床主轴的旋向不同，所以刀具的安装位置分为顶侧安装和底侧安装两种。

刀具编号的意义：OD-80-L，OD 代表加工外部表面（ID 代表加工内侧表面）；80 代表刀尖角度；L 代表左偏刀（R 代表右偏刀）。

● 定义标准车削刀具的对话框，如图 10-27 所示。

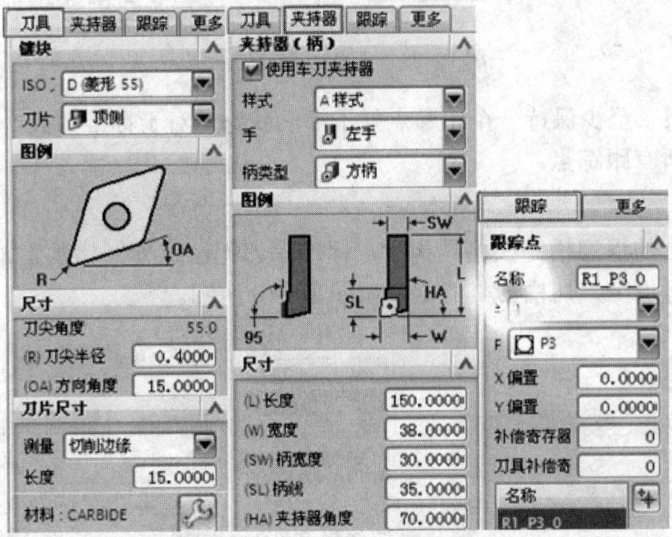

图 10-27 定义标准车削刀具

● 定义跟踪点（刀尖方位点）。

在 UG NX 内部，系统使用刀具上的参考点来计算刀轨，该点称为跟踪点。跟踪点与刀具拐角半径相关联，当选择跟踪点时，车削处理器将使用关联的拐角半径来确定切削区域、碰撞检测、刀轨、处理中的工件（IPW），并定位到避让几何体。

车削系统使用默认的拐角半径。另外，可以选择任何有效的刀片拐角作为活动的拐角半径，系统从 R1（默认半径）开始按逆时针方向依次为拐角半径编号。然后在选定的拐角旁边，选择 9 个可能点（P）中的任意一个作为跟踪点。

跟踪点可以看做是半径编号、跟踪点编号以及偏置编号（补偿寄存器）的串接，如 R1_P3_13or R3_P9_10，如图 10-28 所示。

- 使用多个跟踪点的示例如图 10-29 所示。

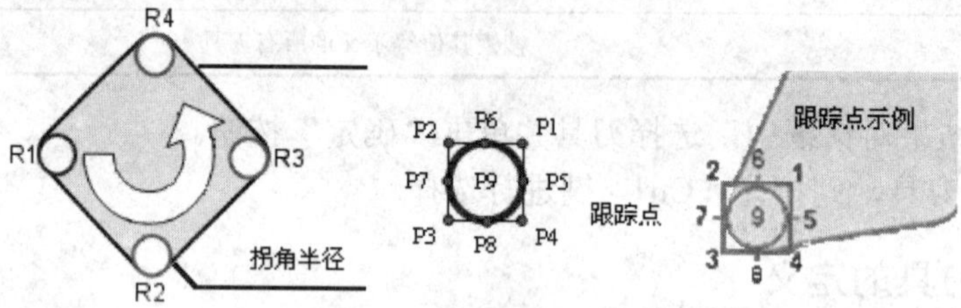

图 10-28　拐角半径与跟踪点

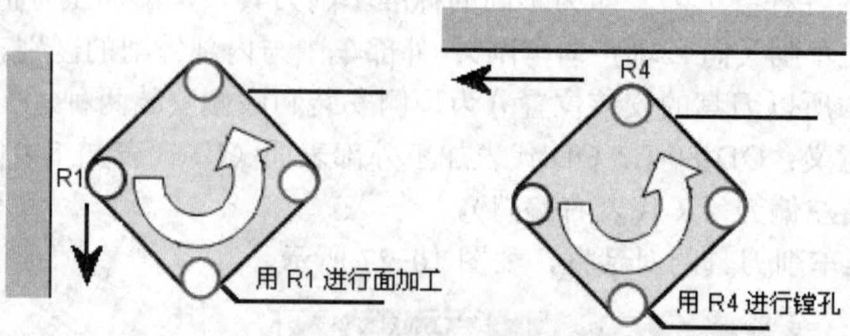

图 10-29　多个跟踪点的示例

对于所有刀具，至少保持一个跟踪点处于活动状态。对于标准刀具，可以切换跟踪点，但绝不可以删除所有跟踪点。

2. ***槽刀***

在加工零件上的退刀槽等凹槽结构时，标准车刀无法进行凹槽加工，因此需要使用专门的车槽刀具进行加工，切槽刀具的定义如图 10-30 所示。

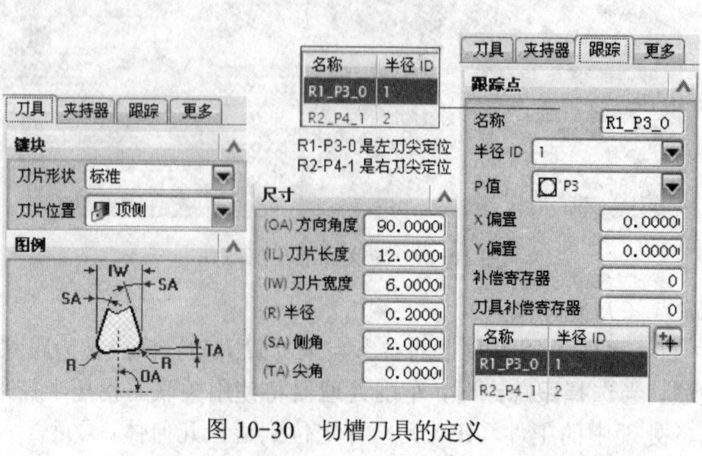

图 10-30　切槽刀具的定义

3. **螺纹刀**

UG NX 为螺纹车削加工提供两种形状的刀具，即标准螺纹车刀和梯形螺纹车刀。创建螺纹刀具的对话框如图 10-31 所示。

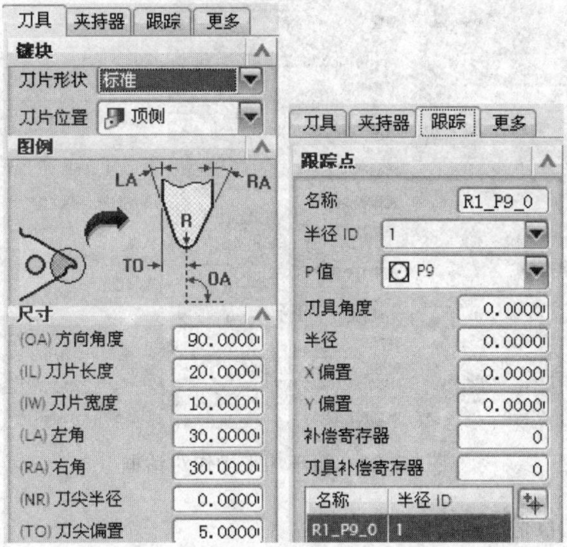

图 10-31　螺纹刀具的定义

4. **钻刀**

UG NX 钻孔加工时应用使用钻削加工刀具，创建钻削刀具的对话框如图 10-32 所示。

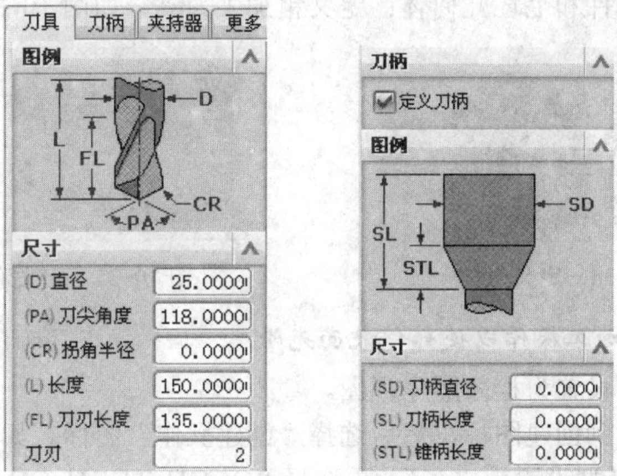

图 10-32　钻削加工刀具的定义

10.4　车削粗加工

10.4.1　粗车加工简介

粗车加工功能包含了用于移除大量材料的许多切削技术，车削粗加工依赖于系统的剩余材料自动去除功能。图 10-33 是典型的粗车加工操作对话框。

图 10-33　粗车加工操作对话框

10.4.2　创建简单 OD 粗车加工操作

1. *创建粗车加工操作前需完成的以下工作*

- 按照需要（安装）在屏幕上确定部件模型的方向；使用 MCS（安装）定义车床轴和程序，如图 10-34 所示。
- 定义安装的部件和毛坯几何体；定义粗加工刀具，如图 10-35 所示。

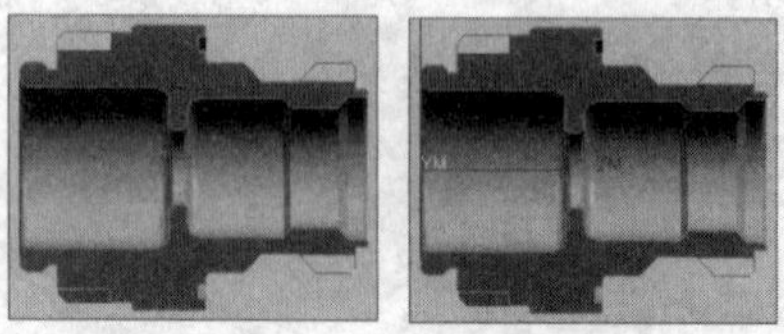

图 10-34　定义坐标

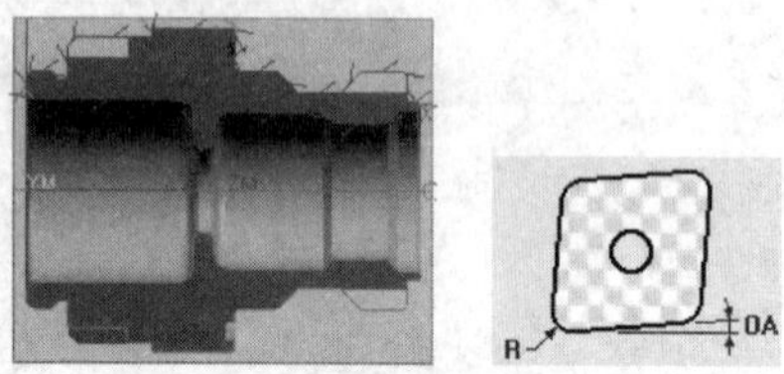

图 10-35　定义毛坯及刀具

2. *创建 OD 粗车加工操作以使部件表面光滑*

- 将操作导航器设置为程序顺序视图。
- 在工具栏中找到创建图标，然后选择“创建操作”图标，如图 10-36 所示。
- 将创建操作-类型设置为“车”，再选择 ROUGH_TURN_OD，如图 10-37 所示。

图 10-36　“创建操作”图标

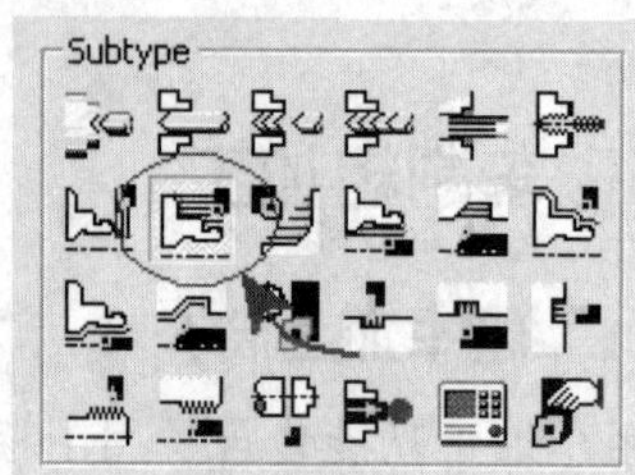

图 10-37　创建操作

3. **在同一"创建操作"对话框上接近底部的位置，进行以下设置**

- 将程序选项设置为程序，这是程序顺序视图中的程序名称。
- 将使用几何体设置为工件，这是定义了部件和毛坯边界的几何视图中的对象名称。
- 将使用刀具设置为在机床视图中创建的 OD 粗加工刀具的名称。
- 在方法视图中将使用方法设置为 LATHE_ROUGH 方法。
- 名称的默认设置为由系统确定的 ROUGH_TURN_OD，如果有需要，则可输入另一个新名称，接受默认设置。
- 当单击"创建操作"对话框上的"确定"按钮时，将显示 ROUGH_TURN_OD 操作对话框。
- 设置切削方式。在此 ROUGH_TURN_OD 操作对话框中，首先选择可提供所需切削方式类型的图标。选择"线性单向"图标，将会在同一方向创建平行切削。需要对头部余量进行粗加工，在正在编程的机床上，加工顺序是从右至左，如图 10-38 所示。

图 10-38 设置切削方式

4. **检查层角**

始终检查层角选项中的切削角度，以确保切削方向正确。在此情形下，可以知道当选择 ROUGH_TURN_OD 图标创建此操作时，层角预设为 180°，对于这种情况是正确的。必须正确设置此角度，然后系统才能够正确决定切削区域。

5. **查看切削区域**

车加工系统是智能化的，可以自动确定和建议一个切削区域。它将考虑当前的刀具形状，部件的几何形状以及当前的工件（IPW）形状，并确定当前刀具所车削的切削区域。

6. **知道已预先对零件进行了面切削，车加工系统将显示自动检测到的此 OD 粗加工操作的切削区域，如图 10-39 所示**

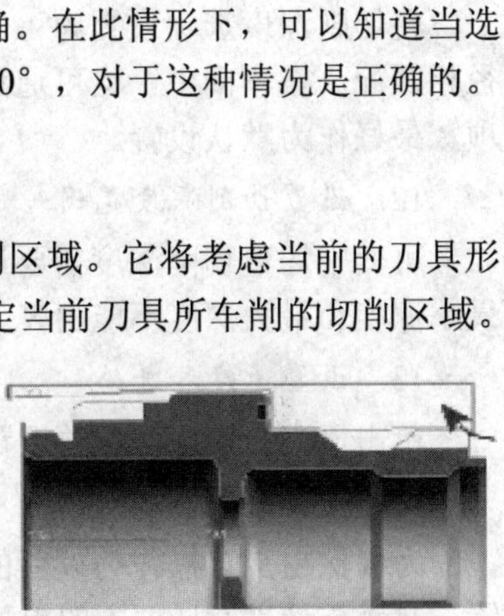
图 10-39 检测切削区域

7. **修改切削区域**

需要使切削区域变短，以使刀具仅在部件的最大直径处切削，并远离卡盘。要达到此目的，可使用空间范围功能（在粗加工对话框中可找到），它允许修改自动检测到的切削区域。

8. **设置修剪点**

除了使此切削区域变短外，还希望在变短一端形成一个 45° 角。在稍后对部件背面进行粗加工时，此角将取消环的创建。

因此，在"空间范围"对话框中，激活修剪点 1，并通过选择部件最大直径左侧的圆（圆弧）的左下端来定义修剪点。然后激活角 1 并将其值设置为 135°。

然后单击"空间范围"对话框底部的"显示切削区域"按钮以查看产生切削区域①。注意②处的修剪点和角，如图 10-40 所示。

9. **设置变换模式**

现在要防止刀具下降到部件 OD 的大槽中。这是车加工中的一个反向示例①。因此，找到对话框上控制反向部分，并将变换模式设置为忽略。这不会改变切削区域的显示，并且可防止刀具滑入其后角和下降到这个凹陷的区域。注意层角的方向②，如图 10-41 所示。

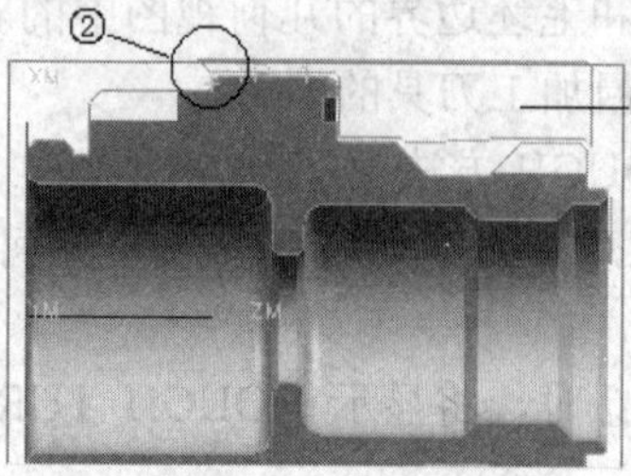

图 10-40　设置修剪点

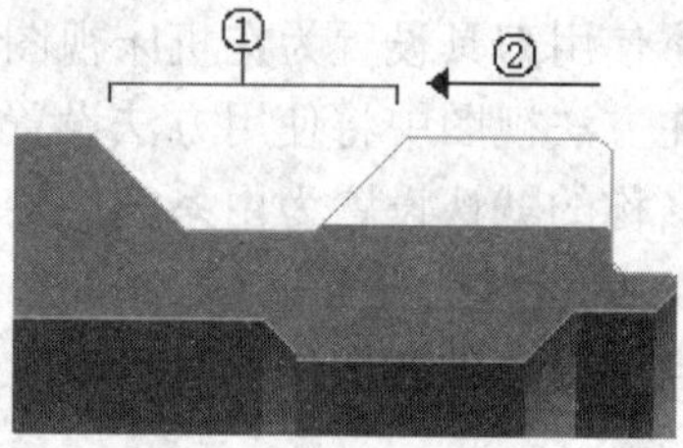

图 10-41　变换模式控制反向

10. **设置底切模式**

需要确保刀具在粗加工过程中不会进入 OD 端面槽中。为防止出现这种情况，单击“切削”按钮，并在“切削”对话框中确保底切选项处于非活动状态。然后单击“确定”按钮，返回到 ROUGH_TURN_OD 对话框。

11. **检查切削深度**

将切削深度选项设置为可变平均值，因为这会导致车加工系统将切削层与部件上的直径相匹配。在车间中，这可通过取消非常薄的切削来减少浪费的时间。这是一个很好的选项，最好作为默认设置。

12. **设置切削深度范围**

可变平均值切削深度需要最小切削深度和最大切削深度。最小深度可设置为零，但是最小深度和最大深度不能相等。

13. **设置速度和进给**

单击“进给率”按钮并设置主轴转速和所有需要的进给率。

14. **设置余量**

为确保粗加工操作为以后的精加工操作留下所需的余量，单击“余量”按钮并检查设置。在“余量”对话框中的粗加工余量部分，选择所需的面切削余量和径向余量。然后单击“确定”按钮，返回到 ROUGH_TURN_OD 对话框。

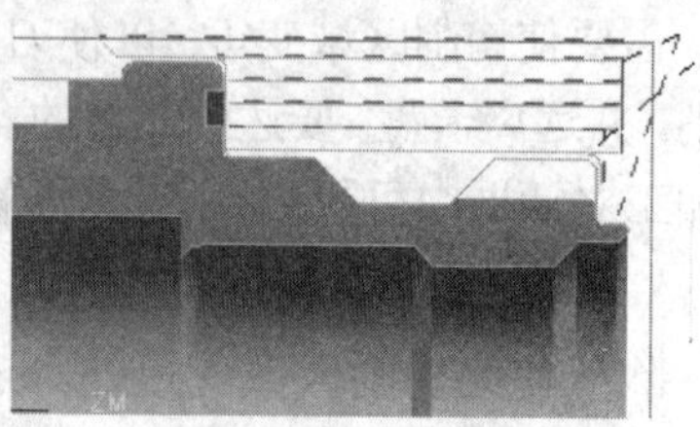

图 10-42　生成刀轨

15. **生成刀轨**

选择对话框上的“生成”图标以创建和显示刀轨。注意，刀具不会下降到反向刀轨中，如图 10-42 所示。

16. **确认刀轨**

接受操作前，通过单击“确认”按钮以检查操作，如图 10-43 所示。

图 10-43　确认刀轨

17. **接受操作**

单击“确定”按钮以接受操作和刀轨。

18. **查看处理中的工件（IPW）①**

车加工系统将更新处理中的工件（IPW），以显示刚创建的粗加工操作后剩余的材料。继续下一个操作之前，可查看生成的工件形状。确保形状是正确的，因为它将被自动顺次传递到下一个操作，以切削下一操作的工件形状，如图 10-44 所示。

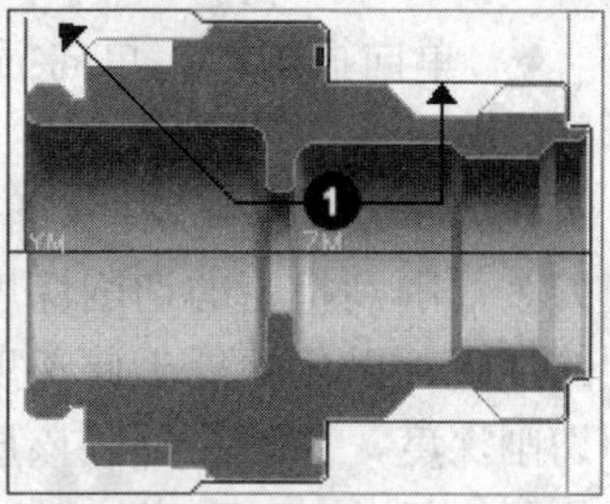

图 10-44　查看处理中的工件

以上就是一个典型的粗加工操作的创建过程。

10.4.3　切削策略

选择不同的切削策略，即选择不同的走刀形式，切削策略的选项随选定的切削策略而变，如图 10-45 所示。

选择	要执行
线性单向切削	直层切削
线性往复切削	具有备选方向的直层切削
单向斜切	在一个方向上进行上斜/下斜切削
往复斜切	在备选方向上进行上斜/下斜切削
单向轮廓加工	轮廓平行粗加工
往复轮廓加工	具有交替方向的轮廓平行粗加工
单向插削	在一个方向上进行插削
往复插削	在交替方向上重复插削指定的层
备选插削	具有交替步距方向的插削
插削定位	具有交替步距方向的插削和在剩余材料上留下"塔状物"的插削运动

图 10-45　粗加工切削策略

1. **线性切削**

● 线性单向。当要对切削区域应用直层切削进行粗加工时，各层切削方向相同，均平行于前一个层切削，如图 10-46 所示。

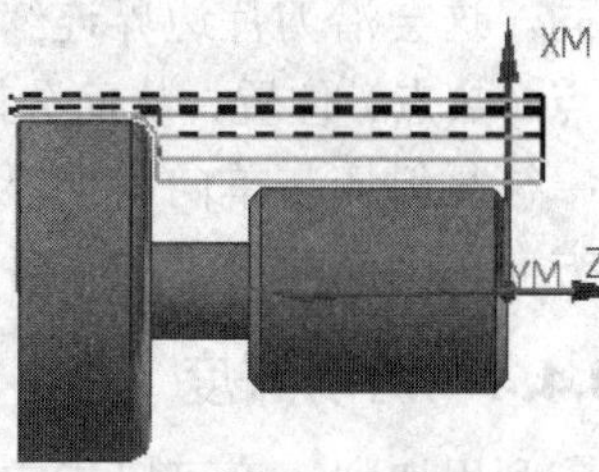

图 10-46　线性单向

● 线性往复。这是一种有效的切削策略，通过变换各粗切削的方向，可以迅速移除大量材料，并对材料进行不间断切削。

2. **轮廓加工**

● 单向轮廓。单向轮廓粗加工在粗加工时刀具将逐渐逼近部件的轮廓。在这种方式中，刀具每次均沿着一组等距曲线中的一条曲线运动，而最后一次的刀路曲线将与部件的轮廓重合，如图 10-47 所示。

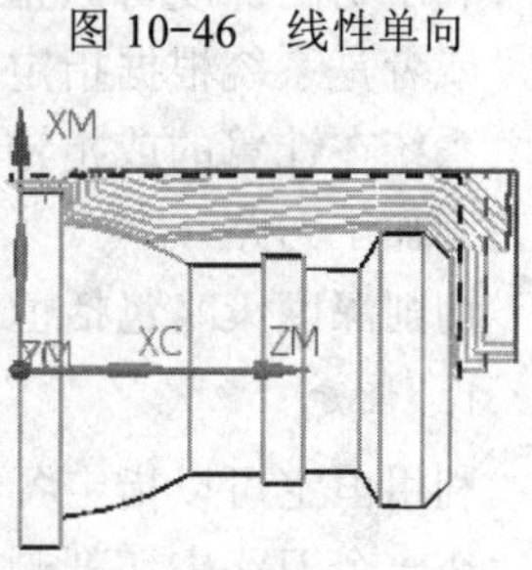

图 10-47　单向轮廓

● 往复轮廓。往复轮廓粗加工刀路的切削方式与单向轮廓方式类似，但例外的是，此方式在每次粗加工刀路之后还要反转切削方向。

3. **插削加工**

● 单向插削。单向插削是一种典型与槽刀配合使用的粗加工策略，如图 10-48 所示。

● 往复插削。往复插削并不直接插削槽底部，而是使刀具插削到指定的切削深度（层深度），然后进行一系列的插削，以移除处于此深度的所有材料。之后再次插削到切削深度，并移除处于该层的所有材料。以往复方式来回往复执行以上一系列切削，直至达到槽底部。

如果在刀具定义对话框中设置了切削深度（最大切削深度），系统将插削至该深度，条件是该深度小于操作中给定的值。

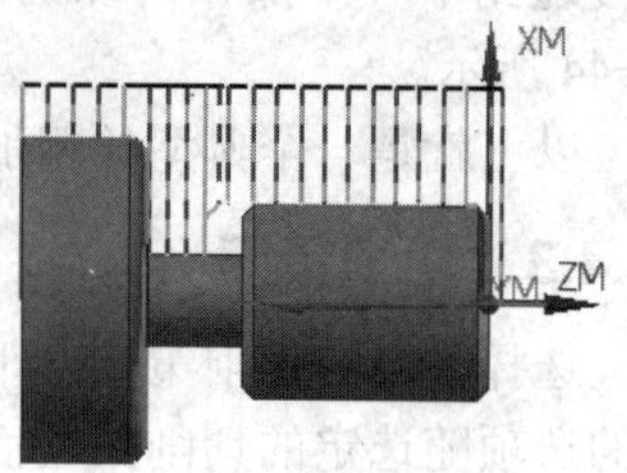

图 10-48　单向插削

● 备选插削。备选插削以如下方式执行插削，将各后续插削应用到与上一个插削相对的一侧。

● 槽顶插削。槽顶插削通过偏置连续插削（即第一个刀轨从槽一肩运动至另一肩之后，塔保留在两肩之间）在刀片两侧实现对称刀具磨平。当在反方向执行第二个刀轨时，将切除这些塔。

4. **斜线切削**

倾斜策略会在从刀路开始到结束的过程中改变切削深度，以在刀片的刀刃上连续移动阈值应力点（热点）位置和延长刀片的寿命。

● 单向斜切。当要对切削区域应用直层切削进行粗加工时，各层切削方向相同，均平行于前一个层切削，如图 10-49 所示。

● 往复斜切。可使一个切削方向上的每个切削或每个备选切削的、从刀路起点到刀路终点的切削深度有所不同。这会沿刀片边界连续移动刀片切削边界上的临界应力点（热点）位置，从而分散应力和热，延长刀片的寿命。

往复斜切与单向斜切不同，对于每个粗切削均交替切削方向，因而减少了加工时间。

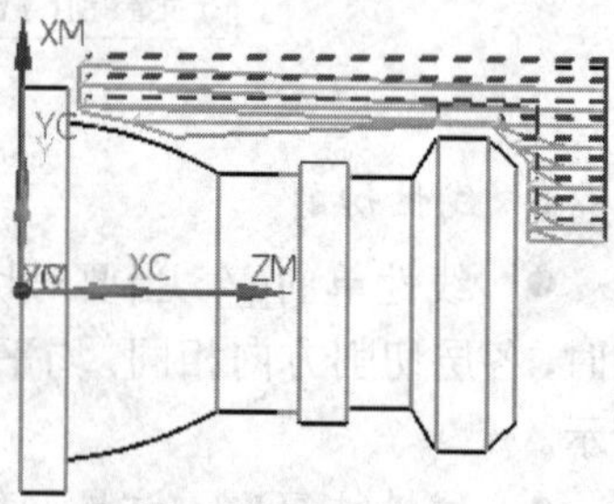

图 10-49　单向斜切

10.4.4　切削深度

利用切削深度可以指定粗加工操作中各刀路的切削深度。该值可以是用户指定的固定值，或者是系统根据指定的最小值和最大值而计算出的可变值。

系统在计算的或指定的深度生成所有非轮廓加工刀路，在此深度或小于此深度位置生成轮廓加工刀路。

切削深度策略包括恒定、层数、多个、变量最大值和变量平均值。

1. **恒定**

利用恒定可以指定各粗加工刀路的最大切削深度。系统尽可能多次使用指定的深度值，然后在一个刀路中切削剩余材料，如图 10-50 所示。

2. **层数**

指定粗加工操作的层数。层数可以输入到“层数”文本框，这是实现均匀分布的切削深度的首选方法，如图 10-51 所示。

3. **多个**

输入想要系统执行的等距轮廓粗加工刀路的数目，当选中这个策略时出现该字段，刀路数可输入到“刀路数”文本框中，如图 10-52 所示。

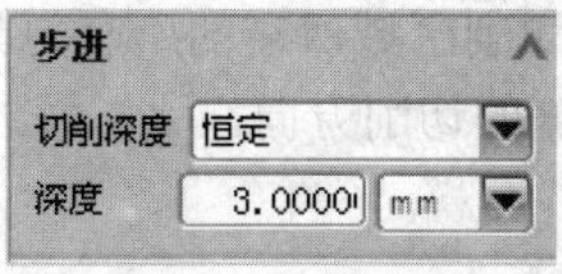

图 10-50　恒定

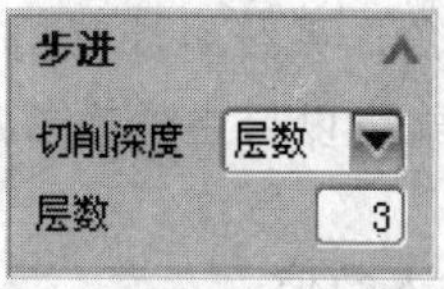

图 10-51　层数

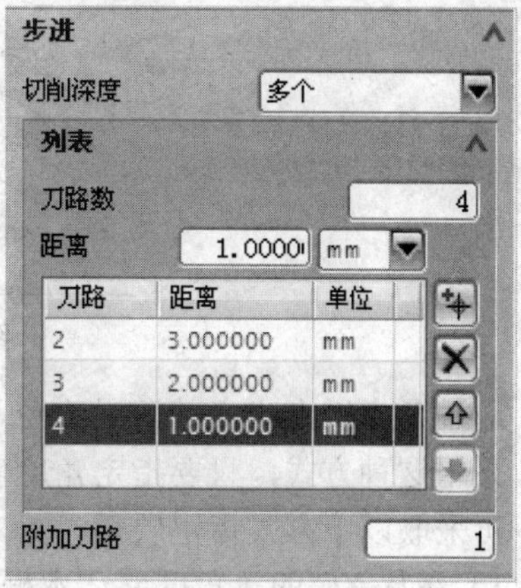

图 10-52　多个

4. **变量平均值**

利用变量平均值方法。输入一个最小和最大切削深度，系统根据不切削大于指定的最大深度值或小于指定的最小深度值的原则，计算所需最小刀路数，如图 10-53 所示。

5. **变量最大值**

如果选择变量最大值，则还可以指定一个最大和最小切削深度。系统将确定区域，尽可能多次地在指定的最大深度值处进行切削，然后一次切削各独立区域中大于或等于指定的最小深度值的余料，如图 10-54 所示。

例如，如果区域为 0.55mm，最小深度为 0.2mm，最大深度为 0.3mm，则第一个刀路深度为 0.3mm，下一个刀路切削剩余 0.25mm 的余料。

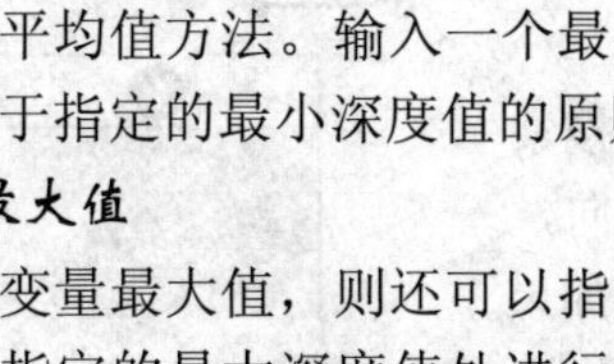

图 10-53　变量平均值

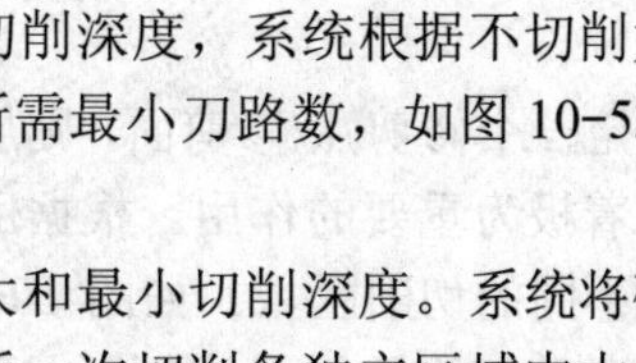

图 10-54　变量最大值

10.4.5　水平角度（层角）

水平角度允许定义单个层切削的方位，此方位可由系统在线性粗加工操作中计算得出。从中心线按逆时针方向测量层角，它可定义粗加工线性切削的方位和方向。层角为 0 时正好与中心线轴的正方向相符。如图 10-55 所示，显示了层角设置示例。

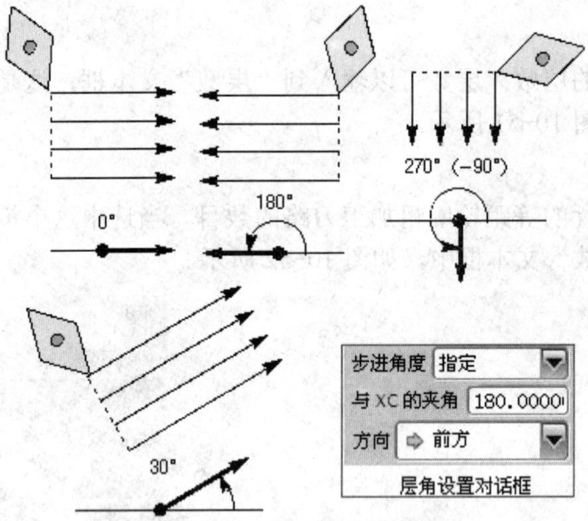

图 10-55　层角设置示例

通过考虑以上定义的刀具方位和层角，系统将计算粗加工切削区域所需的所有刀具运动。采用这种方式，只要指定角度值，就可以自由变换各加工侧的切削方向。

可采取以下方式指定层角：

1）在从 XC 的“角度”文本框中输入数值。

2）在图形窗口中拖动角矢量。

3）选择矢量，并使用标准的矢量对话框来选择所需的角度。

如果仅指定一个修剪点/修剪面，则层角在系统搜索切削区域时起着极为重要的作用。根据所选择的方向，系统标识一个不同的切削区域。如图 10-56 所示，如果选择左到右（0°）作为层角，系统将①标识为切削区域；如果选择右到左（180°）作为层角度，系统将②作为切削区域。

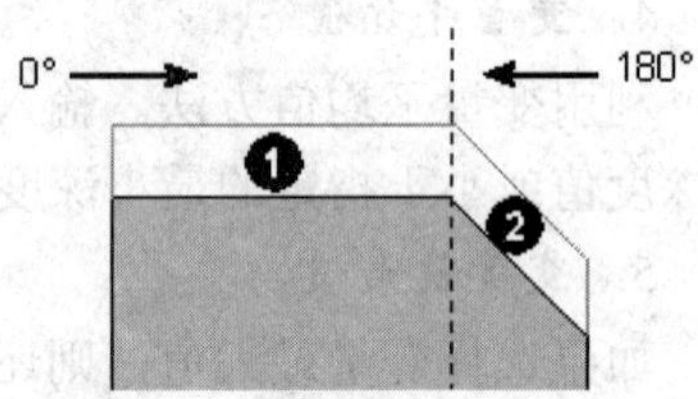

图 10-56　切削区域检测和层角（空间范围显示为深色）

10.4.6　变换模式与清理

1. **变换模式**

变换模式决定使用哪一序列将切削变换区域中的材料移除（即这一切削区域中部件边界的凹部），对话框及选项如图 10-57 所示。

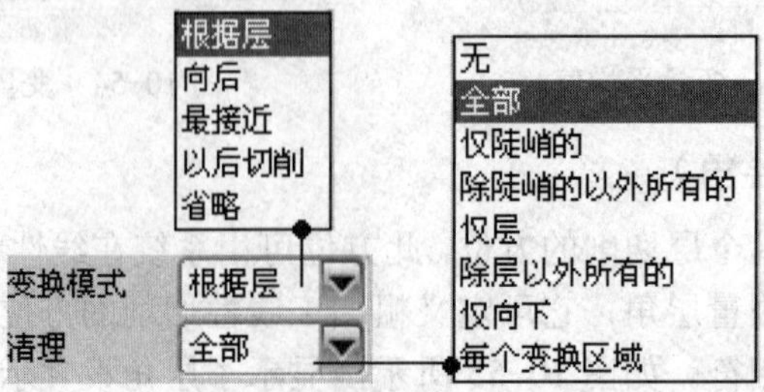

图 10-57　变换模式

（1）根据层　选择根据层变换模式，系统将在反向的最大深度执行各粗切削。当到达进入较低反向的切削层时，系统将继续切削层角方向中的反向，如图 10-58 所示。

（2）向后　当采用向后变换模式时，则按照与根据层模式相对的模式切削反向。换言之，系统将先切削最后一个反向，然后返回至第一个反向，如图 10-59 所示。

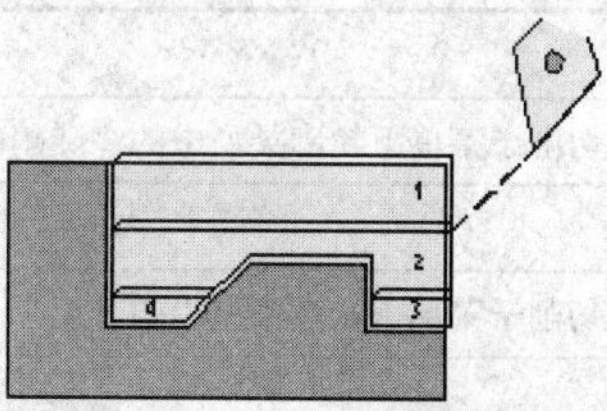

图 10-58　根据层变换模式

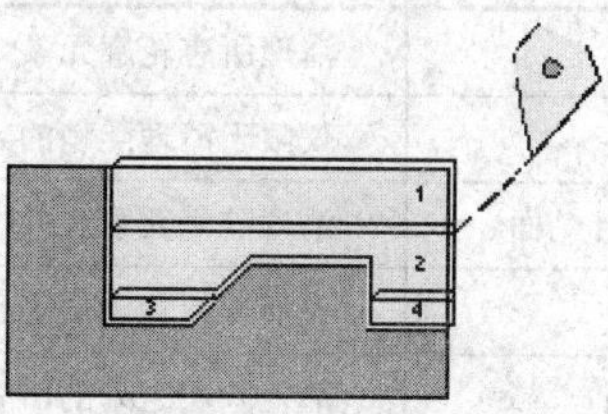

图 10-59　向后变换模式

（3）最接近　如果系统总是选择下一次对距离当前刀具位置的最近的反向进行切削，则最近选项在结合使用往复切削策略时非常有用。对于特别复杂的部件边界，采用这种方式可以减少刀轨，因而可以节省相当多的加工时间。

（4）以后切削　此处，仅在对遇到的第一个反向进行完整深度切削时，对更低反向的粗切削才能执行。初始切削时完全忽略其他的颈状区域，仅在进行完开始的切削之后才对其进行加工。这一原则可递归应用于之后在同一切削区域遇到的所有反向，如图 10-60 所示。

（5）省略　选项省略不切削在第一个反向之后遇到的任何颈状的区域，如图 10-61 所示。

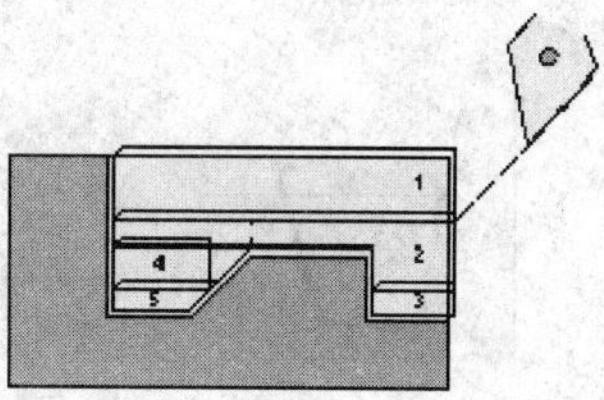

图 10-60　以后切削变换模式

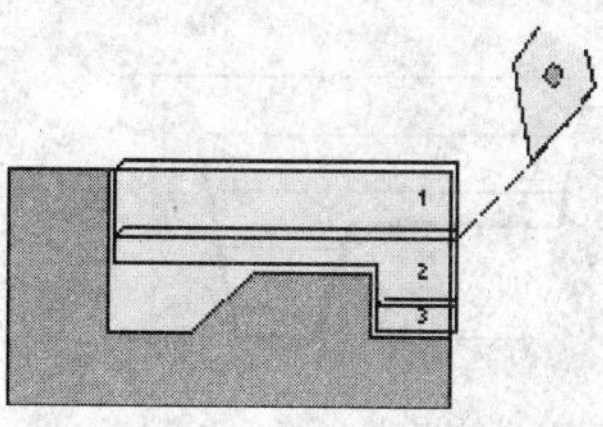

图 10-61　省略变换模式

2. **清理**

由于在加工中刀具为进行下一运动而从轮廓中提起，使得轮廓中存在残余高度或阶梯，这是粗加工中存在的一个普遍问题，如图 10-62 所示。

清理选项对所有粗加工策略均可用，并通过一系列切除梯级的切削来改善这种状况，它决定一个粗切削完成之后刀具遇到轮廓元素时如何继续刀轨行进。图 10-63 所示为对线性粗加工（用粗线表示）的清理切削。

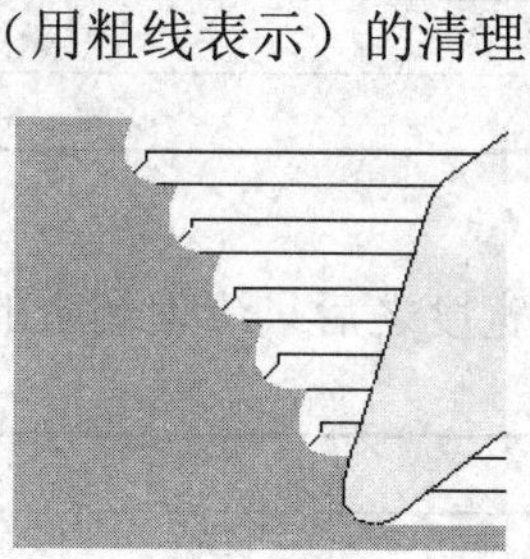

图 10-62　粗加工中存在的残余高度

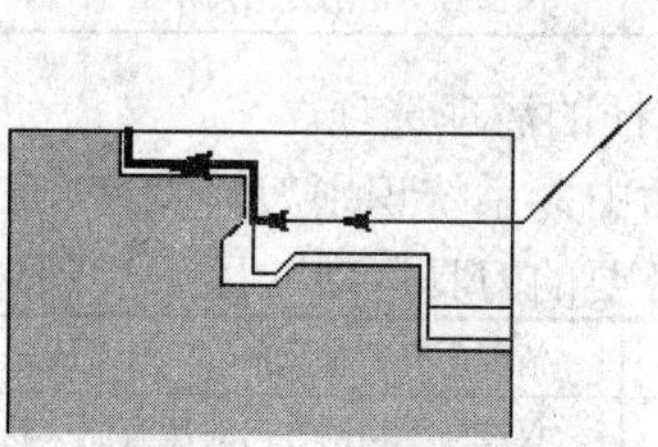

图 10-63　粗加工线性切削的清理操作

对于粗插，清理采用类似方法执行，因而在执行各单独插削之后，便会立即去除带有梯级形状的剩余材料。

- 线性粗加工的清理选项，如表 10-9 所示。

表 10-9　线性粗加工的清理选项

全部	清理所有轮廓元素
仅陡峭的	仅限于清理陡峭的元素。元素定义为切削子菜单下轮廓类型中的“陡峭的”
允许全部，除陡峭面	清理陡峭元素之外的所有轮廓元素
仅层	仅清理标识为层的元素。元素定义为切削子菜单下轮廓类型中的“层”
除层以外所有的	清理除层之外的所有轮廓元素
仅向下	仅按向下切削方向对所有面（轮廓类型中定义的）进行清理
每次变换	对各单独变换执行轮廓刀路

- 图 10-64 帮助说明以上选项。

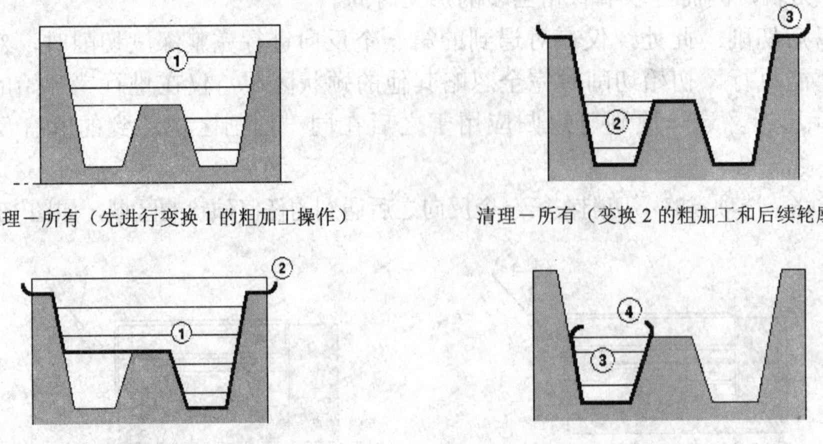

清理－所有（先进行变换 1 的粗加工操作）　清理－所有（变换 2 的粗加工和后续轮廓加工）

清理－每次变换（第一次变换）　清理－每次变换（第二次变换）

图 10-64　线性粗加工的清理

- 轮廓粗加工的清理选项。

根据轮廓粗加工中的定义，刀具按照部件轮廓行进。这意味着刀具不会如线性粗加工中那样频繁离开轮廓，因而仅在开始和结束刀轨时留下步长。从而，在轮廓粗加工中仅有以下清理选项可用，这可在刀具离开轮廓时决定刀具的行进。

全部	清理所有轮廓元素
仅向下	仅按向下切削方向对所有面（轮廓类型中定义的）进行清理

- 粗插的清理选项。

在粗插中，系统识别刀具宽度，并在考虑刀具切削边宽度之后只清理剩余的区域。这将省去不必要的刀具运动。以下清理选项在粗插中可用。

全部	清理所有轮廓元素
仅向下	仅按向下切削方向对所有面（轮廓类型中定义的）进行清理

10.4.7　进给率

进给率是刀具前进时的速率。车加工模块包含大量进给率控制参数，它们允许对处理器的结果进行精调。

与非切削刀具运动相关的所有进给率参数的默认值为高速进给率，而切削进给参数决定了所有切削运动的默认值。如果为边界或其任意分段定义一个定制进给率，则用于精加工、其他轮廓加工以及示教模式定制的值将会覆盖此处定义的进给率。

1. 进给率选项

切削操作的所有子类型都可以使用以下进给率选项，如表10-10所示。

表10-10　进给率选项

进给率（适用于所有加工操作）	
快进	指定由出发点至起点和由返回点至回零点的无切削移动的进给率
逼近	指定移动到进刀运动开始处的进给率
进刀	指定进刀运动的进给率
切削	指定切削运动的进给率
退刀	指定退刀运动的进给率
移刀	到下一切削位置的运动的进给率，或移动到最小安全距离（如果已在切削参数中设置）的进给率。移刀进给率还可用于间断的粗切削，移刀运动后通常跟随有逼近运动
分离	指向离开刀轨的运动的进给率
返回	运动到返回点或到安全平面（如果已设置）的进给率
清除	用于移到最小安全距离（已在切削参数中设置）的粗插的进给率。此选项用于切削运动之间远离部件轮廓的运动
第一刀切削	以下情况需要设置的进给率：退刀槽切削、线性粗加工第一刀路、刀具完全进入到材料（材料两侧）中的任何粗插
单步执行	指定从一个粗加工刀路到下一个粗加工刀路的单步执行运动（进入到材料）的进给率
粗加工进给率	
加速	仅用于线性粗切削和斜切削中的粗加工运动的加速进给
长度	距离，为绝对值或百分比值，在这一段上，刀具将加速
减速	仅用于线性粗切削和斜切削中的粗切削的减速进给
长度	距离，为绝对值或百分比值，在这一段上，刀具会减速
斜向切入	斜向切入部件材料时粗切削运动的进给率
斜向退出	斜向退出部件材料时粗切削运动的进给率
上一刀路 最后一刀粗切	指定上一个粗加工刀路的进给率
清理进给率 以下选项指定粗加工清理过程中切削运动的进给率	
切削	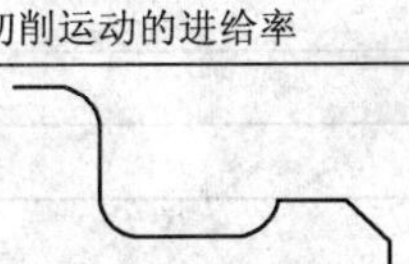 指定粗加工中沿所有轮廓段进行的清理运动的默认进给率
线性	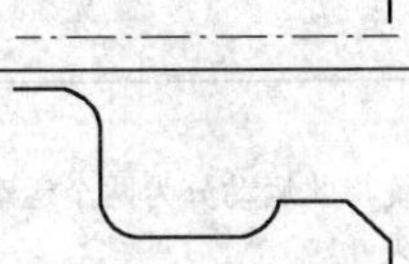 仅为沿线性轮廓段（与中心线不平行也不垂直）的运动指定进给率

（续）

面	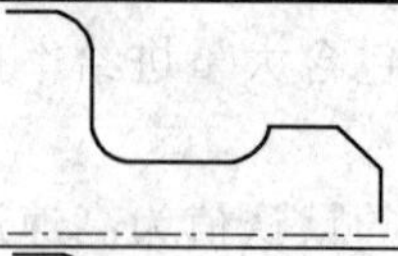 仅为沿面轮廓段的运动指定切削进给率 面与中心线垂直
周面	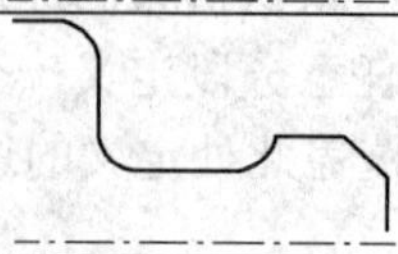 仅为沿周面轮廓段的运动指定切削进给率 周面与中心线平行
顺时针圆	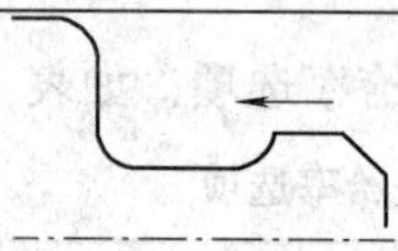 仅为沿圆弧轮廓段的顺时针运动指定切削进给率
逆时针圆	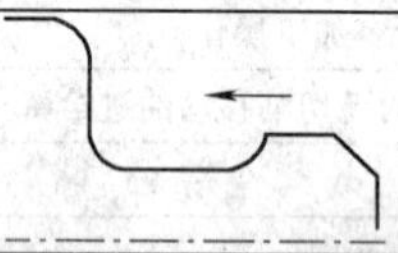 仅为沿圆弧轮廓段的逆时针运动指定切削进给率

精加工/轮廓加工

以下选项为精加工或附加轮廓加工过程中的切削运动指定进给率

切削	为沿所有轮廓段的精加工或附加轮廓加工切削指定默认进给率
线性	仅为沿线性轮廓段（与中心线不平行也不垂直）的运动指定进给率
面	仅为沿面轮廓段的运动指定切削进给率。面与中心线垂直
周面	仅为沿周面轮廓段的运动指定切削进给率。周面与中心线平行
顺时针圆	仅为沿顺时针圆弧轮廓段的运动指定切削进给率
逆时针圆	仅为沿逆时针圆弧轮廓段的运动指定切削进给率

清理和轮廓加工中的斜坡

以下进给率与清理、精加工或附加轮廓加工时不沿部件轮廓进行的切削运动有关

斜向切入	清理/精加工/其他轮廓加工进入材料的进给率，不沿着部件轮廓
斜向退出	在材料外进行清理/精加工/其他轮廓加工，不沿着部件轮廓的进给率
切削层间转移时斜向切入	既不在材料内部也不在材料外部（既不是斜向切入，也不是斜向退出）的线性切削的进给率，不沿着部件表面
加速	清理/精加工/其他轮廓加工的斜切运动的加速进给
长度	距离，为绝对值或百分比值，在这一段上，刀具将加速
减速	清理/精加工/其他轮廓加工的斜切运动的减速进给
长度	距离，为绝对值或百分比值，在这一段上，刀具会减速

短段

可减慢加工以确保小的倒斜角或圆角（边倒圆）得以光顺地加工，而没有毛边或锐边

倒圆进刀	指定边倒圆的进给率
指定最大倒圆	可指定最大倒圆长度（圆弧）值
倒斜角进刀	指定倒斜角的进给率
指定最大倒斜角	可指定最大倒斜角长度值

逼近距离限制

可指定如何为部件形状的较小切削段应用进给率控制

最大长度	逼近运动的最大长度 如果逼近运动的长度超过此限制，则系统将此运动分为两个运动，快速运动加上逼近运动等于此最小限制。仅粗加工和精加工中可使用此选项

（续）

加速/减速限制	
最小长度	防止软件生成距离短于以下值的个别加速或减速运动 指定的最小长度值，而该值属于粗切削、精加工/轮廓加工/清理期间的斜切移动 此选项也会防止在以下情况时于精加工/轮廓加工/清理切削期间更改为倾斜或非轮廓/非清理进给率：各个运动的距离短于最小长度值 当部件的较小区域不需要较低进给率提供的较高表面质量时使用加速/减速限制，但是以正常切削进给率进行切削比切换到非切削进给率更有效，如具有许多小槽的部件

2. **进给率示例**

- 典型的进给率样式如图 10-65 所示。

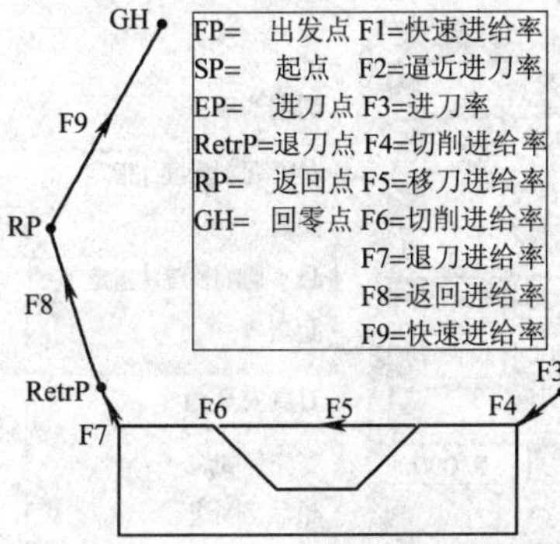

图 10-65 典型的进给率样式

- 移刀进给率。无论何时，如果由于毛坯的特殊形状，直层切削退出材料或返回，系统都将自动从切削进给率变为移刀进给并返回。这有助于避免出现所谓的“空气切削”，如图 10-66 所示。
- 清理进给率。图 10-67 所示为进给率参数，其中 F1=圆周顺时针，F2=面，F3=线性。

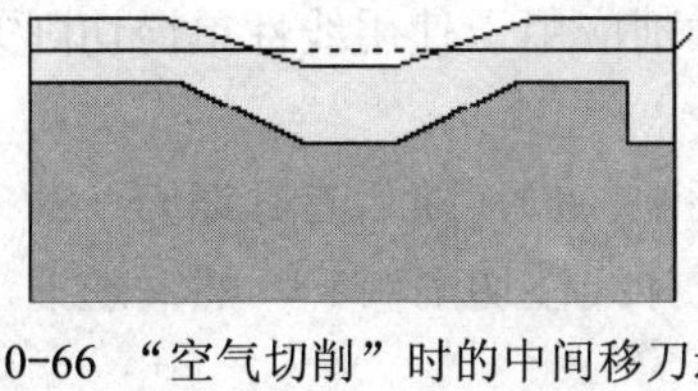

图 10-66 “空气切削”时的中间移刀运动

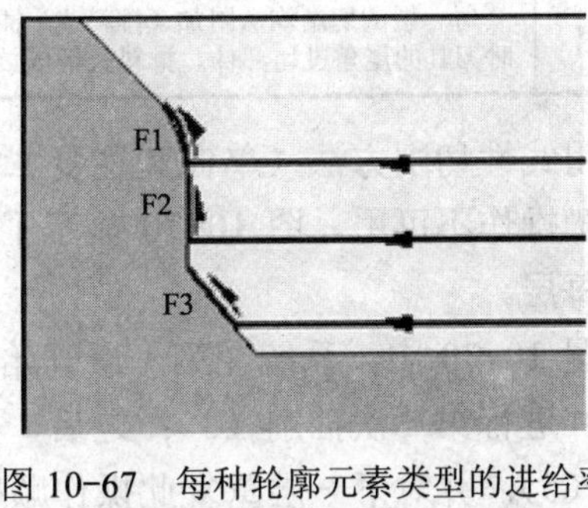

图 10-67 每种轮廓元素类型的进给率

- 加速和减速进给率。加速和减速进给率允许进给率在每个单个粗切削的开始或结束（如逼近肩点）时进行更改，如图 10-68 所示。此功能有助于防止在肩点附近粗切削结束时由于碎片的累积而导致的刀片破坏，或在刀具离开材料的运动中保护锻造的部件免于出现破裂。

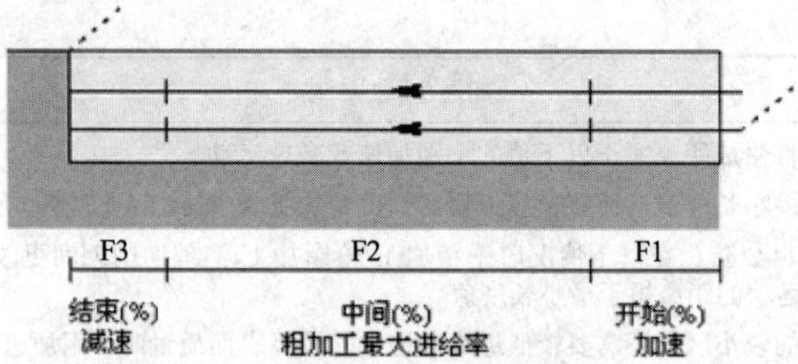

图 10-68　每个单路粗切削的进给率变化

10.4.8　切削参数

1. **粗加工的"策略"选项卡中的选项，如图 10-69 所示**

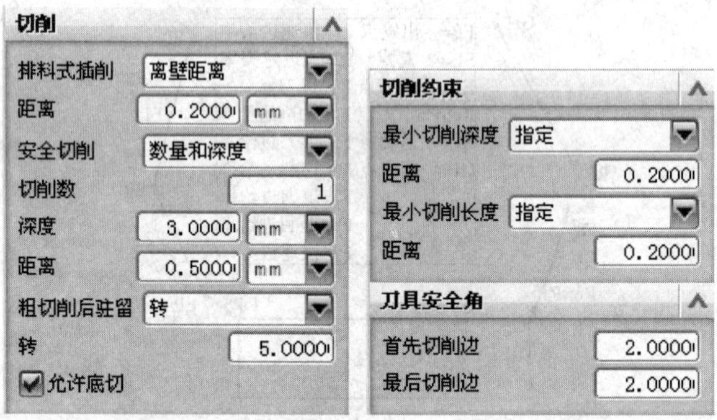

图 10-69 "策略"选项卡中的选项

（1）切削

● 排料式插削。对线性粗加工操作主要作用是控制是否添加附加插削以避免因为刀具挠曲而过切。

包括：

无	不添加排料式插削
离壁距离	每一层的切削均从附加（排料式）插削开始，以移除边界附近的材料，并提供空间以防止在执行侧向切削时刀具的尾角过切部件。排料式插削放置于远离壁（最近的接触点）的指定距离量处

使用线性切削方法（单向和往复）时只能使用排料式插削。排料式插削选项对轮廓粗加工或槽操作不可用。图 10-70 显示了如何将排料式插削应用于使用线性单向切削方法的刀轨的每层。

在图 10-70 中，系统在第一层开始时应用排料式插削（1），随后刀具退刀（2），移到右侧，并进行第二次插削（3）；之后，刀具在第一层进行线性切削（4），然后退刀，退回至左侧（5），并对下一层重复此操作顺序。

除排料式插削（1）和（6）是在各层另一端进行外，对于线性往复切削方法，移动顺序与线性单向的移动顺序类似，如图 10-71 所示。

● 距离。系统允许为退刀槽插削指定槽的离壁距离。此距离值默认为 0，单位为英寸或毫米，它决定了针对各自墙壁（如在某一点与它相切）所进行的退刀槽插削。大于 0 个单位的距离值将以距离壁（最近的接触点）指定的量定位排料式插削。

如果清理选项处于活动状态，则系统将在排料式插削发生后立即在离排料式插削最近的壁上执行任何所需的清理工作，不需要对材料进行第二次插削。

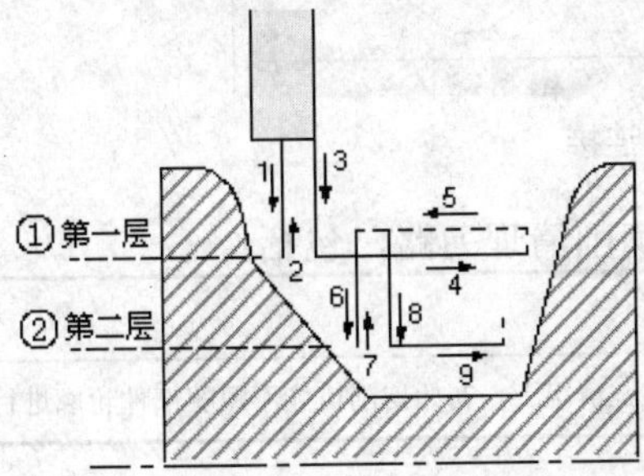

图 10-70　线性单向粗加工的排料式插削

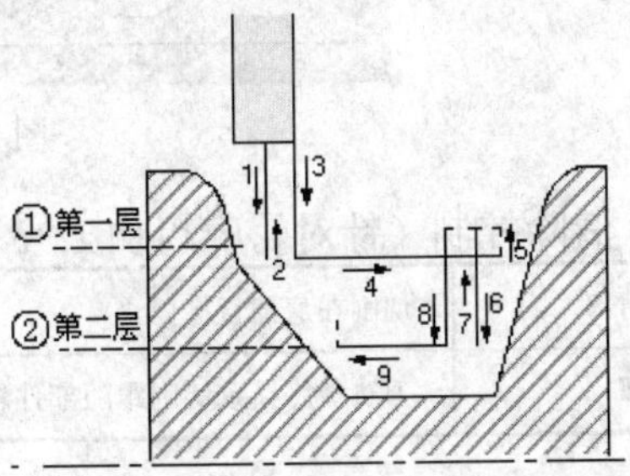

图 10-71　往复深度加工的排料式插削

● 安全切削。创建短的安全切削，以在进行完整的粗切削之前清除小区域的材料。当开始底切或切槽以及加工较硬材料时，该选项很有用。包括：

无	不应用安全切削
切削数（选项）	指定想要操作生成的安全切削数 安全切削在全长度粗切削进行到切削深度之前应用，该切削深度在操作主对话框中指定
切削深度（选项）	指定安全切削的深度
数量和深度（选项）	指定安全切削数和安全切削深度。允许先进行较浅的安全切削，再进行全长度的粗切削 UG NX 系统将根据需要减少安全切削数，以确保安全切削深度不超过总的粗切削深度
切削数（数值）	当安全切削设置为切削数或数量和深度时可用 设置想要操作生成的安全切削数
深度（数值）	当安全切削设置为切削深度或数量和深度时可用 设置安全切削的深度值
距离（数值）	当安全切削设置为切削数、切削深度或数量和深度时可用 设置安全切削的长度值

● 粗切削后驻留。在插削运动的每个增量深度处输出一个驻留命令。当激活切屑控制时，也可以在后续的增量插削运动中初始化此命令，可以按秒数或转数输入驻留。

● 允许底切。通过此选项，可启用或禁用底切，如图 10-72 所示。

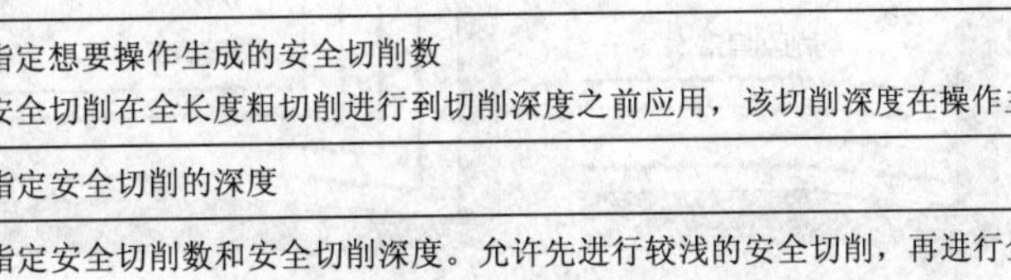

图 10-72　带底切的粗加工刀轨

● 切削连接（针对轮廓粗加工）。指定切削的连接方式，包括：

移刀	如果刀具在轮廓中遇到缝隙，它会退刀，移到下一个轮廓，并重新进刀
连续切削	刀具将按照切削进给率穿过缝隙继续切削。这主要用于半精加工

示例如图 10-73 所示。

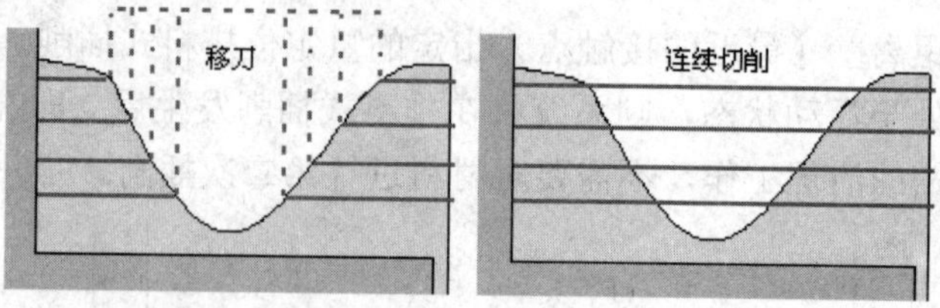

图 10-73　切削连接

● 清除控制（针对轮廓粗加工）。指定如何切削清理刀路，包括：

切削到肩部	切削在肩部直接停止
跟随肩部	刀轨最终导致切削跟随部件轮廓进行。在某些情况下，初始切削可能不跟随部件轮廓进行

示例如图 10-74 所示。

（2）切削约束

● 线性和轮廓粗加工中的最小切削深度。使用最小切削深度选项将切削限制为小于指定的值，如图 10-75 所示。

图 10-74　切削连接

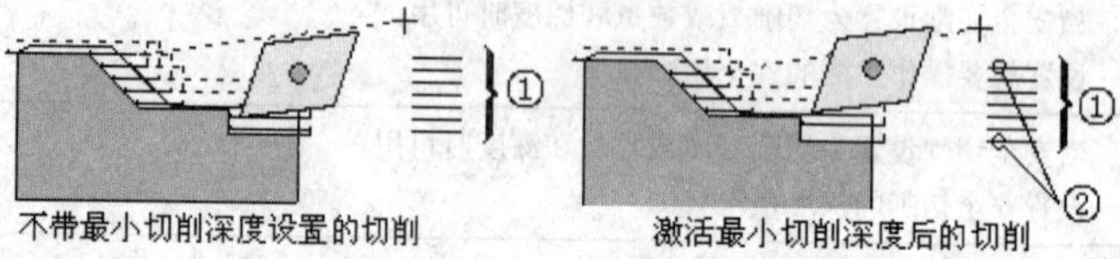

图 10-75　线性和轮廓粗加工中的最小切削深度

● 粗插加工中的最小切削深度。使用最小切削深度选项可限制步进时的插削与前一插削不会太近。适用于切削窄槽或按图 10-76 所示限制开槽中的最后一个狭窄的切削。可用轮廓加工移除“剩余材料”。

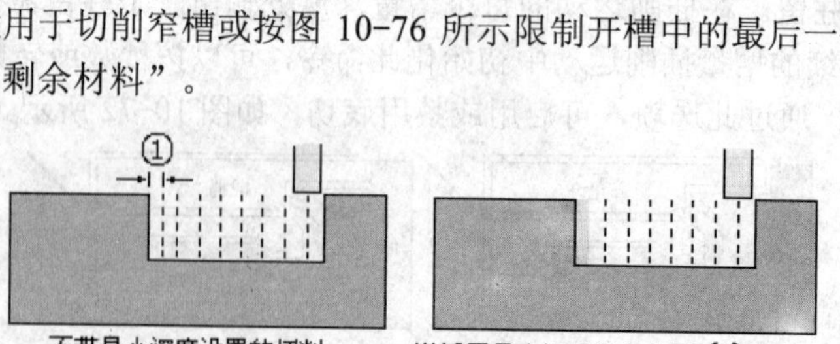

图 10-76　粗插加工中的最小切削深度

● 粗插中的最小切削长度。在某些情况下，在开槽中当插削太短时可能要限制插削的一部分。

此处，当移除槽中材料的切削变得太短，因而无法再按照插削策略继续。为限制这些太短的切削，设置适当的最小切削长度并确保附加轮廓加工切换为打开，如图 10-77 所示。其中，系统用显示为红色的轮廓刀轨自动移除了剩余材料。

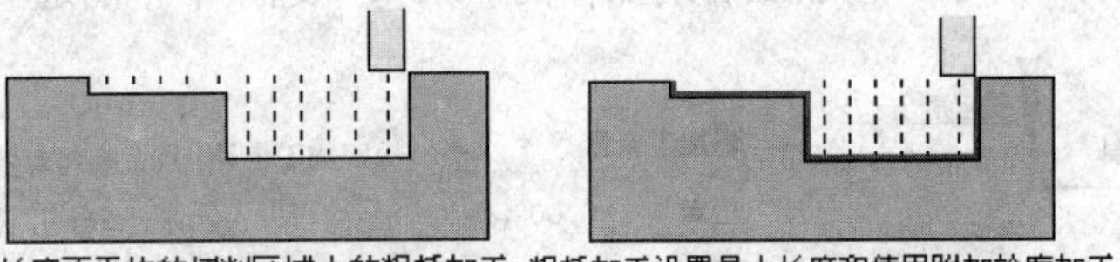

图 10-77　粗插加工中的最小切削长度

（3）刀具安全角

使用刀具安全角创建对材料的斜切削运动。此处的插入角从内部添加到刀具中，并用于计算切削区域。

系统根据以下规则应用第一个和最后一个刀具安全角：

- 将第一个刀具安全角应用于沿 X 轴正向顺时针首次遇到的刀具镶块边。
- 将最后一个刀具安全角应用于沿 X 轴正向顺时针最后遇到的刀具镶块边。

定义示例如图 10-78 所示。

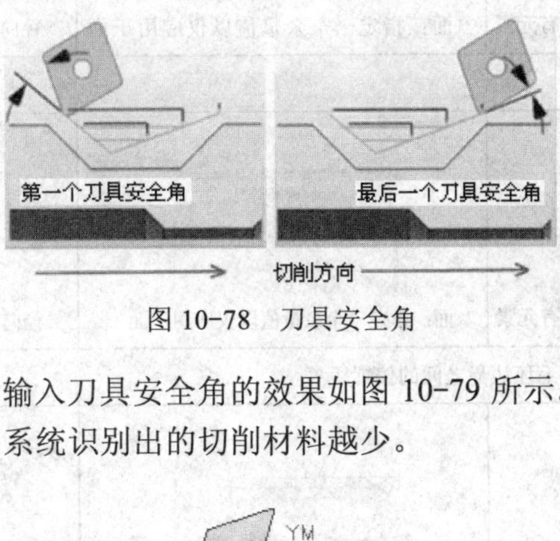

图 10-78　刀具安全角

在切削区域和刀轨中输入刀具安全角的效果如图 10-79 所示。从图 10-79 中可知刀具安全角越大，单个操作中系统识别出的切削材料越少。

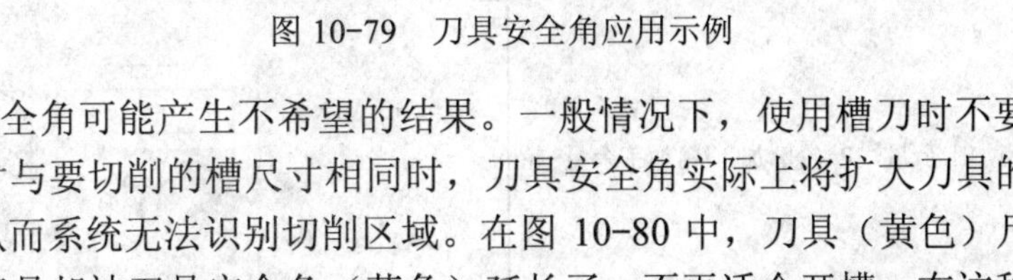

图 10-79　刀具安全角应用示例

- 大的安全角可能产生不希望的结果。一般情况下，使用槽刀时不要应用刀具安全角。当槽刀尺寸与要切削的槽尺寸相同时，刀具安全角实际上将扩大刀具的尺寸，使刀具不适合开槽，从而系统无法识别切削区域。在图 10-80 中，刀具（黄色）尺寸略小于割槽尺寸，但是该刀具却被刀具安全角（蓝色）延长了，不再适合开槽。在这种情况下，系统无法找到切削区域。

2. “余量”选项卡中的选项

余量是指完成一个操作后处理中的工件上留下的材料。根据切削方法的不同，余量选项有所不同，如图 10-81 所示。粗加工切削操作的“余量”选项卡中的选项如表 10-11 所示。

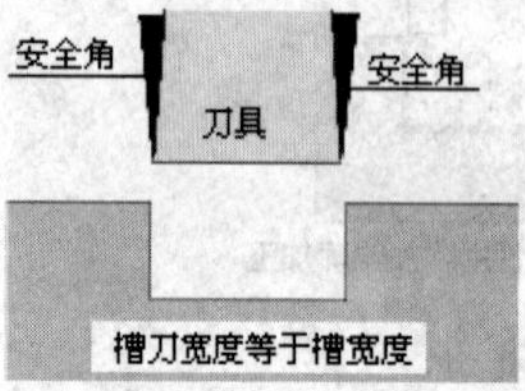

图 10-80　槽刀通常不使用刀具安全角

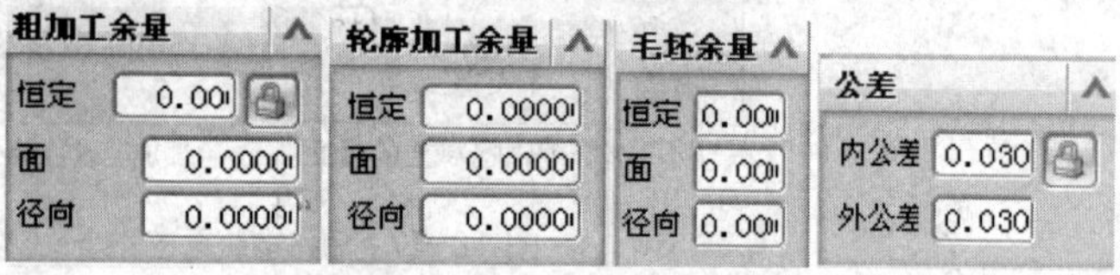

图 10-81　“余量”选项卡中的选项

表 10-11　“余量”选项卡中的选项

粗加工余量：指定粗切削及任何可选清理刀路的余量设置		
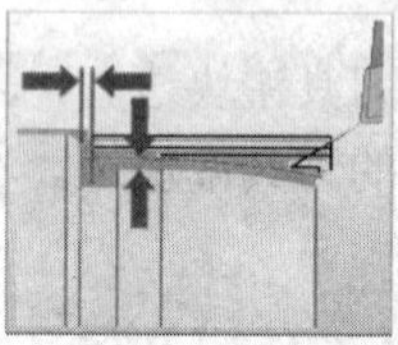	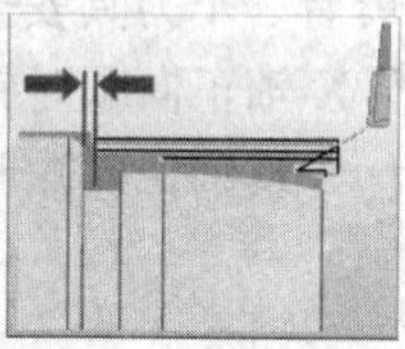	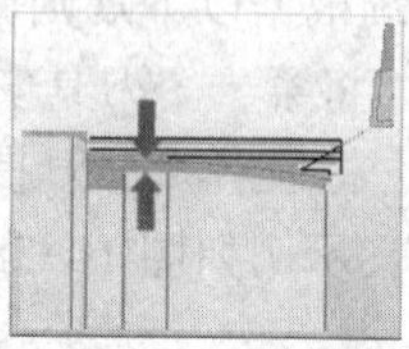
恒定：指定一个余量值以应用于所有元素	面：指定一个余量值以仅应用于面	径向：指定一个余量值以仅应用于周面
轮廓余量：指定轮廓切削的余量		
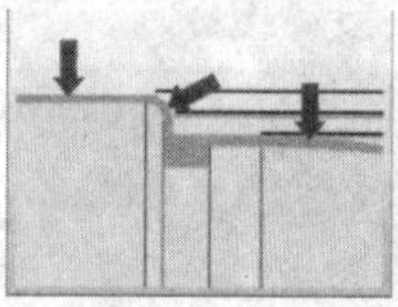	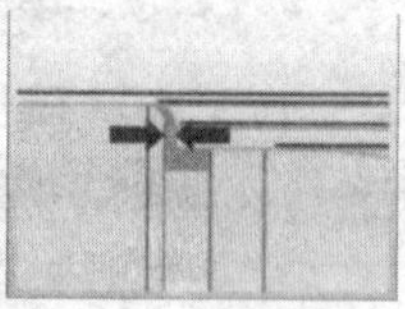	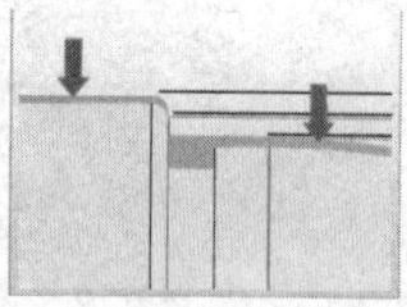
恒定：指定一个余量值以应用于所有元素	面：指定一个余量值以仅应用于面	径向：指定一个余量值以仅应用于周面
毛坯余量：指定刀具与已定义的毛坯边界之间的偏置距离		
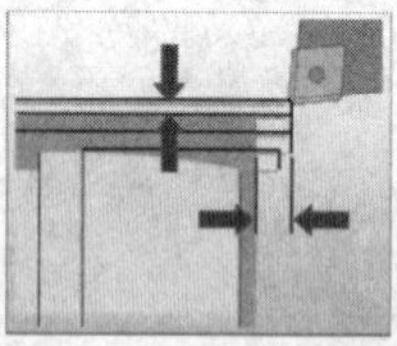	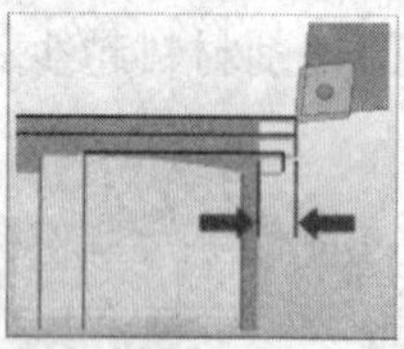	
恒定：指定一个余量值以应用于所有元素	面：指定一个余量值以仅应用于面	径向：指定一个余量值以仅应用于周面
公差：设置内公差和外公差的值。公差将应用于部件边界，并决定可接受的边界偏差量。在该菜单中输入的值成为默认情况下所选择的边界元素的默认值，用做公差状态		
3 种余量类型： B=毛坯余量，R=粗加工余量，P=轮廓加工/精加工余量–轮廓刀轨显示为红色	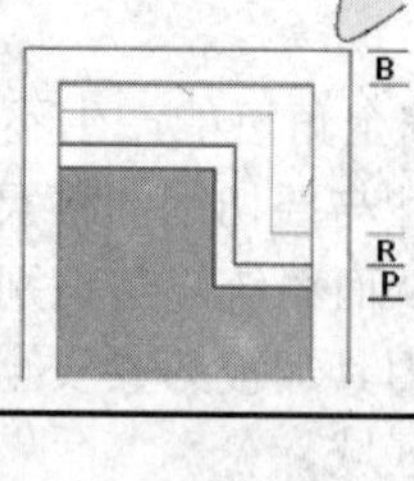	

3. “拐角”选项卡中的选项，如图 10-82 所示

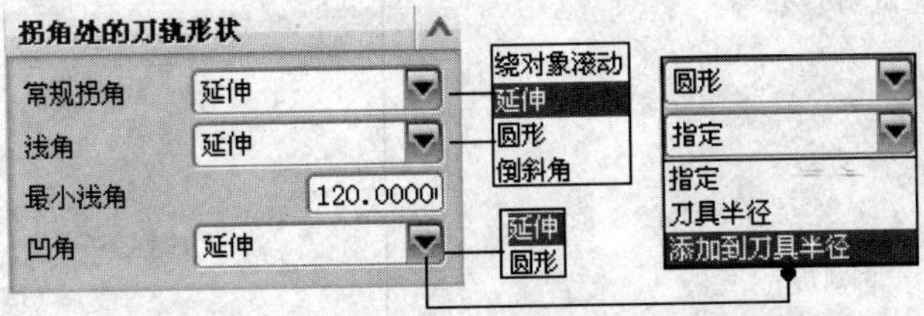

图 10-82　“拐角”选项卡中的选项

拐角处的刀轨形状可用以下选项来指定凸角处的轮廓加工切削行为。凸角可以是常规拐角（90°）或浅角（在最小浅角值和 180°之间）。

拐角的各选项如表 10-12 所示。

表 10-12　“拐角”选项卡中的选项

常规拐角	
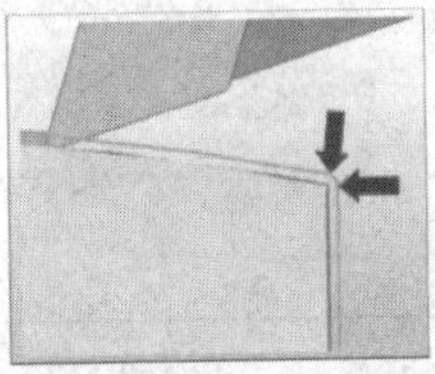 绕对象滚动：绕拐角创建一条光顺的刀轨，但会留下尖角	 延伸：创建尖角
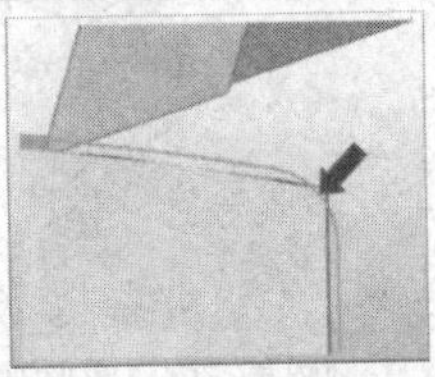 倒圆角：创建圆形刀轨和拐角	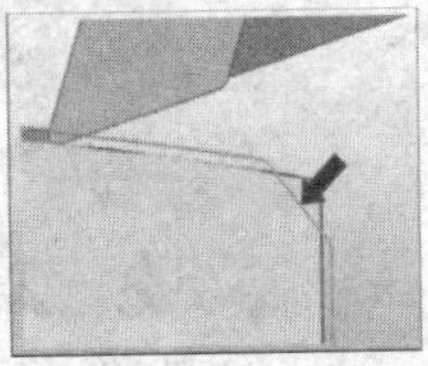 倒斜角：创建倒斜角，以消除锐边
浅角：指夹角大于指定最小浅角值且小于 180°的凸角	
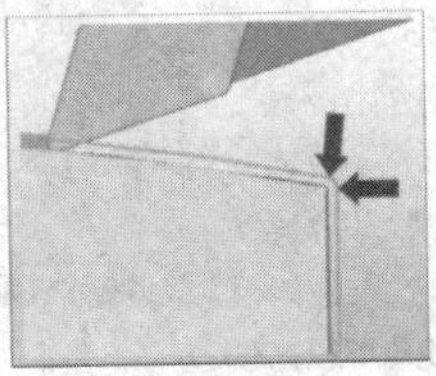 绕对象滚动	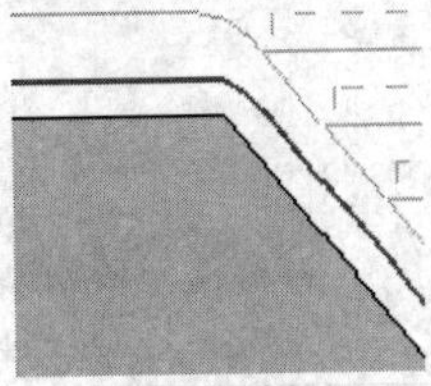 浅角（绕对象滚动）
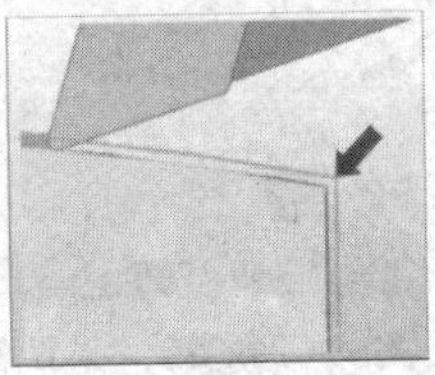 延伸	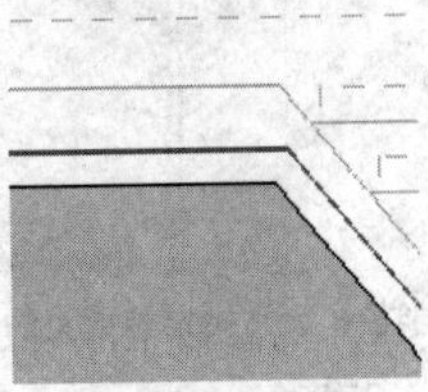 浅角（延伸）

（续）

倒圆角

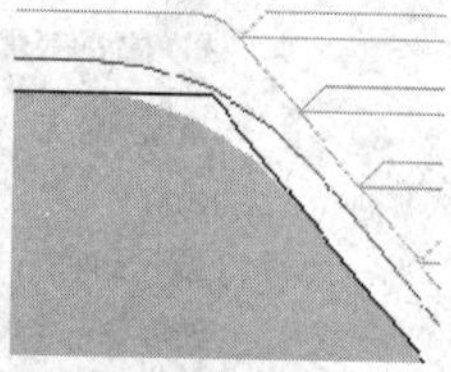

浅角（倒圆角）

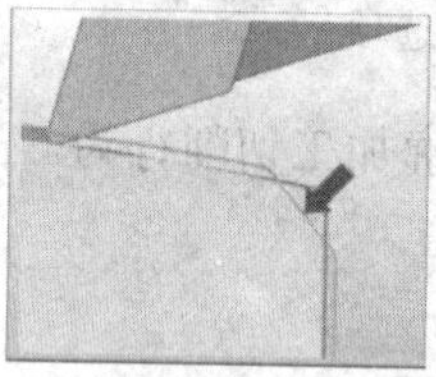

倒斜角

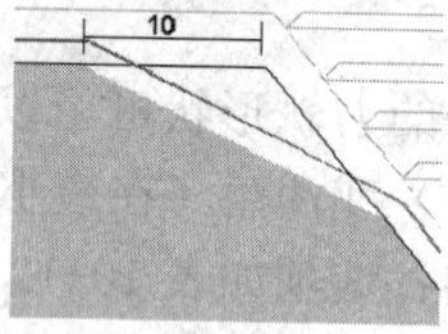

浅角（倒斜角，且距离为 10）

最小浅角：指定软件考虑浅角时所需的最小角度

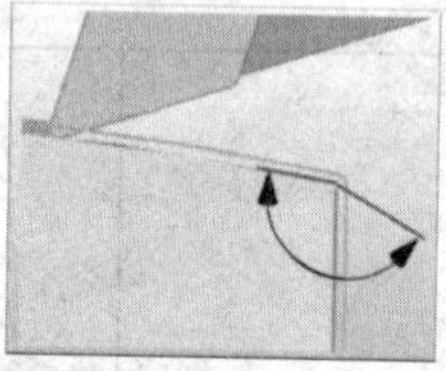

凹角：选项可用于指定凹角处的轮廓加工切削行为

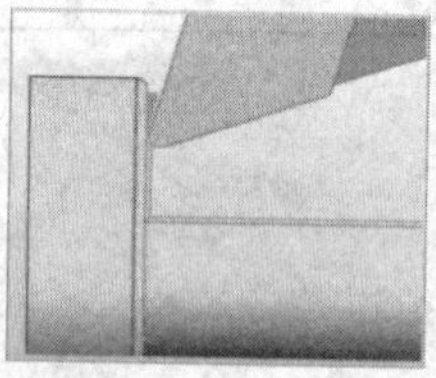

延伸：创建尖角

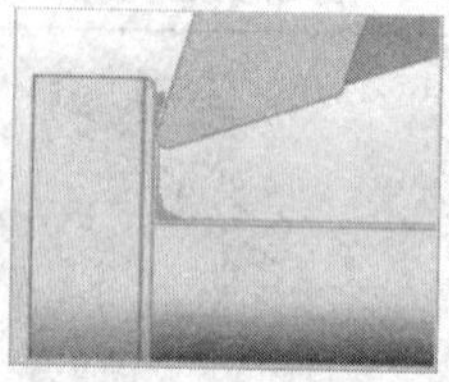

倒圆角：创建圆形刀轨和拐角

半径选项

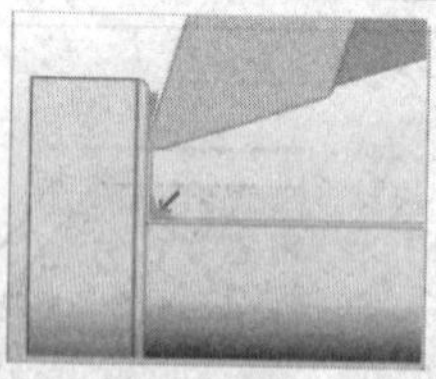

指定：允许指定半径值

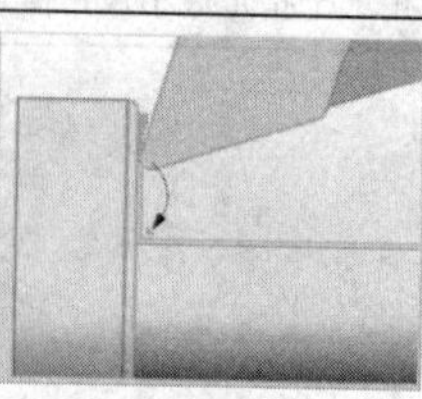

刀具半径：创建一个等于刀具半径的圆弧

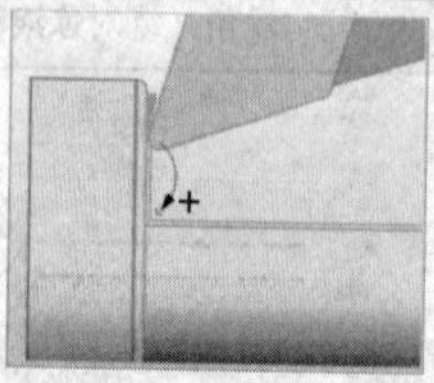

添加到刀具半径：允许指定零或正的半径增量值，以创建一个略大于刀具半径的圆弧

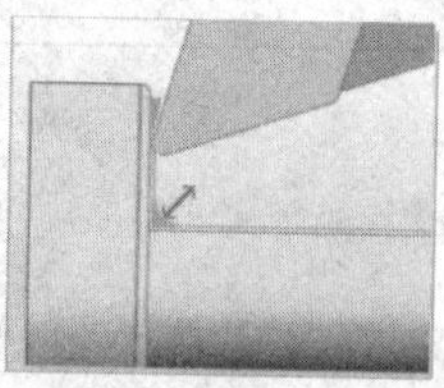

半径增量：设置增量值

4. “轮廓类型”选项卡中的选项

定义软件用于将轮廓单元分类的参数，如图 10-83 所示。

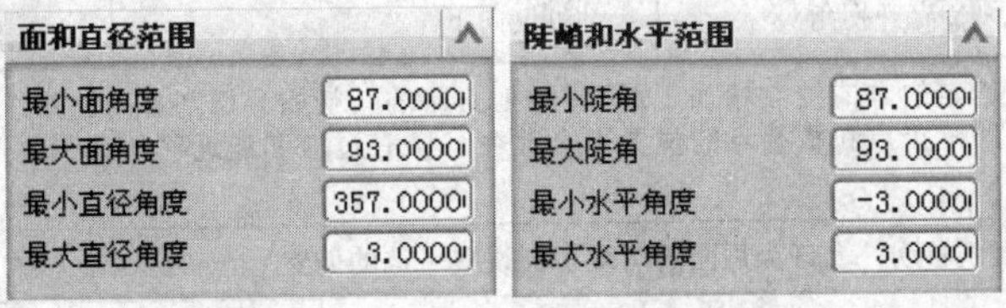

图 10-83 “轮廓类型”选项卡中的选项

轮廓类型选项包括：

● 面和直径范围。针对粗加工和精加工，可定义最小和最大角度，软件据此确定曲线是否代表面或周面。

● 陡峭和水平范围。针对粗加工，可定义最小和最大角度，软件将据此确定曲线是否代表陡峭或层区域。

5. “轮廓加工”选项卡中的选项，如图 10-84 所示

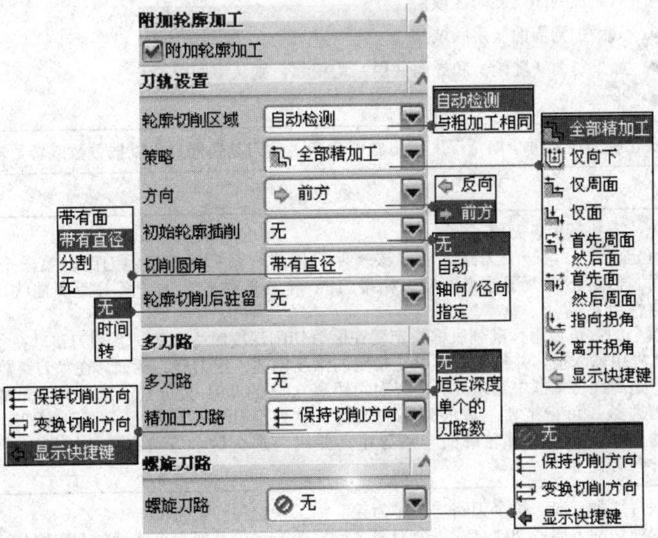

图 10-84 “轮廓加工”选项卡中的选项

● 附加轮廓加工。包括打开和关闭轮廓加工。

轮廓加工可沿整个部件边界进行，也可在部件边界内进行个别变换，以清理部件表面。针对整个切削区域或者个别变换区的所有粗切削，均在进行轮廓加工之前完成。

● 刀轨设置。各选项如表 10-13 所示。

表 10-13 刀轨设置各选项

轮廓切削区域	
自动检测	对自动检测的区域进行轮廓加工，参见切削区域选项
与粗加工相同	对以粗加工刀路切削的相同区域进行轮廓加工
策略（不同的加工方式针对不同的加工策略）下面以轮廓加工策略为例	

（续）

仅周面	仅面	首先周面，然后面	首先面，然后周面
指向拐角	离开拐角	仅向下	全部轮廓加工

方向：根据边界方位所给定的方向控制精加工/轮廓加工刀路的（初始）切削方向。系统生成的退刀刀路将始终精确地与进刀刀路相对应（即停止点和重叠点的位置不会改变），有过渡和逼近移动会因为部分切削的不同切削顺序而变化

初始轮廓插削：应用预插削移动，允许为后面的清理切削设置可选的偏置

无	不执行初始插削移动
自动	允许指定延伸值
轴向/径向	允许设置延伸移动的方向 轴向：沿着与中心线平行的方向移动 径向：沿着与中心线垂直的方向移动
指定	允许指定初始插削的起始点位置
延伸距离	设置要从初始插削移动的起始点到其终点进行的移动延伸。这有助于在进入材料之前开始进给刀具
切削圆角	允许指定与面（陡峭区域）或周面（层区域）相邻的圆角是否： ● 只添加到面（陡峭区域） ● 只添加到周面（层区域） ● 如果与面（陡峭）和周面（层）均相邻，则从中间分割开 ● 省略
轮廓切削后驻留	在轮廓刀路的每个增量深度输出驻留命令，使刀具暂停。可以按秒数或转数输入驻留
多 条 刀 路	
多条刀路	无：不执行多条刀路 恒定深度：第一个刀路之后，该软件将创建一系列等深度的刀路。第一个刀路可以小于指定的深度，但是不能大于这个深度。如果 IPW 符合部件轮廓的一条等距离曲线，那么这些刀路深度的固定性会更高 单个的：可使用标准列表框指定要在区分切削深度时生成的一系列刀路。在“刀路数”和“距离”文本框中输入值，并按回车键以在指定的深度创建一组刀路。例如，在“刀路数”文本框中输入 2，并在“距离”文本框中输入 0.01，以对总距离 0.02 的 0.01 处分别创建两个轮廓加工刀路 刀路数：可指定要生成的刀路的数目。软件会计算生成的每个刀路的切削深度。如果工件正在处理的外形符合部件轮廓的一条等距离曲线，那么这个方法将提供等切削深度的多条刀路，包括第一条刀路
精加工刀路	保持切削方向：每个刀路均遵循为轮廓加工指定的切削方向 变换切削方向：刀轨会在每个刀路之后更改方向，从而每个连续的刀路均与前一个刀路方向相反
螺 旋 刀 路	
螺旋刀路	指定系统应有的其他精加工刀路数。如果已指定上述的多个刀路，软件会在最近的多个刀路之后应用附加的螺旋刀路 无：不添加螺旋刀路，保持切削方向 交替：逆转切削方向，开始沿上一次精加工切削的相反方向，采用往复策略执行交替的精加工螺旋刀
螺旋刀路数	指定要生成的附加轮廓加工刀路的数目。如果已指定上述的多个刀路，则软件会在最近的多个刀路之后应用附加的螺旋刀路

10.4.9 非切削参数

1. “进刀”选项卡中的选项，如图 10-85 所示

（1）轮廓加工　可在开始一个轮廓刀路时控制向部件进刀，如图 10-86 所示。

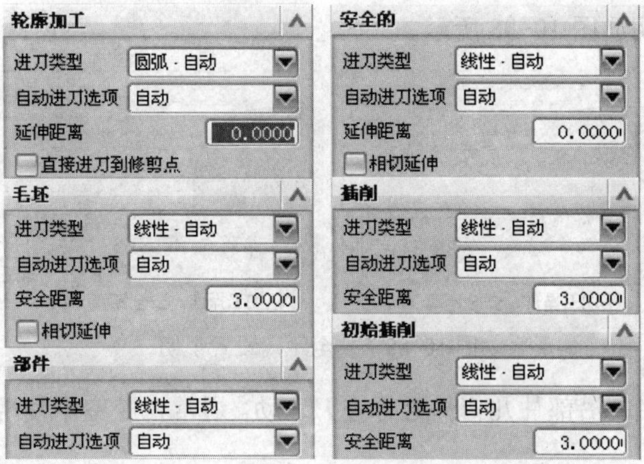

图 10-85　“进刀”选项卡中的选项

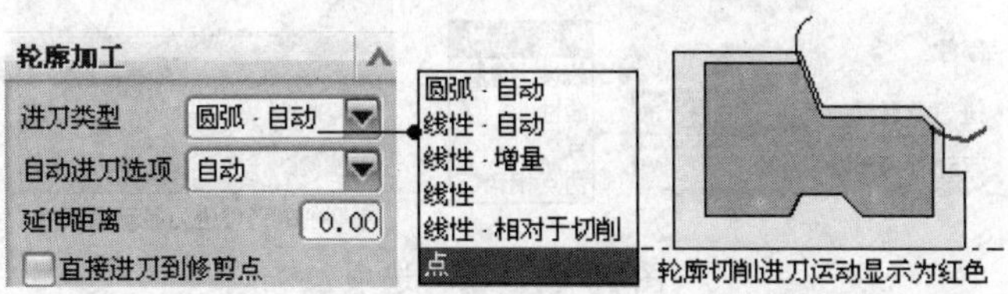

图 10-86　轮廓加工选项

● 自动进刀选项。自动进刀移动将尽可能按照用户输入的参数执行，同时还要避免过切、碰撞或刀具在部件表面的拖动。随着刀具接近表面，软件会自动调整角度和距离，以确保刀具与部件之间的距离为安全距离。

● 延伸距离。指定在超出软件计算的初始起点或终点多远的距离开始或结束切削。进刀和退刀设置应用于修改后的起点或终点。

● 直接进刀到修剪点。针对精加工和轮廓加工，可绕过标准进刀位置并直接进刀至修剪点。

（2）毛坯　可控制在开始线性粗切削时向毛坯进刀，如图 10-87 所示。最后一刀粗切的毛坯进刀运动与上一次切削的毛坯进刀运动对应。

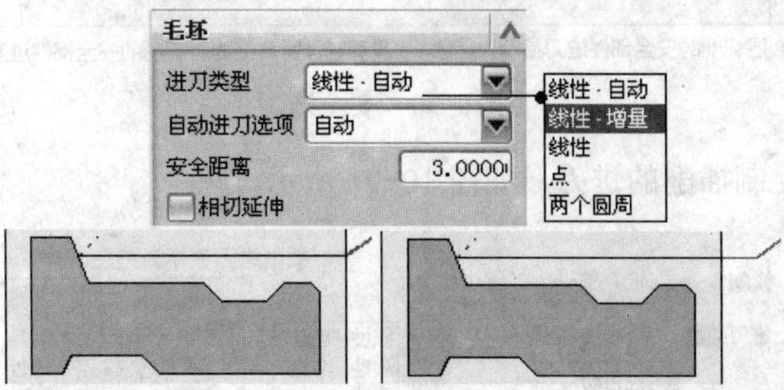

图 10-87　毛坯选项

安全距离：设置安全距离值，以开始远离毛坯几何体进行粗加工切削。

对于某些刀具类型（通常是 V 形车刀）一般需要此距离，因为使用默认设置时，这些刀具可能会与毛坯发生碰撞。为安全距离输入的值表示与相切于毛坯的刀尖的默认起点之间的距离，设置说明如图 10-88 所示。

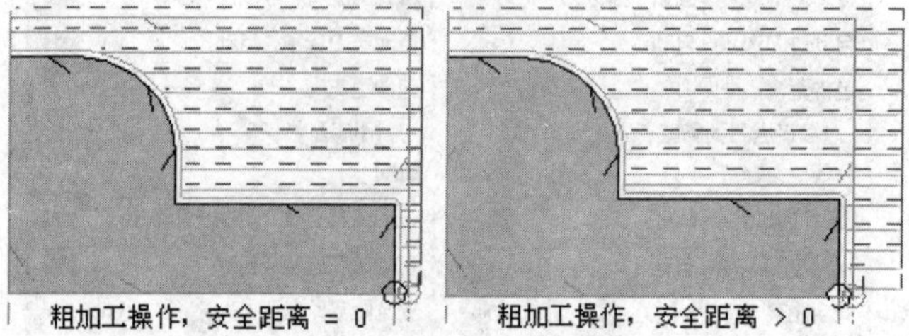

图 10-88　安全距离设置说明

（3）部件　可控制沿部件几何体进行进刀运动。通常在腔室中使用此方式，如图 10-89 所示。

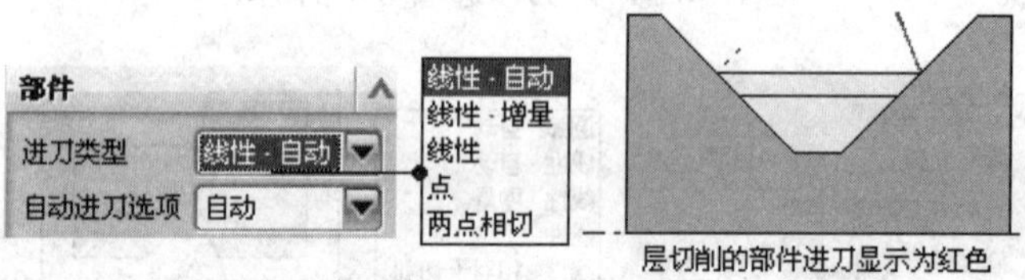

图 10-89　部件选项

（4）安全的　在仅为上一个切削层执行毛坯进刀后，防止刀具碰到切削区域的相邻部件底面。这是最后的粗加工切削。如果刀具确实进到部件表面，则软件仅使用安全进刀参数，如图 10-90 所示。注释：安全模式没有对应的退刀模式。

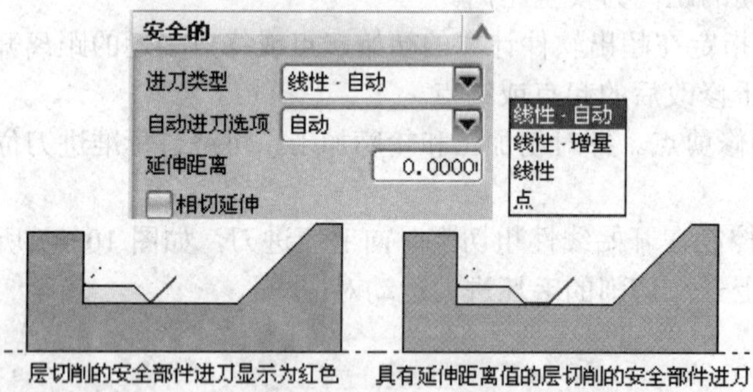

图 10-90　安全选项

（5）插削　可控制插削的进刀，如图 10-91 所示。

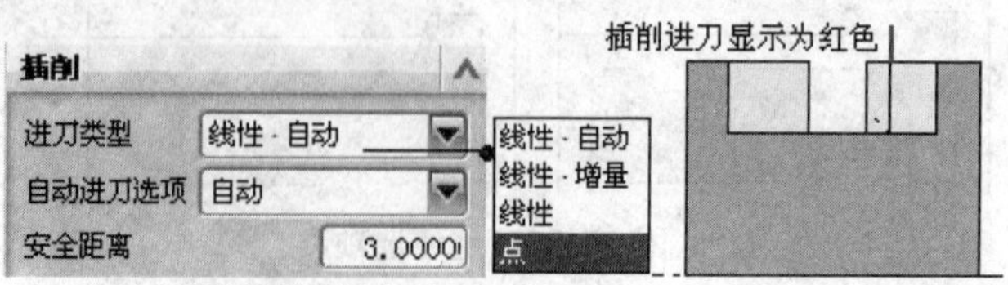

图 10-91　插削选项

（6）初始插削　可控制插削完全进入材料的进刀，如图 10-92 所示。

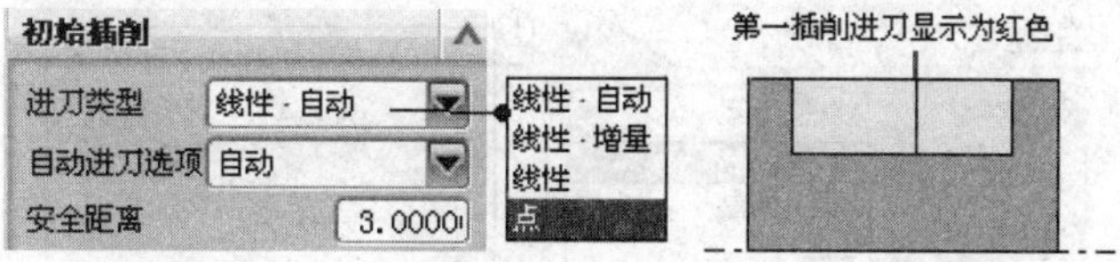

图 10-92 初始插削

2. “退刀”选项卡中的选项，如图 10-93 所示

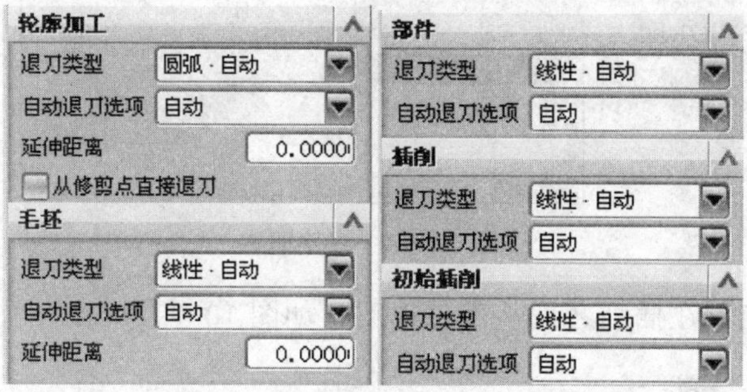

图 10-93 “退刀”选项卡中的选项

（1）轮廓加工　可控制在完成一个轮廓加工刀路之后从部件退刀，如图 10-94 所示。

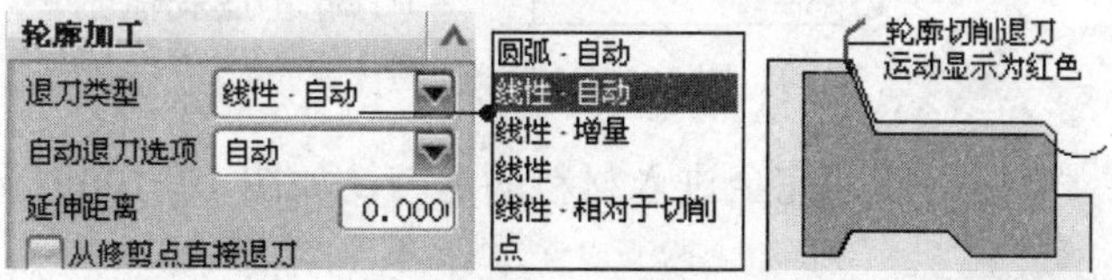

图 10-94 轮廓加工选项

● 自动退刀选项。对于“圆弧-自动”和“线性-自动”退刀类型，目的是防止刀具在退刀过程中沿部件拖动，如图 10-95 所示。

● 延伸距离选项。设置延伸距离值，以便开始或停止远离部件的切削，从而提高表面质量。在初始起点或终点处，切削沿部件边界切向延伸指定的距离，如图 10-96 所示。

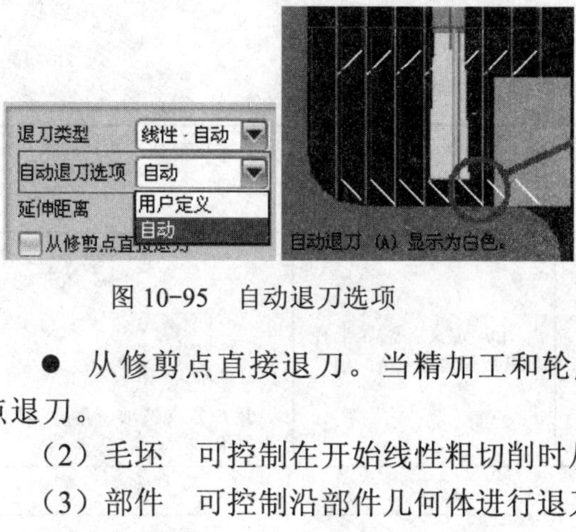

图 10-95 自动退刀选项

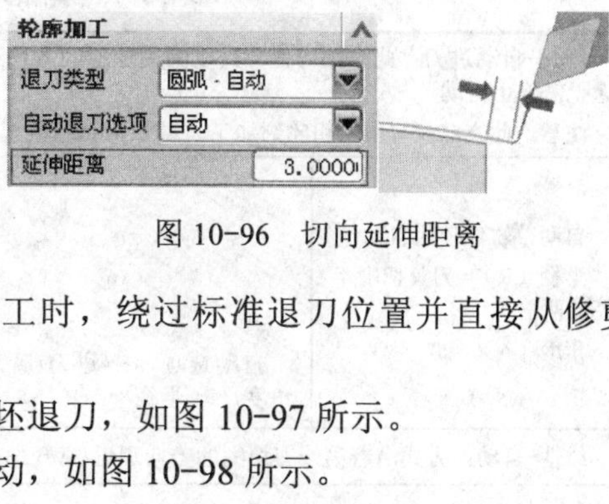

图 10-96 切向延伸距离

● 从修剪点直接退刀。当精加工和轮廓加工时，绕过标准退刀位置并直接从修剪点退刀。

（2）毛坯　可控制在开始线性粗切削时从毛坯退刀，如图 10-97 所示。

（3）部件　可控制沿部件几何体进行退刀运动，如图 10-98 所示。

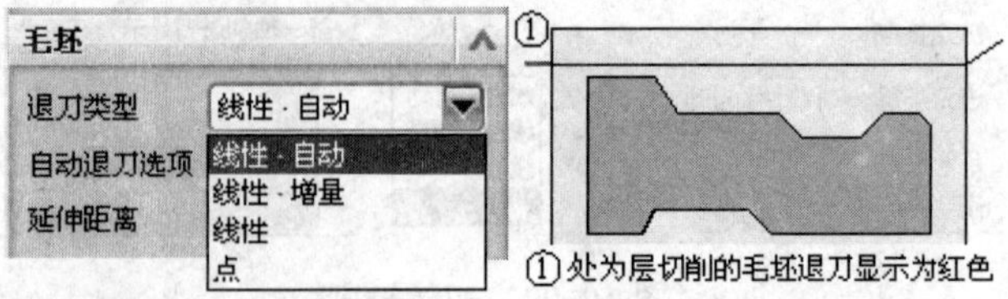

图 10-97　毛坯退刀

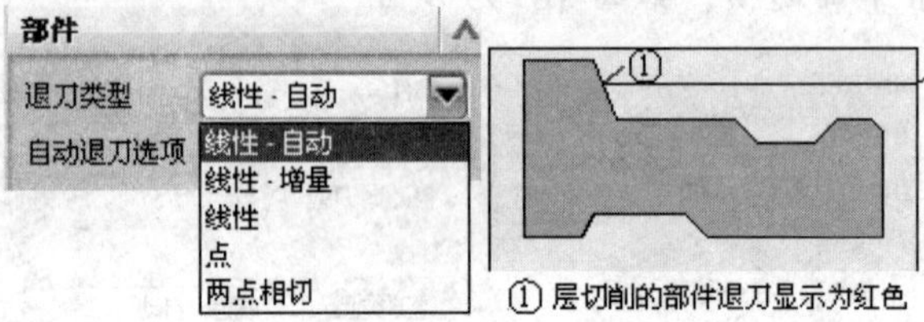

图 10-98　部件退刀

（4）插削　可控制在插削之后从部件退刀，如图 10-99 所示。

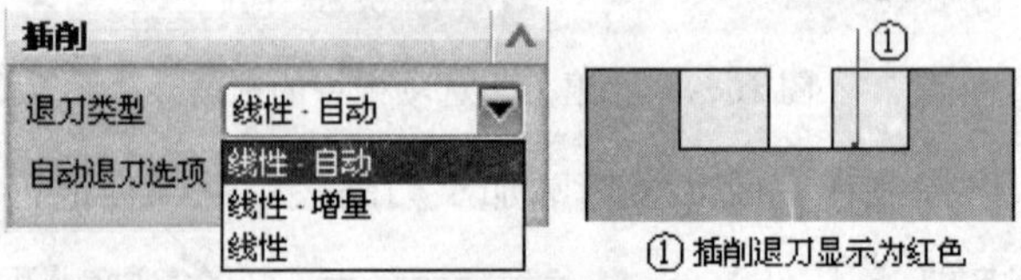

图 10-99　插削退刀

（5）初始插削　可控制插削完全进入材料的退刀，如图 10-100 所示。

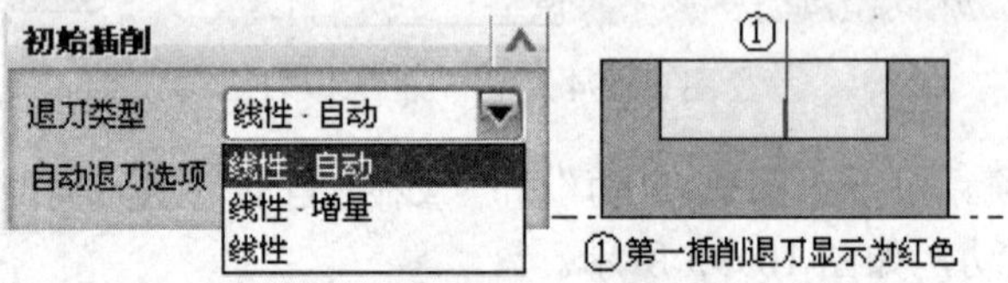

图 10-100　初始插削退刀

3. 进刀或退刀设置

轮廓加工进刀或退刀类型设置选项，如表 10-14 所示。

表 10-14　轮廓加工进刀或退刀类型选项

<table>
<tr><td colspan="4">圆弧-自动进刀：此方法可使刀具以圆周运动的方式逼近/离开部件/毛坯。这使得刀具可以平滑地移动，而且刀具在中途无需停止运动
注意，此方法仅可用于粗轮廓加工、精加工和示教模式。</td></tr>
<tr><td>自动：软件使用自动值
半径（R）=刀具切削半径的两倍
角度（A）=90</td><td>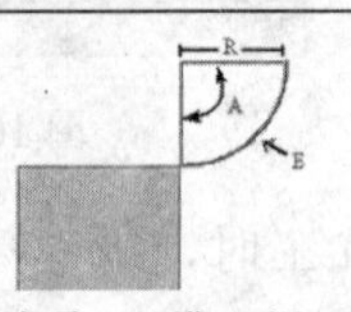
自动选项，E=进刀/退刀，A=角度，R=半径</td><td>用户定义：输入半径（R）和角度（A）值</td><td>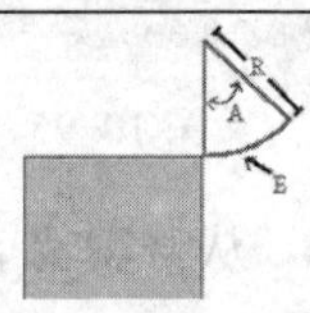
用户定义选项，角度=45，半径 R</td></tr>
<tr><td colspan="4">线性-自动：方式沿着第一刀切削的方向逼近/离开部件</td></tr>
</table>

（续）

<table>
<tr><td>自动：运动长度与刀尖半径相等
用户定义：输入长度和角度值</td><td>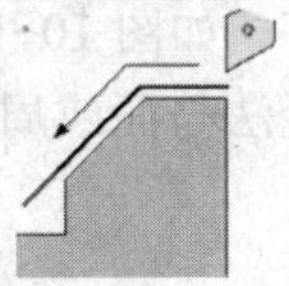
线性-自动退刀运动（毛坯），层角为 225°</td><td>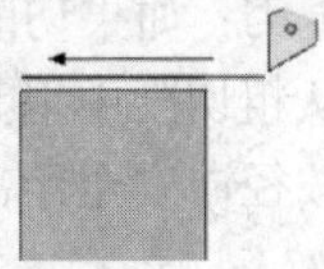
线性-自动进刀运动，层角为 180°，进刀运动显示为红色</td></tr>
<tr><td colspan="3">线性-增量</td></tr>
<tr><td colspan="3">线性：角度和长度值用于定义逼近和离开方向
角度和长度值始终与 WCS 有关。系统从进刀或退刀移动的起点处开始计算这一角度</td></tr>
<tr><td colspan="2">XC 增量和 YC 增量值用于定义刀具逼近或离开部件的方向。XC 增量和 YC 增量值始终是相对于 WCS 的
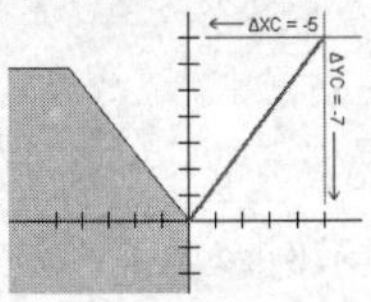

线性-增量方法，其中值 x=-5，y=-7</td><td>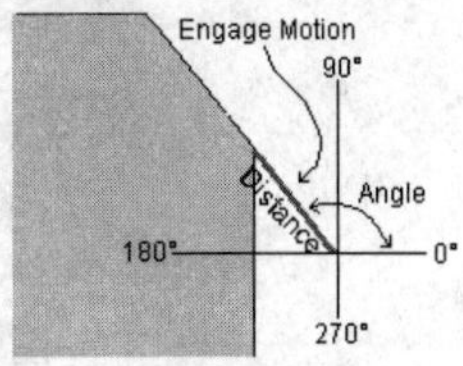

线性进刀方法，角度=135，距离=5</td></tr>
<tr><td colspan="3">线性-相对于切削</td></tr>
<tr><td>角度和长度值用于定义逼近和离开方向
与线性相比，该角度相对于邻近运动的角度</td><td colspan="2">如果在开槽中使用线性-相对于切削进刀或退刀选项，将出现这样的情形</td></tr>
<tr><td>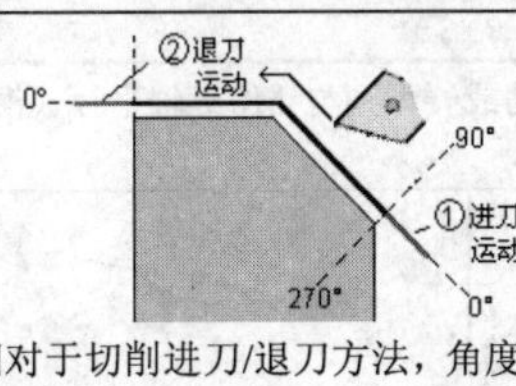

线性-相对于切削进刀/退刀方法，角度为 0 且距离为 3</td><td colspan="2">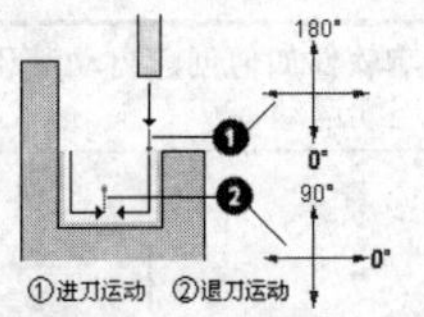

线性-开槽中相对于切削进刀/退刀运动</td></tr>
<tr><td colspan="3">点：刀具从指定点向部件直接进刀，或者从部件直接退刀至指定点
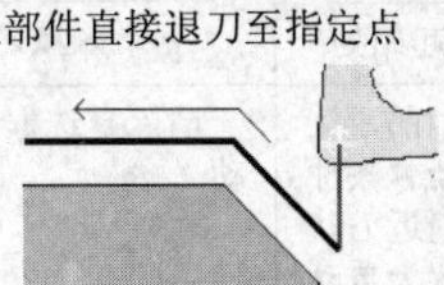
点进刀方法</td></tr>
<tr><td>两个圆周：此方法仅可用于毛坯进刀或退刀
进刀刀轨由下面所示的第一半径（R1）和第二半径（R2）值来定义</td><td colspan="2">两点相切：此方法可使刀具产生圆弧进刀/退刀运动。需要指定相对于粗切削的角度和半径，以指示生成的圆的大小，生成的圆周运动将与粗切削以及部件几何体相切</td></tr>
<tr><td>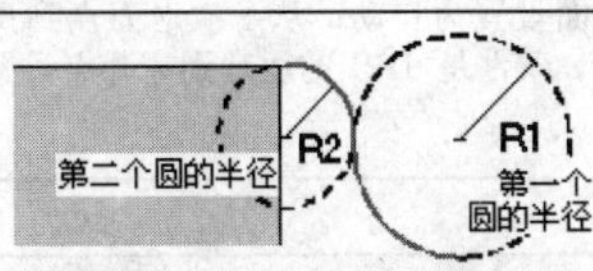

两个圆周进刀方法，进刀运动显示为红色</td><td colspan="2">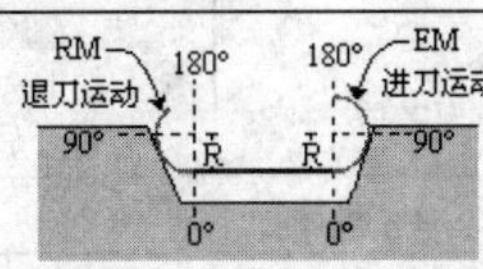

进刀角度为 180°，退刀角度为 135°</td></tr>
</table>

工件安全距离参数有两个用途：

（1）只要刀具必须移刀到新的切削区域或新的轮廓加工刀路，软件都会确保生成的移刀运动不与当前处理中的工件发生碰撞。对于这种移刀，可在工件安全距离参数中定义刀轨与处理中的工件之间的最小距离。软件会在这些移刀运动中区分面和周面。

（2）当从粗切削中退刀时，软件使用工件安全距离组中输入的值，如图 10-101 所示。

如果切削的层角与某一周面对齐，如图 10-101 所示中的①，软件则按径向安全距离值从粗切削中退刀；如果切削的层角与某一面对齐，如图 10-101 所示中的②，软件则按轴向安全距离值从粗切削中退刀；如果切削的层角无法与面或周面对齐，如图 10-101 所示中的③，软件则按径向安全距离值从粗切削中退刀。

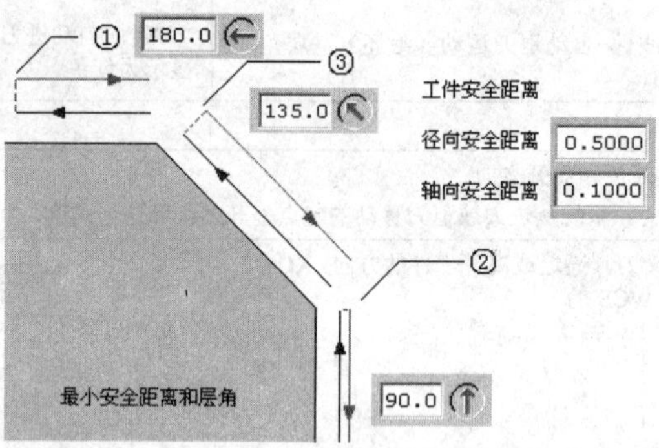

图 10-101　工件安全距离参数设置示例

4. “更多”选项卡中的选项

“更多”选项卡中的选项，如表 10-15 所示。

表 10-15　“更多”选项卡中的选项

<table>
<tr><td colspan="6">首选直接运动：影响软件如何创建自动避让运动。清除复选框，以创建单个运动或一系列与 MCS 轴平行（沿着主轴或与其垂直的方向）的连续运动</td></tr>
<tr><td>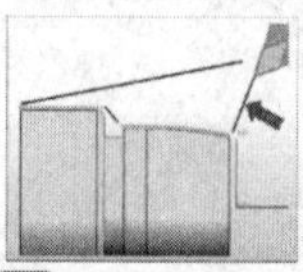
到进刀起始处</td><td colspan="2">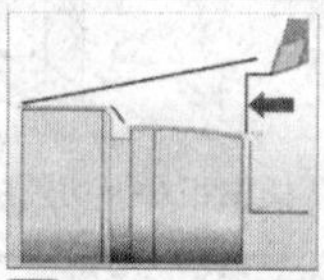
到进刀起始处</td><td colspan="2">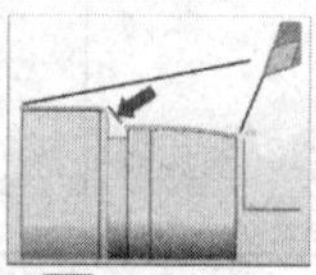
区域之间</td><td>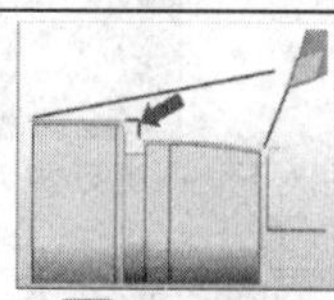
区域之间</td></tr>
<tr><td colspan="3">清除复选框，从以下位置之一创建平行于 MCS 轴的避让运动：从出发点、起始点或上一个刀位到进刀的起点，条件是没有逼近刀轨且运动到进刀起点设置为自动；从逼近刀轨中的上一点到进刀起点，条件是运动到进刀起点设置为自动</td><td colspan="3">清除复选框，以在平行于 MCS 轴的区域之间创建移刀运动</td></tr>
<tr><td>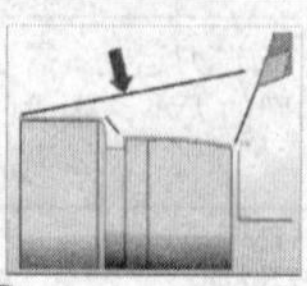
在上一次退刀之后</td><td colspan="2">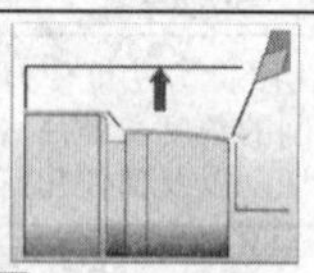
在上一次退刀之后</td><td colspan="3">清除复选框，从以下位置之一创建平行于 MCS 轴的避让运动：从上次退刀点到返回点，条件是没有离开刀轨且运动到返回点/安全平面设置为自动；从上次退刀点到离开刀轨（DP1）的第一点，条件是 DP1 的运动到离开点设置为自动</td></tr>
<tr><td colspan="6">附加检查：激活其他避让措施</td></tr>
<tr><td colspan="2">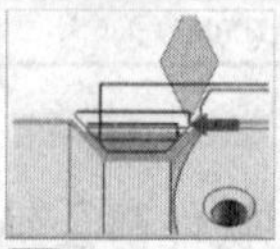
对自动进刀</td><td colspan="2">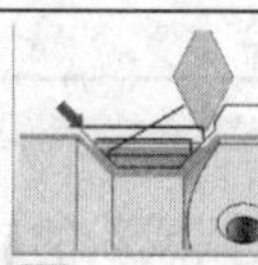
对自动退刀</td><td colspan="2">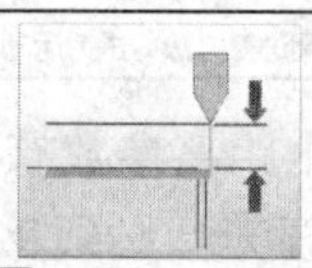
对最小安全距离</td></tr>
<tr><td colspan="4">选择以便针对“自动”进刀/退刀（自动线性、自动圆周）执行附加的碰撞/过切避让检查，如进刀/退刀对话框中定义的那样</td><td colspan="2">选择，以便在退回运动的碰撞避让计算中包含最小安全距离</td></tr>
<tr><td colspan="6">刀具补偿：对刀轨来说，有了刀具补偿，使用不同尺寸的刀具能够获得相同的结果。刀轨显示能够说明刀具补偿是否打开</td></tr>
</table>

（续）

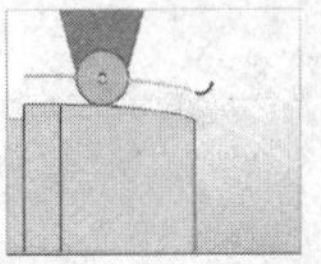 无	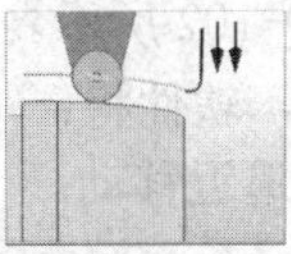 所有精加工刀路	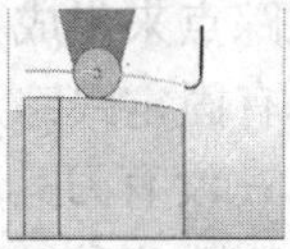 最终精加工刀路
不应用刀具补偿	自动提供所有精加工或轮廓加工刀路的 LEFT/RIGHT 参数	仅将刀具补偿应用于最终精加工刀路

5. ***刀具补偿***

刀具补偿（刀补）选项控制机床控制器的刀具半径补偿功能。

当 NC 编程员启用刀具补偿时，机床操作员就可以使用控制器中刀具补偿寄存器里存储的偏置值来调整刀轨。软件输出 G41 或 G42 代码，以调整刀具运动方向左侧或右侧。

- UG NX 提供两类刀具补偿，即固定跟踪点和接触轮廓。详细设置，如表 10-16 所示。

表 10-16　刀具补偿选项

固定跟踪点刀具补偿：如果没有选择接触轮廓刀具补偿，软件将使用刀具上的固定跟踪点来生成刀轨的刀具补偿。该方法通常需要设定一个比刀具半径小的偏置值		
无刀具补偿	刀轨向右侧调整	刀轨向左侧调整
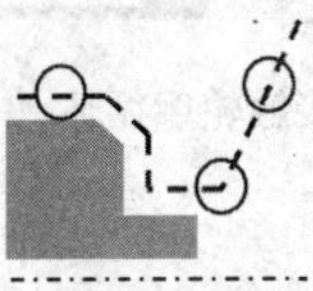	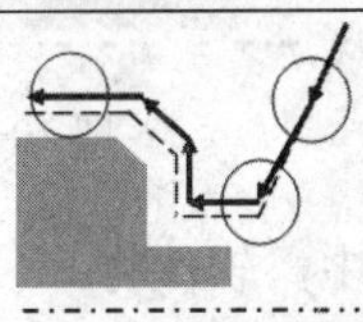	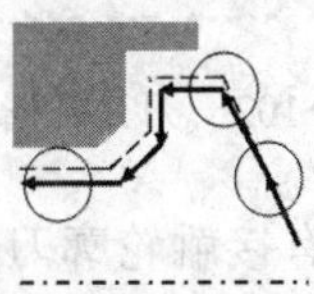
编制的刀轨	经控制器调整的刀轨	刀尖半径
接触轮廓：接触轮廓也称为完整半径刀具补偿或材料边缘轮廓。可对在刀具半径的周边生成的刀轨使用接触轮廓刀具补偿		
无刀具补偿	刀轨向部件轮廓右侧调整	刀轨向部件轮廓左侧调整
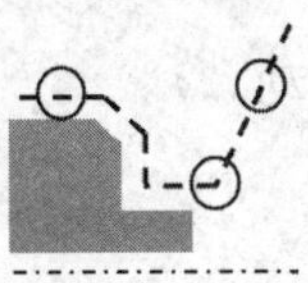	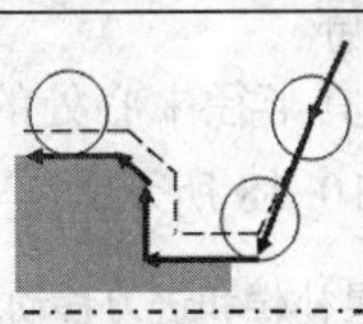	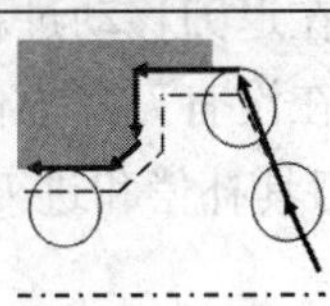
编制的刀轨	经控制器调整的刀轨	刀尖半径

- 刀具补偿和刀具侧。软件生成刀具侧的刀具补偿，材料的刀具侧由运动方向决定。示例如表 10-17。

表 10-17　刀具补偿和刀具侧示例

G41 补偿，刀具在材料左侧		G42 补偿，刀具在材料右侧	
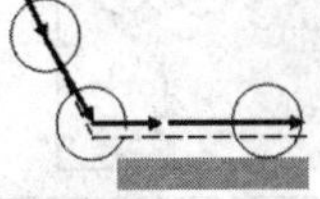	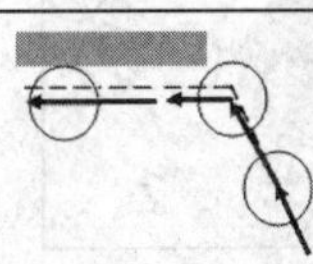	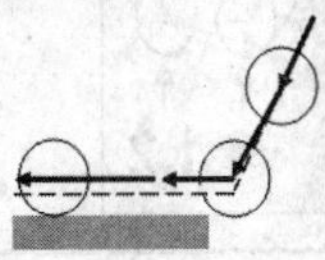	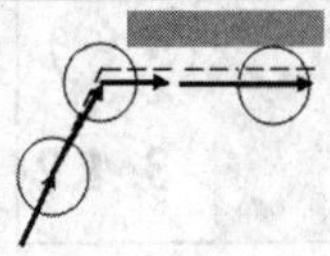
编制的刀轨	经控制器调整的刀轨	刀尖半径	

● 刀具补偿固定跟踪点循环。如果没有选择接触轮廓刀具补偿，软件将使用刀具上的固定跟踪点来生成刀轨的刀具补偿，如图 10-102 所示。

在具有固定跟踪点刀具补偿的加工刀路中，软件将：

（1）在没有刀具补偿的情况下输出移刀和逼近移动。

（2）在进刀移动过程中激活刀具补偿。

（3）输出刀具的活动跟踪点的切削移动。

（4）在退刀移动过程中停用刀具补偿。

（5）在没有刀具补偿的情况下输出移刀和离开移动。

● 刀具补偿接触轮廓循环。如果为刀具补偿选择了输出接触/跟踪数据选项，软件将在刀具半径的周边为刀轨生成刀具补偿，如图 10-103 所示。

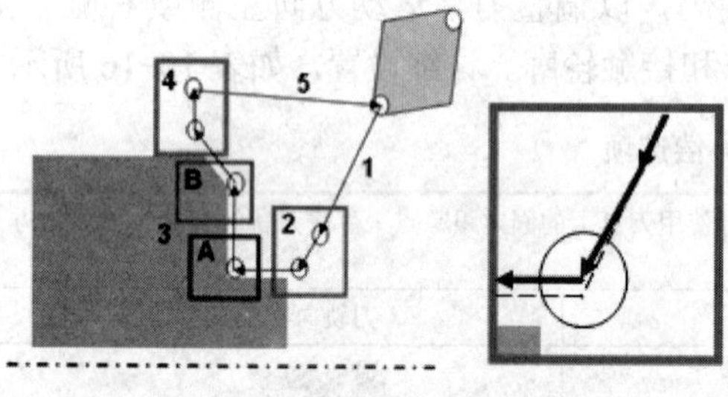

图 10-102 刀具补偿固定跟踪点循环

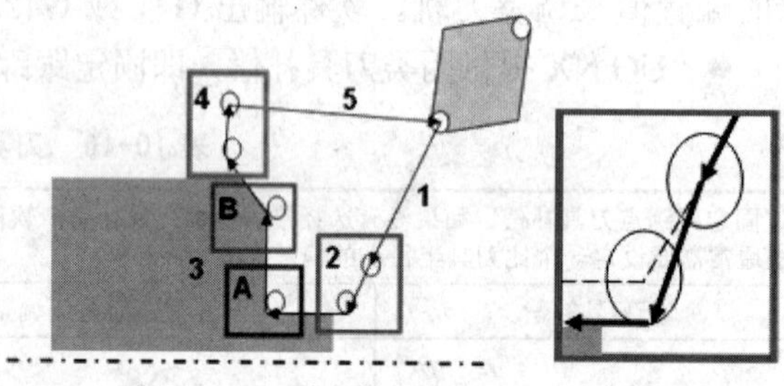

图 10-103 刀具补偿接触轮廓循环

在具有接触轮廓刀具补偿的加工刀路中，软件将：

（1）输出刀具半径中心处的移刀和逼近移动。

（2）在进刀移动过程中激活接触轮廓。

（3）在刀具最接近部件几何体的位置，输出刀具半径周边的切削移动。

（4）在退刀移动过程中，停用接触轮廓。

（5）在没有刀具补偿的情况下输出刀具半径中心处的移刀和离开移动。

● 刀具补偿和进刀移动，示例如表 10-18 所示。

表 10-18 刀具补偿和进刀移动示例

线性进刀移动：能够满足最小移动距离要求的线性进刀移动即刀具补偿激活移动		圆弧进刀移动：在刀具补偿完全处于活动状态的情况下，输出圆弧进刀以及后续的刀轨移动	
线性进刀，采用标准刀具补偿	线性进刀，采用接触轮廓刀具补偿	圆弧进刀，采用标准刀具补偿	圆弧进刀，采用接触轮廓刀具补偿
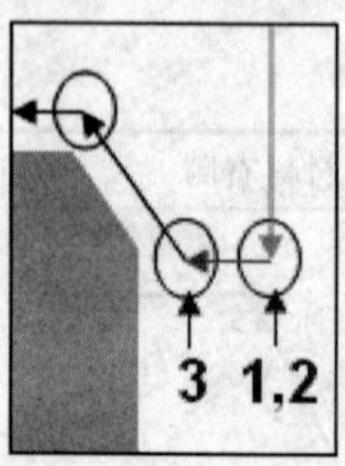	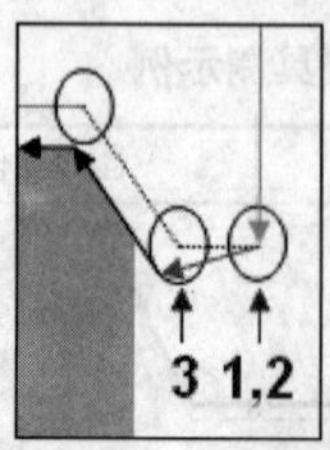	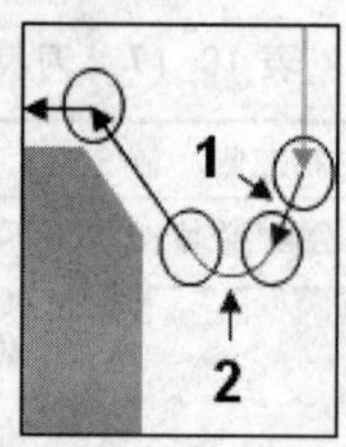	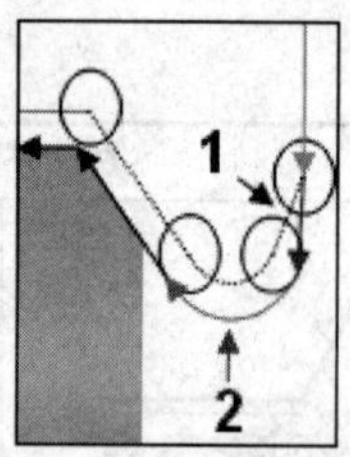

● 刀具补偿和退刀移动，示例如表 10-19 所示。

表 10-19 刀具补偿和退刀移动示例

线性退刀移动：线性退刀移动即刀具补偿停用移动		圆弧退刀移动：在圆弧退刀之后进行线性移动	
线性退刀，采用标准刀具补偿	线性退刀，采用接触轮廓刀具补偿	圆弧退刀，采用标准刀具补偿	圆弧退刀，采用接触轮廓刀具补偿
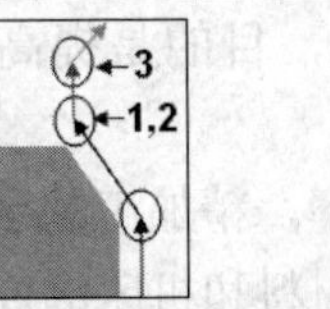	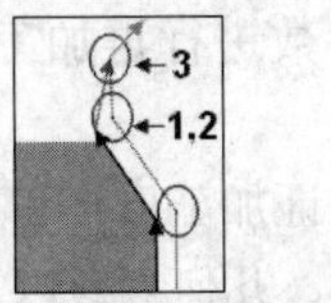	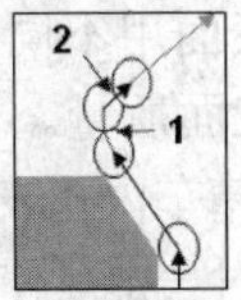	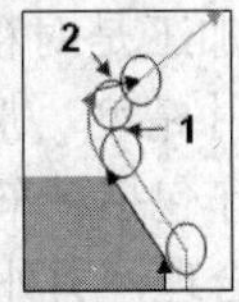

- 凸角处的刀具补偿，示例如表 10-20 所示。

表 10-20 凸角处的刀具补偿示例

凸角，采用固定跟踪点刀具补偿		
延伸选项	倒圆角选项	建模倒圆角
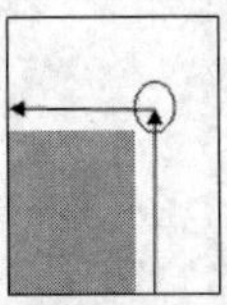	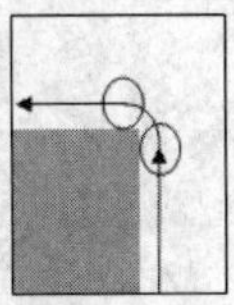	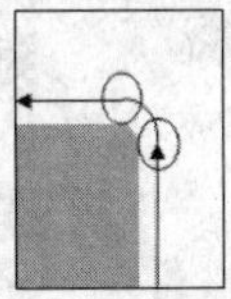
凸角，采用接触轮廓刀具补偿		
延伸选项	倒圆角选项	建模倒圆角
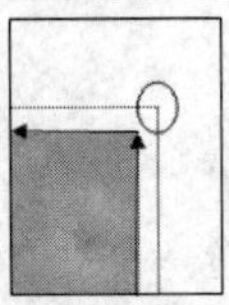	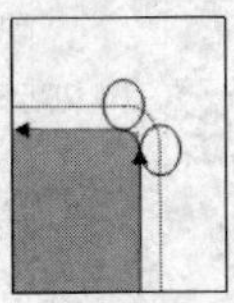	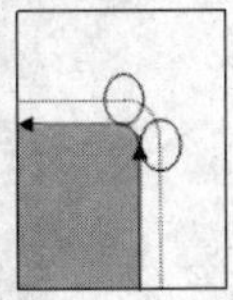

- 凹角处的刀具补偿，示例如表 10-21 所示。

表 10-21 凹角处的刀具补偿示例

凹角，采用固定跟踪点刀具补偿			
延伸选项	延伸选项和余量（A）	倒圆角选项	建模圆角有延伸选项
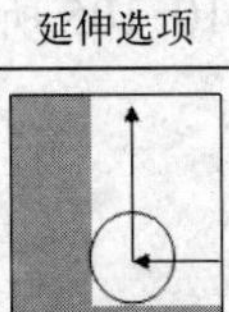	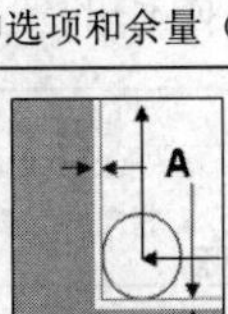	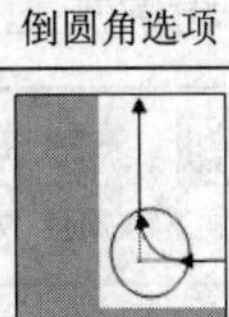	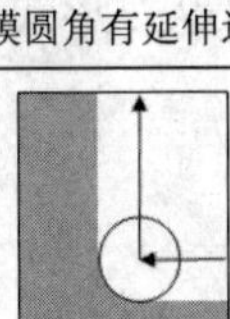
凹角，采用接触轮廓刀具补偿			
延伸选项	延伸选项和余量（A）	倒圆角选项	建模圆角有延伸选项
		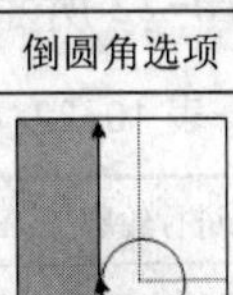	

10.5 车削精加工

10.5.1 精车加工简介

精加工是对粗加工后的表面用不同的切削参数进行再加工的方法，目的是提高加工部位的尺寸精度、形状精度和表面质量。

精车包括精车外圆表面和精车内孔表面，为保证加工质量和加工效率，精加工的余量设置一定要合理，另外在选择刀具时一定要使刀具材料、几何参数以及工件材料和机床的性能之间相匹配，以达到较好的加工效果。图 10-104 是典型的精车加工操作对话框，对话框的部分切削参数选项和加工参数选项与粗车操作对话框中的相应选项相同，现仅说明与粗车不同的选项。

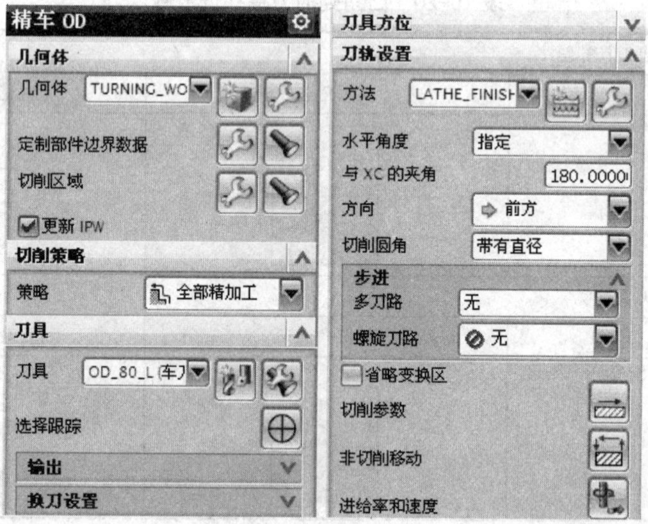

图 10-104　外圆精车加工操作对话框

10.5.2 切削策略

切削策略决定将切削几何体的哪些元素以及切削的顺序，选择不同的切削策略，即选择不同的走刀形式，这些策略与轮廓加工中用于粗加工操作的策略相同，如图 10-105 所示。

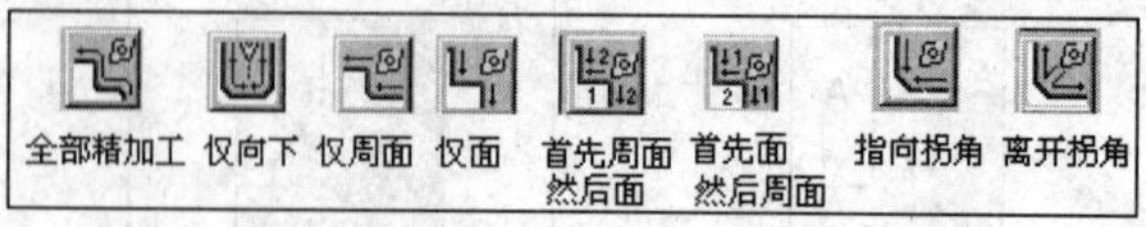

图 10-105　外圆精车切削策略对话框

精加工切削策略示例如表 10-22 所示。

表 10-22 精加工切削策略示例

全部精加工：系统对每种几何体按其刀轨进行轮廓加工，但不考虑轮廓类型	
在这种切削策略中： 1. 如果改变方向，就反转切削运动的顺序 2. 没有可用的停止位置	

（续）

仅向下：可将仅向下选项用于轮廓刀路或精加工	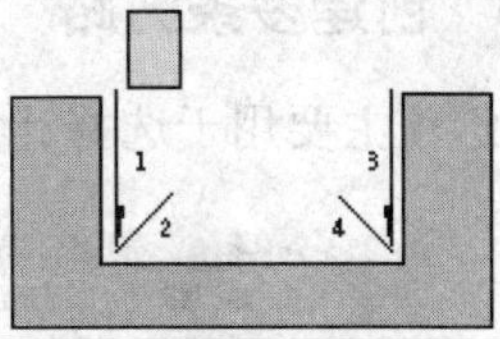
在这种切削策略中： 1．如果改变方向，系统不会反转运动（保持从顶部到底部），但系统反转切削的序列 2．停止位置不会由于方向的改变而改变	
仅周面：一种用于轮廓加工刀路或精加工的切削策略。在这种策略中，系统仅切削被指定为周面的几何体	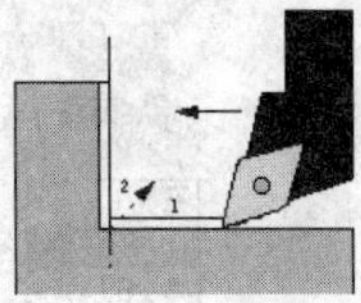
在这种切削策略中： 1．如果改变方向，系统将反转切削运动 2．停止位置不会由于方向的改变而改变 3．如果仅有一个周面要切削，则系统将不会在备选螺旋刀路间退刀和进刀。系统仅在第一刀路前应用进刀运动，仅在最后螺旋刀路后应用退刀运动	
仅面：一种用于轮廓刀路或精加工的切削策略。在此策略中，系统仅切削使用以下切削方式指定为面的几何体	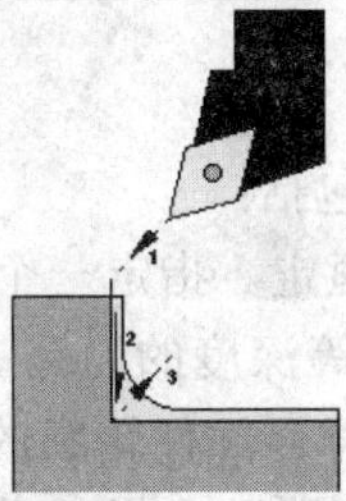
在这种切削策略中： 1．如果改变方向，系统不会反转切削运动。运动保持从顶部到底部 2．如果改变方向，停止位置不会改变 3．无论替代是否打开，系统都将在每个螺旋刀路间退刀/进刀。因为系统始终仅向下切削面，所以刀路的终点永远不会与下一刀路的起点具有相同的坐标系。因此需要退刀和进刀	
首先周面，然后面：一种用于轮廓加工刀路或精加工的切削策略。在此策略中，系统采用以下切削方式，仅切削指定为周面和面的几何体	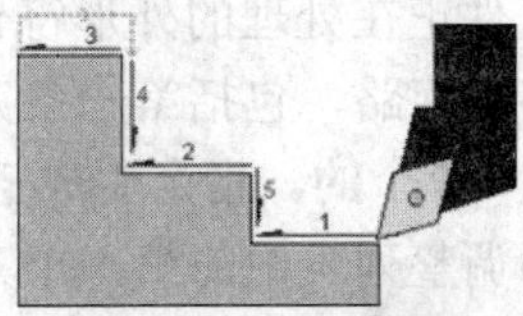
在这种切削策略中： 1．如果改变方向，则系统将反转周面运动，而不反转面运动 2．停止位置不会由于方向的改变而改变	
首先面，然后周面：一种用于轮廓加工刀路或精加工的切削策略。可以在轮廓类型对话框中指定面或周面的构成。在此策略中，系统仅切削指定为周面和面的几何体	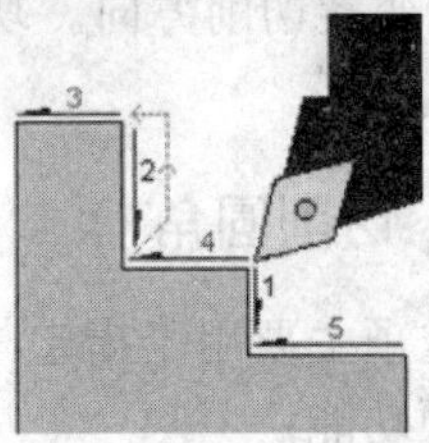
在这种切削策略中： 1．如果改变方向，则系统将反转周面运动，而不反转面运动 2．如果周面上有需要处理的剩余材料，则为停止位置选项输入一个值，让刀具清除周面的剩余材料，以防止刀具被掩埋 3．停止位置不会根据方向而改变	
指向拐角：面或周面区域可包含多个边界段	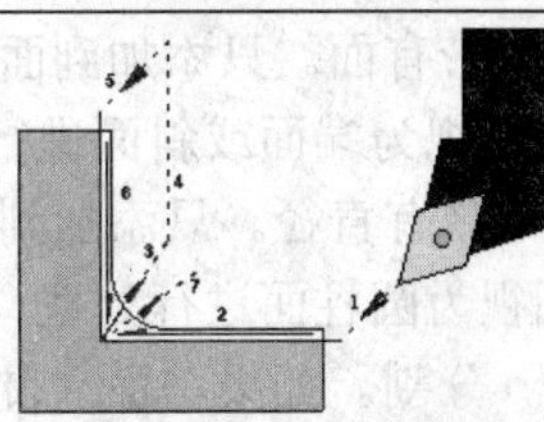
在这种切削策略中： 1．仅切削那些位于已检测到的凹角邻近的面或周面。它既不切削任何边界断裂，也不切削超出这些面的圆凸角 2．如果改变方向，则运动方向始终相同，但是软件将颠倒拐角和拐角刀柄顺序 3．每个精加工刀路都以自动退刀运动完成	
离开拐角：此策略，系统将自动计算进刀角值并使之与拐角的角平分线对齐	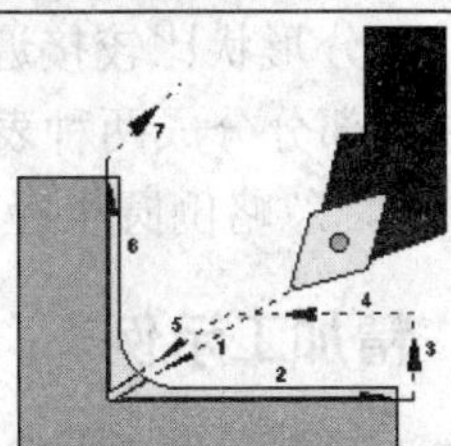
在这种切削策略中： 1．仅切削那些位于已检测到的凹角邻近的面或周面。它既不切削任何边缘断裂，也不切削超出这些面的圆凸角 2．如果改变方向，则运动的方向始终是相同的，但是系统将颠倒拐角和拐角刀柄序列，如系统将从底部到顶部切削角面 3．不能使用停止	

10.5.3 创建多条刀路

本选项主要用于选择计算多条刀路的适当方法，设置如图 10-106 所示。

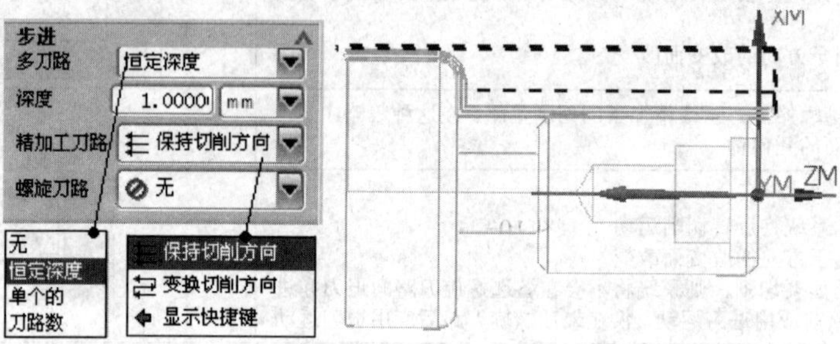

图 10-106 创建多条刀路

选项包括：

● 恒定。指定一个恒定的切削深度，用于各个刀路。在第一个刀路之后，系统会创建一系列等深度的刀路。第一个刀路可以小于指定的深度，但是不能大于这个深度。如果 IPW 符合部件轮廓的一条等距离曲线，那么这些刀路深度的固定性会更高。

● 刀路数。指定系统应有的刀路数。系统会自动计算生成的各个刀路的切削深度。如果工件正在处理的外形符合部件轮廓的一条等距离曲线，那么这个方法将提供等切削深度的多条刀路，包括第一条刀路。

● 单个的。指定生成一系列不同切削深度的刀路。如果系统要调整刀路的切削深度，那么会调整列表中的第一个刀路，因为距离部件表面最近的刀路是最关键的。

● 变换切削方向。功能是实现在每个刀路之后变向，从而使每个连续刀路均与前一刀路方向相反。

10.5.4 切削圆角

本选项主要用于指定与面（陡峭区域）或周面（层区域）相邻圆角的加工方式，包括以下几项功能：

● 带有面。只添加到面（陡峭区域）。如果倒圆形状比较接近端面或斜面，则系统自动将倒圆视为端面或斜面进行处理。

● 带有直径。只添加到周面（层区域）。如果倒圆形状比较接近圆柱面，则系统自动将倒圆视为圆柱面进行处理。

● 分割。如果与面（陡峭）和周面（层）均相邻，则从中间分割开。如果倒圆角度比较大，部分形状比较接近外圆表面，部分形状比较接近端面或斜面时，则系统自动将倒圆角从中间部分分成两种表面进行处理。

● 无。忽略倒圆半径的处理。

10.5.5 精加工示例

精加工示例如图 10-107 所示。

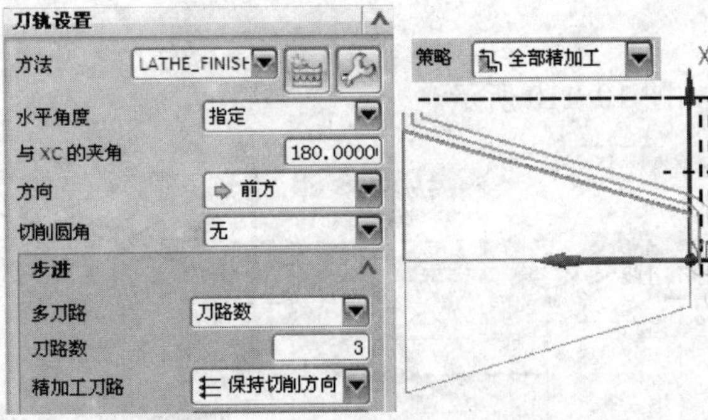

图 10-107　精加工示例

10.6　车削螺纹加工

10.6.1　螺纹加工简介

1）UG NX 的螺纹操作可以加工直螺纹或锥螺纹，它们可能是单个或多个内部、外部或面螺纹。螺纹加工示例如图 10-108 所示。

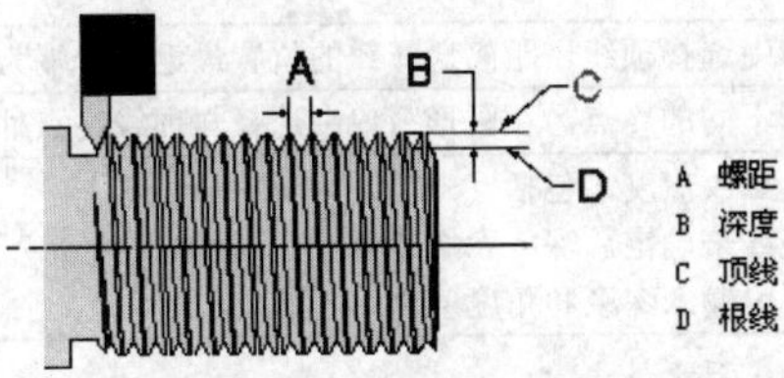

图 10-108　螺纹加工示例

2）外螺纹加工操作步骤如下。

- 单击“创建操作”图标，从创建操作对话框中的可用模板中选择“车”。
- 单击“螺纹 OD”（外圆面）图标选择“外螺纹加工”。
- 输入操作所需的程序、几何体、刀具、方法和名称。
- 设置参数，生成加工程序。

3）外螺纹加工操作对话框如图 10-109 所示。

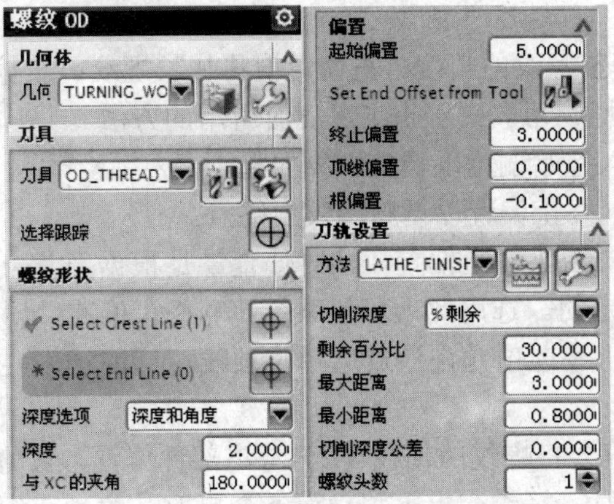

图 10-109　外螺纹加工操作对话框

10.6.2　参数设置

1）螺纹参数的设置如图 10-110 所示。

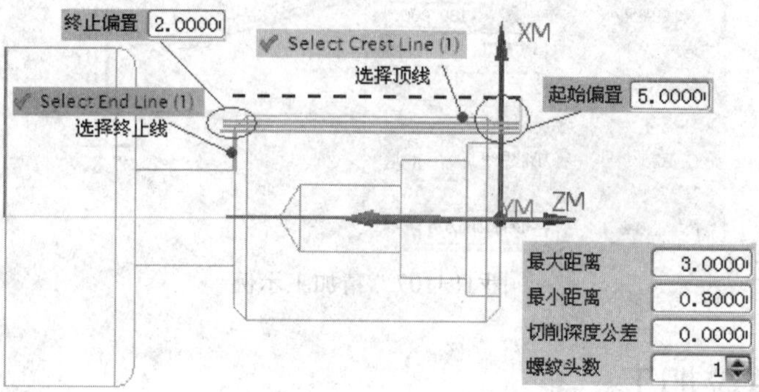

图 10-110　螺纹参数设置

2）螺纹设置对话框中各选项如表 10-23 所示。

表 10-23　螺纹设置对话框中各选项

螺纹形状	
选择顶线	可在图形窗口中选择顶线。距离选择线的位置最近的一端为顶线的起点，另一端是终点
选择终止线	可为顶线选择不同的终点。在图形窗口中选择与顶线终点处相交的一段
深度选项	指定如何定义螺纹深度，包括 根线：选择根线来确定总深度和螺旋角 深度和角度：可输入深度和角度值
偏置可调整螺纹的长度，如图 10-110 所示	
刀轨设置	
切削深度	指定达到粗加工螺纹深度的方法 恒定：可指定单个深度增量值 单个的：可指定增量组和每组的重复次数 %剩余的：可指定每个刀路作为粗加工总深度的一部分在刀路行进时保持的增量深度。这导致步长距离随着刀具深入到螺纹中而逐渐减小
切削深度公差	可指定一个最小值来控制生成最近的粗加工螺纹刀路时的增量
螺纹头数	可定义多头螺纹

10.6.3　偏置/终止线

偏置/终止线允许调整螺纹的长度。正偏置值将加长螺纹；负偏置值将缩短螺纹。偏置是沿着螺旋角测量的，螺旋角取决于指定深度时所用的方法。

- 起始偏置。输入起始偏置以调整螺纹的起点。
- 终止偏置。输入终止偏置以调整螺纹的终点。
- 利用刀具参数初始化终止偏置。此时偏置量是根据刀具方位、后角和离隙角、螺纹运动方向和螺旋角确定的。选用此项可使系统计算终止偏置，以便刀具留出螺纹。
- 终止偏置。终止线选项允许通过选择与顶线相交的线来定义螺纹的终点，终止偏置值将添加到该交点。
- 顶线偏置。正值会将螺纹的顶线（C）背离部件偏置；负值可使螺纹的峰线朝向部件偏置。当未选择根线时，螺纹会上下移动而不会更改其角度或深度；当选择了根线但未输入根偏置时，螺旋角度和深度将随顶线偏置变化，如图 10-111 所示。

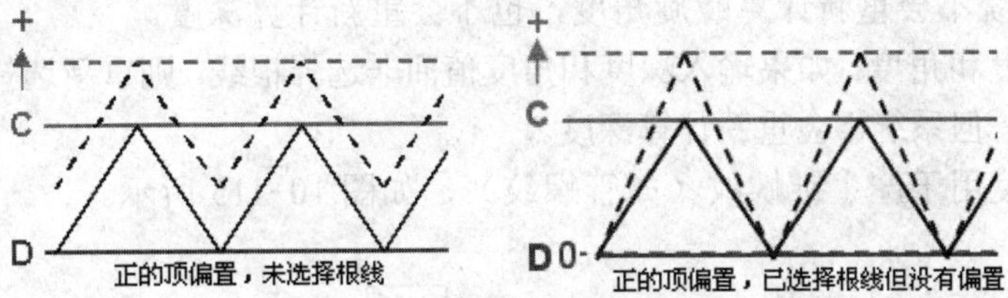

图 10-111　顶线偏置

- 根偏置。正值会将螺纹的根线（D）背离部件偏置；负值会将螺纹的根线向着部件偏置。在输入正的顶偏置并选择根线而不设置偏置时，会更改螺旋角度和深度，如图 10-112 所示。

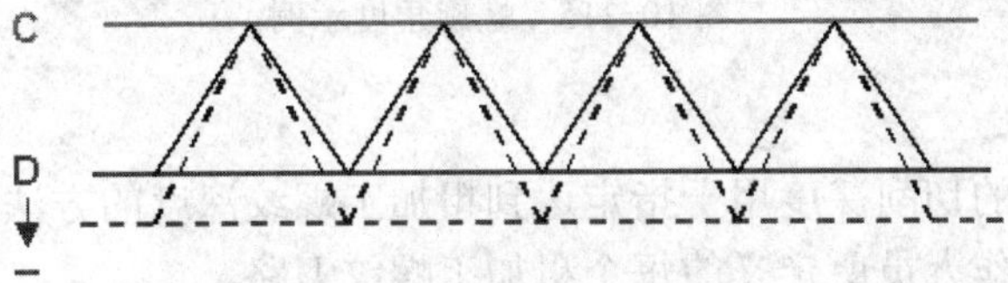

图 10-112　正的根偏置

特别说明，根偏置会影响螺纹的最终深度。非零的根偏置可能导致螺纹对话框上显示的深度值与在螺纹形状选项对话框上输入的深度即总深度值不同。

10.6.4　切削深度

1. ***总深度是粗加工螺纹深度与精加工螺纹深度的和***

总深度可以通过指定螺纹形状选项里指定深度和角度进行设置，也可以通过选择根线来指定总深度，设置对话框如图 10-113 所示。

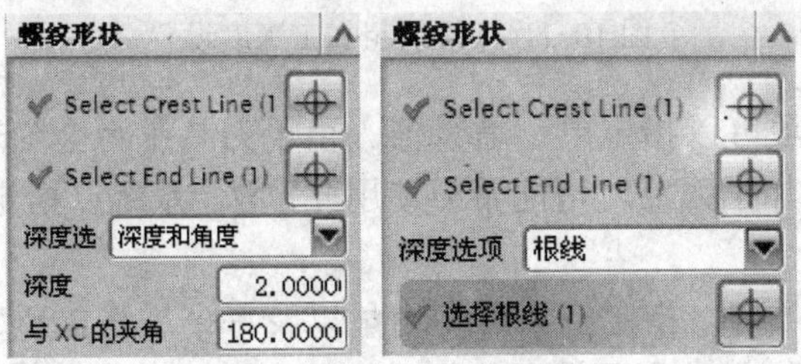

图 10-113　螺纹切削总深度设置

当使用根线方法时，总深度是从顶线到根线的距离，如图 10-114 所示。

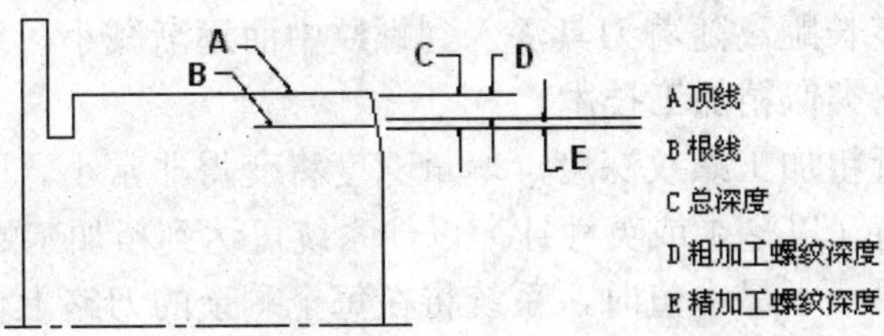

图 10-114　总深度示例

● 选择根线。选择根线既可建立总深度，也可建立螺旋角度。如果选择根线后重新选择顶线，则系统不会重新计算螺旋角度，也不会重新计算深度。

● 输入深度和角度。如果输入深度和角度值而非选择根线，则重新选择顶线时系统将重新计算螺旋角度，但系统不会重新计算深度。

● 螺旋角度用于产生锥螺纹（如管螺纹），如图 10-115 所示。

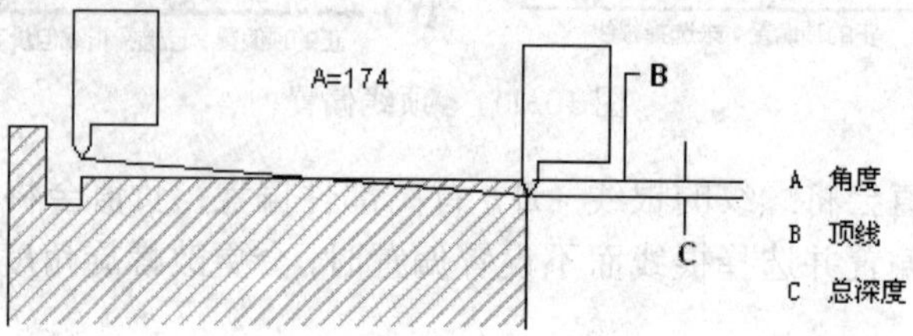

图 10-115 螺旋角度示例

2. *螺纹粗切深度*

刀轨设置选项里的切削深度用于指定达到粗加工螺纹深度的方法，此时 UG NX 将以适当的增量深度生成操作人员所定义的每个粗加工螺纹刀路。

对于最后两个增量刀路，如果剩余的材料超过最后的增量但未超过增量公差，则系统将在剩余深度产生一个刀路。否则，系统产生两个刀路，其中每个刀路按照剩余深度一半的增量生成。深度设置包括 3 个选项，如图 10-116 所示。

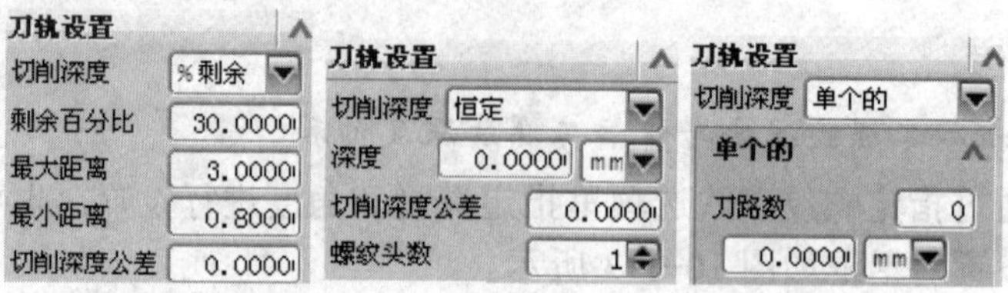

图 10-116 螺纹粗加工深度设置

● 恒定。恒定选项可以指定单一增量值。由于刀具压力会随着每个刀路迅速增加，因此在指定相对少的粗加工刀路时可能希望使用此方法。系统以指定的恒定深度进行切削，直到达到总粗加工深度。

● 单个的。该选项可以指定一组可变增量以及每个增量的重复次数。这允许最大限度控制单个刀路。如果增量的和不等于粗加工螺纹深度，则系统将重复上一非零增量值，直到达到适当的深度。如果增量的和超出粗加工螺纹深度，则系统将忽略超出的增量。

● %剩余。该选项是按照产生刀路时所保持的粗加工总深度的百分比来指定每个刀路的增量深度，这导致步长距离随着刀具深入到螺纹中而逐渐减小。剩余百分比在粗加工螺纹中尤其有用，因为它类似精加工技术。

由于随着刀具接近粗加工螺纹深度，增量深度将变得非常小。因此，要控制增量，必须输入一个最小增量值（以毫米或英寸计）以便系统可达到粗加工螺纹深度。

当百分比计算结果小于最小值时，系统将在每个剩余的刀路上使用最小值直到刀具达到粗加工螺纹深度。

还可以指定最大增量值，以便在初始螺纹加工刀路过程中，刀具在螺纹中进给量不会过大，如图10-117所示。

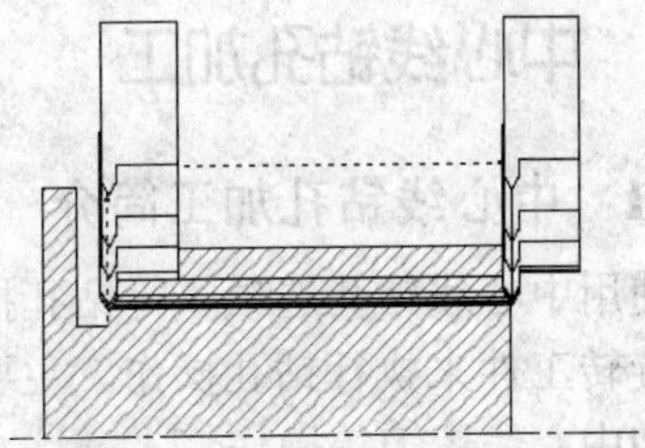

图10-117　百分比增量方法

10.6.5　螺纹头数

该选项可定义多螺纹。多螺纹通常应用在一些夹具和固定装置上，如钢笔帽、遮阳篷等，目的是最小化手的运动。

单螺纹具有一个与导程相等的螺距，还有一个螺纹起始位置。双螺纹具有一个两倍于螺距距离的导程，还有两个 180° 间距的螺纹起始位置。三螺纹具有一个三倍于螺距的导程，还有3个120° 间距的螺纹起始位置。

双螺纹的导程越长，螺纹“越快”，将覆盖单螺纹每圈的纵向距离的两倍。图10-118所示为双螺纹的加工过程。

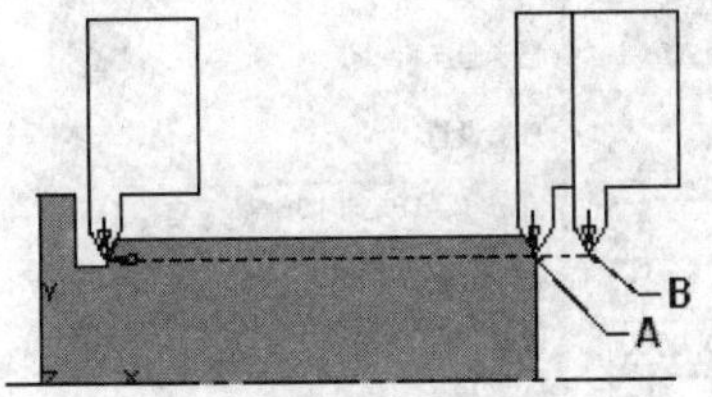

图10-118　螺纹中的螺纹头数

10.6.6　螺纹加工的进刀和退刀

在非切削加工参数里设置螺纹的进刀与退刀选项，使用进刀和退刀选项可设置刀具移入和移出螺纹的角度。

1. **自动**

UG NX 将根据螺旋角、工作类型（ID、OD、面加工）和螺纹顶线的位置（中心线以上或以下）计算进刀和退刀值。结果矢量与螺纹矢量是垂直的。

例如，对于中心线上180°的OD螺纹加工，自动计算的进给角度是270°，退出角度是90°。

2. **移动类型**

可将进刀/退刀移动指定为以进刀/退刀进给率进行，或以与螺纹运动相同的进给率进行，通常是将移动类型选项设置为螺纹。

图10-119所示为带有和不带起始偏置的进给和退出角度的加工方式。

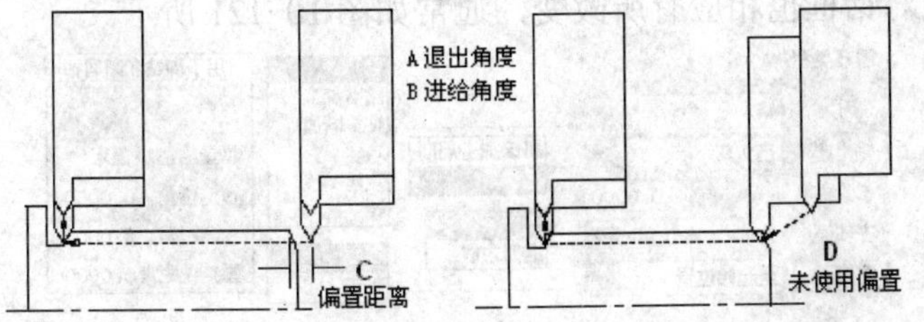

图10-119　带有和不带起始偏置的进给和退出角度的加工方式

10.7　中心线钻孔加工

10.7.1　中心线钻孔加工简介

使用中心线钻孔选项执行钻孔操作，此功能是利用车削主轴中心线上的非旋转刀具，通过旋转工件来执行钻孔操作。主要包括中心线点钻、中心线钻孔、中心线啄钻、中心线断屑和中心线铰刀等操作。

1. **中心线钻孔操作对话框（以点钻为例），如图 10-120 所示**

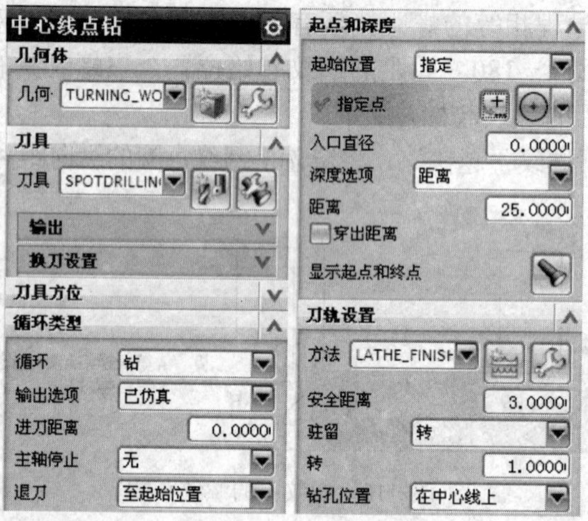

图 10-120　点钻操作对话框

2. **加工操作步骤**

1）选择“创建操作”图标或从菜单中选择“插入”→“操作”命令。

2）从创建操作对话框中的可用模板中选择车削。

3）从以下中心线钻孔操作中进行选择：点钻 钻 啄钻 断屑 铰（镗孔循环） 螺纹。

4）输入需要的操作程序、几何体、刀具、方法和名称。

5）设置参数，生成加工程序。

10.7.2　参数设置说明

1. **循环类型**

包括循环、输出选项、进刀距离、主轴停止、退刀等选项，当在循环选项里选择不同类型时，循环类型对话框也相应有所改变，通常如图 10-121 所示。

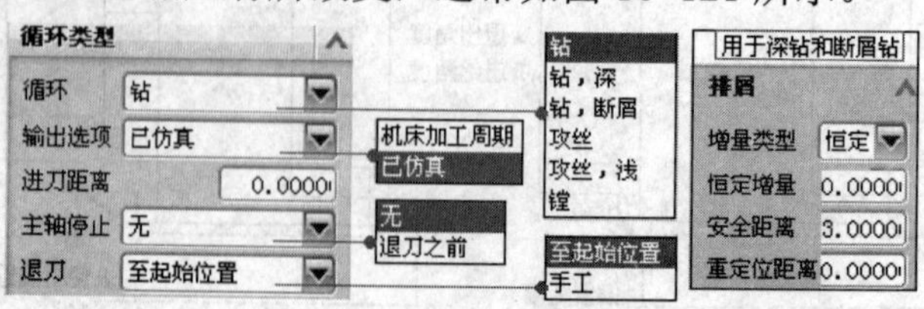

图 10-121　循环类型对话框

2. *起点和深度*

包括起始位置、入口直径、深度选项、穿出距离等选项，如图 10-122 所示。

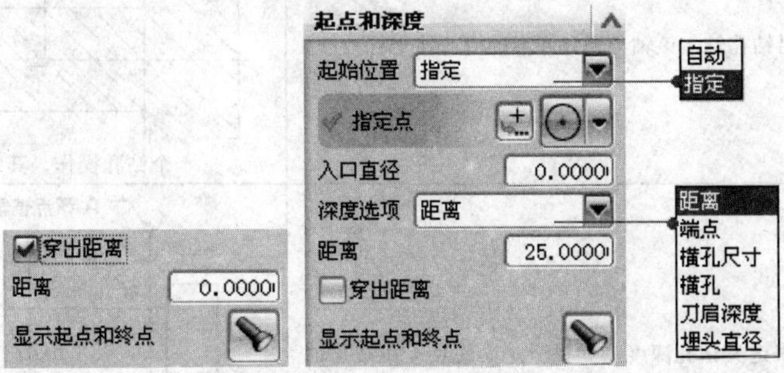

图 10-122　起点和深度对话框

● 入口直径。用以在存在埋头或沉头孔时减少空中切削，UG NX 使用指定的入口直径和钻点角度来调整钻刀与材料的接触点，示例如图 10-123 所示。

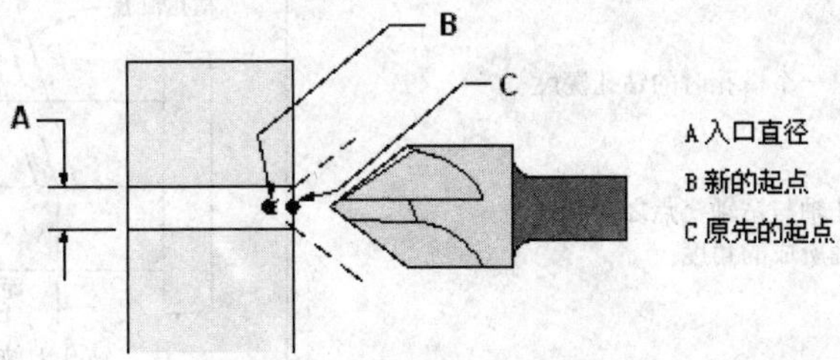

图 10-123　入口直径示例

● 穿出距离。指定刀具超出指定总深度的过肩距离，示例如图 10-124 所示。

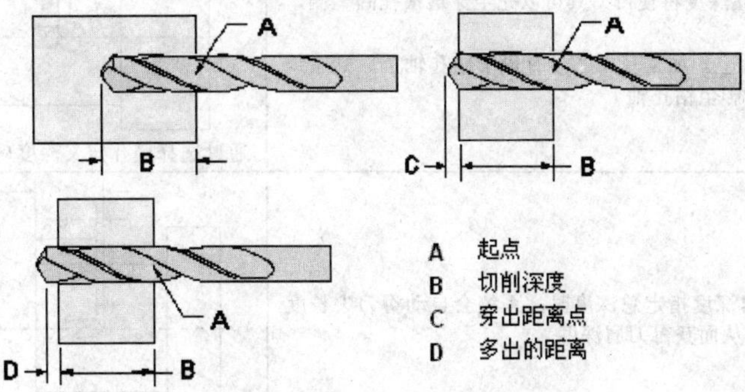

图 10-124　穿出距离示例

● 深度选项。通过以下方式定义钻孔深度：输入深度值、指定终点、输入横孔的位置和直径、选择一个现有的圆作为横孔、指定刀肩深度、指定沉孔直径。

需要特别说明的是，当进行中心线公丝时，UG NX 按总深度输出 SPINDL/CLW 或 SPINDL/CCLW 事件，使得主轴方向在退刀前反转。

深度选项对话框中各选项如表 10-24 所示。

表 10-24　深度选项对话框中各选项

距离：输入深度值（沿钻孔轴，该轴与通过起点的中心线平行），此深度值必须为正	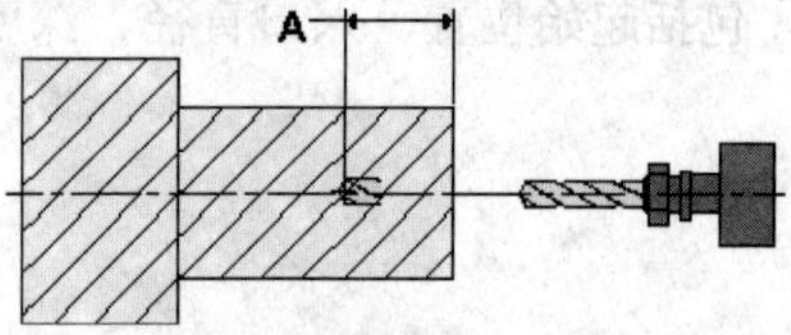 一个钻孔操作，其中，A=钻孔深度
终点：使用点构造器来定义钻孔深度。如果所定义的点不在钻孔轴上，系统会将该点垂直投影到钻孔轴上，然后计算深度	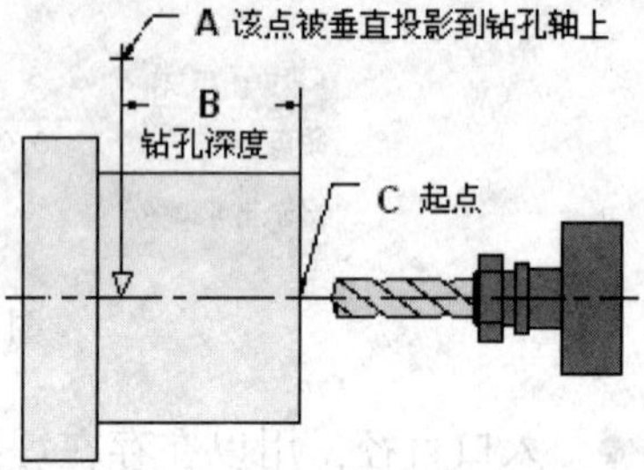 不在部件的中心线上时使用一般点的深度
横孔尺寸：定义刀具将钻出一个横孔时的钻孔深度 以下是可用的选项： 直径：指定横孔的直径 距离：指定钻孔起点和横孔轴与钻轴交点之间的距离 角度：指定横孔轴与钻孔轴所成的角度	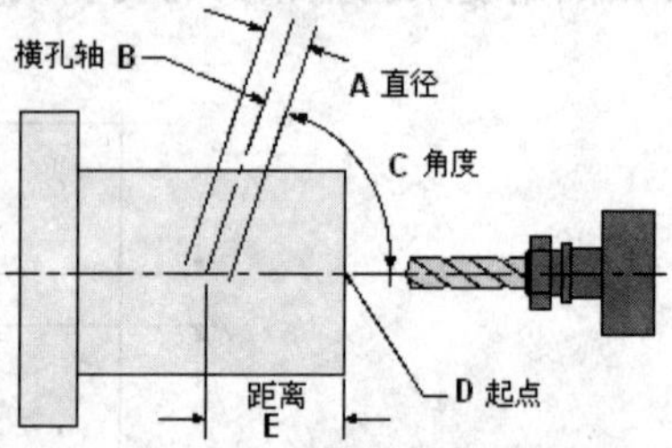 钻孔刀轨（进入相交孔）
横孔：选择现有的圆作为横孔。系统计算钻孔深度，此深度是从起点出发沿着钻轴一直到所选横孔的距离 UG NX 计算得出的钻孔深度将使得刀具可以完全穿透横孔的一侧，然后退刀 横孔的中心应该在钻轴上。如果其中心没有位于钻孔轴上，则系统将沿着圆弧轴将该中心投影至钻孔轴	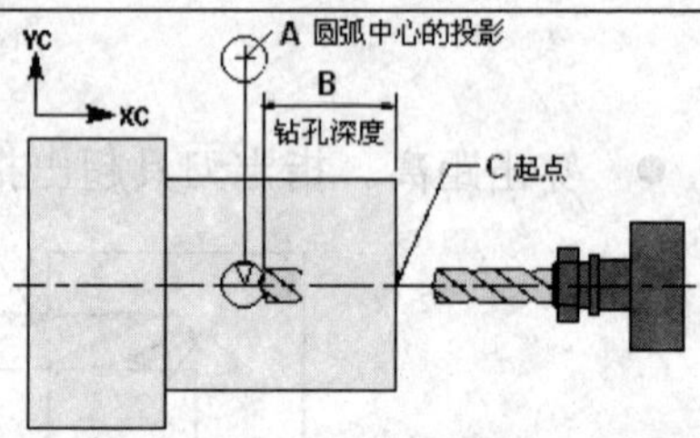 通过选择横孔定义深度（投影到部件的中心线上）
刀肩深度：当使用刀肩深度指定总深度时，系统会自动将刀尖长度添加到所输入的深度中，从而获得刀肩深度	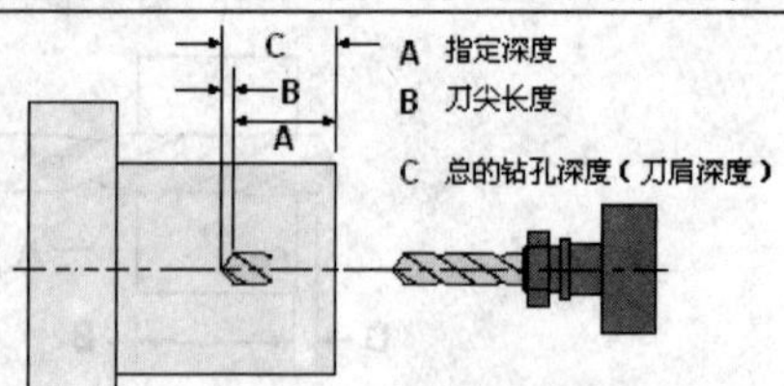 通过选择刀肩深度定义深度
沉孔直径：UG NX 将根据所选的刀具自动确定沉孔深度。刀具将依照指定的深度嵌入到工件中，从而生成指定直径的沉孔	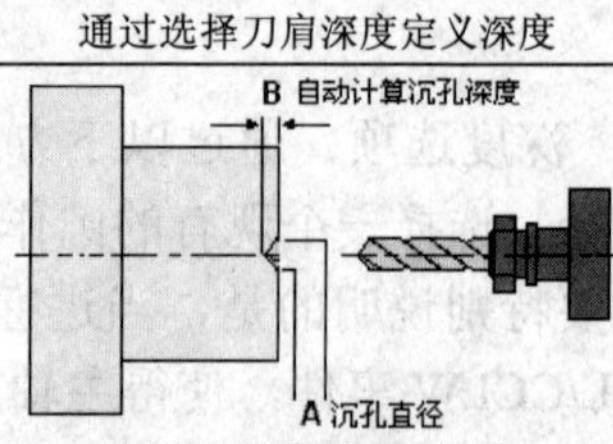 根据沉孔直径定义深度

10.8 车槽加工

10.8.1 车槽加工简介

车槽加工包括外圆槽、内孔槽以及端面槽。在车槽加工时可以采用沿轴向走刀方式逐层切削，也可以采用径向进刀方式切削。下面以外圆槽切削方式为例进行说明。

1. **外圆车槽操作对话框，如图 10-125 所示**

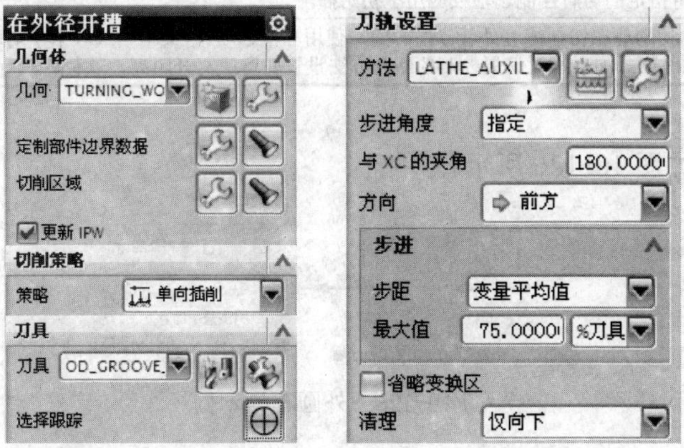

图 10-125　外圆车槽操作对话框

2. **加工操作步骤**

1）选择“创建操作”图标或从菜单中选择“插入”→“操作”命令。

2）从创建操作对话框中的可用模板中选择车削。

3）从以下切槽操作方式中进行选择：外圆槽、内孔槽、端面槽。

4）输入需要的操作程序、几何体、刀具、方法和名称。

5）设置参数，生成加工程序。

10.8.2 参数设置说明

在外圆车槽对话框中的部分切削参数选项和加工参数选项与粗车操作对话框中的相应选项相同，下面仅说明与粗车不同的选项。

1. **步距**

步距即刀具的横向进给量，包含 3 个选项恒定、变量平均值和变量最大值，其含义与粗车切削深度对应的选项相同。

2. **“切屑控制”选项卡中的选项**

利用切屑控制，可以在开槽时指定除屑和断屑方法。切屑控制仅在插削时可用。默认情况下，软件将生成每个插削，作为从处理中的工件边界到已加工部件表面的一个无中断点切削运动。

“切屑控制”选项卡中的选项如表 10-25 所示。

表 10-25 “切屑控制”选项卡中的选项

切屑控制：指定如何中断插削序列运动	
恒定增量	指定刀具在开槽切割的每次移动中前进的距离。如果深度没有按此处输入的量均分，UG NX 将计算余数，并切削至正确的深度
可变增量	指定每次移动的不同深度以及每次移动应当重复执行的次数。如果增量之和小于总开槽深度，UG NX 将重复执行最后一个具有非零增量值的刀具移动操作，直至达到选定的深度。如果增量和超出总深度，则系统将忽略过剩增量
离开距离	针对断开方法。指定每次切削之后刀具的退刀量
安全距离	针对清除方法。指定一个安全距离，刀具将停止于要切削的材料前面的该距离处。槽刀将切割至指定的增量，退至起点之后的工件安全距离，并返回到与材料之间有安全距离的某个位置，然后再次切削
仅用于初始插削	将指定的切屑控制选项仅应用于初始插削
注释：要指定刀具开始切削前在切削深度处暂停的时间，使用驻留选项（“策略”选项卡中切削组），可指定刀具开始切削前在切削深度处暂停的时间。如果不对切屑控制的断开方法设置驻留或离开距离，软件将执行无中断切削	

3. **演示示例**

基本操作过程如图 10-126 所示。

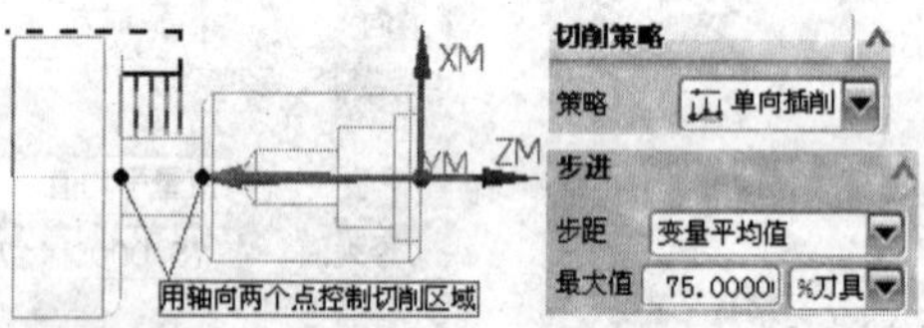

图 10-126 外圆车槽示例

10.9 车削加工范例

1. **工作任务**

完成图 10-127 所示的车铣复合件 CAM 软件的自动编程，学习 UG NX 8 CAM 模块的基本编程知识，掌握 UG NX 8 对车、铣复合零件的编程方法。

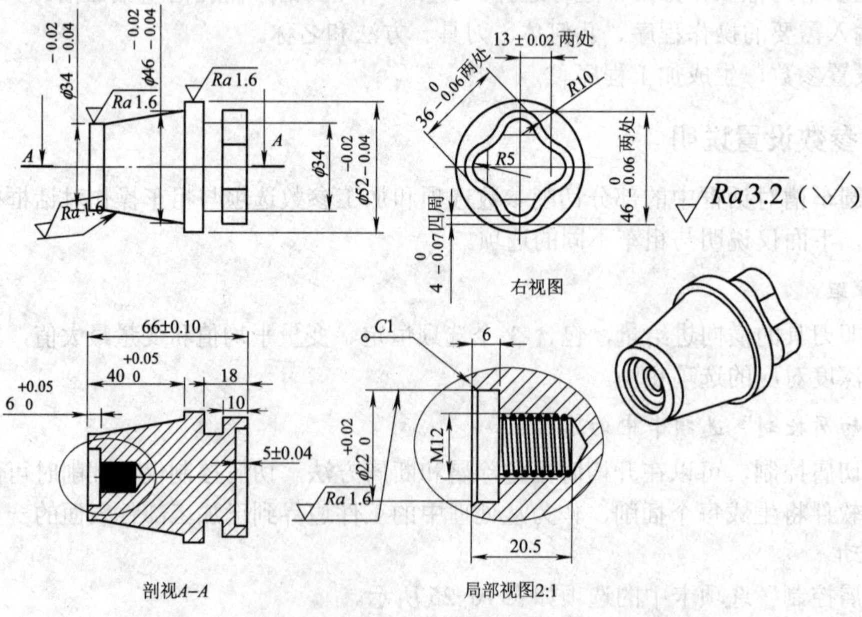

图 10-127 车铣复合件

2. **图样分析**

1）圆柱体毛坯尺寸：ϕ53mm×68mm。

2）铣削右端面最小圆弧半径为 R6mm。

3）M12 螺纹孔底径=12−1.75=10.25mm。

3. **工艺规划**

（1）车削加工时工件安装 用三爪卡盘固定安装在车床上，夹紧部分少于 18mm；加工原点在工件外端面中心处。

（2）铣削加工时工件安装 锥体的端平面作为基准面，用三爪卡盘固定安装在铣床上，加工原点选在工件中心并距定位面 66mm 处。

（3）工步安排，如表 10-26 所示。

表 10-26 工步安排表

加工类别	工序	加工内容	加工方式	刀具	主轴速度/(r/min)	进给率/(mm/min)
车削	1	外轮廓粗车	外圆车削加工	内圆车刀	800	150
	2	外轮廓精车	外圆车削加工	内圆车刀	1200	100
	3	切槽	切槽加工	切槽刀	500	60
	4	点钻（A3）	钻加工	钻头	400	50
	5	钻ϕ9.8 孔	钻加工	钻头	400	50
	6	ϕ22 内孔精车	内圆车削加工	内孔车刀	1000	100
	7	铰ϕ10.25 孔	钻铰加工	铰刀	300	80
	8	内孔攻丝（M12）	攻丝加工	M12 丝锥	100	/
铣削	1	铣右端面外形(高度 12)	平面铣加工	ϕ16 平底铣刀	1000	300
	2	铣右端平面及内凹槽	面铣加工	ϕ16 平底铣刀	1000	300
	3	精铣凹槽轮廓	面铣轮廓加工	ϕ12 平底铣刀	1000	300

4. **车削编程步骤**

（1）打开模型文件，如图 10-128 所示

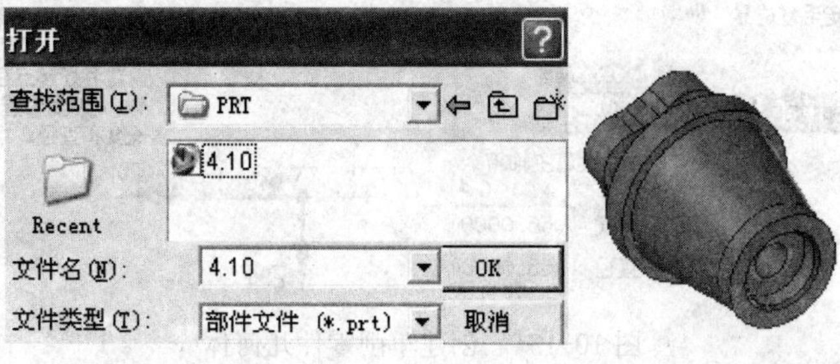

图 10-128 打开模型文件

（2）创建几何体

1）创建机床坐标系及加工（编程）原点，加工原点在工件外端面中心处。在操作导航

器里双击 MCS_SPINDLE 图标，打开设置坐标系对话框，完成设置，如图 10-129 所示。

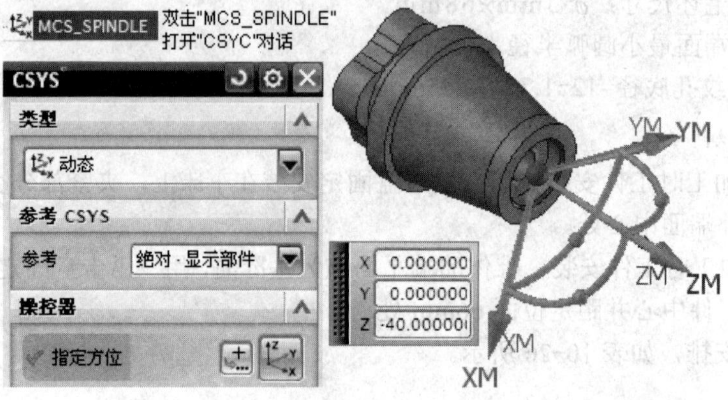

图 10-129　创建机床坐标系

2）创建部件几何体。在操作导航器里双击 WORKPIECE 图标，打开部件几何体设置对话框，完成设置，如图 10-130 所示。

图 10-130　创建部件几何体

3）创建车削零件几何体，如图 10-131 所示。

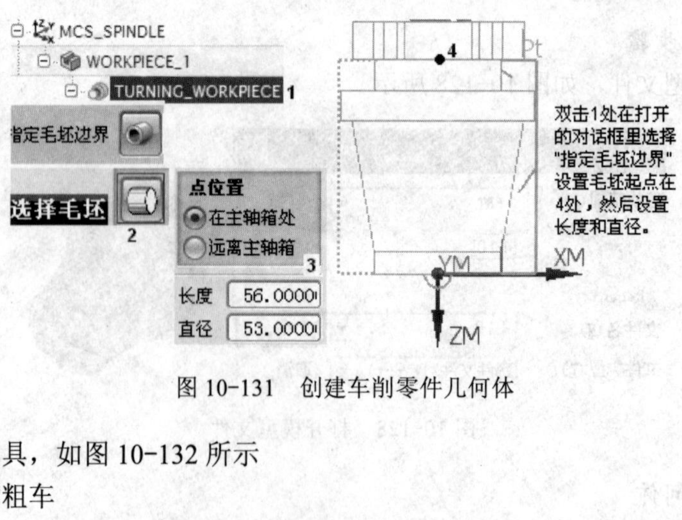

图 10-131　创建车削零件几何体

（3）创建刀具，如图 10-132 所示

（4）外轮廓粗车

1）选择外轮廓粗车加工子类型，如图 10-133 所示。

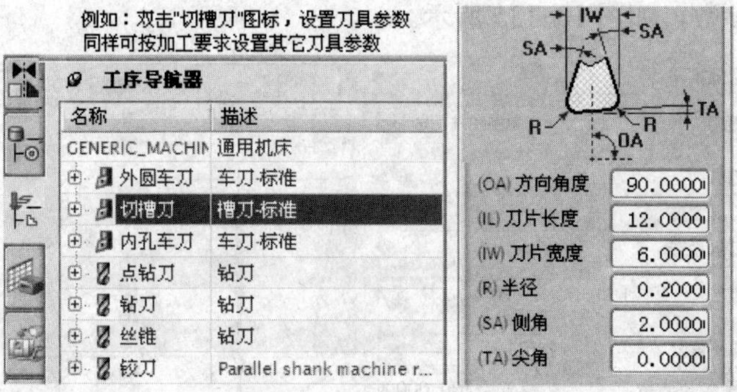

图 10-132　创建刀具

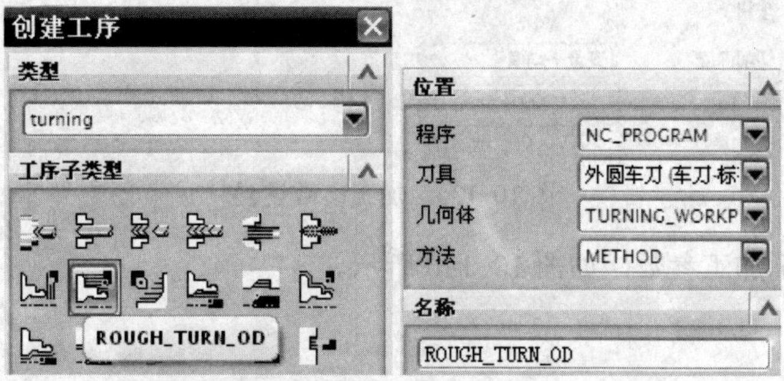

图 10-133　选择外轮廓粗车加工子类型

2）选择切削区域，如图 10-134 所示。

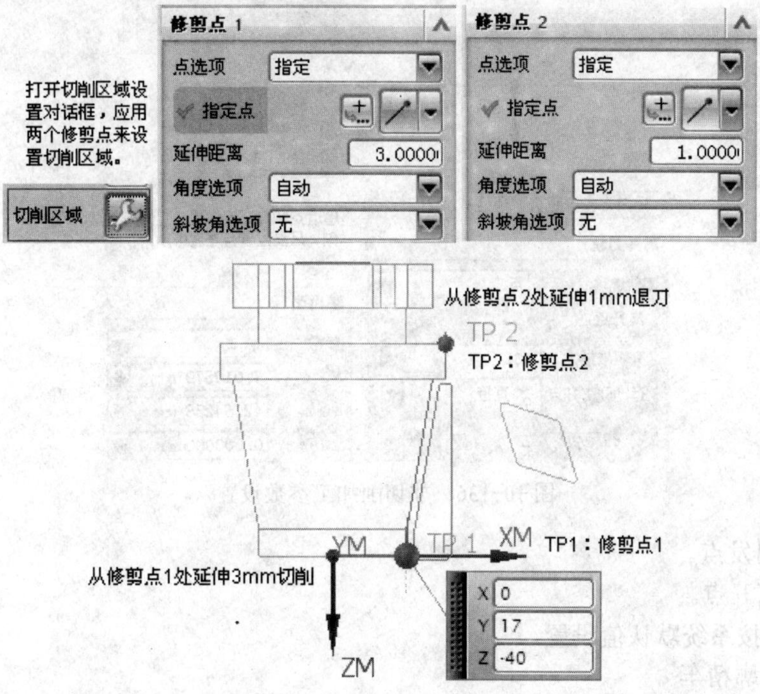

图 10-134　选择切削区域

3）设置加工参数，如图 10-135 所示。

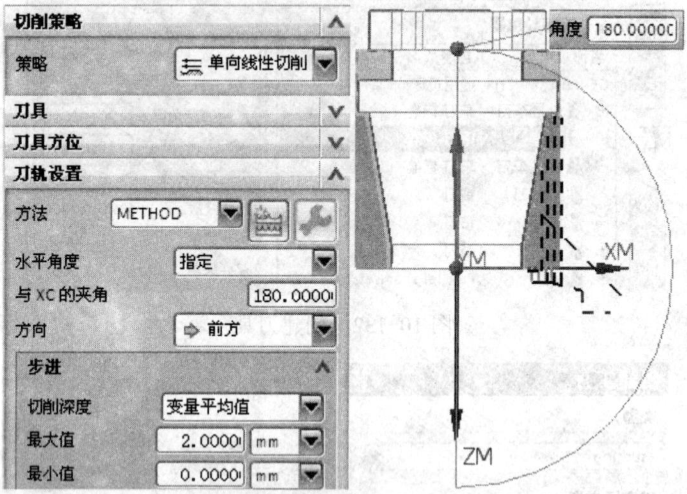

图 10-135　加工参数设置

4）设置非切削加工参数，如图 10-136 所示。

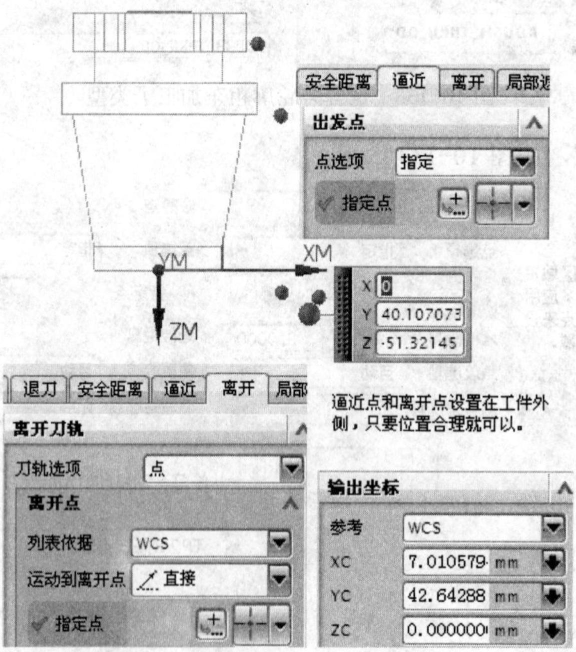

图 10-136　非切削加工参数设置

① 设置出发点。

② 设置离开点。

其他参数按系统默认值设置。

（5）外轮廓精车

1）选择外轮廓精车加工子类型，如图 10-137 所示。

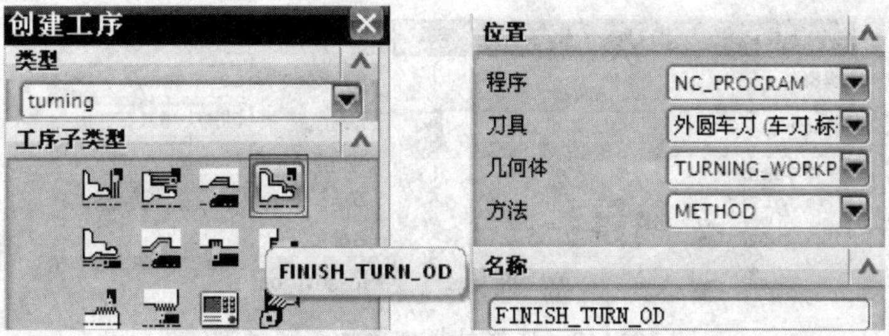

图 10-137　选择外轮廓精车加工子类型

2）选择切削区域，如图 10-138 所示。具体设置参见上一步粗加工有关操作说明。

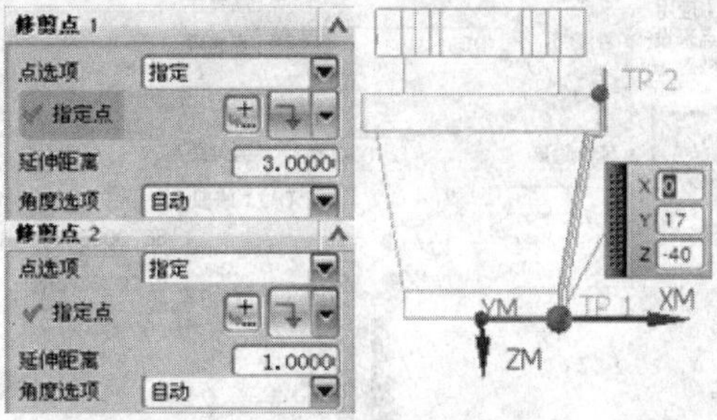

图 10-138　选择切削区域

3）设置加工参数，如图 10-139 所示。

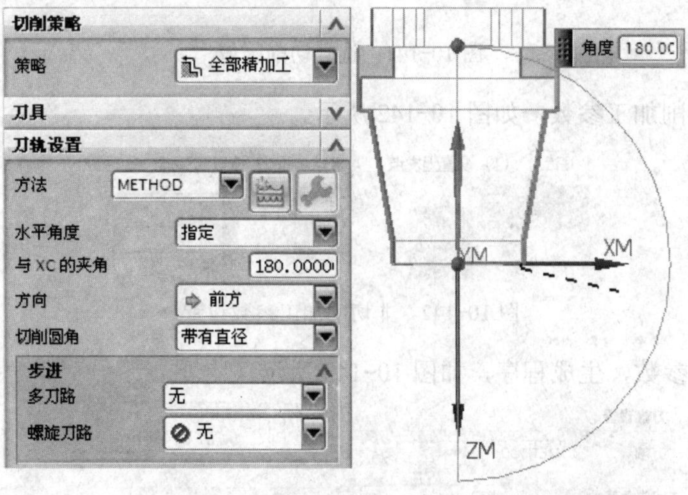

图 10-139　加工参数设置

4）非切削加工参数设置。

① 设置出发点。

② 设置离开点。

其他参数按系统默认值设置，具体设置参见上一步粗加工有关操作说明。

（6）切槽

1）选择外径切槽加工子类型，如图 10-140 所示。

图 10-140　选择外径切槽加工子类型

2）选择切削区域，如图 10-141 所示。

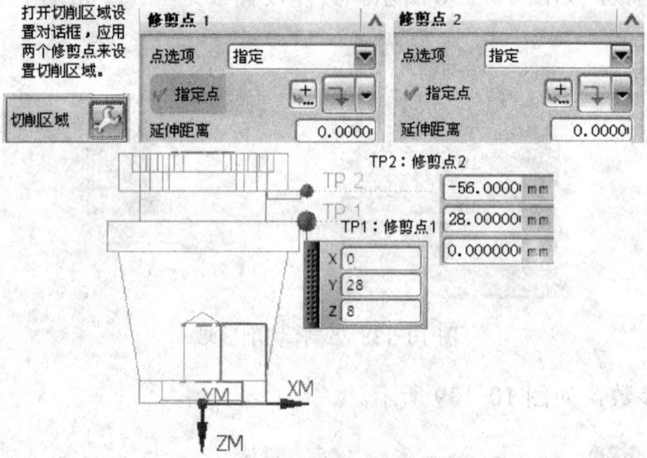

图 10-141　选择切削区域

3）设置非切削加工参数，如图 10-142 所示。

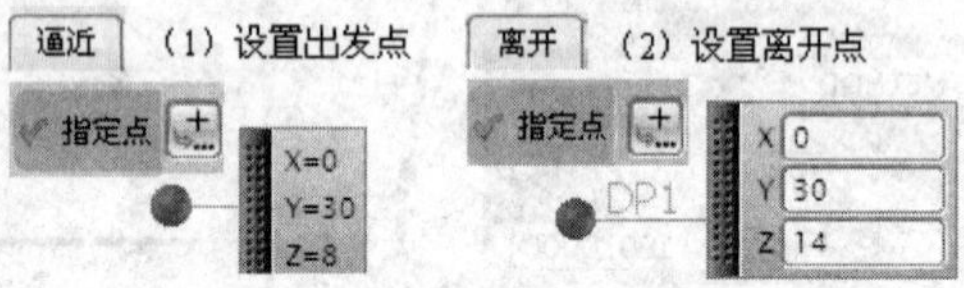

图 10-142　非切削加工参数设置

4）设置加工参数，生成程序，如图 10-143 所示。

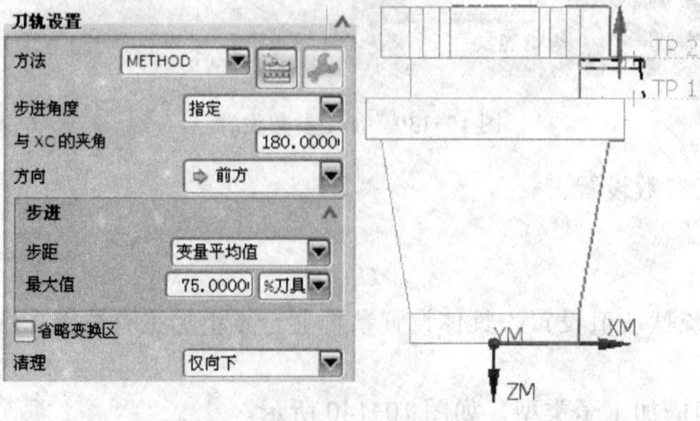

图 10-143　加工参数设置

（7）点钻（A3）

1）选择点钻加工子类型，如图 10-144 所示。

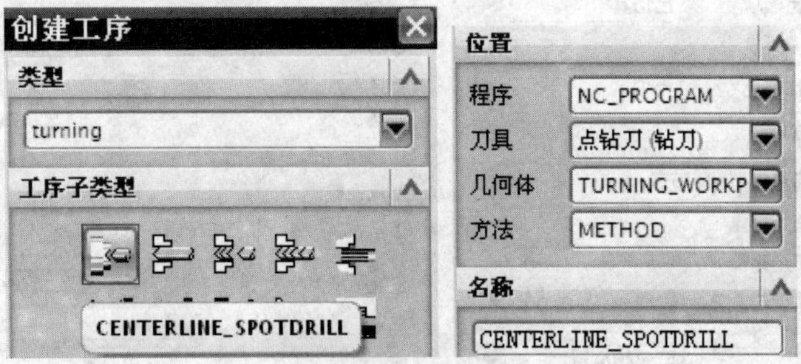

图 10-144　选择点钻加工子类型

2）设置加工参数，生成程序，如图 10-145 和图 10-146 所示。

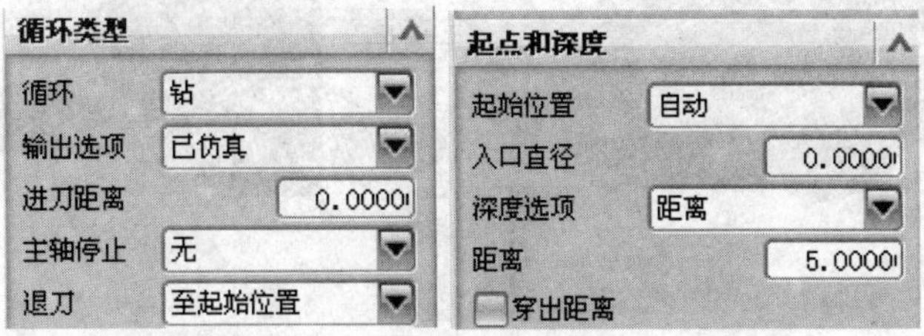

图 10-145　加工类型及起点和深度设置

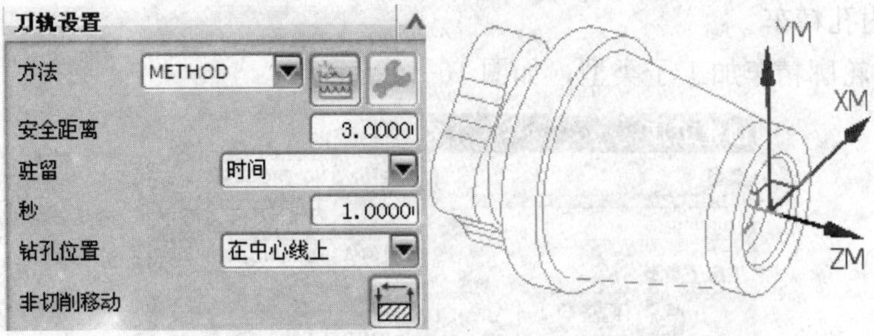

图 10-146　点钻加工刀轨设置

（8）钻ϕ9.8 孔（排屑钻）

1）选择排屑钻加工子类型，如图 10-147 所示。

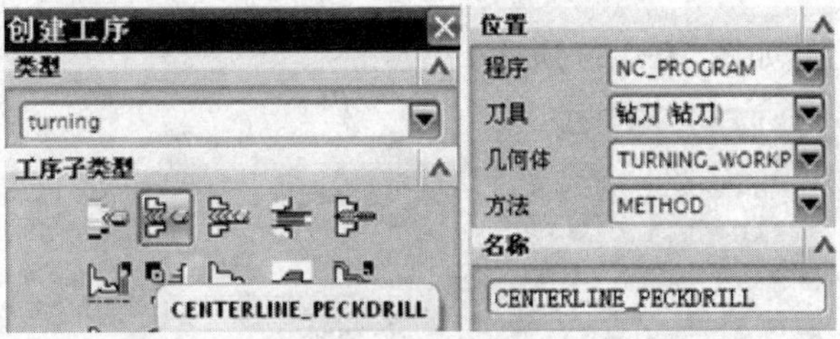

图 10-147　选择排屑钻加工子类型

2）设置加工参数，生成程序，如图 10-148 所示。

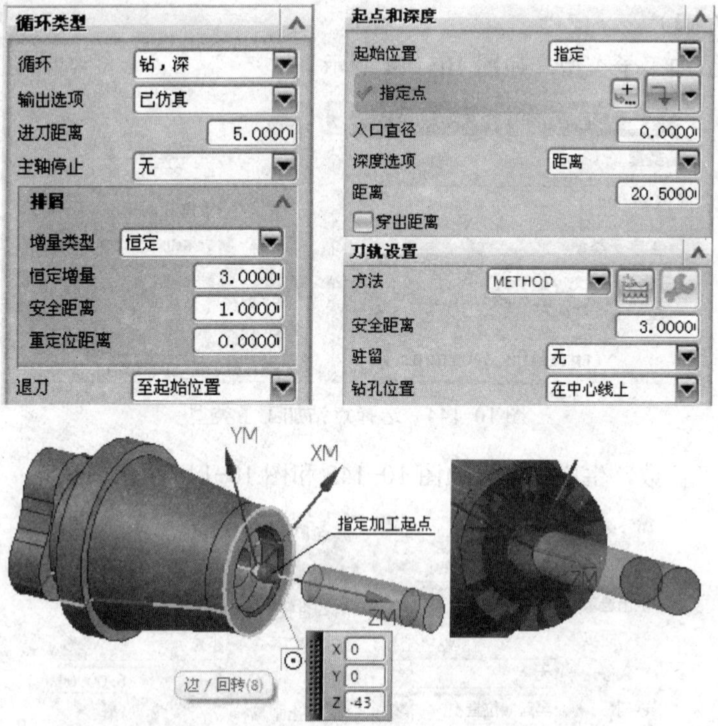

图 10-148 设置加工参数生成程序

（9）ϕ22 内孔精车

1）选择内轮廓精车加工子类型，如图 10-149 所示。

图 10-149 选择内轮廓精车加工子类型

2）设置内孔车刀，如图 10-150 所示。

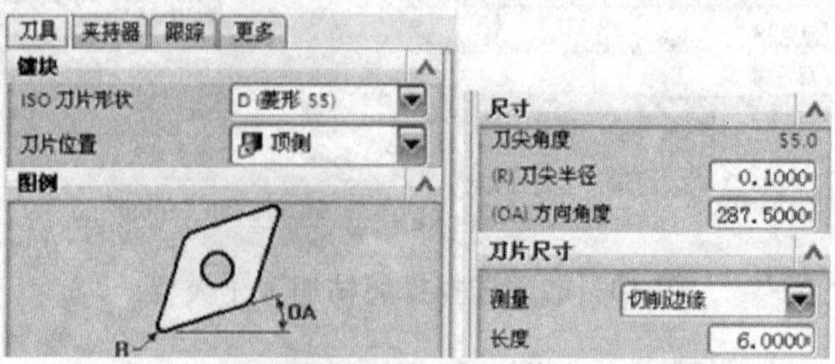

图 10-150 设置内孔车刀

3）选择切削区域，如图 10-151 所示。

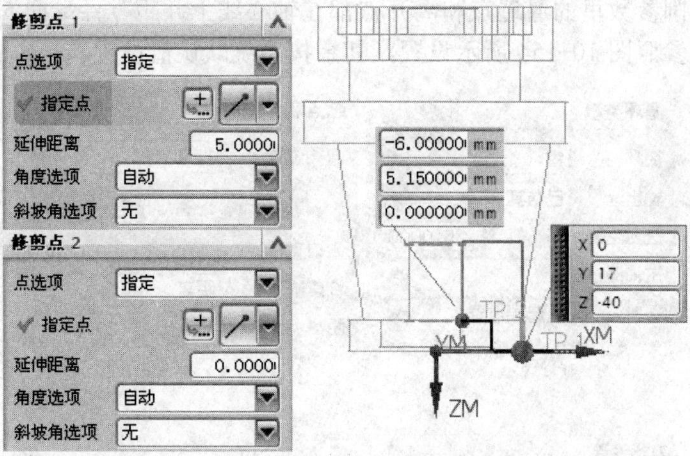

图 10-151　选择切削区域

4）设置加工参数，如图 10-152 所示。

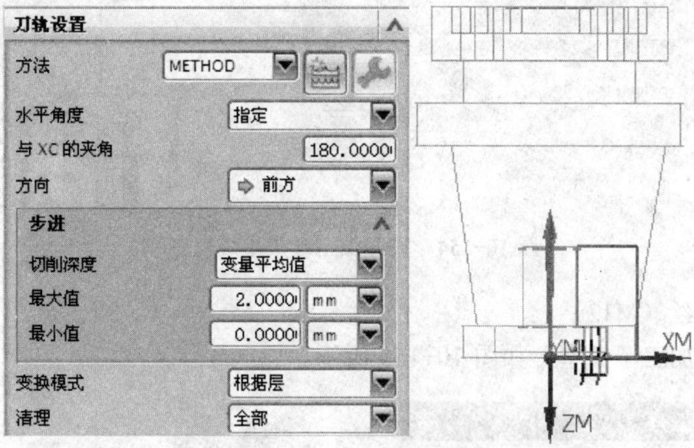

图 10-152　加工参数设置

（10）铰ϕ10.25 孔

1）选择铰孔加工子类型，如图 10-153 所示。

图 10-153　选择铰孔加工子类型

2）设置加工参数，生成程序。

① 指定加工起点时捕捉下端面外缘圆心。

② 设置非切削参数里的逼近点和离开点都在轴心线上并距零件端面 5mm 处。

③ 其他数值参照图 10-154 所示设置，其余按系统默认值设置。

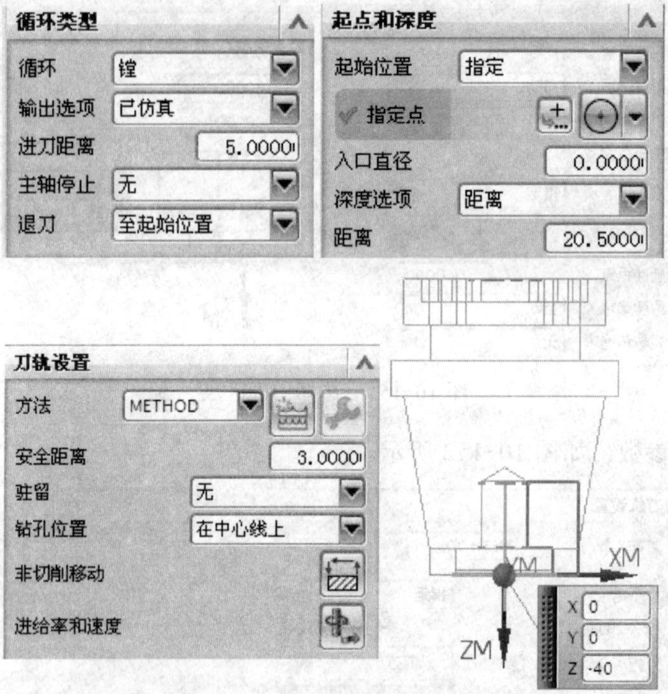

图 10-154 设置加工参数生成程序

（11）内孔攻丝（M12）

1）选择攻丝加工子类型，如图 10-155 所示。

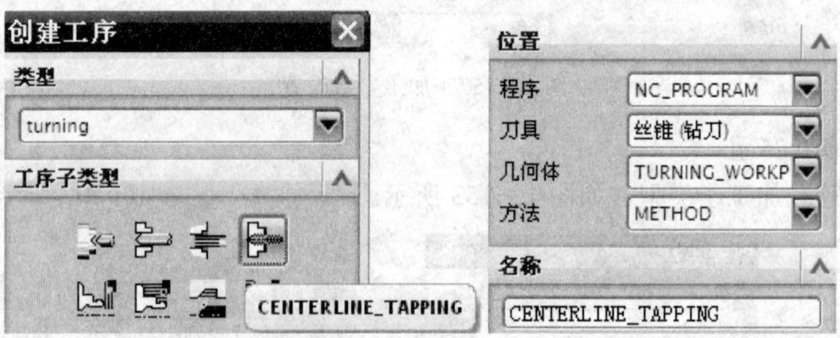

图 10-155 选择攻丝加工子类型

2）设置加工参数，生成程序。

① 指定加工起点时捕捉下端面外缘圆心。

② 设置非切削参数里的逼近点和离开点都在轴心线上并距零件端面 5mm 处。

③ 其他数值参照图 10-156 所示设置，其余按系统默认值设置。

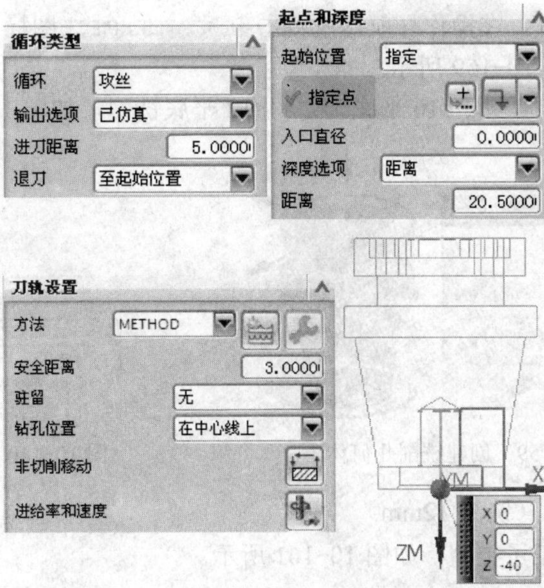

图 10-156　设置加工参数生成程序

（12）3D 可视化仿真，如图 10-157 所示

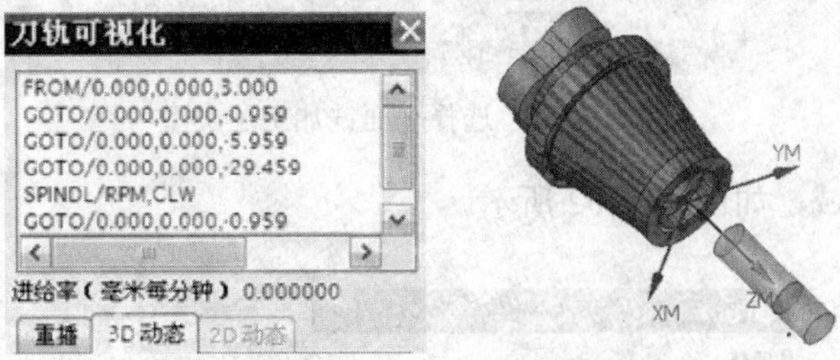

图 10-157　3D 可视化仿真

5. 铣削编程步骤

（1）创建几何体

1）创建机床坐标系及加工（编程）原点（捕捉右端面圆心）。在操作导航器里双击 MCS_MILL 图标，打开设置坐标系对话框，完成设置，如图 10-158 所示。

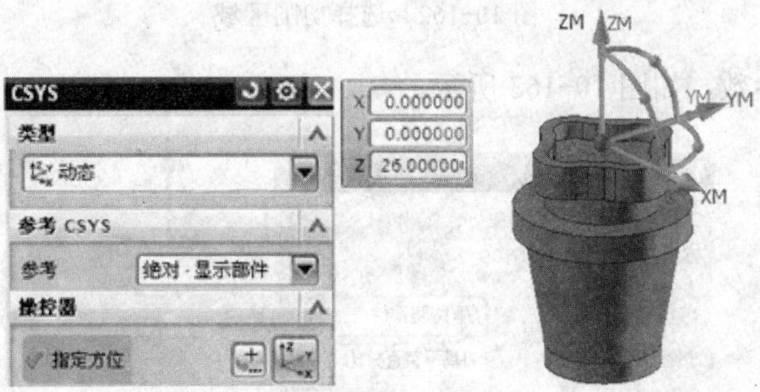

图 10-158　创建机床坐标系

2）创建铣削几何体。在操作导航器里双击 ⊞ WORKPIECE 图标，打部件几何体设置对话框，完成设置，如图 10-159 所示。

（2）创建刀具　分别创建ϕ16 平底铣刀和ϕ12 平底铣刀，如图 10-160 所示

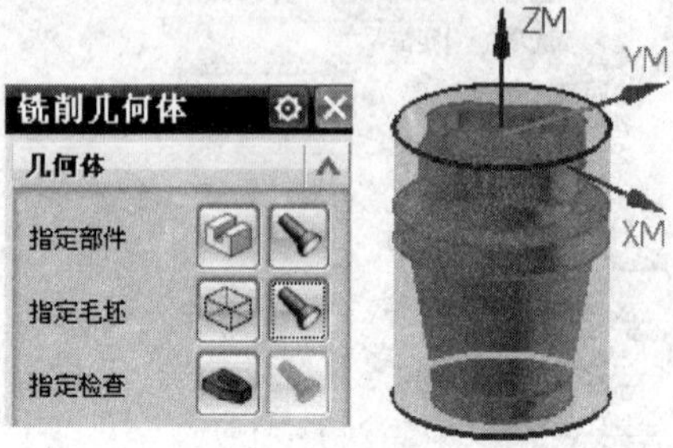

图 10-159　创建铣削几何体

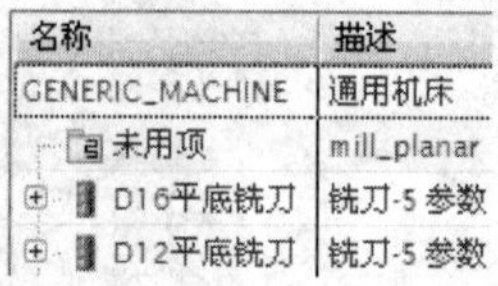

图 10-160　创建刀具

（3）铣右端面外形（铣深 12mm）

1）选择平面铣加工子类型，如图 10-161 所示。

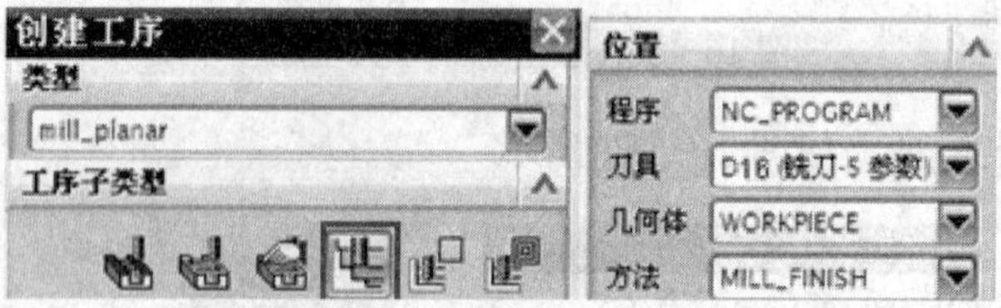

图 10-161　选择平面铣加工子类型

2）选择切削区域，如图 10-162 所示。

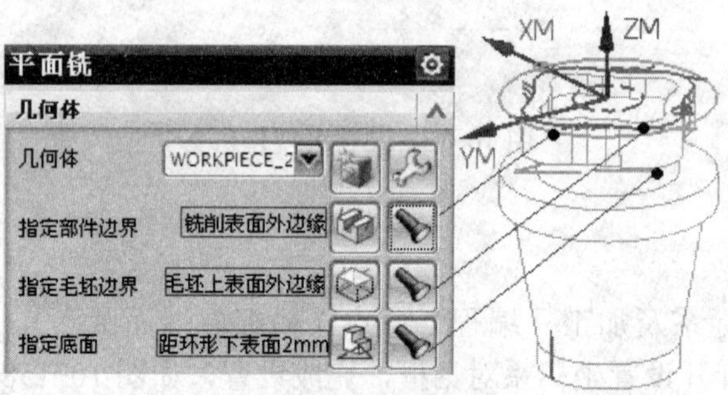

图 10-162　选择切削区域

3）设置加工参数，如图 10-163 所示。

图 10-163　加工参数设置

（4）铣右端平面及内凹槽

1）选择面铣加工子类型，如图 10-164 所示。

图 10-164　选择面铣加工子类型

2）选择切削区域，如图 10-165 所示。

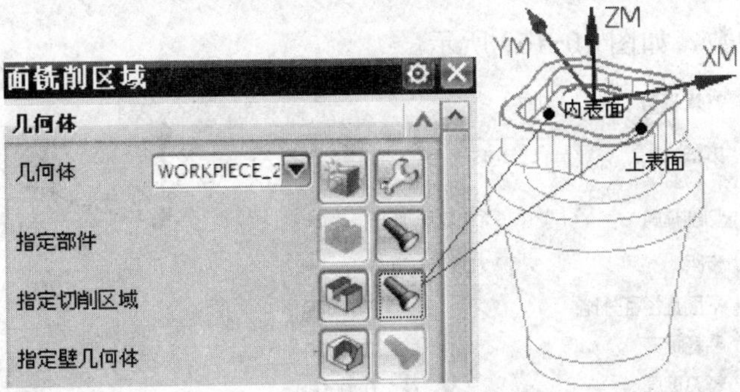

图 10-165　选择切削区域

3）设置加工参数，如图 10-166 所示。

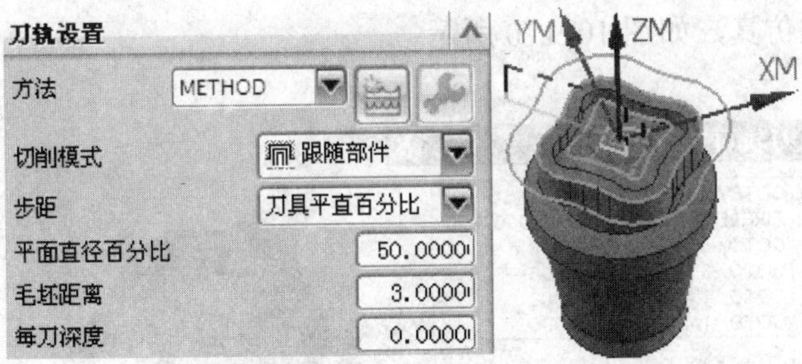

图 10-166　加工参数设置

（5）精铣凹槽轮廓

1）选择面铣加工子类型（ϕ12 铣刀），如图 10-167 所示。

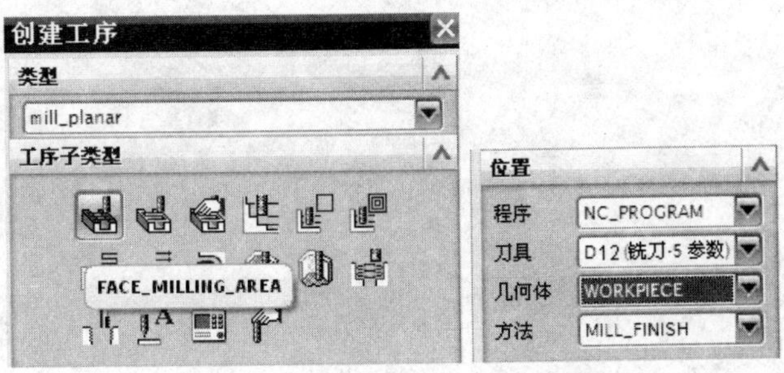

图 10-167　选择面铣加工子类型

2）选择切削区域，如图 10-168 所示。

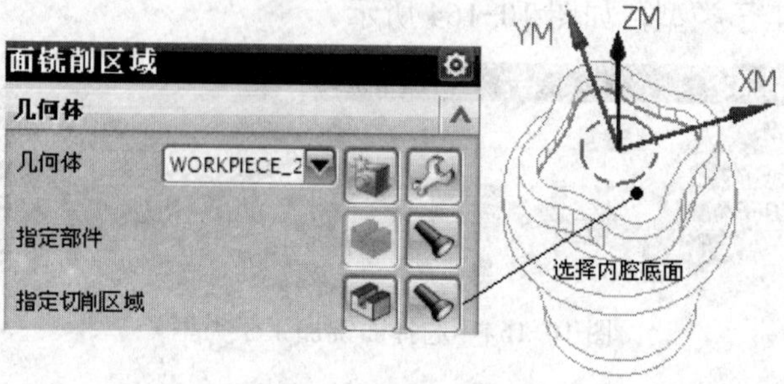

图 10-168　选择切削区域

3）设置加工参数，如图 10-169 所示。

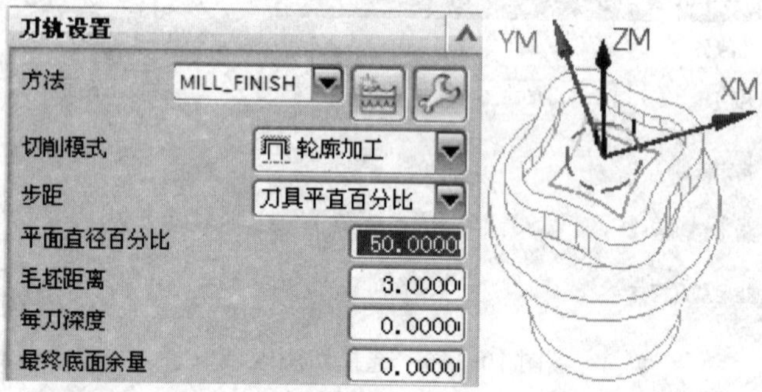

图 10-169　加工参数设置

（6）3D 可视化仿真，如图 10-170 所示

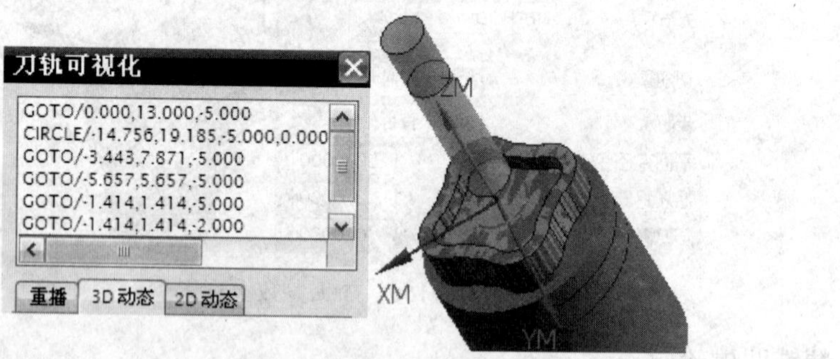

图 10-170　3D 可视化仿真

第 11 章　技能测试试题

试题一

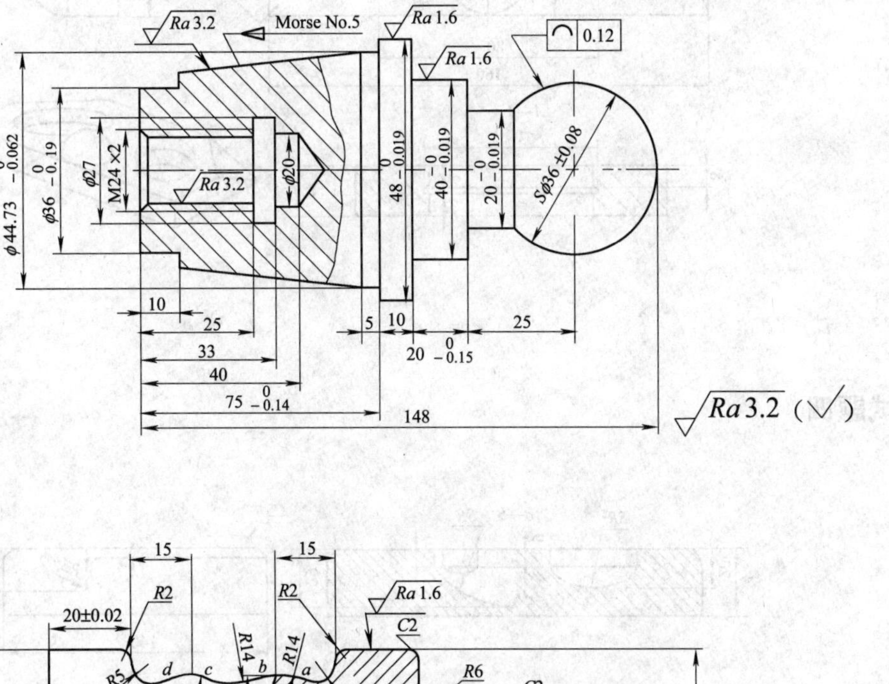

试题二

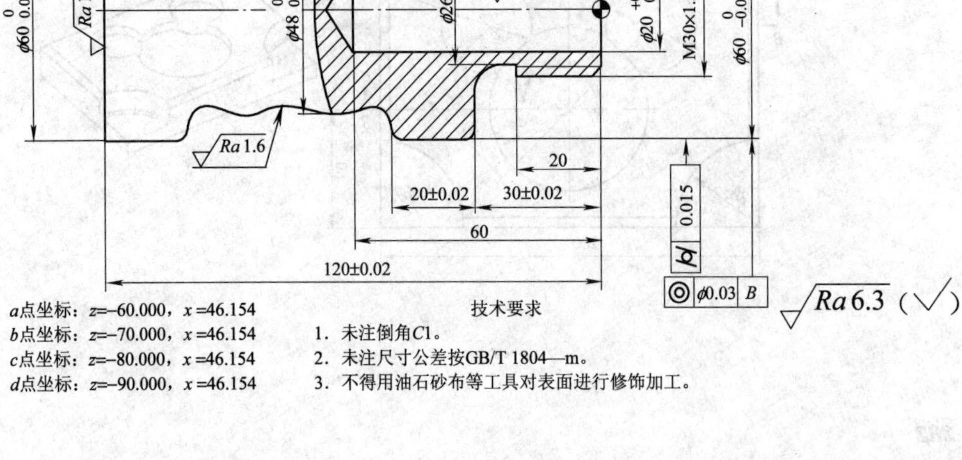

*a*点坐标：*z*=−60.000，*x* =46.154

*b*点坐标：*z*=−70.000，*x* =46.154

*c*点坐标：*z*=−80.000，*x* =46.154

*d*点坐标：*z*=−90.000，*x* =46.154

技术要求

1．未注倒角C1。
2．未注尺寸公差按GB/T 1804—m。
3．不得用油石砂布等工具对表面进行修饰加工。

试题三

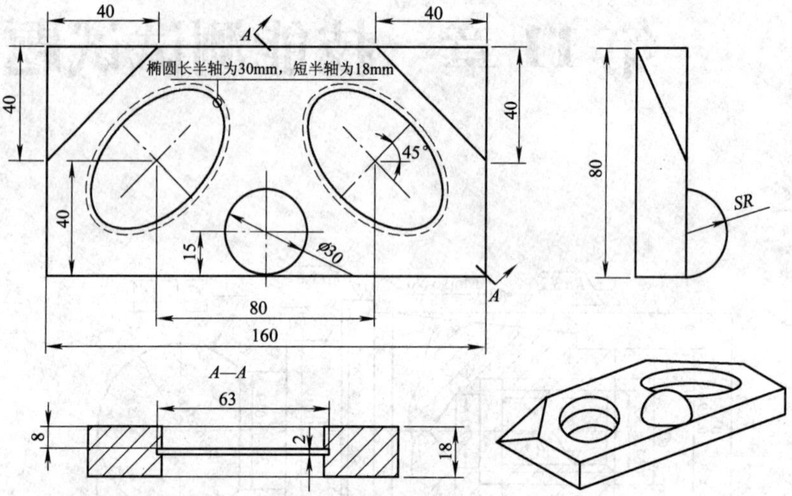
椭圆长半轴为30mm，短半轴为18mm
A—A
40
40
40
40
40
80
160
80
63
8
2
18
15
ϕ30
45°
SR

试题四

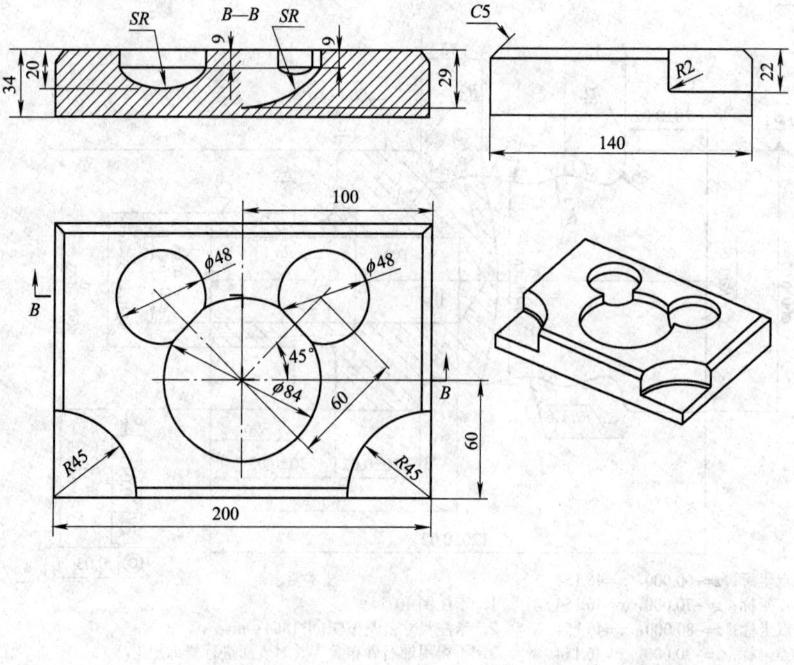
B—B
SR
SR
C5
R2
34
20
9
9
29
22
140
100
ϕ48
ϕ48
45°
ϕ84
60
60
R45
R45
200

试题五

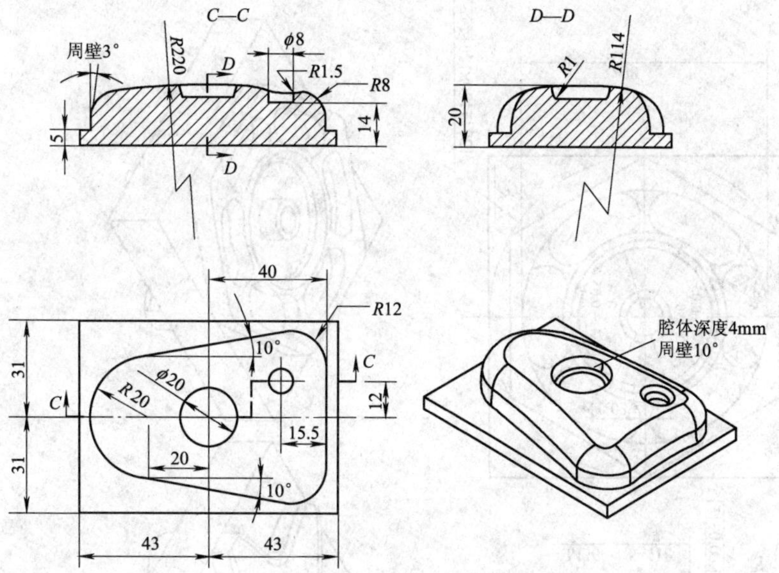
C—C
D—D
周壁3°
R220
ϕ8
R1.5
R8
R1
R114
腔体深度4mm
周壁10°
R12
ϕ20
R 20
15.5
10°
40
43
31
12

试题六

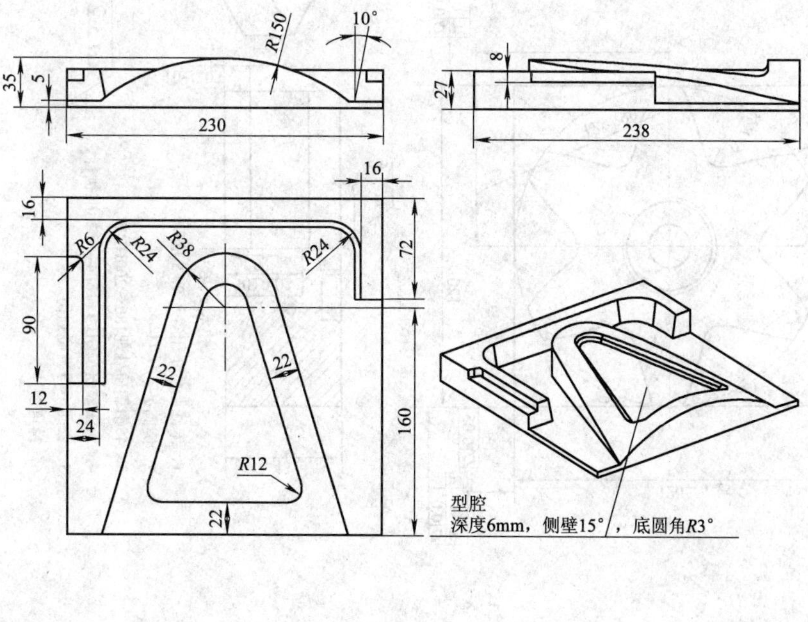
R150
10°
230
238
R6
R24
R38
R12
型腔
深度6mm，侧壁15°，底圆角R3°

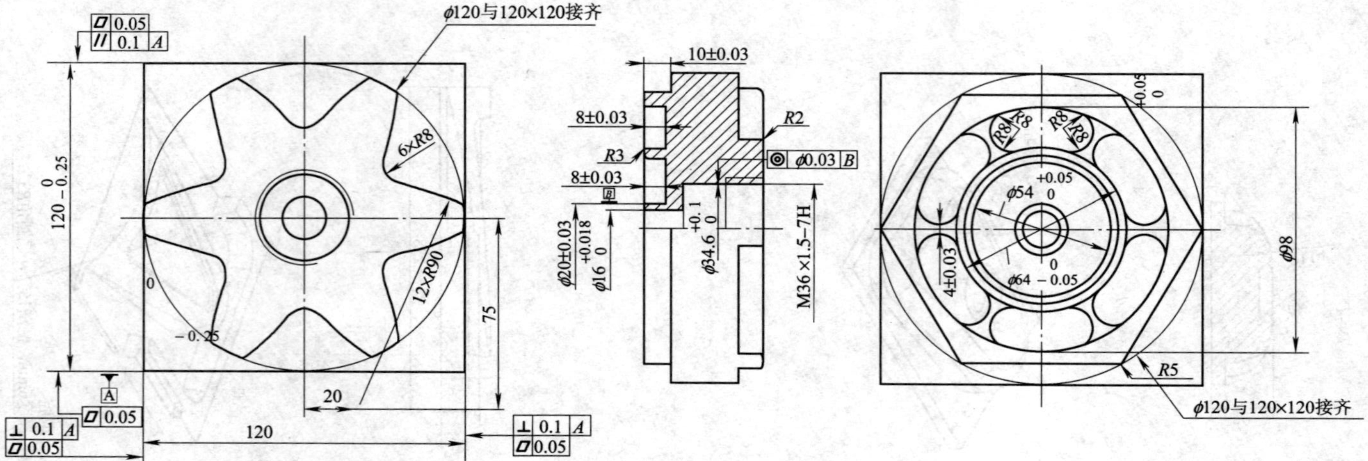

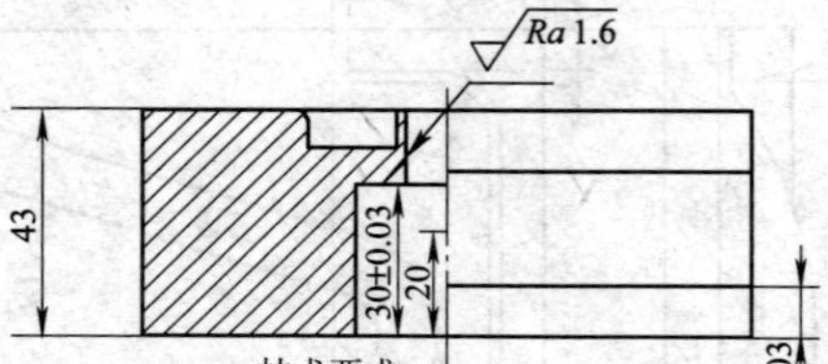

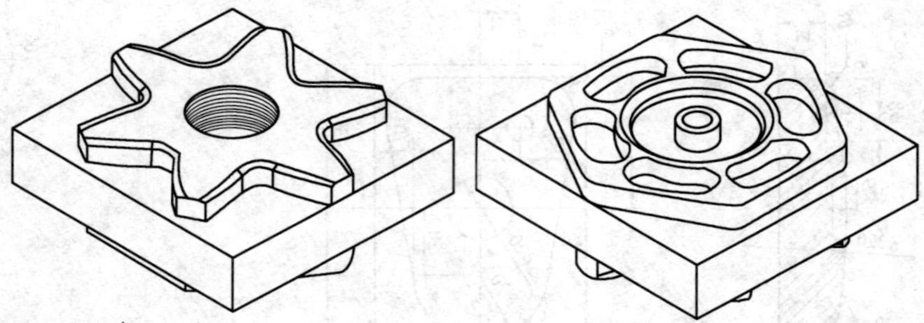

技术要求

1. 未注圆角小于等于R0.5mm。
2. 倒圆处 Ra 12.5 。
3. 45钢调质处理180～200HBW。
4. 未注公差按GB/T 1804—m标准执行。
5. 表面不得磕碰划伤。
6. 锐角倒钝。

Ra 3.2（√）

试题八

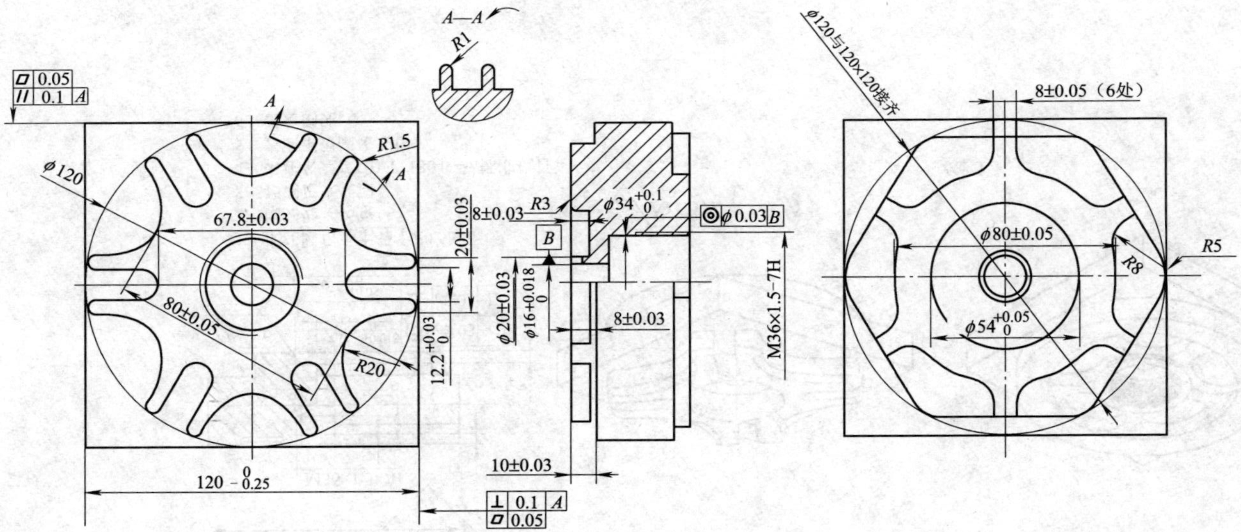

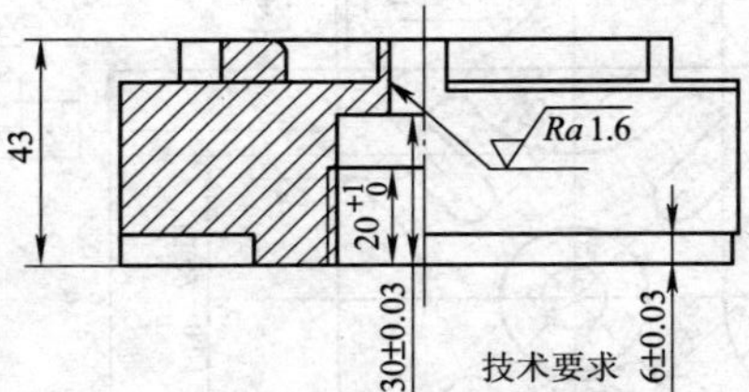

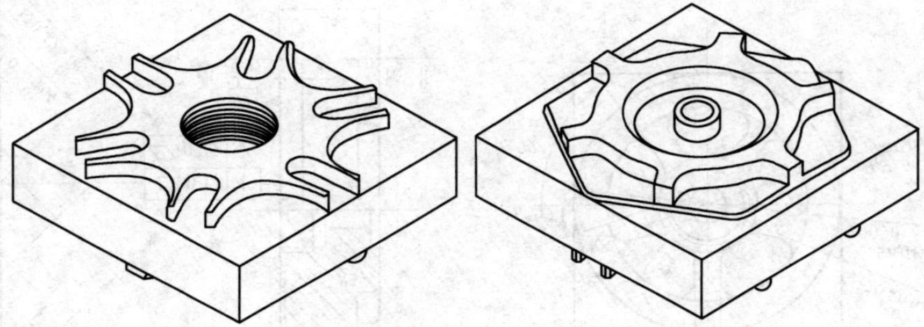

技术要求

1. 未注圆角小于等于$R0.5$mm。
2. 圆倒角处 $\sqrt{Ra\ 12.5}$ 。
3. 45钢调质处理180～200HBW。
4. 未注公差按GB/T1804—f标准执行。
5. 表面不得磕碰划伤。
6. 锐角倒钝。

$\sqrt{Ra\ 3.2}$ ($\sqrt{}$)

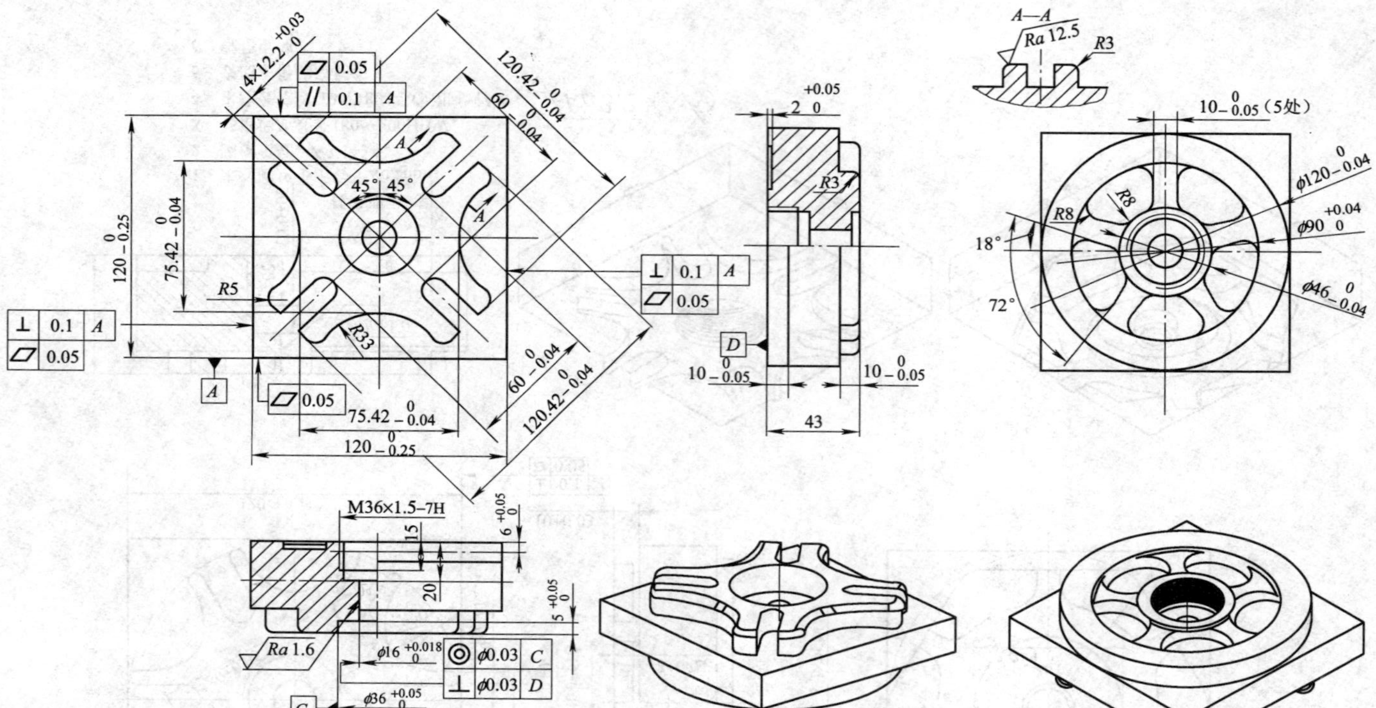

技术要求

1. 未注圆角小于等于R0.5mm。
2. 倒圆处 Ra 12.5。
3. 45钢正火处理。
4. 未注公差按GB/T 1804—m标准执行。
5. 表面不得磕碰划伤。
6. 锐角倒钝。

Ra 3.2（√）

试题十

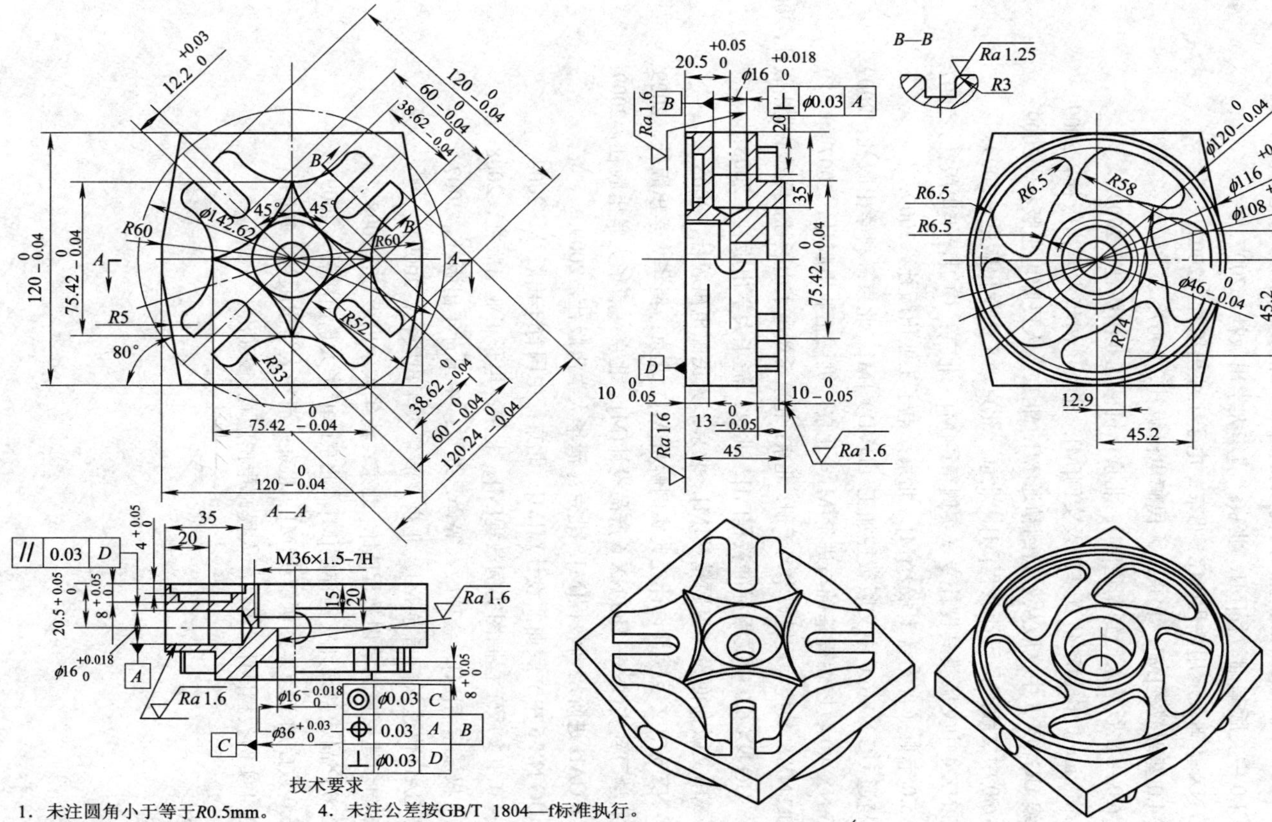

技术要求

1. 未注圆角小于等于$R0.5$mm。
2. 圆倒角处 $\sqrt{Ra\,12.5}$ 。
3. 45钢调质处理180～200HBW。
4. 未注公差按GB/T 1804—f标准执行。
5. 表面不得磕碰划伤。
6. 锐角倒钝。

$\sqrt{Ra\,3.2}$ (√)

参考文献

[1] 卫兵工作室．UG NX 4 中文版三维造型入门视频教程[M]．北京：清华大学出版社，2007.

[2] 张云杰．UG NX 4.0 中文版基础教程[M]．北京：清华大学出版社，2007.

[3] 曾向阳，等．UG NX 基础及应用教程[M]．北京：电子工业出版社，2003.

[4] 李长春．UG NX 4.0 基础教程[M]．北京：人民邮电出版社，2007.

[5] 胡仁喜．UG NX 6.0 中文版从入门到精通[M]．北京：机械工业出版社，2009.

[6] 张晋西．UG NX/Motion 机构运动仿真基础及实例[M]．北京：清华大学出版社，2009.

[7] 龙马工作室．新编 UG NX 5 中文版从入门到精通[M]．北京：人民邮电出版社，2009.

[8] 段国忠．UG NX 6.0 中文版产品设计教程[M]．北京：北京理工大学出版社，2009.

[9] 邓昆，杨攀．UG NX 4 中文版模具设计专家实例精讲[M]．北京：中国青年出版社，2007.

[10] 章兆亮．UG NX 5.0 宝典（含光盘 1 张）[M]．北京：电子工业出版社，2009.

[11] 温正，魏建中．精通 UG NX 6.0 中文版数控加工（DVD）[M]．北京：科学出版社，2009.

[12] 张春丽，等．UG NX 4.0 数控编程基础与进阶[M]．北京：机械工业出版社，2007.

[13] 吕小波．中文版 UG NX 6 数控编程经典学习手册．北京：北京希望电子出版社，兵器工业出版社，2009.

[14] 杨晓琦，胡仁喜．UG NX 6.0 中文版标准教程[M]．北京：清华大学出版社，2008.

[15] 杜智敏．UG NX 5 中文版曲面设计习题精解[M]．北京：人民邮电出版社，2008.

[16] 韩思明，等．UG NX 6 中文版模具设计经典实例解析[M]．北京：清华大学出版社，2009.

[17] 戎斌，贾东永．从学习到实践——UG NX 6 产品设计[M]．北京：清华大学出版社，2009.

[18] 洪如瑾．UG NX 6 CAD 进阶培训教程[M]．北京：清华大学出版社，2009.

[19] 立雅科技．精通 UG NX 5 中文版曲面设计篇[M]．北京：中国青年出版社，2008.

[20] 张方瑞，UG NX 4.0 中文版工程制图实例教程[M]．北京：电子工业出版社，2008.

[21] 金昌萬．UG NX 4 权威指南[M]．金项姬，等译．北京：中国青年出版社，2007.

[22] 洪如瑾．UG NX 6 CAD 快速入门指导[M]．北京：清华大学出版社，2009.

[23] 洪如瑾．UG NX 6 同步建模技术培训教程[M]．北京：清华大学出版社，2008.

[24] 铭卓设计．UG NX 6 产品造型设计实例详解[M]．北京：清华大学出版社，2009.

[25] 陈学翔．UG NX 6.0 数控加工经典案例解析[M]．北京：清华大学出版社，2009.

[26] 钟奇，等．UG NX 4 实例教程[M]．北京：人民邮电出版社，2008.